GEFÖRDERT VOM

Bundesministerium für Bildung und Forschung

vetnet

德国职业教育全球网络项目（VETnet）

职业教育机电类规划教材

德国“双元制”教学模式本土化示范教材

德国工商大会上海代表处（AHK－Shanghai）推荐教材

外研职教

零件车削加工

PARTS TURNING PROCESSING

主 编　张福周

外语教学与研究出版社
北京

图书在版编目（CIP）数据

零件车削加工 / 张福周主编. -- 北京 ：外语教学与研究出版社，2021.9
ISBN 978-7-5213-3050-2

Ⅰ. ①零… Ⅱ. ①张… Ⅲ. ①零部件－车削－高等职业教育－教材 Ⅳ. ①TG510.6

中国版本图书馆 CIP 数据核字 (2021) 第 191052 号

出 版 人　徐建忠
责任编辑　赵　任
责任校对　牛贵华
封面设计　高　蕾
版式设计　彩奇风
出版发行　外语教学与研究出版社
社　　址　北京市西三环北路 19 号（100089）
网　　址　http://www.fltrp.com
印　　刷　北京虎彩文化传播有限公司
开　　本　787×1092　1/16
印　　张　24.25
版　　次　2021 年 10 月第 1 版　2021 年 10 月第 1 次印刷
书　　号　ISBN 978-7-5213-3050-2
定　　价　66.00 元

职业教育出版分社：
地　　址：北京市西三环北路 19 号　外研社大厦　职业教育出版分社 (100089)
咨询电话：010-88819475
传　　真：010-88819475
网　　址：http://vep.fltrp.com
电子信箱：vep@fltrp.com
购书电话：010-88819928/9929/9930（邮购部）
购书传真：010-88819428（邮购部）

购书咨询：（010）88819926　电子邮箱：club@fltrp.com
外研书店：https://waiyants.tmall.com
凡印刷、装订质量问题，请联系我社印制部
联系电话：（010）61207896　电子邮箱：zhijian@fltrp.com
凡侵权、盗版书籍线索，请联系我社法律事务部
举报电话：（010）88817519　电子邮箱：banquan@fltrp.com
物料号：330500001

德国“双元制”教学模式本土化示范教材
编写委员会

本书编写组

主　编　张福周

副主编　王晓军　许连杰

Vorwort

Die „duale“ Ausbildung in Deutschland, die ihren Ursprung im mittelalterlichen Lehrlingswesen hat, verbindet die beiden Lernorte Schule und Betrieb eng miteinander. Die Auszubildenden erwerben in der Berufsschule fachtheoretisches und überfachliches Wissen und ergänzen dies im Betrieb mit praktischen Fertigkeiten. Die „duale“ Ausbildung hat, als bedeutender Teil eines umfangreichen Systems der beruflichen Bildung, eine Vielzahl von hochqualifizierten Fachkräften für Deutschland ausgebildet, die wirtschaftliche und technologische Entwicklung Deutschlands gefördert, und wird als „Geheimwaffe“ des deutschen Wirtschaftsaufschwungs bezeichnet. Als der damalige Bundeskanzler Helmut Kohl im Jahr 1987 die Geheimnisse der deutschen wissenschaftlicher und technologischer sowie wirtschaftlicher Entwicklung zusammenfasste, wies er darauf hin, dass die deutsche kulturelle Qualität und die entwickelte berufliche Bildung zwei wichtige Gründe für die wirtschaftliche Wiederbelebung Deutschlands waren.

Seit den 1970er Jahren, orientierten sich zahlreiche Länder an der deutschen „dualen“ Ausbildung zur Verbesserung oder in Ergänzung der eigenen Berufsbildung, und sie wurde von den westlichen Ländern als „Vorbild Europas“ bezeichnet. Dieser Erfolg der „dualen“ Ausbildung zog auch das Interesse der chinesischen Staatsführung, der Wirtschaftler und der Bildungsreformer Chinas auf sich. Seit den 1980er Jahren wurde die „duale“ Ausbildung in China eingeführt, und zahlreiche „duale“ Pilotprojekte wurden in den zentralen Städten in Ost-, Nordost- sowie im mittleren China nacheinander ins Leben gerufen, wodurch die Qualifizierungsmodelle des Berufsbildungspersonals wesentlich verändert wurden. In den vergangenen Jahren trugen die deutsche „duale“ Ausbildung durch die starke Unterstützung der Auslandshandelskammer Shanghai einen wesentlichen Beitrag zur pädagogischen Reform der Berufsbildung in verschiedenen Regionen Chinas bei. Mit dem Verlangen nach einer „mit starker Staatsmacht übereinstimmenden Handwerklichkeit“ bei der industrieller Transformation, mit der Strategie „Wirtschaftserfolg durch Berufsbildung“ und der Umsetzung von dem großen Plan „Made in China 2025“, sowie der Vertiefung der bilateralen Kooperation zwischen Deutschland und China, entwickelte sich das Lernen von der „dualen“ Ausbildung zum Trend der zeitgenössischen chinesischen beruflichen Bildungsreform.

Aufgrund variierender Voraussetzungen und Gegebenheiten in den einzelnen Regionen und auch zum Teil unterschiedlichen Schwerpunkten und Ansätzen innerhalb der Entscheidungsgremien, setzen zahlreiche berufsbildende Schulen und Colleges seit jeher eigene Schwerpunkte bei der Entwicklung und Durchführung der „dualen“ Ausbildung. Sei es bei der Reform der Ausbildungsgestaltung, der Erprobung der Lernortkooperation oder der Forschung im Bereich des „modernen Lehrlingswesens“, um nur einige Beispiele zu nennen. Aus Sicht der praktischen Durchführung der „dualen" Ausbildung war es nun für viele Akteure der beruflichen Bildung dringend notwendig, eine auf dem deutschen Qualitätsbewertungssystem basierende, allgemein anwendbare und übertragbare Lehrbuchserie zur Unterstützung bereitzustellen.

Gefördert durch das deutsche Bundesministerium für Bildung und Forschung (BMBF), unterstützt das Projekt „German Chambers worldwide network for cooperative, work-based Vocational

Education & Training“, kurz „VETnet“, als eine wichtige Plattform die Entwicklung der Berufsbildung die Einführung des „dualen“ Ausbildungssystems in insgesamt 11 Partnerländer, wo sich die deutsche Auslandshandelskammer angesiedelt hat, einschließlich China, Brasilien, Indien, Rußland, Griechenland, Portugal, Spanien usw. In China arbeitet die Auslandshandelskammer Shanghai bei der Einführung und Anpassung des deutschen „dualen“ Ausbildungssystems mit dem Suzhou Chien-Shiung Institute of Technology zusammen und hat bereits große Erfolge im Bereich „Theorie und Praxis in der Gestaltung der Berufsbildung“ erzielt. Das Suzhou Chien-Shiung Institute of Technology mit Sitz im Yangtze-Delta in Taicang/Jiangsu, ist besonders bekannt durch seine hohe Dichte an deutschen Unternehmen, die sich dort in einer wirtschaftlich herausragenden Region in den vergangenen Jahrzehnten niedergelassen haben. Um dem Bedarf an qualifizierten Fachkräften dieser Unternehmen nachzukommen, wurde bereits im Jahr 2007 in Taicang das erste überbetriebliche Ausbildungszentrum –das „Sino-German (Taicang) Vocational Training Center“ –eingerichtet, welches im Jahr 2015 zur ersten „Sino-German Dual Vocational Education Base“ ausgebaut wurde. Von dort ausgehend wurde auch die "Deutsche Duale Berufsbildungsvereinigung AHK“ gegründet, die als eine wichtige Plattform zur Förderung der Durchführung und Erforschung der „dualen“ Ausbildung in China sowie weiterer Zusammenarbeit auf diesem Gebiet zwischen Deutschland und China fungiert. Als ein wichtiges Ergebnis verfassten nun Fachexperten aus den Partnerinstitutionen der Berufsbildungsvereinigung, basierend auf ihren mindestens 10-jährigen Erfahrungen, auf Einladung und unter Federführung der Auslandshandelskammer Shanghai und des Suzhou Chien-Shiung Institute of Technology diese im Verlag „Foreign Language Teaching and Research Press“ offiziell veröffentlichte Lehrbuchserie: „Exemplarische Lehrbücher für die Lokalisierung der deutschen „dualen“ Ausbildung in China“. Die Lehrbuchserie füllt eine wesentliche inhaltliche Lücke in der Durchführung der „dualen“ Ausbildung, geht über die Grenze der teilnehmenden Institutionen im chinesischen Berufsbildungssystem hinaus und repräsentiert in vorbildlicher Weise das Motto unserer „dualen“ Berufsbildungsvereinigung: „gemeinsame Gestaltung, gemeinsamer Nutzen und gemeinsame Entwicklung“. Als ein beispielgebendes Pilotprojekt soll diese Lehrbuchserie als Wegweiser für die „duale“ Ausbildung in den chinesischen berufsbildenden Schulen und Colleges dienen und die Zusammenarbeit der Teilnehmer an „dualen“ Ausbildungsinitiativen in China fördern, sodass das chinesische Berufsbildungswesen noch erfolgreicher und effizienter gemeinsam gefördert wird.

Wie das altes chinesisches Sprichwort lautet: „Mandarine, die in Huainan geboren ist, ist echte Mandarine, in Huaibei wird sie aber ‚Zhi‘.“ Das heißt, es gibt auf der Welt keine „Blaupause“. Das gleiche gilt auch für diese Lehrbuchserie. Ihre Inhalte sind an die lokalen Bedingungen anzupassen und flexibel zu handhaben, und die individuelle Herangehensweise ist aufgrund der deutschen „dualen“ Ausbildung gemäß den regionalen Bedürfnissen und Bedingungen zu entwickeln, um die lokale wirtschaftliche und gesellschaftliche Entwicklung besser zu bedienen, was unsere gemeinsame Mission ist.

Direktorin Berufsbildung der Auslandshandelskammer Shanghai

28.06.2017, Shanghai

序

德国“双元制”教育起源于中世纪的学徒制度，它将学校教育与企业培训紧密结合起来，受训者以学徒身份在企业接受实践技能训练，并以学生身份在学校接受专业理论和文化教育。“双元制”教学模式作为一种比较完善的职业教育教学模式，为德国培养了大批高素质技术人才，促进了德国经济与科技的发展，被誉为德国经济腾飞的“秘密武器”。1987年，时任联邦德国总理科尔在总结德国科技与经济发展奥秘时指出：德国人的文化素质和发达的职业教育是德国经济复兴的两条重要原因。

20世纪70年代以来，许多国家借鉴“双元制”教学模式以改进本国的职业教育，西方国家称其为“欧洲的师表”。“双元制”教学模式的成功也引起中国的领导者、经济学家和教育改革者们的关注。20世纪80年代，“双元制”教学模式进入中国，华东、华中和东北等地区中心城市相继启动“双元制”试点项目，推动了职业教育人才培养模式改革。近年来，在德国工商大会上海代表处（AHK-Shanghai）的大力推动下，“双元制”教学模式在我国各地职业教育改革中产生了广泛影响。随着中国产业转型对“大国工匠”的渴求、“职教兴国”战略的提出、“中国制造2025”宏大计划的实施和中德两国合作的深化，学习借鉴“双元制”教学模式已成为当代中国职业教育改革的一种潮流。

由于地域不同、校情各异、理解不一，中国各地职业院校对“双元制”教学模式研究与实践的侧重点各不相同，有的侧重人才培养模式改革，有的侧重校企合作体制机制探索，有的立足于现代学徒制研究等，均取得了一定的进展和成效。从实践“双元制”的需求来看，按照德国质量评价标准建立一套通用的可操作、可推广的培训教材体系是当前“双元制”教学模式研究的当务之急。

德国职业教育全球网络（VETnet）项目由德国联邦教育和研究部资助，旨在将“双元制”职业教育培训体系引入11个德国驻外商会所在的国家，包括中国、巴西、印度、俄罗斯、希腊、葡萄牙、西班牙等，为目的国的职业教育发展提供重要平台。在中国，德国工商大会上海代表处与苏州健雄职业技术学院展开合作，苏州健雄职业技术学院借鉴、引进德国“双元制”教学模式和培养标准，取得了丰硕的实践和理论成果。苏州健雄职业技术学院的所在地太仓，位于中国经济最为活跃的“长三角”城市群核心地带，依托区域丰厚的德企土壤，于2007年成立了服务华东地区德资企业的跨企业培训中心——AHK中德培训中心；2015年，又合作成立了中国境内首个“AHK中德双元制职业教育示范推广基地”，组建了“AHK中德双元制职业教育联盟”，为“双元制”教学模式在中国的实践和研究以及中德两国在职业教育领域更广泛的合作搭建了重要平台。这次由德国工商大会上海代表处、苏州健雄职业技术学院联合联盟单位，总结过去10年“双元制”教学经验，由外语教学与研究出版社正式出版的德国“双元制”教学模式本土化示范教材，很好地弥补了德国“双元制”教学模式推广过程中培训资源的不足，打破了国内“双元制”教育主体间的壁垒，很好地阐释了中德“双元制”教育大家庭“共建、共享、共同发展”的理念，是一次非常有意义的探索。这套培训教材的出版，对中国职业院校“双元制”教育的实践具有指导作用，必将增强“双元制”教育的合力，推进中国职业教育的改革和发展。

“橘生淮南则为橘，生于淮北则为枳。”中国这句古话告诉我们，没有放之四海而皆准的普遍真理。因此，各地在使用这套教材时，应结合实际情况灵活运用，在汲取德国“双元制”教育精髓的基础上，努力走出各自职业教育的成功道路，更好地服务当地经济社会发展，这是我们的共同使命。

德国工商大会上海代表处职业教育总监

2017年6月28日，上海

前言

德国是世界公认的制造强国，其生产的许多产品制造精良、性能稳定。德国制造成为德国的一张名片，其根源是德国具有良好的职业教育模式——“双元制”教学模式，其中学校负责理论教学，企业负责岗位技能培训。在职业技能培训方式上，以“学徒”（在培训过程中称为“学徒”，在课堂教学中称为“学生”）为主体，提倡行动导向教学法；这种教学方法将课堂还给学生，以完成项目为目标，通过项目这一载体使学生掌握相关知识和技能。

本书突出高等职业教育人才培养的特点，贯彻行动能力本位的教学理念，注重对学生知识、技能和职业素养的培养。本书以苏州健雄职业技术学院中德“双元制”本土化人才培养实践模式为基础，结合数控技术、模具设计与制造、机电一体化技术等专业的培养要求，借鉴德国“双元制”教学模式的先进经验，以学生自我学习为中心，以“工作页”为呈现形式，体现“六步教学法”的教学过程。本书主要特点如下：

（1）重点突出技能和职业素养的培养，贯穿行动能力的测评。

（2）参照德国 AHK 考试的内容和要求，基于完整工作过程，以“工作页”为呈现形式，使学生在完成具体项目的过程中掌握相关知识和技能。

（3）参照 AHK 毕业考试的评分体系，不仅体现目标的实现程度，而且注重工作过程的评价。

（4）将专业知识内容单独列为知识库，主要内容包括材料、刀具、量具、工具和辅具、机械制造工艺。

本书建议学时数为 96 学时，具体学时分配见下表：

序号	内容	参考学时
1	项目 1　简单轴套类零件加工	20
2	项目 2　简单组合件加工	22
3	项目 3　初级综合件加工	24
4	项目 4　中级综合件加工	30

本书由苏州健雄职业技术学院张福周担任主编，王晓军、许连杰担任副主编。具体编写分工：许连杰编写项目 1，王晓军编写项目 2，张福周编写项目 3 和项目 4、知识库及附录。全书由张福周统稿。

本书的编写得到了苏州健雄职业技术学院周晓刚副院长的大力支持，苏州健雄职业技术学院中德培训中心常驻顾问、德国工商大会上海代表处专家 Dittrich 提供了帮助并对全书内容进行了审阅，在此一并表示衷心感谢。

本书可作为德国“双元制”教学模式本土化教学的学生用书，也可供高职机电一体化、数控技术、模具设计与制造等专业学生使用，还可作为零件车削加工初、中级培训学员的入门教材。

由于编者水平有限，书中的疏漏和不足之处在所难免，恳请广大读者批评指正。

编　者

2019 年 5 月

目录

知识库

知识库

1 材料

1.1 金属材料

1.1.1 金属材料的力学性能

金属材料的力学性能是指金属材料在载荷作用下所表现出来的特性，它取决于金属材料本身的化学成分和微观组织结构。

当载荷性质、环境温度与介质等外在因素不同时，金属材料会有不同的变形、断裂过程与断裂方式，用来衡量金属材料力学性能的指标也不同。常用的力学性能指标有强度、刚度、塑性、硬度等。

金属材料的强度、刚度和塑性可以通过静拉伸试验来测得。

拉伸试验一般在拉伸试验机［见图 1-1-1（a）］上完成。将事先做好的试样［见图 1-1-1（b）］夹紧在试验机的上下夹头内，启动试验机缓慢施加载荷，试样不断变形，直至被拉断为止，过程如图 1-1-1（c）上半部分所示。试验机的自动记录装置绘制应力—延伸率曲线，如图 1-1-1（c）下半部分所示。

1. 强度

强度是指金属材料在载荷作用下抵抗塑性变形和断裂的能力。强度的大小通常用应力表示，符号为 R，单位为 Pa（帕）或 MPa（兆帕）。常用的有屈服强度和抗拉强度。

（1）屈服强度。

由应力—延伸率曲线可以看出，在应力未达到某个数值时，延伸率与应力成比例变化，图像为一段直线，此时试样发生的是弹性形变。当应力达到一定数值时，试样在载荷保持不变的情况下明显继续变长，这种现象称为屈服。屈服时所对应的应力称为屈服强度，表征金属材料抵抗明显塑性变形的能力。屈服强度有上、下屈服强度之分，分别用 R_{eH} 和 R_{eL} 表示。上屈服强度（R_{eH}）是指试样发生屈服并且外力首次下降前的最大应力，下屈服强度（R_{eL}）是指不计瞬时效应时屈服阶段中的最小应力。因为金属材料的下屈服强度数值比较稳定，所以一般用它作为金属材料对塑性变形抗力的指标，即

$$R_{eL}=\frac{F_{eL}}{S_0} \tag{1-1}$$

式中　R_{eL}——试样的下屈服强度，MPa；

F_{eL}——试样的下屈服力，N；

S_0——试样原始横截面积，mm^2。

有些金属材料（如铝、铜和淬火钢等）在拉伸试验过程中并没有出现明显的屈服过程，它们的应力—延伸率曲线上没有明显的屈服点。如图 1-1-2 所示，应力—延伸率曲线起初为直线，然后无过渡地直接变为曲线，超过最高值后立即下降（斜率为负），直至断裂。

a）

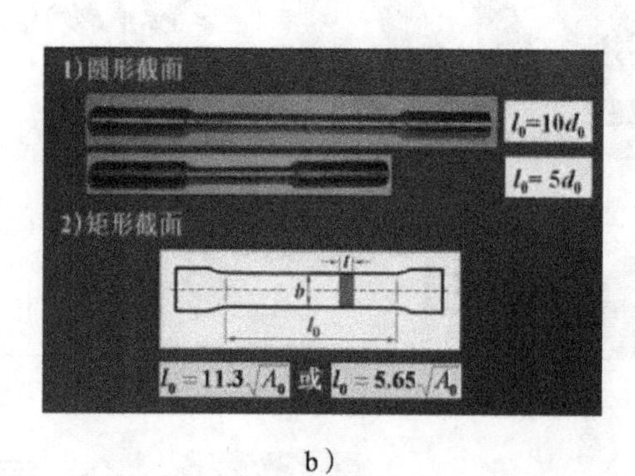

b）

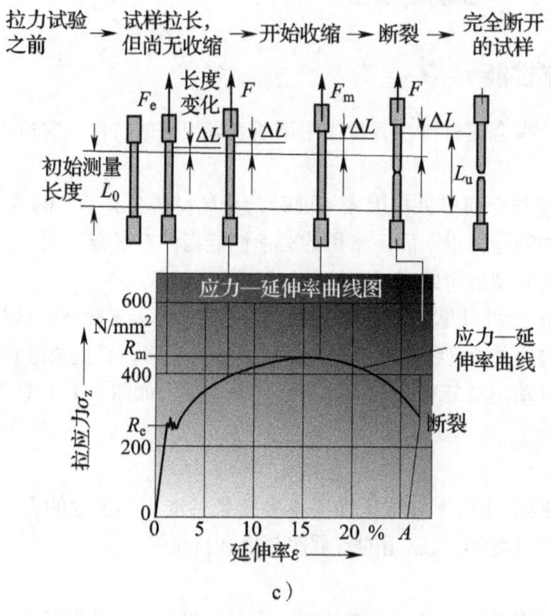

c）

图 1-1-1　拉伸试验

a）拉伸试验机　b）拉伸试样示意图　c）拉伸过程及应力—延伸率曲线

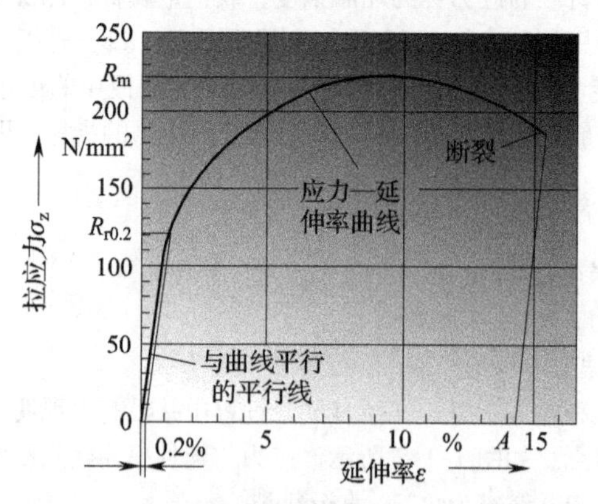

图 1-1-2　无明显屈服点金属材料应力—延伸率曲线

通常用规定残余延伸强度 R_r 表示金属材料的屈服强度，用 $R_{r0.2}$ 表示规定残余延伸率为 0.2% 时的应力，有

$$R_{r0.2}=\frac{F_{r0.2}}{S_0} \tag{1-2}$$

式中 $R_{r0.2}$——试样在规定残余延伸率为 0.2% 时的应力，MPa；
$F_{r0.2}$——试样残余延伸率为 0.2% 时的载荷，N；
S_0——试样原始横截面积，mm^2。

（2）抗拉强度 R_m

试样屈服后，应力继续增大，变形也持续变大，在到达曲线最高点之前，试样沿整个长度均匀伸长，之后试样发生“颈缩”，试样横截面积变小，在曲线上呈现应力减小但变形反而变大的现象，最终试样发生断裂。试样在断裂前的应力即为抗拉强度，用符号 R_m 表示，即

$$R_m=\frac{F_m}{S_0} \tag{1-3}$$

式中 R_m——试样的抗拉强度，MPa；
F_m——试样屈服后所能抵抗的最大应力，N；
S_0——试样原始横截面积，mm^2。

2. 刚度

金属材料受力时抵抗弹性变形的能力称为刚度，表示一定形状、尺寸的金属材料产生某种弹性变形的难易程度，通常用弹性模量 E（单向拉伸或压缩）或切变模量 G（剪切或扭转）表示。

弹性模量 E（或切变模量 G）的数值越大，表明同样尺寸下零件或构件保持原有形状或尺寸的能力越强，即发生弹性变形的难度越大。弹性模量的数值主要取决于金属本身，与金属的显微组织关系不大。温度的升高会使得金属材料的弹性模量变小，合金化、热处理、冷变形对弹性模量的影响很小。基体金属材料一旦确定，其弹性模量就基本确定了。在金属材料不变的情况下，只有改变零件或构件的截面尺寸或结构才能改变其刚度。常见金属材料的弹性模量和切变模量见表 1-1-1。

表 1-1-1 常见金属材料的弹性模量和切变模量

种类	弹性模量 E/MPa	切变模量 G/MPa
铁	214 000	84 000
镍	210 000	84 000
钛	118 010	44 670
铝	72 000	27 000
铜	132 400	49 270
镁	45 000	18 000

3. 塑性

塑性是指金属材料在断裂前发生塑性变形的能力，常用断后伸长率和断面收缩率表示。

（1）断后伸长率

断后伸长率是指试样拉伸断裂后标距长度的伸长量占原始标距长度的百分比，用符号 A 表示，即

$$A=\frac{L_u-L_0}{L_0}\times 100\% \tag{1-4}$$

式中 A——试样断后伸长率；

L_u——试样断后标距长度，mm；

L_0——试样原始标距长度，mm。

试样的断后伸长率的数值与试样的标距长度有关，因此在进行比较时必须标明所用试样的标距长度。

（2）断面收缩率

断面收缩率是指试样拉伸断裂后颈缩处横截面积缩减量占原始横截面积的百分比，用符号 Z 表示，即

$$Z=\frac{S_0-S_u}{S_0}\times 100\% \tag{1-5}$$

式中 Z——试样断面收缩率；

S_0——试样原始横截面积，mm^2；

S_u——试样断后颈缩处最小横截面积，mm^2。

断面收缩率与试样尺寸无关，能够比较确切地反映金属材料的塑性。

一般情况下，断后伸长率或断面收缩率的数值越大，金属材料塑性越好，因此经常用这两个指标对塑性材料和脆性材料进行界定。一般把断后伸长率大于 5% 的金属材料称为塑性材料（如低碳钢等），把断后伸长率小于 5% 的金属材料称为脆性材料（如灰口铸铁等）。

4. 硬度

硬度是指金属材料抵抗局部变形，特别是塑性变形、压痕或划痕的能力，是衡量金属材料软硬的指标。硬度值的大小不仅取决于金属材料的成分和组织结构，还取决于测定方法和试验条件。根据试验方法和适用范围不同，硬度可分为布氏硬度、洛氏硬度和维氏硬度等。

（1）布氏硬度 HB

布氏硬度的检验一般可以在布氏硬度计（见图 1-1-3）上完成。布氏硬度计是用一定直径的钢球或硬质合金球作为压头，以相应的载荷压入试样的表面，经规定保持时间后，卸除试验载荷，测量试样表面的压痕直径 d，如图 1-1-4 所示。根据载荷 F 和压痕直径 d，查阅相应表格（见表 1-1-2），即可得到试样布氏硬度的数值。

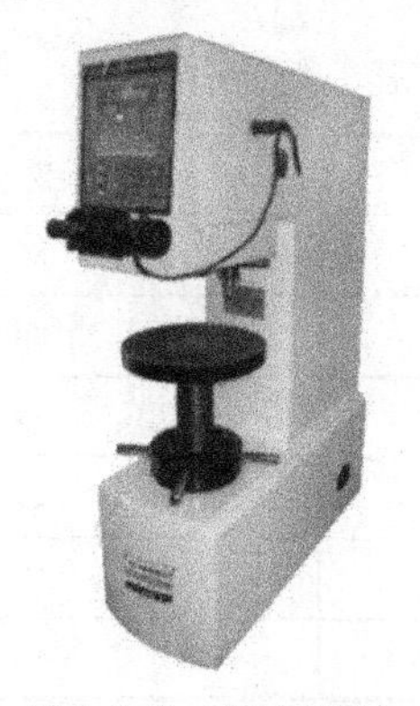

图 1-1-3 布氏硬度计

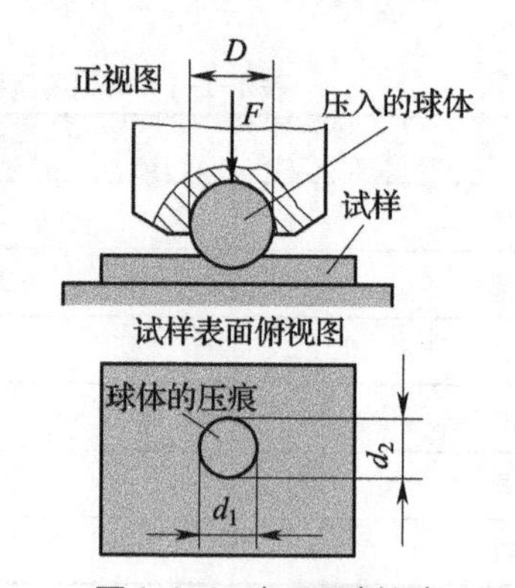

图 1-1-4 布氏硬度检验

布氏硬度检验球一般有 1 mm、2 mm、2.5 mm、5 mm 和 10 mm 几种规格，材质有淬火钢球和硬质合金球两种。淬火钢球适用于测定布氏硬度值在 450 以下的金属材料，用 HBS 表示；硬质合金球适用于测定布氏硬度值在 450 以上（最高可达 650）的金属材料，用 HBW 表示。

举例：用直径为 D=2.5 mm 的检验球，试验载荷为 F=1 839 N，进行布氏硬度试验，现测得试样的压痕直径为 d=1.35 mm，查阅表格可以得出该试样的布氏硬度为 121 HBW。

（2）洛氏硬度 HR

试样洛氏硬度的检验一般可以在洛氏硬度计（见图 1-1-5）上完成。

表 1-1-2　布氏硬度对照表（部分）

球直径 D/mm					F/D^2						
					30	15	10	5	2.5	1.25	1
					试验力 F，kgf						
10					3 000 (29.42 kN)	1 500 (14.71 kN)	1 000 (9.807 kN)	500 (4. 903 kN)	250 (2.452kN)	125 (1.226 kN)	100 (980.7 N)
	5				750 (7.355 KN)	—	250 (2.452 kN)	125 (1.226 kN)	62.5 (612.9 N)	31.25 (306. 5 N)	25 (245.2 N)
		2.5			187.5 (1.839 kN)	—	62.5 (612.9 N)	31.25 (306.5 N)	15.625 (153.2 N)	7.813 (76.61 N)	6.25 (61.29 N)
			2		120 (1.177 kN)	—	40 (392.3 N)	20 (196.1 N)	10 (98.07 N)	5 (49.03 N)	4 (39.23 N)
				1	30 (294.2 N)	—	10 (98.07 N)	5 (49. 03 N)	2.5 (24.52 N)	1.25 (12.26 N)	1 (9.807 N)
压痕直径 d/mm					布氏硬度　HBS 或 HBW						
5.35	2.675	1.337 5	1.070	0.535	123	61.5	41.0	20.5	10.3	5.13	4.10
5.36	2.680	1.340 0	1.072	0.536	123	61.3	40.9	20.4	10.2	5.11	4.09
5.37	2.685	1.342 5	1.074	0.537	122	61.0	40.7	20.3	10.2	5.09	4.07
5.38	2.690	1.345 0	1.076	0.538	122	60.8	40.5	20.3	10.1	5.07	4.05
5.39	2.695	1.347 5	1.078	0.539	121	60.6	40.4	20.2	10.1	5.05	4.04
5.40	2.700	1.350 0	1.080	0.540	121	60.3	40.2	20.1	10.1	5.03	4.02
5.41	2.705	1.352 5	1.082	0.541	120	60.1	40.0	20.0	10.0	5.01	4.00
5.42	2.710	1.355 0	1.084	0.542	120	59.8	39.9	19.9	9.97	4.99	3.99
5.43	2.715	1.357 5	1.086	0.543	119	59.6	39.7	19.9	9.93	4.97	3.97
5.44	2.720	1.360 0	1.088	0.544	119	59.3	39.6	19.8	9.89	4.95	3.96
5.45	2.725	1.362 5	1.090	0.545	118	59.1	39.4	19.7	9.85	4.93	3.94
5.46	2.730	1.365 0	1.092	0.546	118	58.9	39.2	19.6	9.81	4.91	3.92
5.47	2.735	1.367 5	1.094	0.547	117	58.6	39.1	19.5	9.77	4.89	3.91
5.48	2.740	1.370 0	1.096	0.548	117	58.4	38.9	19.5	9.73	4.87	3.89
5.49	2.745	1.372 5	1.098	0.549	116	58.2	38.8	19.4	9.69	4.85	3.88
5.50	2.750	1.375 0	1.100	0.550	116	57.9	38.6	19.3	9.66	4.83	3.86
5.51	2.755	1.377 5	1.102	0.551	115	57.7	38.5	19.2	9.62	4.81	3.85
5.52	2.760	1.380 0	1.104	0.552	115	57.5	38.3	19.2	9.58	4.79	3.83
5.53	2.765	1.382 5	1.106	0.553	114	57.2	38.2	19.1	9.54	4.77	3.82
5.54	2.770	1.385 0	1.108	0.554	114	57.0	38.0	19.0	9.50	4.75	3.80
5.55	2.775	1.387 5	1.110	0.555	114	56.8	37.9	18.9	9.47	4.73	3.79
5.56	2.780	1.390 0	1.112	0.556	113	56.6	37.7	18.9	9.43	4.71	3.77
5.57	2.785	1.392 5	1.114	0.557	113	56.3	37.6	18.8	9.39	4.70	3.76
5.58	2.790	1.395 0	1.116	0.558	112	56.1	37.4	18.7	9.35	4.68	3.74
5.59	2.795	1.397 5	1.118	0.559	112	55.9	37.3	18.6	9.32	4.66	3.73

注：详见 GB/T 231.1—2018。

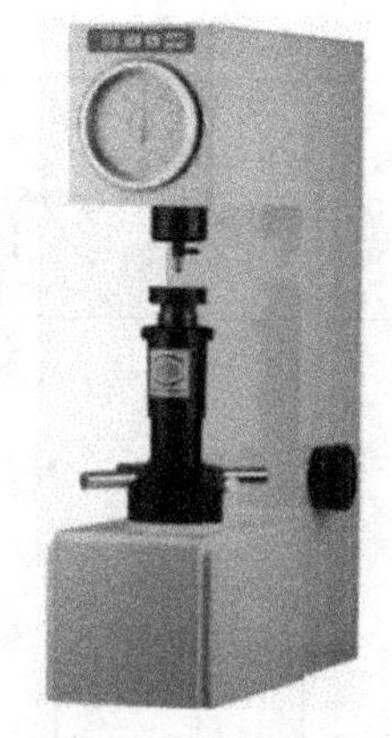

图 1-1-5 洛氏硬度计

洛氏硬度是指在初试验载荷（F_0）及总试验载荷（$F=F_0+F_1$）的先后作用下，将压头（120°金刚石圆锥体或直径为 1.588 mm 的淬火钢球，如图 1-1-6 所示）压入试样表面，经规定保持时间后，卸除主试验载荷 F_1，测量残余压痕深度增量，计算硬度值，如图 1-1-7 所示。

图 1-1-7 中，0-0 为压头与试样表面未接触的位置；1-1 为施加初试验载荷（98.07 N）后，压头经试样表面 a 压入到 b 处的位置；2-2 为初试验载荷和主试验载荷共同作用下，压头压入到 c 处的位置；3-3 为在卸除主试验装荷，但保持初试验载荷的条件下，因试样弹性变形的恢复使压头回升到 d 处的位置。因此，压头在主试验载荷作用下，实际压入试样产生塑性变形的压痕深度为 bd（残余压痕深度增量）。可用 bd 值的大小来判断金属材料的硬度，bd 值越大，硬度越低；反之，则硬度越高。在实际测试时，硬度值的大小可直接从硬度计表盘上读取。

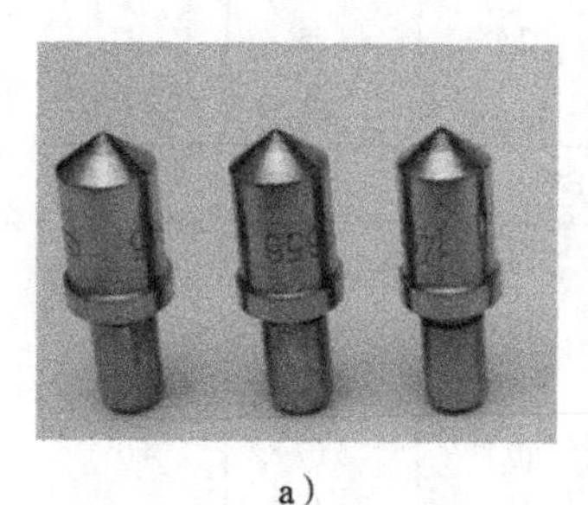

a）

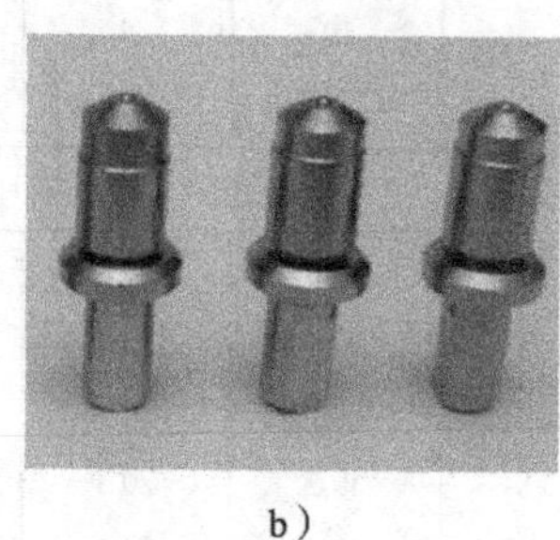

b）

图 1-1-6 洛氏硬度压头

a）120°金刚石圆锥体 b）直径为 1.588 mm 的淬火钢球

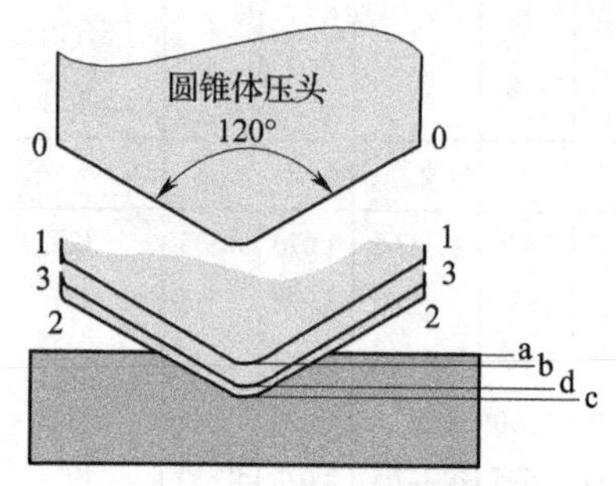

图 1-1-7 洛氏硬度示意图

上述洛氏硬度试验法应在试样的平面上进行，若在曲率半径较小的柱面或球面上测定硬度，应在测得的硬度值上再加上一定的修正值。曲率半径越小，修正值越大。修正值的大小可从 GB/T 230.1—2018 中查得。

洛氏硬度用符号 HR 表示，HR 前面为硬度值，HR 后面为使用的标尺。例如，50HRC 表示用 C 标尺测定的洛氏硬度值为 50。

在洛氏硬度试验中，选择不同的试验载荷和压头类型对应不同的洛氏硬度标尺，便于测定从软到硬较大范围的金属材料硬度，最常用的是 HRA、HRB 和 HRC 三种。三种标尺的试验条件及用途见表 1-1-3，其中以 HRC 应用最为广泛。

表 1-1-3 常用洛氏硬度标尺的试验条件及用途

洛氏硬度标尺	硬度符号	测量范围	初试验载荷 F_0/N	主试验载荷 F_1/N	总试验载荷 F/N	压头类型	用途
A	HRA	20 ～ 88	98.07	490.3	588.4	金刚石圆锥	硬质合金、表面淬火层、渗碳层等
B	HRB	20 ～ 100	98.07	882.6	980.7	ϕ1.588 mm 球	非铁金属、退火钢、正火钢等
C	HRC	20 ～ 70	98.07	1 373	1 471	金刚石圆锥	调质钢、淬火钢等

洛氏硬度试验操作简便、迅速，测量硬度值范围大、压痕小，可直接测成品或较薄工件。但因试验载荷较大，故不宜用来测定极薄工件及氮化层、金属镀层等的硬度。而且因压痕小，对于内部组织和硬度不均匀的金属材料，其测定结果波动较大，故需在三个不同位置测试硬度值，取算术平均值。洛氏硬度无单位，各标尺之间没有直接的对应关系。

（3）维氏硬度

维氏硬度能在同一硬度标尺上测定由极软到极硬金属材料的硬度。维氏硬度的检验一般可以在数显维氏硬度计（见图 1-1-8）上完成。

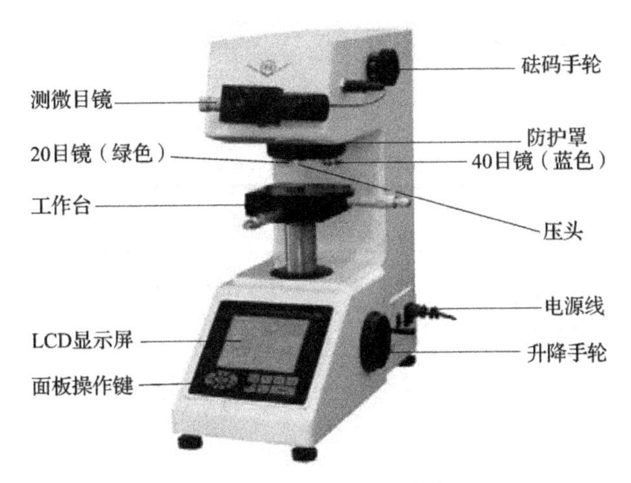

图 1-1-8　数显维氏硬度计

维氏硬度试验是将相对面夹角为 136° 的正四棱锥体金刚石压头（见图 1-1-9）以选定的试验载荷压入试样表面，经规定保持时间后，卸除试验载荷，用测量的压痕两对角线的平均长度计算硬度的一种试验方法，试验原理如图 1-1-10 所示。在实际工作中，维氏硬度值可根据压痕对角线长度从专用表格中查出。

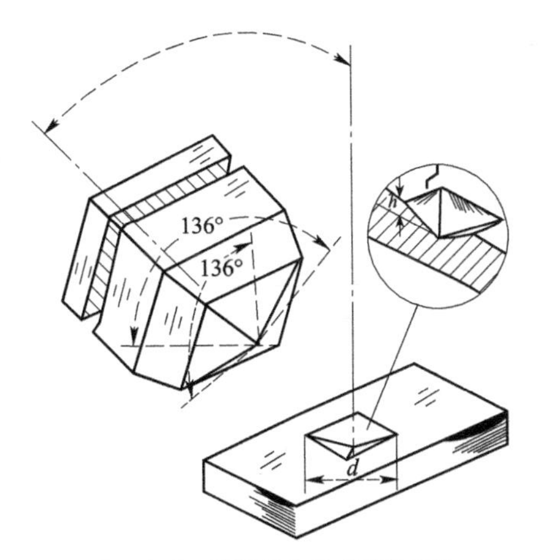

图 1-1-9　正四棱锥体金刚石压头

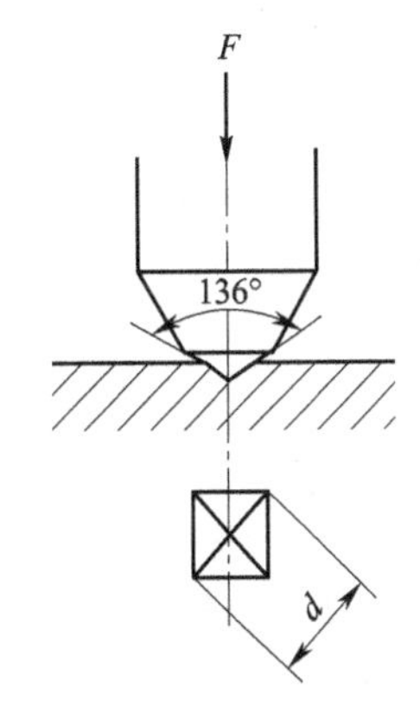

图 1-1-10　维氏硬度的试验原理

维氏硬度用符号 HV 表示，HV 前面为硬度值，HV 后面的数字按试验载荷、试验载荷保持时间（10 ～ 15 s 不标注）的顺序表示试验条件。例如：640HV30 表示用 294.2 N 的试验载荷，保持 10 ～ 15 s（不标出）所测定的维氏硬度值为 640；640HV30/20 表示用 294.2 N 的试验载荷，保持 20 s 所测定的维氏硬度值为 640。

维氏硬度试验时，对试样表面质量要求较高，测试方法较为烦琐。但因所施加的试验载荷小，压入深度较浅，故既可测定较薄或表面硬度值较大的金属材料的硬度，也可测定从很软到很硬的各种金属材料的硬度（0～1 000 HV），且连续性好，准确性高，弥补了布氏硬度因压头变形不能测高硬度材料及洛氏硬度受试验载荷与压头直径比的约束而硬度值不能换算的不足。

除上述硬度试验法外，还可用显微硬度法测定一些薄的镀层、渗层或显微组织中的不同相的硬度，用肖氏硬度法测定如机床床身等大型部件的硬度，用莫氏硬度法测定陶瓷和矿物的硬度。

1.1.2 钢

钢一般指含碳量在 0.0218%～2.11% 的铁碳合金，其主要元素除了铁和碳外，还含有硅、锰、硫、磷等。钢中所含元素及其功能见表 1-1-4。

表 1-1-4 钢中所含元素及其功能

序号	元素	功能
1	碳（C）	最重要的硬化元素。有助于增加钢材的强度，通常希望刀具级别的钢材拥有 0.6% 以上的含碳量，也称为高碳钢
2	铬（Cr）	提高耐磨损性、硬度，最重要的是提高耐腐蚀性，含铬量达 13% 以上的为不锈钢
3	锰（Mn）	有助于生成纹理结构，提高坚固性、强度及耐磨损性。在热处理和卷压过程中使钢材内部脱氧，大多数刀剪用钢材在生产过程中会添加锰元素
4	钼（Mo）	碳化作用剂，防止钢材变脆，在高温时保持钢材的强度。空气硬化钢（例如 A-2、ATS-34）的含钼量在 1% 以上
5	镍（Ni）	保持材料的强度、抗腐蚀性和韧性
6	硅（Si）	有助于增加钢材的强度
7	钨（W）	增强抗磨损性。将钨和适当比例的铬或锰混合用于制造高速钢
8	钒（V）	增强抗磨损能力和延展性
9	硫（S）	硫会导致钢具有热脆性，使钢在高温锻压时易破裂。在焊接时，易使焊缝疏松，产生气孔
10	磷（P）	磷会导致钢材的塑性、韧性和可焊接性降低

1. 简化的 $Fe-Fe_3C$ 相图

铁碳合金相图是研究铁碳合金的基础，实际生产中的铁碳合金，其含碳量通常不超过 5%，一般只研究相图中含碳量为 0～6.69% 的部分。

简化的 $Fe-Fe_3C$ 相图如图 1-1-11 所示。相图中的七个特征点、六条特征线的具体含义见表 1-1-5、表 1-1-6。

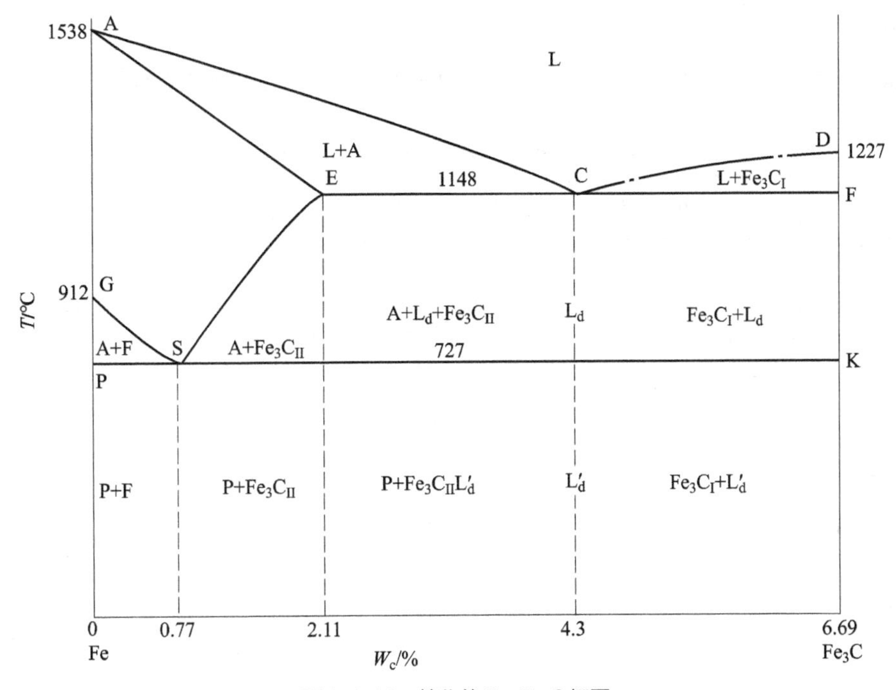

图 1-1-11　简化的 Fe-Fe_3C 相图

表 1-1-5　简化的 Fe-Fe_3C 相图中特征点的含义

符号	温度 /℃	含碳量 /%	含　义
A	1 538	0	纯铁的熔点
C	1 148	4.3	共晶点，Lc⇌（A+Fe_3C）Ld
D	1 227	6.69	渗碳体的熔点
E	1 148	2.11	碳在 γ -Fe 中的最大溶解度
G	912	0	纯铁的同素异构转变点 α -Fe⇌γ -Fe
S	727	0.77	共析点 As⇌（Fe-Fe_3C）P
P	727	0.021 8	碳在 α -Fe 中的最大溶解度

表 1-1-6　简化的 Fe-Fe_3C 相图中特征线的含义

特征线	含　义
ACD	液相线：此线以上是液相区域，线上点为对应成分合金结晶时的开始温度
AECF	固相线：此线之下为固相区域，线上点为对应成分合金的结晶终了温度
GS	冷却时奥氏体中析出铁素体的开始线
ES	碳在 γ -Fe 中的溶解度曲线
ECF	共晶线，Lc⇌（A+Fe_3C）Ld
PSK	公析线，As⇌（Fe-Fe_3C）P

2. 钢在冷却时的组织转变

下面以过冷奥氏体冷却转变产物的组织和性能（见表 1-1-7）为例，说明钢在冷却时的组织转变。

表 1-1-7　过冷奥氏体转变产物的组织和性能

<table>
<tr><th colspan="2">组织</th><th>符号</th><th>类型</th><th>温度范围 /℃</th><th>组织形态</th><th>性能特点</th></tr>
<tr><td rowspan="3">珠光体</td><td>珠光体</td><td>P</td><td rowspan="3">高温等温转变</td><td>A_1 ～ 650</td><td>粗片层状铁素体和渗碳体的混合物</td><td>强度较高，硬度为 170～200 HBW，有一定的塑形，具有较好的综合力学性能</td></tr>
<tr><td>索氏体</td><td>S</td><td>650 ～ 600</td><td>细片状珠光体</td><td>硬度为 230 ～ 320 HBW，性能优于珠光体</td></tr>
<tr><td>屈氏体</td><td>T</td><td>600 ～ 550</td><td>极细片状珠光体</td><td>硬度为 330 ～ 400 HBW，性能优于索氏体</td></tr>
<tr><td rowspan="2">贝氏体</td><td>上贝氏体</td><td>B 上</td><td rowspan="2">中温等温转变</td><td>550 ～ 350</td><td>羽毛状组织</td><td>硬度为 40 ～ 45 HRC，强度低，塑形差，无实用价值</td></tr>
<tr><td>下贝氏体</td><td>B 下</td><td>350 ～ M_s</td><td>黑色针叶状组织</td><td>硬度可达 45 ～ 55 HRC，具有较高的强度和良好的塑形、韧性，是生产中机械零件常用的强化组织</td></tr>
<tr><td rowspan="2">马氏体</td><td>低碳马氏体</td><td rowspan="2">M</td><td rowspan="2">低温连续转变</td><td rowspan="2">M_s ～ M_f</td><td>板条状</td><td>硬度可达 45 HRC，具有良好的强度及较好的韧性</td></tr>
<tr><td>高碳马氏体</td><td>针状</td><td>硬度在 60 HRC 以上，硬度高，脆性大</td></tr>
</table>

3. 常用钢材的性能及用途

（1）碳素钢

碳素钢是应用最为广泛的一种钢材，冶炼容易，价格低廉。碳素结构钢是工程中应用最多的钢种，产量约占钢材总产量的 70% ～ 80%。

①普通碳素结构钢。共有 4 个牌号，其化学成分、力学性能见表 1-1-8。

表 1-1-8　普通碳素结构钢牌号、化学成分和力学性能

<table>
<tr><th rowspan="3">牌号</th><th rowspan="3">等级</th><th colspan="5">化学成分 /%</th><th colspan="3">力学性能</th></tr>
<tr><th rowspan="2">C</th><th rowspan="2">Mn</th><th>Si</th><th>S</th><th>P</th><th rowspan="2">R_{eL}/MPa</th><th rowspan="2">R_m/MPa</th><th rowspan="2">A/%</th></tr>
<tr><th colspan="3">不大于</th></tr>
<tr><td>Q195</td><td>—</td><td>0.12</td><td>0.50</td><td>0.30</td><td>0.040</td><td>0.035</td><td>195</td><td>315 ～ 430</td><td>33</td></tr>
<tr><td rowspan="2">Q215</td><td>A</td><td rowspan="2">0.15</td><td rowspan="2">1.20</td><td rowspan="2">0.35</td><td>0.050</td><td rowspan="2">0.045</td><td rowspan="2">215</td><td rowspan="2">335 ～ 450</td><td rowspan="2">31</td></tr>
<tr><td>B</td><td>0.045</td></tr>
</table>

续表

<table>
<tr><th rowspan="3">牌号</th><th rowspan="3">等级</th><th colspan="5">化学成分 /%</th><th colspan="3">力学性能</th></tr>
<tr><th rowspan="2">C</th><th rowspan="2">Mn</th><th>Si</th><th>S</th><th>P</th><th rowspan="2">R_{eL}/MPa</th><th rowspan="2">R_m/MPa</th><th rowspan="2">A/%</th></tr>
<tr><th colspan="3">不大于</th></tr>
<tr><td rowspan="4">Q235</td><td>A</td><td>0.22</td><td rowspan="4">1.40</td><td rowspan="4">0.35</td><td>0.050</td><td rowspan="2">0.045</td><td rowspan="4">235</td><td rowspan="4">370 ~ 500</td><td rowspan="4">26</td></tr>
<tr><td>B</td><td>0.20</td><td>0.045</td></tr>
<tr><td>C</td><td>0.17</td><td>0.040</td><td>0.040</td></tr>
<tr><td>D</td><td>0.17</td><td>0.035</td><td>0.035</td></tr>
<tr><td rowspan="5">Q275</td><td>A</td><td>0.24</td><td rowspan="5">1.50</td><td rowspan="5">0.35</td><td>0.050</td><td>0.045</td><td rowspan="5">275</td><td rowspan="5">410 ~ 540</td><td rowspan="5">22</td></tr>
<tr><td rowspan="2">B</td><td>0.21</td><td rowspan="2">0.045</td><td rowspan="2">0.045</td></tr>
<tr><td>0.22</td></tr>
<tr><td>C</td><td>0.20</td><td>0.040</td><td>0.040</td></tr>
<tr><td>D</td><td>0.20</td><td>0.035</td><td>0.035</td></tr>
</table>

普通碳素结构钢的主要特性和用途见表 1-1-9。

表 1-1-9　普通碳素结构钢的主要特性和用途

牌号	等级	主要特性	用　途	图　例
Q195 Q215	A B	具有较高的塑性、韧性和焊接性，良好的变形加工能力，但强度较低	用于制造地脚螺栓、铆钉、吊钩、支架、焊接机构、薄板等	地脚螺栓
Q235	A B C D	具有一定的强度，良好的塑性、韧性、焊接性、冷冲压性和较好的冷弯性能	广泛用于一般要求的零件和焊接结构，如螺钉、轴、销、螺母、建筑结构和桥梁等	螺钉
Q275	A B C D	具有较高的强度、较好的塑性、可加工性和一定的焊接性能	用于对强度要求较高的零件，如齿轮、轧辊、链轮等承受中等载荷的零件	齿轮

②优质碳素结构钢。按化学成分和力学性能供应的，钢中所含杂质量较少，常用来制造重要的机械零件，使用前一般需要经过热处理来改善钢材的力学性能。优质碳素结构钢的牌号、化学成分和力学性能见表 1-1-10。常用优质碳素结构钢的主要特性和用途见表 1-1-11。

表 1-1-10　优质碳素结构钢的牌号、化学成分和力学性能

牌号	化学成分 /%			力学性能					
	C	Si	Mn	R_{eL}/MPa	R_m/MPa	A/%	Z/%	HBW	
								未热处理钢	退火钢
				不小于				不大于	
08	0.05 ~ 0.11	0.17 ~ 0.37	0.35 ~ 0.65	195	325	33	60	131	—
10	0.07 ~ 0.13	0.17 ~ 0.37	0.35 ~ 0.65	205	335	31	55	137	—
15	0.12 ~ 0.18	0.17 ~ 0.37	0.35 ~ 0.65	225	375	27	55	143	—
20	0.17 ~ 0.23	0.17 ~ 0.37	0.35 ~ 0.65	245	410	25	55	156	—
25	0.22 ~ 0.29	0.17 ~ 0.37	0.50 ~ 0.80	275	450	23	50	170	—
30	0.27 ~ 0.34	0.17 ~ 0.37	0.50 ~ 0.80	295	490	21	50	179	—
35	0.32 ~ 0.39	0.17 ~ 0.37	0.50 ~ 0.80	315	530	20	45	197	—
40	0.37 ~ 0.44	0.17 ~ 0.37	0.50 ~ 0.80	335	570	19	45	217	187
45	0.42 ~ 0.50	0.17 ~ 0.37	0.50 ~ 0.80	355	600	16	40	229	197
50	0.47 ~ 0.55	0.17 ~ 0.37	0.50 ~ 0.80	375	630	14	40	241	207
55	0.52 ~ 0.60	0.17 ~ 0.37	0.50 ~ 0.80	380	645	13	35	255	217
60	0.57 ~ 0.65	0.17 ~ 0.37	0.50 ~ 0.80	400	675	12	35	255	229
65	0.62 ~ 0.70	0.17 ~ 0.37	0.50 ~ 0.80	410	695	10	30	255	229
70	0.67 ~ 0.75	0.17 ~ 0.37	0.50 ~ 0.80	420	715	9	30	269	229
75	0.72 ~ 0.80	0.17 ~ 0.37	0.50 ~ 0.80	880	1 080	7	30	285	241
80	0.77 ~ 0.85	0.17 ~ 0.37	0.50 ~ 0.80	930	1 080	6	30	285	241
85	0.82 ~ 0.90	0.17 ~ 0.37	0.50 ~ 0.80	980	1 130	6	30	302	255
15Mn	0.12 ~ 0.18	0.17 ~ 0.37	0.70 ~ 1.00	245	410	26	55	163	—
20Mn	0.17 ~ 0.23	0.17 ~ 0.37	0.70 ~ 1.00	275	450	24	50	197	—
25Mn	0.22 ~ 0.29	0.17 ~ 0.37	0.70 ~ 1.00	295	490	22	50	207	—
30Mn	0.27 ~ 0.34	0.17 ~ 0.37	0.70 ~ 1.00	315	540	20	45	217	187
35Mn	0.32 ~ 0.39	0.17 ~ 0.37	0.70 ~ 1.00	335	560	18	45	229	197
40Mn	0.37 ~ 0.44	0.17 ~ 0.37	0.70 ~ 1.00	355	590	17	45	229	207
45Mn	0.42 ~ 0.50	0.17 ~ 0.37	0.70 ~ 1.00	375	620	15	40	241	217
50Mn	0.48 ~ 0.56	0.17 ~ 0.37	0.70 ~ 1.00	390	645	13	40	255	217
60Mn	0.57 ~ 0.65	0.17 ~ 0.37	0.70 ~ 1.00	410	695	11	35	269	229
65Mn	0.62 ~ 0.70	0.17 ~ 0.37	0.90 ~ 1.20	430	735	9	30	285	229
70Mn	0.67 ~ 0.75	0.17 ~ 0.37	0.90 ~ 1.20	450	785	8	30	285	229

表 1-1-11　常用优质碳素结构钢的主要特性和用途

牌号	主要特性	用　途	图　例
08F	优质沸腾钢。强度、硬度低，塑性极好，深冲压、深拉延性好，冷加工性、焊接性好，但成分偏析倾向大，时效敏感性大，故冷加工时可采取消除应力热处理或水韧处理方法，以防止冷加工断裂	轧制成薄板、薄带、冷变形材、冷拉钢丝。用作冲压件、压延件，以及各类不承受载荷的覆盖件和渗碳、渗氮、氰化件，制作各类套筒、靠模、支架	冲压件
08	极软低碳钢。强度、硬度很低，塑性、韧性极好，冷加工性好，淬透性、淬硬性极差，时效敏感性比 08F 稍弱，不宜切削加工。退火后，导磁性能好	轧制成薄板、薄带、冷变形材、冷拉、冷冲压、焊接件、表面硬化件	钢带
10F 10	强度低（稍高于 08 钢），塑性、韧性很好，焊接性优良，无回火脆性。易冷热加工成型，淬透性很差，正火或冷加工后切削性能好	用冷轧、冷冲、冷镦、冷弯、热轧、热挤压、热镦等工艺成型。用于制造要求受力不大、韧性高的零件，如摩擦片、深冲器皿、汽车车身、弹体等	车身
15	低碳渗碳钢。塑性、韧性高，并且有良好的焊接性及冷冲压性，无回火脆性，切削性差，但经水韧处理或正火之后，即能提高切削性，强度较低，且淬硬性和淬透性较差	用于制造受载不大、韧性要求较高的零件、渗碳件、冲模锻件、紧固件，不需热处理的低负载零件，焊接性能较好的中、小结构件，如螺栓、螺钉、法兰盘、拉条、化工容器、蒸汽锅炉、小轴、挡铁、小模数齿轮、滚子、仿形板、摩擦片、销子、套筒、球轴承（轻载，H 级）的套圈和滚珠、起重钩，以及农机用链轮、链条、轴套等	锅炉
15F	特性和 15 钢相近，但是沸腾钢成分偏析倾向较大，热轧或冷轧成低碳薄钢板	用于制造心部强度不高的渗碳或氰化零件，如套筒、挡块、支架、短轴、齿轮、靠模、离合器盘，也可用于制造塑性良好的零件，如管子、垫片、垫圈等，还可用于制造摇杆、吊钩、横担、衬套、螺栓、拖车钩以及农机中的低负载零件，亦可用于制造钣金件及各种冲压件（最深冲压、深冲压等）	拖车钩

续表

牌号	主要特性	用　途	图　例
20	低碳渗碳钢。特性与15钢相近，但强度比15钢略高	在热轧或正火状态下用于制造负载不大但韧性要求高的零件，如重型及通用机械中的锻、压的拉杆、杠杆、钩环、套筒、夹具及衬垫。在一般机械及汽车、拖拉机中，用于制造不太重要的中、小型渗碳、氰化零件，如手刹车蹄片、杠杆轴、变速叉、被动齿轮、气阀挺杆，拖拉机上的凸轮轴、悬挂平衡器轴、内外衬套，机车车辆上的十字头、活塞、气缸盖等。铸件还可用于制造压力低于6.08 MPa、温度低于450℃的无腐蚀介质中使用的管子、导管等锅炉零件	拨叉
25	和20钢的性能相近，其强度稍高于20钢，塑性和韧性较好，且具有一定的强度，冷冲压性和焊接性较好，切削性能较好，无回火脆性，但淬透性及淬硬性不高。一般在热轧及正火后使用	用于制造焊接结构件，以及经锻造、热冲压和切削加工且负载较小的零件，如辊子、轴垫圈、螺栓、螺母、螺钉、连接器。还可用于制造压力小于600 MPa、温度低于450℃的应力不大的锅炉零件，如螺栓、螺母等。在汽车、拖拉机中，常用作冲击钢板，如厚度4～11 mm的钢板，可制作横梁、车架、大梁、脚踏板等具有相当载荷的零件。经淬火处理（获得低碳马氏体），可制造强度和韧性良好的零件，如汽车轮胎螺钉等。还可用于制造心部强度不高、表面要求良好耐磨性的渗碳和氰化零件	车架 轧辊
30	具有一定的强度和硬度，塑性和焊接性较好，通常在正火状态下使用，也可调质。截面尺寸不大的钢材经调质处理后，能得到较好的综合力学性能，并且具有良好的切削性能	用于制造受载不大、工作温度低于150℃的截面尺寸小的零件，如化工机械中的螺钉、拉杆、套筒、丝杠、轴、吊环、键等，以及在自动机床上加工的螺栓、螺母。亦可用于制造心部强度较高、表面耐磨的渗碳及氰化零件、焊接构件及冷镦锻零件	丝杠

续表

牌号	主要特性	用　途	图　例
35	中碳钢。性能与30钢相似，具有一定的强度和良好的塑性，冷变形塑性高，可进行冷拉、冷镦及冷冲压，并具有良好的切削加工性能。其含碳量为规定含碳量的下限时，焊接性能良好；其含碳量为规定含碳量的上限时，焊接性能不好。钢的淬透性差。通常在正火或调质状态下使用，综合力学性能要求不高时，亦可在热轧供货状态下使用	广泛地用于制造负载较大但截面尺寸较小的各种机械零件、热压件，如轴销、轴、曲轴、横梁、连杆、杠杆、星轮、轮圈、垫圈、圆盘、钩环、螺栓、螺钉、螺母等。还可不经热处理制造负载不大的锅炉用（温度低于450℃）螺栓、螺母等紧固件。通常不用于制作焊接件	悬架连杆
40	强度较高，切削性能良好，是一种高强度的中碳钢。焊接性差，但可焊接，在焊前预热处理至150℃。冷变形塑性中等，适于水淬和油淬，但淬透性低，形状复杂的零件，水淬易产生裂纹。多在正火、调质或高频表面淬火热处理后使用	用于制造机器中的运动件，心部强度要求不高、表面耐磨性好的淬火零件，截面尺寸较小、负载较大的调质零件，应力不大的大型正火件，如传动轴、心轴、曲轴、曲柄销、辊子、拉杆、连杆、活塞杆、齿轮、圆盘、链轮等。一般不适于制作焊接件	链轮
45	高强度中碳调质钢。具有一定的塑性和韧性、较高的强度，切削性能良好，采用调质处理可获得很好的综合力学性能，淬透性较差，水淬易产生裂纹。中、小型零件调质后可得到较好的韧性及较高的强度，大型零件（截面尺寸超过80 mm）以采用正火处理为宜。焊接性能较低，但仍可焊接，焊前应将焊件进行预热，且焊后应进行退火处理，以消除焊接应力	用于制造较高强度的运动零件，如空压机、泵的活塞、蒸汽透平机的叶轮，重型及通用机械中的轧制轴、连杆、蜗杆、齿条、齿轮、销子等。通常在调质或正火状态下使用，可代替渗碳钢，用于制造表面耐磨的零件（不须经高频或火焰表面淬火），如曲轴、齿轮、机床主轴、活塞销、传动轴等。还可用于制造农机中等负荷的轴、脱粒滚筒、凹板钉齿、链轮、齿轮以及钳工工具等	主轴
50	高强度中碳钢。弹性性能较高，切削加工性能尚好，退火后切削加工性为50%，焊接性差，冷变形塑性低，淬透性能较低，水中淬火易产生裂纹，但无回火脆性。一般在正火或淬火、回火以及高频表面淬火之后使用	主要用于制造动负载、冲击载荷不大以及要求耐磨性好的机械零件，如锻造齿轮、轴摩擦盘、机床主轴、发动机曲轴、轧辊、拉杆、弹簧垫圈、不重要的弹簧、重载心轴及轴类零件，以及农机中的掘土犁铧、翻土板、铲子等	犁铧

续表

牌号	主要特性	用途	图例
55	高强度中碳钢。弹性较高，塑性及韧性差，热处理后可获得高强度、高硬度，切削加工性中等。淬透性低，水中淬火有产生裂纹的倾向。焊接性以及冷变形性能均低。一般在正火或淬火、回火后使用	主要用于制造耐磨、强度较高的机械零件以及弹性零件，也可用于制作铸钢件，如连杆、齿轮、机车轮箍、轮缘、轮圈、轧辊、扁弹簧	机车轮缘
60	高强度中碳钢。具有相当高的强度、硬度及弹性，切削加工性不好，冷变形塑性低。淬透性低，水中淬火易产生裂纹。因此大型零件不适合淬火，多在正火状态下使用，只有小型零件才适合淬火。焊接性差，回火脆性不敏感	主要用于制造耐磨、强度较高、受力较大、摩擦工作以及要求相当弹性的弹性零件，如轴、偏心轴、轧辊、轮箍、离合器、钢丝绳、弹簧垫圈、弹簧圈、减振弹簧、凸轮及各种垫圈	凸轮
65	高强度中碳钢，是一种应用广泛的碳素弹簧钢。经适当的热处理，其疲劳强度与合金弹簧钢相近，并能得到良好的弹性和较高的强度，切削加工性差。淬透性低，截面尺寸大于7～18 mm时，在油中不能淬透，水淬易产生裂纹，小型零件多采用淬火，大型尺寸零件多采用正火或水淬油冷。回火脆性不敏感。通常在淬火并中温回火状态下使用，也可在正火状态下使用	主要用于制造弹簧垫圈、弹簧环、U形卡、气门弹簧、受力不大的扁形弹簧、螺旋弹簧等。在正火状态下，可制造轧辊、凸轮、轴、钢丝绳等耐磨零件	弹簧垫圈
70	性能和65钢相近，强度和弹性均比65钢稍高。由于淬透性低，直径大于12～15 mm不能淬透	仅用于制造强度不高、截面尺寸较小的扁形、圆形、方形弹簧，以及钢带、钢丝、车轮圈、电车车轮及犁铧等	方形弹簧
75 80	性能和65钢相近，弹性比65钢稍差，强度较高，淬透性较低。一般在淬火、回火状态下使用	用于制造强度不高、截面尺寸较小的螺旋弹簧、板弹簧，也用于制造承受摩擦工作的机械零件	各类螺旋弹簧

续表

牌号	主要特性	用途	图例
85	高耐磨性的高碳钢。性能与 65 钢相近，但强度和硬度均比 65 钢、70 钢要高，弹性稍低，淬透性差	主要用于制造截面尺寸不大、强度不高的振动弹簧，如普通机械中的扁形弹簧、圆形螺旋弹簧，铁道车辆和汽车、拖拉机中的板簧及螺旋弹簧，农机中的清棉机锯片和摩擦盘以及其他用途的钢丝和钢带等	锯片
15Mn 20Mn	高锰低碳渗碳钢。性能和 15 钢相近，但淬透性、强度和塑性均比 15 钢有所提高，切削性能也有所提高，低温冲击韧性及焊接性能良好，通常在渗碳、正火或在热轧供货的状态下使用。20Mn 钢含碳量略高于 15Mn 钢，因而其强度和淬透性比 15Mn 钢略高	主要用于制造中心部力学性能较高的渗碳或氰化零件，如凸轮轴、曲柄轴、活塞销、齿轮、滚动轴承（H 级，轻载）的套圈以及圆柱、圆锥轴承中的滚动体等。在正火或热轧状态下用于制造韧性高而应力较小的零件，如螺钉、螺母、支架、铰链及铆焊结构件。还可轧制成板材（4 ～ 10 mm），制作低温条件下工作的油罐容器	滚动轴承
25Mn	强度比 25 钢和 20Mn 钢都高，其他性能与 25 钢、20Mn 钢相近	一般用于制造渗碳件和焊接件，如连杆、销、凸轮轴、齿轮、联轴器、铰链等	凸轮轴
30Mn	强度和淬透性比 30 钢高，冷变形时塑性尚好，切削加工性良好，焊接性中等，但有回火脆性倾向，因而锻后要立即回火。通常在正火或调质状态下使用	一般用于制造各种零件，如杠杆、拉杆、小轴、刹车踏板、螺钉及螺母。还可用于制造高应力负载的细小零件（采用冷拉钢制作），如农机中的钩环链的链环、刀片、横向刹车机齿轮等	铁链
35Mn	强度和淬透性均比 30Mn 钢高，切削加工性好，冷变形时塑性中等，焊接性较差，常用作调质钢	一般用于制造载荷中等的零件，如啮合杆、传动轴、螺栓、螺钉等。还可用于制造受磨损的零件（采用淬火回火），如齿轮、心轴、叉等	传动轴

续表

牌号	主要特性	用途	图例
40Mn	淬透性比40钢稍高，经热处理之后的强度、硬度及韧性都较40钢高，切削加工性好，冷变形时塑性中等，存在回火脆性及过热敏感性，水淬时易形成裂纹，焊接性差。既可在正火状态下使用，也可在淬火与回火状态下使用	经调质处理后，可代替40Cr钢使用。用于制造在疲劳负载下工作的零件，如曲轴、连杆、辊、轴，以及高应力的螺栓、螺钉、螺母等	
45Mn	中碳调质钢。强度、韧性及淬透性均比45钢高，调质处理可获得较好的综合力学性能，切削加工性尚好，但焊接性差，冷变形时塑性低，并且有回火脆性倾向。一般在调质状态下应用，也可在淬火、回火或在正火状态下使用	一般用于承受较大载荷及承受磨损工作条件的零件，如曲轴、花键轴、轴、连杆、万向节轴、汽车半轴、啮合杆、齿轮、离合器盘、螺栓、螺母等	曲轴
50Mn	性能与50钢相近，但淬透性较好，因而热处理之后的强度、硬度及弹性均比50钢要好，但有过热敏感性及回火脆性倾向，焊接性差。一般在淬火、回火后使用，在某些情况下也允许正火后使用	一般用于制造高耐磨性、高应力的零件，如直径小于80 mm的心轴、齿轮轴、齿轮、摩擦盘、板弹簧等，高频淬火后还可用于制造火车轴、蜗杆、连杆及汽车曲轴等	 蜗杆
60Mn	强度较高，淬透性较好，脱脆倾向小，但有过热敏感性及回火脆性倾向，水淬易产生淬火裂纹。通常在淬火、回火后使用，退火后的切削加工性良好	用于制造尺寸较大的螺旋弹簧，各种扁、圆弹簧，以及板簧、弹簧片、弹簧环、发条和冷拉钢丝（直径小于7 mm）	 板簧
65Mn	高锰弹簧钢。具有高的强度和硬度，弹性良好，淬透性较好，适于油淬，水淬易产生裂纹，直径大于80 mm的零件常采用水淬油冷。但热处理后有过热敏感性及回火脆性，退火后的切削性尚好，冷作变形塑性较差，焊接性能不好。一般不适于用作焊接构件，通常在淬火、中温回火状态下使用	经淬火及低温回火或调质、表面淬火处理，用于制造耐摩擦、高弹性、高强度的机械零件，如收割机铲、犁、切碎机切刀、翻土板、整地机械圆盘、机床主轴、机床丝杠、弹簧卡头、钢轨、螺旋滚子轴承的套圈。经淬火、中温回火处理后，用于制造承受中等负载的板弹簧（厚度5～15 mm）、螺旋弹簧（直径7～20 mm）、弹簧垫圈、弹簧卡环、弹簧发条，以及轻型汽车的离合器弹簧、制动弹簧、气门弹簧等	 涡卷弹簧（发条）

续表

牌号	主要特性	用 途	图 例
70Mn	淬透性比 70 钢要好，经热处理可获得比 70 钢更好的强度、硬度及弹性，但冷变形塑性差，焊接性能低，热处理时易产生过热敏感性以及回火脆性，易于脱碳，水淬时易形成裂纹。主要在淬火、回火状态下使用	用于制造耐磨、载荷较大的机械零件，如止推环、离合器盘、弹簧圈、弹簧垫圈、盘簧等	离合器盘

③碳素工具钢。碳素工具钢主要用来制造刀具、模具和量具。碳素工具钢的含碳量均在 0.7% 以上，以满足使用过程中高硬度和高耐磨性的需要。碳素工具钢都是优质或高级优质钢。碳素工具钢的牌号、化学成分和力学性能见表 1-1-12，性能和用途见后文第 2 部分“刀具材料”中的叙述。

表 1-1-12　碳素工具钢的牌号、化学成分和力学性能

牌号	化学成分 /%					热处理	
	C	Mn	Si	S	P	淬火温度 /℃	HRC（不小于）
T7	0.65 ~ 0.74	≤0.40	≤0.35	≤0.03	≤0.035	800 ~ 820 水淬	62
T8	0.75 ~ 0.84					780 ~ 800 水淬	
T8Mn	0.80 ~ 0.90	0.40 ~ 0.60					
T9	0.85 ~ 0.94	≤0.40				760 ~ 780 水淬	
T10	0.95 ~ 1.04						
T11	1.05 ~ 1.14						
T12	1.15 ~ 1.24						
T13	1.25 ~ 1.35						

④铸造碳钢（铸钢）。铸造碳钢一般用于制造形状复杂、力学性能要求较高、壁厚在 10 mm 以下的机械零件。铸钢的含碳量一般在 0.2% ~ 0.6% 之间，过高的含碳量会使得钢的塑性变差，铸件中容易产生裂纹。常用铸造碳钢的牌号、化学成分和力学性能见表 1-1-13，主要特性和用途见表 1-1-14。

表 1-1-13　常用铸造碳钢的牌号、化学成分和力学性能（GB 5676—1985）

牌号	化学成分 /%					力学性能			
	C	Si	Mn	P	S	R_{eL} 或 $R_{P0.2}$/MPa	R_m/MPa	$A_{11.3}$/%	Z/%
	不大于					不小于			
ZG200-400	0.20	0.50	0.80	0.04		200	400	25	40
ZG230-450	0.30	0.50	0.90	0.04		230	450	22	32
ZG270-500	0.40	0.50	0.90	0.04		270	500	18	25
ZG310-570	0.50	0.60	0.90	0.04		310	570	15	21
ZG340-640	0.60	0.60	0.90	0.04		340	640	10	18

表 1-1-14 铸造碳钢的主要特性和用途

牌号	主要特性	用 途	图 例
ZG200-400	良好的塑性、韧性和焊接性	用于制造受力不大、要求有一定韧性的零件，如机座、变速箱体等	变速箱体
ZG230-450	有一定的强度和较好的塑性、韧性，焊接性能良好，切削性能中等	用于制造受力不大、要求有一定韧性的零件，如轴承盖、外壳、阀体、底板等	阀体
ZG270-500	有较高的强度和较好的塑性，铸造性能良好，焊接性较差，切削性能良好，是应用较广泛的铸钢	用于制造轧钢机机架、连杆箱体、缸体、曲柄、轴承座等	缸体
ZG310-570	强度和切削性能良好，塑性、韧性较差	用于制造负荷较高的零件，如大型齿轮、缸体、制动轮、辊子等	大型齿轮
ZG340-640	有高的强度、硬度和耐磨性，切削性能中等，焊接性差，裂纹敏感性高	用于制造齿轮、阀轮、叉头、车轮、棘轮、联轴器等	阀轮

（2）低合金钢

低合金高强度结构钢是应用较为广泛的一种低合金钢。在碳素结构钢的基础上加入少量合金元素就形成了低合金高强度结构钢。常加入的合金元素有锰（Mn）、硅（Si）、钛（Ti）、铌（Nb）、钒（V）等，合金元素含量较低，一般不超过 0.25%。部分常用低合金高强度结构钢的牌号、化学成分和力学性能见表 1-1-15。低合金高强度结构钢具有很好的强度和良好的塑性、韧性、耐腐蚀性及焊接性，广泛用于制造工程用钢结构件，例如船舶、车辆、锅炉、压力容器、起重机械等。部分低合金高强度结构钢的主要特性和用途见表 1-1-16。

表 1-1-15　部分低合金高强度结构钢的牌号、部分化学成分和力学性能（GB/T 1591—2008）

牌号	等级	化学成分						力学性能					
		C ≤	Mn	Si ≤	V	Nb	Ti	屈服强度 R_{eL}/MPa 不小于				抗拉强度 R_m/MPa	伸长率 A/% 不小于
								厚度 /mm					
								≤16	16 ~ 35	35 ~ 50	50 ~ 100		
Q355	A	0.20	≤ 1.70	0.50	≤ 0.15	≤ 0.07	≤ 0.20	345	325	295	275	470 ~ 630	21
	B												
	C												22
	D	0.18											
	E												
Q390	A	0.20	≤ 1.70	0.50	≤ 0.20	≤ 0.07	≤ 0.20	390	370	350	330	490 ~ 650	19
	B												
	C												20
	D												
	E												
Q420	A	0.20	≤ 1.70	0.50	≤ 0.20	≤ 0.07	≤ 0.20	420	400	380	360	520 ~ 680	18
	B												
	C												19
	D												
	E												
Q460	C	0.20	≤ 1.80	0.55	≤ 0.20	≤ 0.11	≤ 0.20	460	440	420	400	550 ~ 720	17
	D												
	E												

表 1-1-16　部分低合金高强度结构钢的主要特性和用途

牌号		主要特性	用途	图例
新	旧			
Q355	18Nb	含 Nb 镇静钢，特性与 14MnNb 钢相近	用于制造起重机、鼓风机、化工机械等	鼓风机

续表

<table>
<tr><th colspan="2">牌号</th><th rowspan="2">主要特性</th><th rowspan="2">用途</th><th rowspan="2">图例</th></tr>
<tr><th>新</th><th>旧</th></tr>
<tr><td rowspan="5">Q355</td><td>09MnCuPTi</td><td>耐大气腐蚀用钢，低温冲击韧性好，焊接性和冷热加工性能好</td><td>用于制造在潮湿环境和腐蚀环境下工作的各种机械</td><td> 耐腐蚀弯管</td></tr>
<tr><td>12MnV</td><td>工作温度为-70℃为低温用钢</td><td>用于制造冷冻机械、在低温环境下工作的结构件</td><td> 低温存储罐</td></tr>
<tr><td>14MnNb</td><td>性能与18Nb钢相近</td><td>用于制造工作温度为-20℃～450℃的容器及其他结构件</td><td> 储气罐</td></tr>
<tr><td>16Mn</td><td>综合力学性能好，低温、冷冲压、焊接、切削性能好</td><td>用于制造矿山、运输、化工等行业的各种机械</td><td rowspan="2"> 碎石机械</td></tr>
<tr><td>16MnRE</td><td>性能与16Mn钢相近，冲击韧性和冷弯性能比前者好</td><td>同16Mn钢</td></tr>
<tr><td rowspan="3">Q390</td><td>10MnPNbRE</td><td>耐海水及大气腐蚀性好</td><td>用于制造抗大气和海水腐蚀的各种机械</td><td> 潜水泵</td></tr>
<tr><td>15MnV</td><td>力学性能优于16Mn钢</td><td>用于制造高压锅炉、石油行业机械、化工容器、起重机械、运输机械构件</td><td rowspan="2"> 高压锅炉</td></tr>
<tr><td>15MnTi</td><td>力学性能与15MnV钢基本相同</td><td>同15MnV钢</td></tr>
</table>

续表

牌号		主要特性	用途	图例
新	旧			
Q390	16MnNb	综合力学性能比 16Mn 钢高，低温、冷冲压、焊接、切削性能好	用于制造大型焊接结构，如容器、管道及重型机械设备	
Q420	14MnVTiRE	综合性能、焊接性能良好，低温冲击韧性特别好	同 16MnNb 钢	挖掘机
	15MnVN	力学性能优于 15MnV 钢。综合性能不佳，强度高，但韧性、塑性较差。焊接时，脆化倾向大。冷热加工性中等，缺口敏感性较高	用于制造大型船舶、桥梁、起重机械、中压或高压锅炉及容器等	货轮
Q460	—	强度高，在正火、正火 + 回火或淬火 + 回火状态有很高的综合力学性能，采用加铝脱氧，可保证钢的良好韧性	淬火、回火后用于制造大型挖掘机、起重运输机械、钻井平台等	钻井平台

（3）合金钢

为了提高钢的力学性能，改善工艺性能和得到某些特殊的物理化学性能，在冶炼时有目的地加入一种或数种合金元素，就得到了合金钢。与碳素钢相比，由于合金元素的加入，合金钢具有较高的力学性能、淬透性和回火稳定性等，有的还具有耐热、耐酸、耐蚀等特殊性能，在机械制造中得到了广泛应用。

机械结构用合金钢属于特殊质量合金钢，主要用于制造机械零件，按其用途和热处理特点可分为合金渗碳钢、合金调质钢、合金弹簧钢等。

①合金渗碳钢。合金渗碳钢的含碳量在 0.10% ～ 0.25% 之间，可保证心部有足够的塑性和韧性。加入合金元素主要是为了提高钢的淬透性，使零件在热处理后，表层和心部均得到强化，并防止钢因长时间渗碳而导致晶粒粗大。典型热处理工艺为渗碳 + 淬火 + 低温回火。常用合金渗碳钢的牌号、热处理、力学性能和用途见表 1-1-17。

②合金调质钢。合金调质钢的含碳量一般为 0.25% ～ 0.50%，属于中碳合金钢。合金调质钢中常加入少量铬、锰、硅、镍、硼等合金元素，以增加钢的淬透性，使铁素体强化并提高韧性。加入少量钼、钒、钨、钛等碳化物形成元素，可阻止奥氏体晶粒长大和提高钢的回火稳定性，以进一步改善钢的性能。常用合金调质钢的牌号、热处理、力学性能及用途见表 1-1-18。

③合金弹簧钢。合金弹簧钢按生产工艺可分为热轧弹簧钢和冷轧弹簧钢。合金弹簧钢具有高的抗拉强度和疲劳强度，且具有足够的塑性和韧性，以及良好的表面质量，同时还有较好的淬透性及低的脱碳敏感性，在冷热状态下容易绕卷成型。合金弹簧钢含碳量为 0.45% ～ 0.75%，加入的合金元素有 Mn、Si、Cr、Mo、W、V 和微量的 B，常用于制造承载大、截面尺寸较大的弹簧。常用合金弹簧钢的牌号、热处理和力学性能见表 1-1-19，主要特性和用途见表 1-1-20。

表 1-1-17　常用合金渗碳钢的牌号、热处理、力学性能和用途

类别	牌号	热处理 /℃			力学性能（不小于）			用途	图　例
		渗碳	淬火	回火	R_m/MPa	R_{eL}/MPa	A/%		
低淬透性	20Cr	930	880 水油	200 水空	835	540	10	用于制造截面不大的机床变速箱齿轮、凸轮、活塞等	小齿轮
	20Mn2	930	850 水油	200 水空	785	590	10	代替20Cr钢制造渗碳小齿轮、小轴、汽车变速箱操纵杆等	变速箱操纵杆
	20MnV	930	880 水油	200 水空	785	590	10	用于制造活塞销、齿轮、锅炉、高压容器等焊接结构件	活塞销
中淬透性	20CrMn	930	850 油	200 水空	930	735	10	用于制造截面不大、中高负荷的齿轮、轴、蜗杆等	蜗杆
	20CrMnTi	930	880 油	200 水空	1 080	835	10	用于制造截面直径30 mm以下承受调速、中等负荷或重负荷以及冲击、摩擦的渗碳零件等	齿轮轴
	20MnTiB	930	860 油	200 水油	1 100	930	10	代替20CrMnTi钢制造汽车、拖拉机上的小截面、中等载荷的齿轮	小齿轮
	20SiMnVB	930	900 油	200 水油	1 175	980	10	替代20CrMnTi钢	

续表

类别	牌号	热处理/℃			力学性能（不小于）			用途	图例
		渗碳	淬火	回火	R_m/MPa	R_{eL}/MPa	A/%		
高淬透性	12Cr2Ni4A	930	880 油	200 水油	1 175	1 080	10	用于制造在高负荷、交变应力下工作的齿轮、涡轮、蜗杆、转向轴等	转向轴
高淬透性	18Cr2Ni4WA	930	950 空	200 水油	1 175	835	10	用于制造大截面高强度渗碳中齿轮、大齿轮、曲轴、花键轴、涡轮等	花键轴

表 1-1-18　常用合金调质钢的牌号、热处理、力学性能及用途

类别	牌号	热处理/℃		力学性能（不小于）			用途	图例
		淬火	回火	R_m/MPa	R_{eL}/MPa	A/%		
低淬透性	40Cr	850 油	520 水油	980	785	9	用于制造中等载荷、中等转速机械零件，如汽车的转向节、后半轴，以及机床上的齿轮、轴、蜗杆等。表面淬火后可用于制作耐磨零件，如套筒、心轴、销子、连杆螺钉、进气阀等	飞轮
低淬透性	40CrB	850 油	500 水油	980	785	10	主要代替 40Cr 钢，用于制造汽车的车轴、转向轴、花键轴，以及机床的主轴、齿轮等	气门
低淬透性	35SiMn	900 油	570 水油	885	735	15	用于制造中等负荷的中速零件，如传动齿轮、主轴、转轴、飞轮等，可代替 40Cr 钢	

续表

类别	牌号	热处理 /℃		力学性能（不小于）			用途	图　例
		淬火	回火	R_m/MPa	R_{eL}/MPa	A/%		
中淬透性	40CrNi	820 油	500 水油	980	785	10	用于制造截面尺寸较大的轴、齿轮、连杆、曲轴、圆盘等	 大型轴
	42CrMn	840 油	550 水油	980	835	9	用于制造在高速及弯曲负荷下工作的轴、连杆等，在高速、高负荷、无强冲击负荷下工作的齿轮轴、离合器等	 发动机连杆
	42CrMo	850 油	560 水油	1080	930	12	用于制造机车牵引用的大齿轮、增压器传动齿轮、发动机气缸、负荷极大的连杆及弹簧等	 增压器
	38CrMoAlA	940 油	740 水油	980	835	14	用于制造镗杆、磨床主轴、自动车床主轴、精密丝杠、精密齿轮、高压阀杆、气缸套等	 镗杆
高淬透性	40CrNiMo	850 油	600 水油	980	835	12	用于制造重型机械中高负荷的轴类、大直径的汽轮机轴、直升机的旋翼轴、喷气发动机的蜗轮轴等	 汽轮机轴
	40CrMnMo	850 油	600 水油	980	785	10	40CrNiMo 的代用钢	 喷气发动机

表 1-1-19　常用合金弹簧钢的牌号、热处理和力学性能（GB/T 1222—2016）

牌号	热处理 /℃			力学性能（不小于）			
	淬火温度 /℃	淬火介质	回火温度 /℃	R_m/MPa	R_{eL}/MPa	A/%	Z/%
65Mn	830	油	540	980	785	—	30
60Si2Mn	870	油	440	1 570	1 375	—	25
60Si2CrV	850	油	400	1 900	1 700	5	20
50CrV	840	油	500	1 275	1 130	10	40
60CrMnB	840	油	490	1 225	1 080	9	20
55SiMnVB	860	油	460	1 375	1 225	—	30

表 1-1-20　常用合金弹簧钢的主要特性和用途

牌号	主要特性	用　途	图　例
65Mn	强度高，淬透性和综合力学性能较好，脱碳倾向小，但有过热敏感性及回火脆性，易出现淬火裂纹	用于制造尺寸稍大的普通弹簧，如 5 ～ 10 mm 板簧和线径 1 ～ 15 mm 螺旋弹簧，也可用于制造弹簧环、气门弹簧、刹车弹簧、发条、减振器和离合器簧片，以及用冷拔钢丝制造冷卷螺旋弹簧等	气门组的基本组成 气门弹簧
55SiMnVB	有较高的淬透性、较好的综合力学性能以及较高的疲劳寿命，过热敏感性小，抗回火稳定性好	主要用于制造中、小型汽车的板簧，也可用于制造其他中等截面尺寸的板簧、螺旋弹簧等	板簧
60Si2Mn	由于硅含量高，其强度和弹性极限均比 55Si2Mn 高，抗回火稳定性好，淬透性不高，易脱碳和石墨化	应用范围很广，主要用于制造汽车、机车、拖拉机的减振板簧、螺旋弹簧，气缸安全阀簧、止回阀簧，也可用于制造承受交变载荷及高应力下工作的重要弹簧、抗磨损弹簧等	悬架螺旋弹簧
60Si2CrV	与硅锰弹簧钢相比，当塑性相近时，具有较高的抗拉强度和屈服强度，淬透性较高，热处理工艺性能好，但有回火脆性。因强度高，卷制弹簧后应及时作消除内应力处理	用于制造在 250℃以下工作并承受高载荷的大型弹簧，如汽轮机汽封弹簧、调节弹簧、冷凝器支承弹簧、高压水泵碟形弹簧、矿用破碎机的缓冲复位弹簧。60Si2CrV 钢还被用于制造极重要弹簧，如常规武器的取弹钩弹簧等	

续表

牌号	主要特性	用途	图例
50CrV	有较高的强度、屈强比和弹减抗力，较好的韧性，高的疲劳强度，并有高的淬透性和较低的过热敏感性，脱碳倾向减小，冷变形塑性低	用于制造极重要的承受高应力的各种尺寸的螺旋弹簧，特别适宜用于制造工作应力振幅高、疲劳性能要求严格的弹簧，以及工作温度在300℃以下的阀门弹簧、喷油嘴、气缸胀圈等	喷油嘴
60CrMnB	基本性能与60CrMnA相同，但淬透性明显提高	用于制造尺寸更大的板簧、螺旋弹簧、扭转弹簧等	
30W4Cr2VA	有良好的室温与高温力学性能，强度高，淬透性好，高温抗松弛和热加工性能也很好	用于制造工作温度在500℃以下的耐热弹簧，如汽轮机主蒸汽阀弹簧、汽封弹簧片、锅炉安全阀等	锅炉安全阀

（4）高碳铬轴承钢

高碳铬轴承钢属于特殊质量合金钢，其含碳量为0.95%～1.15%，含铬量为0.40%～1.65%。加入元素铬是为了提高淬透性。制造大型轴承时，为了进一步提高淬透性，还可加入硅、锰等元素。滚动轴承钢的热处理包括预先热处理和最终热处理。预先热处理采用球化退火，最终热处理为淬火+低温回火。常用高碳铬轴承钢的牌号、化学成分、热处理见表1-1-21，主要特性和用途见表1-1-22。

表1-1-21　常用高碳铬轴承钢的牌号、化学成分、热处理

牌号	主要成分/%		热处理/℃		回火后硬度（HRC）
	C	Cr	淬火	回火	
GCr15	0.95～1.05	1.40～1.65	810～840	150～170	61～65
G8Cr15	0.75～0.85	1.30～1.65	830～850	150～160	61～64
GCr15SiMn	0.95～1.05	1.40～1.65	820～845	150～180	≥62
GCr15SiMo	0.95～1.05	1.40～1.70	830～880	150～210	≥61
GCr18Mo	0.95～1.05	1.65～1.95	850～865	160～200	61～64

表 1-1-22　常用高碳铬轴承钢的主要特性及用途

牌号	主要特性	用途	图例
GCr15	高碳铬轴承钢的代表钢种。综合性能良好，淬火与回火后具有高而均匀的硬度，良好的耐磨性和高的接触疲劳寿命，热加工变形性能和切削加工性能均好，但焊接性差，对白点形成较敏感，有回火脆性倾向	用于制造壁厚≤12 mm、外径≤250 mm的各种轴承套圈；也用作尺寸范围较宽的滚动体，如钢球、圆锥滚子、圆柱滚子、球面滚子、滚针等；还用于制造模具、精密量具以及其他要求高耐磨性、高弹性极限和高接触疲劳强度的机械零件	轴承套圈
G8Cr15	力学性能和疲劳性能优于GCr15轴承钢，经过热处理后其冲击功、耐磨性和淬透性也优于GCr15轴承钢	适用于GCr15轴承钢制轴承全尺寸范围，可用于替代GCr15生产轴承产品	滚动轴承
GCr15SiMn	在GCr15钢的基础上适当增加硅、锰含量，其淬透性、弹性极限、耐磨性均有明显提高，冷加工塑性中等，切削加工性能稍差，焊接性能不好，对白点形成较敏感，有回火脆性倾向	用于制造大尺寸的轴承套圈、钢球、圆锥滚子、圆柱滚子、球面滚子等，轴承零件的工作温度小于180 ℃；还用于制造模具、量具、丝锥及其他要求硬度高且耐磨的零部件	圆柱滚子
GCr15SiMo	在GCr15钢的基础上提高硅含量，并添加钼而开发的新型轴承钢。综合性能良好，淬透性高，耐磨性好，接触疲劳寿命长，其他性能与GCr15SiMn相近	用于制造大尺寸的轴承套圈、滚珠、滚柱，还用于制造模具、精密量具以及其他要求硬度高且耐磨的零部件	
GCr18Mo	相当于瑞典SKF24轴承钢。是在GCr15钢的基础上加入钼，并适当提高铬含量，从而提高了钢的淬透性。其他性能与GCr15钢相近	用于制造各种轴承套圈，壁厚从≤16 mm增加到≤20mm，扩大了使用范围。其他用途和GCr15钢基本相同	大型轴承

（5）不锈钢

不锈钢主要是指在空气、水、盐的水溶液、酸及其他腐蚀性介质中具有高度化学稳定性的钢。不锈钢是不锈钢和耐酸钢的统称，能抵抗大气腐蚀的钢称为不锈钢，而在一些化学介质（如酸类）中能抵抗腐蚀的钢称为耐酸钢。一般不锈钢不一定耐酸，而耐酸钢一般都具有良好的耐蚀性能。

随着不锈钢中含碳量的增加，其强度、硬度和耐磨性升高，但耐蚀性下降，因此大多数不锈钢的含碳量都较低，有些钢的含碳量甚至低于 0.03%（如 022Cr18Ni9Ti）。不锈钢中的基本合金元素是铬，只有当铬含量达到一定值时，不锈钢才具有良好的耐蚀性能。因此，不锈钢中铬含量一般都在 13% 以上。不锈钢中还含有镍、钛、锰、氮、铌等元素，目的是进一步提高耐蚀性能或塑性。

常用的不锈钢按化学成分主要分为铬不锈钢、铬镍不锈钢和铬锰不锈钢等，按金相组织特点又可分为马氏体不锈钢、铁素体不锈钢和奥氏体不锈钢等。

常用不锈钢的成分、力学性能及用途见表 1-1-23。

表 1-1-23　常用不锈钢的成分、力学性能及用途

类别	统一数字代号	牌号	化学成分 /%		力学性能			用途	图例
			C	Cr	R_{eL}/MPa	A/%	HBW		
奥氏体型	S20210	12Gr18Ni9	≤0.15	17.0～19.0	≥520	≥40	≤187	用于制造化工行业设备零件，如制造硝酸制备设备的零件	硝酸流量计
	S30458	06Gr19Ni10N	≤0.08	18.0～20.0	≥649	≥35	≤217	用于制造化工行业设备零件	不锈钢反应釜
奥氏体型	S30478	022Cr18Ni10N	≤0.03	17.0～19.0	≥549	≥40	≤217	用于制造化学、化肥及化纤行业中使用的耐蚀材料	氨气截止阀
	S34778	06Cr18Ni11Nb	≤0.08	17.0～19.0	≥520	≥40	≤187	用于制造镍铬钢焊芯、耐酸容器、抗磁仪表、医疗器械等	镍铬钢焊芯

续表

类别	统一数字代号	牌号	化学成分 /%		力学性能			用途	图例
			C	Cr	R_{eL}/MPa	A/%	HBW		
铁素体型	S11710	10Cr17	≤0.12	16.0～18.0	≥400	≥20	≤187	耐腐蚀性良好的通用钢种，用于制造建筑装潢、家用电器、家庭用具等	不锈钢合页
马氏体型	S41010	12Cr13	≤0.15	11.5～13.5	≥539	≥25	≤187	用于制造汽轮机叶片、水压机阀、螺栓、螺母等抗弱腐蚀介质并承受冲击的结构零件	汽轮机叶片
	S42020	20Cr13	0.16～0.25	12.0～14.0	≥588	≥16	≤187		
	S42030	30Cr13	0.26～0.35	12.0～14.0	≥735	≥12	≤217	用于制造硬度较高的耐腐蚀、耐磨零件和工具，如热油泵阀、阀门、滚动轴承、医疗工具、量具、刃具等	医疗工具

（6）各国常用钢材牌号对照

①结构钢牌号对照，见表 1-1-24。

表 1-1-24　结构钢牌号对照

德国	中国	英国		法国	西班牙	日本	美国
DIN	GB	BS	EN	AFNOR	UNE	JIS	AIS I/S AE
C15	15	080M15	—	CC12	F.111	—	1015
C22	20	050A20	2C	CC20	F.112	—	1020
C35	35	060A35	—	CC35	F.113	—	1035
C45	45	080M40	—	CC45	F.114	—	1045
C55	55	070M55	43D	—	—	—	1055
C60	60	080A62	—	CC55	—	—	1060
9SMn28	Y15	239M07	—	S250	11SMn28	SUM22	1213
9SMnpb28	—	—	—	S250Pb	11SMnPb28	SUM22L	12L13
10SPb20	—	—	—	10PbF2	10SPbF20	—	—

续表

德国	中国	英国		法国	西班牙	日本	美国
DIN	GB	BS	EN	AFNOR	UNE	JIS	AIS I/S AE
35S20	—	213M36	8M	35MF4	F210G	—	1140
9SMn36	Y13	240M07	1B	S300	12SMn35	—	1215
9SMnPb36	—	—	—	S300Pb	12SMnP35	—	12L14
55Si9	55Si2Mn	250A53	45	55S7	56Si7	—	9255
60SiCr7	—	—	—	60SC7	60SiCr8	—	9262
Ck15	15	080M15	32C	XC12	C15K	S15C	1015
40Mn4	40Mn	150M36	15	35M5	—	—	1039
Ck25	25	—	—	—	—	S25C	1025
36Mn5	35Mn2	—	—	40Mn5	36Mn5	SMn438（H）	1335
28Mn6	30 Mn	150M28	14A	20M5	—	SC Mn1	1330
Cf35	35 Mn	060A35	—	XS38TS	—	S35C	1035
Ck45	45	080M46	—	XC42	C45K	S45C	1045
Ck55	55	070M55	—	XC45	C55K	S55C	1055
Cf53	50	060A52	—	XC48TS	—	S50C	1055
Ck60	60 Mn	080A62	43D	XC60	—	S58C	1060
Ck101	—	060A96	—	—	—	SUP4	1095
X120Mn12	—	Z120M12	—	X120M12	X120M12	SC MnH/1	—
100Cr6	Gr15	534A99	31	100C6	F.131	SUJ2	52100
15Mo3	—	1501-240		15D3	16Mo3	—	ASTMA20Gr.A
16Mo5	—	1503-245-420	—	—	16Mo5	—	4520
14Ni6	—	—	—	16N6	15Ni6	—	A350LF5
X8Ni9	—	1501-509-510	—	—	XBNi09	—	2515
12Ni19	—	—	—	Z18N5	—	—	3135
36NiCr6	—	640A35	111A	35NC6	—	SNC36	3415
14NiCr10	—			14NC11	15 NiCr11	SNC415（H）	3415
14NiCr14	—	655M13	36A	12NC15	—	SNC815（H）	3310
36CrNiMo4	—	816M40	110	40NCD3	35CrNiMo4	SNCCM220（H）	9840
21CrNiMo2	—	850M20	362	20NCD2	21CrNiMo2	SNC240	8620
40CrNiMo2	—	311	—	—	40CrNiMo2	—	8740

续表

德国	中国	英国		法国	西班牙	日本	美国
DIN	GB	BS	EN	AFNOR	UNE	JIS	AIS I/S AE
34CrNiMo6	40CrNiMoA	817M40	24	35NCD6	—	—	4340
17CrNiMo6	—	820A16	—	18NCD6	14CrNiMo13	—	—
15Cr3	15Cr	523M15	—	12C3	—	SCr415（H）	5015
34Cr4	35Cr	530A32	18B	32C4	35Cr4	SCr430（H）	5132
41Cr4	40Cr	530M40	18	42C4	42Cr4	SCr440（H）	5140
42Cr4	40Cr	—	—	—	42Cr4	SCr440	5140
16MnCr15	18CrMn	（527M20）		16MC5	16MnCr15	—	5115
55Cr3	20CrMn	527A60	48	55C3	—	SUP9（A）	5155
25CrMo4	30CrMo	1717CDS110	—	25CD4	55Cr3	SCM420	4130
34CrMo4	35CrMo	708A37	19B	35CD4	34CrMo4	SCM432	4137
41CrMo4	40CrMoA	708M40	19A	42CD4TS	41CrMo4	SCM440	4140
42CrMo4	42CrMo	708M40	19A	42CD4	42CrMo4	SCM440（H）	4140
15CrMo5	—	—	—	12CD4	12CrMo5	SCM415（H）	4140
13CrMo44	—	1501-620Cr.27	—	15CD3.5	14CrMo44	—	—
32CrMo12	—	722M24	40B	30CD12	F.124.A		A182：F11
10CrMo910	—	1501-622Cr.31	—	12CD9	TU.H	—	—
		1501-622Cr.45	—	12CD10			A182：F22
14MoV63	—	1503-660-440	—	—	13MoCrV6	—	—
50CrV4	50CrVA	735A50	47	50VC4	51CrV4	SUP10	6150
41CrAMo7	—	905M39	41B	40CAD6	41CrAMo7	—	—
39CrMoV139	—	897M39	40C	—	—	—	—

②工具钢牌号对照，见表 1-1-25。

表 1-1-25　工具钢牌号对照

德国	中国	英国		法国	西班牙	日本	美国
DIN	GB	BS	EN	AFNOR	UNE	JIS	AIS I/S AE
C105W1	T10	—	—	Y1105	F.515	—	W.110
C125W	T12A	—	—	Y2120	（C120）	SK2	W.112
100Cr6	CrV；9SiCr	BL3	—	Y100C6	100Cr6	—	L3
X210Cr12	Cr12	BD3	—	Z200Cr12	X210Cr12	SKD1	D3

续表

德国	中国	英国		法国	西班牙	日本	美国
DIN	GB	BS	EN	AFNOR	UNE	JIS	AIS I/S AE
X40CrMoV51	4Cr5MoVSi	BH13	—	Z40CDV5	X40CrMoV5	SKD61	H13
X40CrMoV100	Cr6WV	BA2	—	Z100CDV5	X100CrMoV5	SKD12	A2
105WCr6	CrWV	—	—	105WC13	105WCr5	SKS31	—
X210CrW12	Cr12W	—	—	—	X210CrW12	SKD2	—
45WCrV7	5CrNiMo	BS1	—	—	45WCrSi8	—	S1
X30WCrV93	3Cr2W8V	BH21	—	Z30WCV9	—	—	—
X165CrMoV12	Cr12MoV	—	—	—	X160CrMoV12	SKD11	D3
55NiCrMoV6	5CrNiMo	—	—	55NCDV7	F.250.S	SKT4	L6
100V1	V	BW2	—	Y1105V	—	SKS43	W210
S6-5-2-5	W6Mo5Cr4V2Co5	—	—	Z85WDKCV	HS6-5-2-5	SKH55	—
S18-1-2-5	W18Cr4V2Co5	BT4	—	Z80WKCV	HS18-1-1-5	SKH3	T4
S6-5-2	W6Mo5Cr4V2	BM2	—	Z85WDCV	HS6-5-2	SKH9	M2
S2-9-2	—	—	Z	Z100WCWV	HS2-9-2	—	M7
S18-0-1	W18Cr4V	BT1	—	Z80WCV	HS18-0-1	SKH2	T1
S6-5-3	W6Mo5Cr4V3	—	—	—	—	SKH52	M3
—	—	BM42	—	—	—	SKH59	M42

③不锈钢牌号对照，见表 1-1-26。

表 1-1-26　不锈钢牌号对照

德国	中国	英国		法国	西班牙	日本	美国
DIN	GB	BS	EN	AFNOR	UNE	JIS	AISI/S AE
X6Cr13	06Cr13	403S17	—	Z6C13	F.3110	SUS403	403
X7Cr14	—	—	—	—	F.8401	—	—
X10Cr13	12Cr13	410S21	56A	Z10C14	F.3401	SUS410	410
X6Cr17	06Cr17	430S15	60	Z8C17	F.3113	SUS430	430
X20Cr13	20Cr13	S62	56B	Z20C13	F.3401	SUS410	410
G-X20Cr14	—	420C29	56B	Z10C13M	—	SCS2	—
X46Cr13	40Cr13	420S45	56D	Z40CM	F.3405	SUS420J2	
X20CrNi172	10Cr17Ni2	431S29	57	Z15CNi6.02	F.3427	SUS431	431
X12CrMoS17	Y10Cr17	—	—	Z10CF17	F.3117	SUS430F	430F
X6CrMo171	10Cr17Mo	434S17	—	Z8CD17.01	—	SUS434	434

续表

德国	中国	英国		法国	西班牙	日本	美国
DIN	GB	BS	EN	AFNOR	UNE	JIS	AISI/S AE
X5CrNi134	—	425C11	—	Z4CND13.4M	—	SCS5	—
G-X6CrNiMo1810	—	316C16	—	—	F.8414	SCS14	—
X45CrSi93	40Cr9Si2	401S45	52	Z45CS9	F.322	SUH1	HW3
X10CrAl13	06Cr13Al	403S17	—	Z10C13	F.311	SUS405	405
X10CrAl18	12Cr17	430S15	60	Z10CAS18	F.3113	SUS430	430
X80CrNiSi20	80Cr20Si2Ni	443S65	59	Z80CSN20.02	F.320V	SUH4	HNV6
X10CrAl24	20Cr25N	—	—	Z10CAS24	—	SUH446	446
X5CrNi1810	06Cr19Ni10	304S15	58E	Z6CN18.09	F.3551	SUS304	304
X10CrNiS189	10Cr18Ni9mOzR	303S21	58M	Z10CNF18.09	F.3508	SUS303	303
X2CrNi1911	0Cr19Ni10	304S12	—	Z2CN18.10	F.3503	SCS19	304L
G-X6CrNi189	—	304C15	—	Z6CN18.10M	—	SCS13	—
X12CrNi177	12Cr17Ni7		—	Z12CN17.07	F.3517	SUS301	301
X2CrNiN1810	—	304S62	—	Z2CN18.10	—	SUS304LN	304LN
X5CrNi189	06Cr19Ni9	304S31	58E	Z6CN18.09	—	SUS304	304
X5CrNiMo1712	06Cr17Ni11Mo2	316S16	—	1.4401	F.3543	SUS316	316
X2CrNiMoN17133	022Cr17Ni13Mo2		—	Z2CND17.13	—	SUS316LN	316LN
X2CrNiMoN18143	06Cr27Ni12Mo3	316S12	—	Z2CDN17.13	—	SCS16	316L
X2CrNiMo17133	022Cr19Ni13Mo3	317S12	—	Z2CND19.15	—	SUS317L	317L
X8CrNiMo275	—	—	—	—	—	SUS329L	329L
X6CrNiTi1810	10Cr18Ni9Ti	2337	321S21	Z6CNT18.10	F.3553	SUS321	321
X6CrNiNb1810	10Cr18Ni11Nb	347S17	58F	Z6CNNb18.1	F.3552	SUS347	347
X6CrNiMoTi17122	06Cr18Ni12Mo2Ti	320S17	58J	Z6NDT17.12	F.3535	—	316Ti
G-5CrNiMoNb1810	—	318C7		Z4CNDNb1812M	—	SCS22	—
X10CrNiMoNb1812	10Cr17Ni12Mo3Nb	—	—	Z6CNDNb1713B	—	—	318
X15CrNiSi2012	15Cr23Ni13	309S24	—	Z15CNS20.1	—	SUH309	309
X12CrNi2521	0Cr25Ni20	310S24	—	Z12CN2520	—	SUH310	310S
X12NiCrSi3616	—	—	—	Z12CNS35.1	—	SUH330	330
G-X40NiCrSi3818	—	330C11	—	—	—	SCH15	
X53CrMnNiN219	5Cr2Mn9Ni4N	349S54 321S12	58B	Z52CMN21.0	—	SUH35	EV8
X12CrNiTi189	10Cr18Ni9Ti	321S320	58C	Z6CNT18.12	F.3523	SU321	321

1.1.3 铸铁

铸铁是含碳量大于 2.11% 的铁碳合金。工业上常用铸铁的含碳量一般为 2.5% ~ 4.0%。此外，铸铁还含有硅（Si）、锰（Mn）、硫（S）、磷（P）等元素。

铸铁是应用非常广泛的一种金属材料，机床的床身、虎钳的钳体和底座等都是用铸铁制造的，如图 1-1-12 所示。在各类机器的制造中，若按质量百分比计算，铸铁的平均重量约占整个机器重量的 45% ~ 90%。

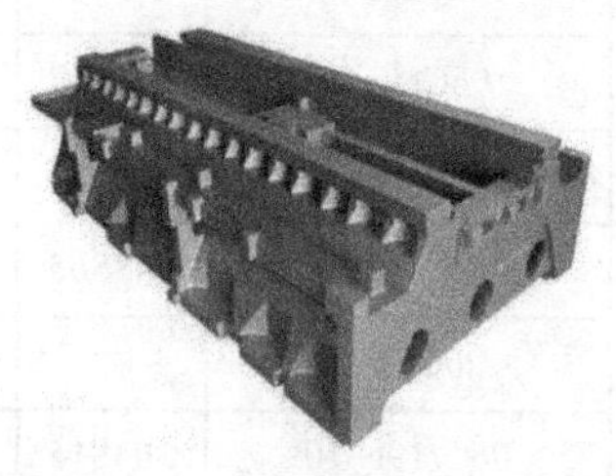

图 1-1-12　铸铁的应用

1. 铸铁的分类及牌号表示方法

铸铁常用的分类见表 1-1-27，铸铁牌号的表示方法见表 1-1-28，各种铸铁的名称、代号及牌号示例见表 1-1-29。

表 1-1-27　铸铁的分类

分类方法	分类名称	说明
按断口颜色	灰口铸铁	这种铸铁中的碳大部分或全部以自由状态的石墨形式存在。其断口呈暗灰色，有一定的力学性能和良好的切削性能，普遍应用于工业生产中
	白口铸铁	白口铸铁是组织中完全没有或几乎没有石墨的一种铁碳合金。其断口呈白亮色，硬而脆，不能进行切削加工，很少在工业生产中直接用来制造机械零件。由于其具有很高的表面硬度和耐磨性，又称激冷铸铁或冷硬铸铁
	麻口铸铁	麻口铸铁是介于白口铸铁和灰口铸铁之间的一种铸铁。其断口呈灰白相间的麻点状，性能不好，极少使用
按化学成分	普通铸铁	不含任何合金元素的铸铁，如灰口铸铁、可锻铸铁、球墨铸铁等
	合金铸铁	在普通铸铁内加入一些合金元素，用以提高某些特殊性能而配制的一种高级铸铁，包括各种耐蚀、耐热、耐磨的特殊性能铸铁
按生产方法和组织性能	普通灰铸铁	简称灰铸铁或灰铁。这种铸铁中的碳大部分或全部以自由状态的片状石墨形式存在，其抗拉强度、韧性和塑性远低于钢。灰铸铁的抗压强度与钢相近，并具有良好的铸造性、切削性能以及消音、减振、耐磨、耐蚀等性能，因而得到广泛应用
	孕育铸铁	在灰铸铁基础上采用变质处理而成，又称变质铸铁。其强度、塑性和韧性均比一般灰铸铁好得多，组织也较均匀。主要用于制造力学性能要求较高、截面尺寸变化较大的大型铸件

续表

分类方法	分类名称	说明
按生产方法和组织性能	可锻铸铁	可锻铸铁是由一定成分的白口铸铁经石墨化退火而成，比灰铸铁具有更高的韧性，又称韧性铸铁。其不可锻造，常用来制造承受冲击载荷的铸件
	球墨铸铁	简称球铁。球墨铸铁是通过在浇铸前往铁液中加入一定量的球化剂和墨化剂，促使碳呈球状石墨结晶而获得的。和钢相比，球墨铸铁的塑性、韧性稍低，其他性能二者相近，是兼有钢和铸铁优点的优良材料，在机械工程领域应用广泛
	蠕墨铸铁	简称蠕铁。将灰铸铁铁水经蠕化处理后获得，析出的石墨呈蠕虫状。力学性能与球墨铸铁相近，铸造性能介于灰铸铁与球墨铸铁之间。主要用于制造汽车的零部件
	特殊性能铸铁	这是有某些特性的铸铁，根据用途的不同，可分为耐磨铸铁、耐热铸铁、耐蚀铸铁等。大部分特殊性能铸铁属于合金铸铁，在机械制造领域应用较广泛

表 1-1-28　铸铁牌号的表示方法

表示方法	具体内容	牌号结构
铸铁代号	铸铁基本代号由表示该铸铁特征的汉语拼音的第一个大写正体字母组成，当两种铸铁名称的代号字母相同时，可在该大写正体字母后加小写正体字母来区别。 当要表示铸铁的组织特征或特殊性能时，代表铸铁组织特征或特殊性能的汉语拼音的第一个大写正体字母排列在基本代号的后面。铸铁的名称、代号及牌号示例详见表 1-1-29	灰铸铁：HT 球墨铸铁：QT 可锻铸铁：KT 白口铸铁：BT
元素符号、名义含量及力学性能	合金元素符号用国际化学元素符号表示，混合稀土元素符号用“RE”表示。名义含量及力学性能用阿拉伯数字表示	HTS　Si　15　Cr　4　RE RE——稀土元素符号 4——铬的名义含量 Cr——铬的元素符号 15——硅的名义含量 Si——硅的元素符号 HTS——耐蚀灰铸铁代号
化学成分	当以化学成分表示铸铁的牌号时，合金元素符号及名义含量（质量分数）排列在铸铁代号之后。在牌号中常规碳、硅、锰、硫、磷元素一般不标注，有特殊作用时，才标注其元素符号及含量。合金化元素的含量大于或等于1%时，在牌号中用整数标注，数值的修约规则按 GB/T 8170 执行。小于1%时，一般不标注，只有对该合金特性有较大影响时，才标注其合金化元素符号。合金化元素按其含量递减次序排列，含量相等时按元素符号的字母顺序排列	

续表

表示方法	具体内容	牌号结构
力学性能	当以力学性能表示铸铁的牌号时，力学性能值排列在铸铁代号之后。当牌号有合金元素符号时，抗拉强度值排列于元素符号及含量之后，之间用“-”隔开。牌号中代号后面有一组数字时，该数字表示抗拉强度值，单位为MPa；当有两组数字时，第一组表示抗拉强度值，单位为MPa，第二组表示伸长率值，单位为%，两组数字间用“-”隔开	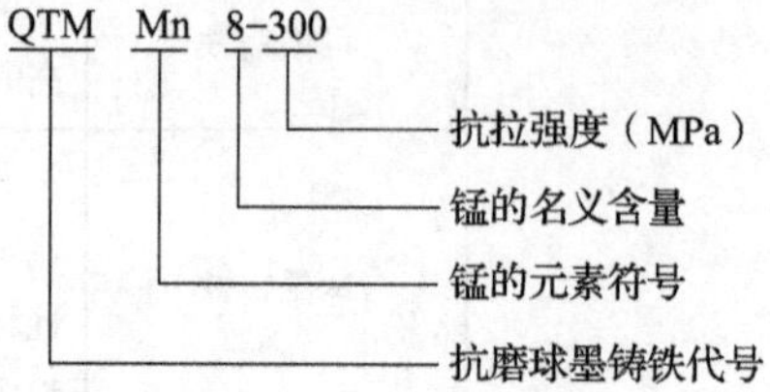 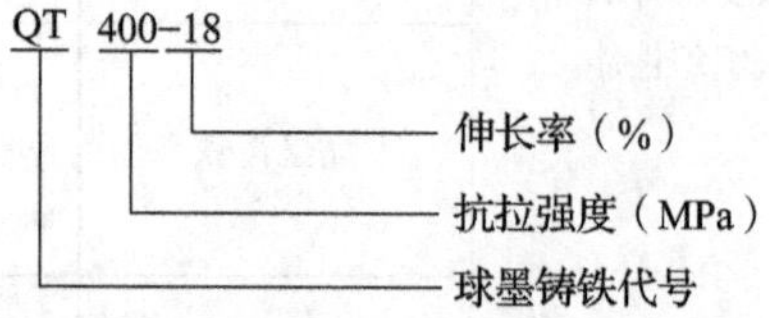 QTM Mn 8-300 8-300：抗拉强度（MPa） 8：锰的名义含量 Mn：锰的元素符号 QTM：抗磨球墨铸铁代号 QT 400-18 18：伸长率（%） 400：抗拉强度（MPa） QT：球墨铸铁代号

表1-1-29　各种铸铁的名称、代号及牌号示例

铸铁名称		代号	牌号示例
灰铸铁	灰铸铁	HT	HT250、HTCr-300
	奥氏体灰铸铁	HTA	HTA Ni20Cr2
	冷硬灰铸铁	HTL	HTL Cr1Ni1Mo
	耐磨灰铸铁	HTM	HTM Cu1CrMo
	耐热灰铸铁	HTR	HTR Cr
	耐蚀灰铸铁	HTS	HTS Ni2Cr
球墨铸铁	球墨铸铁	QT	QT400-18
	奥氏体球墨铸铁	QTA	QTA Ni30Cr3
	冷硬球墨铸铁	QTL	QTLCrMo
	抗磨球墨铸铁	QTM	QTM Mn8-30
	耐热球墨铸铁	QTR	QTR Si5
	耐蚀球墨铸铁	QTS	QTS Ni20Cr2
蠕墨铸铁		RuT	RuT420
可锻铸铁	白心可锻铸铁	KTB	KTB350-04
	黑心可锻铸铁	KTH	KTH350-10
	珠光体可锻铸铁	KTZ	KTZ650-02
白口铸铁	抗磨白口铸铁	BTM	BTM Cr15Mo
	耐热白口铸铁	BTR	BTR Cr16
	耐蚀白口铸铁	BTS	BTS Cr28

2. 常用铸铁的牌号

工业上常用铸铁的典型牌号见表 1-1-30。

表 1-1-30 铸铁的典型牌号

名称		编号说明	典型牌号
灰铸铁		HT（“灰铁”两字汉语拼音首字首）+一组数字。 如 HT150 表示最低抗拉强度为 150 MPa 的灰铸铁	HT100 HT150 HT200 HT350
可锻铸铁	黑心可锻铸铁	KTH（“可铁黑”三字汉语拼音首字首）+两组数字。 如 KTH300-06 表示最低抗拉强度为 300 MPa、最低伸长率为 6% 的黑心可锻铸铁	KTH300-06 KTH350-10 KTH370-12
	珠光体可锻铸铁	KTZ（“可铁珠”三字汉语拼音首字首）+两组数字。 如 KTZ450-06 表示最低抗拉强度为 450 MPa、最低伸长率为 6% 的珠光体可锻铸铁	KTZ450-06 KTZ550-04 KTZ650-02
球墨铸铁		QT（“球铁”两字汉语排音首字首）+两组数字。 如 QT400-18 表示最低抗拉强度为 400MPa、最低伸长率为 18% 的球墨铸铁	QT400-18 QT600-3 QT800-2 QT900-2
蠕墨铸铁		RUT（“蠕”字拼音和“铁”字排音的首字首）+一组数字。 如 RUT300 表示最低抗拉强度为 300 MPa 的蠕墨铸铁	RUT260 RUT300 RUT380 RUT420

3. 常用铸铁简介

(1) 灰铸铁

灰铸铁的牌号、组织和用途见表 1-1-31，性能变化趋向见表 1-1-32。

表 1-1-31 灰铸铁的牌号、组织和用途

牌号	组织	用途	图例
HT100	铁素体	属低强度铸铁件。铸造性能好，工艺简便，铸造应力小，可不用人工时效处理，减振性优良。常用于制造形式简单、负荷小、对摩擦和磨损无特殊要求的机械结构件，如盖、外罩、油盘、手轮、手把、支架、底板、重锤等	手轮

续表

牌号	组织	用途	图例
HT150	铁素体＋珠光体	属中强度铸铁件。铸造性能好，工艺简单，铸造应力小，不用人工时效，有一定的机械强度和良好的减振性。常用于制造承受中等应力（弯曲应力<9.81 MPa，摩擦面间的单位面积压力<0.49 MPa）的零件以及在弱腐蚀介质中工作的零件，如盖、轴承座、阀壳、手轮、机床底座、床身、圆周速度为6～12 m/s的带轮，工作压力不大的管子配件及壁厚≤30 mm的耐磨轴套等	带轮
HT200	珠光体	属较高强度铸铁件。强度、耐磨性、耐热性均较好，减振性良好，铸造性能较好，需进行人工时效处理。常用于制造承受较大应力（弯曲应力<29.40 MPa，摩擦面间的单位面积压力>0.49 MPa（大于10 t的铸件，该值可大于1.47 MPa））的零件以及要求一定的气密性和耐弱腐蚀性介质的零件，如汽缸、齿轮、机座、金属切削机机床床身及床面等，汽车、拖拉机的汽缸体、汽缸盖、活塞、刹车轮、联轴器盘，圆周速度为12～20 m/s的带轮，以及要求有一定耐蚀能力和较高强度的化工容器、泵壳、塔器等	床身
HT250			
HT300	珠光体（孕育铸铁）	属高强度、高耐磨铸铁件。强度高，耐磨性好，但白口倾向大，铸造性能差，需进行人工时效处理。常用于制造承受高应力（弯曲应力<49 MPa，摩擦面间的单位压力≥1.96 MPa）和抗拉张力的部件，以及要求保持高度气密性的零件，如机械制造中重要的铸件（机床床身导轨、车床、冲床、剪床）和其他重型机械等受力较大的床身、机座、主轴箱、卡盘、齿轮、凸轮、衬套，大型发动机的曲轴、汽缸体、缸套、汽缸盖等，高压的油缸、水缸、泵体、阀体、镦锻和热锻锻模、冷冲模等，以及圆周速度为20～25 m/s的皮带轮等	汽缸体
HT350			

表 1-1-32　灰铸铁性能变化趋向（非标准内容）

牌号	HT100	HT150	HT200	HT250	HT300	HT350
性能	强度性能 →					
	← 切削性能					
	加工后表面粗糙度 →					
	← 耐温度急变性					
	高温强度性能 →					
	← 减振性					
	弹性模量 →					
	← 缺口敏感性					
	耐磨性 →					

（2）可锻铸铁

可锻铸铁俗称玛钢、马铁。它是白口铸铁通过石墨化退火，使渗碳体分解成团絮状的石墨而获得的，其化学成分见表 1-1-33。

表 1-1-33　可锻铸铁化学成分

种类 \ 名称元素	C	Si	Mn	P	S
铁素体可锻铸铁	2.4% ～ 2.8%	1.2% ～ 1.8%	0.3% ～ 0.6%	<0.1%	<0.2%
珠光体可锻铸铁	2.3% ～ 2.8%	1.3% ～ 2.0%	0.4% ～ 0.65%	<0.1%	<0.2%
白心可锻铸铁	2.8% ～ 3.4%	0.7% ～ 1.1%	0.4% ～ 0.7%	<0.2%	<0.2%

根据不同的热处理方法，可获得两种不同基体组织的可锻铸铁，即石墨化退火可锻铸铁和脱碳退火可锻铸铁，其退火特点及用途见表 1-1-34。

表 1-1-34　可锻铸铁的退火特点及用途

分类		退火特点	用途	图例
石墨化退火可锻铸铁	铁素体可锻铸铁（黑心可锻铸铁）	白口铸坯在非氧化性介质中进行石墨化退火，莱氏体、珠光体都被分解，退火后坯件韧性高	国内大部分厂家的产品以铁素体可锻铸铁为主，主要用于汽车、拖拉机、农机、铁路、建筑构件、水暖管件、线路金具等的制造	三通
	珠光体可锻铸铁	白口铸坯在非氧化性介质中进行石墨化退火，快速通过共析区，只有莱氏体分解，退火后坯件强度高	用得较少，国外用于制造汽车发动机曲轴、连杆等零件	铸铁曲轴

续表

分类		退火特点	用途	图例
脱碳退火可锻铸铁	白心可锻铸铁	白口铸坯在氧化性介质中退火，使渗碳体分解出的碳随时氧化、脱碳，焊接性好	国内用得很少，国外用于制造水暖管件	铸铁弯头

可锻铸铁的基体组织不同，其性能也不相同：铁素体可锻铸铁具有一定的强度和一定的塑性与韧性；珠光体可锻铸铁具有较高的强度、硬度和耐磨性，塑性与韧性则较低；白心可锻铸铁有较好的韧性、优良的焊接性，可加工性好，但工艺复杂，生产周期长，强度及耐磨性较差。三种可锻铸铁的牌号和力学性能见表 1-1-35 和表 1-1-36。常用可锻铸铁的组织和主要用途见表 1-1-37。

表 1-1-35　黑心可锻铸铁和珠光体可锻铸铁的牌号和力学性能

牌号	试样直径 d/mm	抗拉强度 R_m/MPa min	0.2% 屈服强度 $R_{p0.2}$/MPa min	伸长率 A/% (L_0=3d)	布氏硬度 HBW
		不小于			
KTH275-05	12 或 15	275	—	5	≤150
KTH300-06		300	—	6	
KTH330-08		330	—	8	
KTH350-10		350	200	10	
KTH370-12		370	—	12	
KTZ450-06		450	270	6	150 ～ 200
KTZ500-05		500	300	5	165 ～ 215
KTZ550-04		550	340	4	180 ～ 230
KTZ600-03		600	390	3	195 ～ 245
KTZ650-02		650	430	2	210 ～ 260
KTZ700-02		700	530	2	240 ～ 290
KTZ800-01		800	600	1	270 ～ 320

表 1-1-36　白心可锻铸铁的牌号和力学性能

牌号	试样直径 d/mm	抗拉强度 R_m/MPa min	0.2% 屈服强度 $R_{p0.2}$/MPa min	伸长率 A/% (L_0=3d)	布氏硬度 HBW
		不小于			
KTB350-04	6	270	—	10	230
	9	310	—	5	
	12	350	—	4	
	15	360	—	3	

续表

牌号	试样直径 d/mm	抗拉强度 R_m/MPa min	0.2% 屈服强度 $R_{p0.2}$/MPa min	伸长率 A/% (L_0=3d)	布氏硬度 HBW
		不小于			
KTB360-12	6	280	—	16	200
	9	320	170	15	
	12	360	190	12	
	15	370	200	7	
KTB400-05	6	300	—	12	220
	9	360	200	8	
	12	400	220	5	
	15	420	230	4	
KTB450-07	6	330	—	12	220
	9	400	230	10	
	12	450	260	7	
	15	480	280	4	
KTB550-04	6	—	—	—	250
	9	490	310	5	
	12	550	340	4	
	15	570	350	3	

表 1-1-37　常用可锻铸铁的组织和主要用途

牌号	组织	用途	图例
KTH300-06	铁素体	适合制造动载或静载、要求气密性好的零件，如管道配件、中低压阀门的零件	管道配件
KTH330-08		适合制造承受中等动载或静载的零件，如机床用扳手、车轮壳、钢丝绳轧头等	扳手
KTH350-10		适合制造承受较高的冲击、振动及扭转负荷下工作的零件，如汽车上的差速器壳、前后轮壳、转向节壳、制动器等	转向节壳
KTH370-12			

续表

牌号	组织	用途	图例
KTZ550-04 KTZ650-02 KTZ700-02	珠光体	适合制造承受较高载荷、耐磨损并要求有一定韧性的重要零件，如曲轴、凸轮轴、连杆、齿轮、活塞环、摇臂、扳手等	活塞环

（3）球墨铸铁

铁水在浇注前经球化处理，使析出的石墨大部分或全部呈球状的铸铁，称为球墨铸铁。

球化处理是在铁水浇注前加入少量的球化剂（如纯镁、镁合金、稀土硅铁镁合金）及孕育剂，使石墨以球状析出。球墨铸铁的牌号和力学性能见表 1-1-38，性能变化趋向见表 1-1-39，组织和主要用途见表 1-1-40。

表 1-1-38　球墨铸铁的牌号和力学性能

牌号	R_m/MPa	$R_{p0.2}$/MPa	A/%	硬度（HBW）
	不小于			
QT400-18	400	250	18	130 ～ 180
QT400-15	400	250	15	130 ～ 180
QT450-10	450	310	10	160 ～ 210
QT500-7	500	320	7	170 ～ 230
QT600-3	600	370	3	190 ～ 270
QT700-2	700	420	2	225 ～ 305
QT800-2	800	480	2	245 ～ 335
QT900-2	900	600	2	280 ～ 360

表 1-1-39　球墨铸铁的性能变化趋向

牌号	QT400-18	QT400-15	QT450-10	QT500-7	QT600-3	QT700-2	QT800-2	QT900-2
性能	抗拉强度 →							
	← 伸长率							
	弹性模量 →							
	硬度 →							
	← 冲击值							
	小能量多冲抗力 →							
	疲劳极限 →							
	耐磨性 →							
	← 减振值							
	← 耐温度急变性							
	← 切削性能							

表 1-1-40　球墨铸铁的组织和主要用途

牌号	组织	主要用途	图例
QT400-18 QT400-15	铁素体	具有良好的焊接性和切削加工性。常温时冲击韧性高，而且脆性转变温度低，低温韧性也好。适合制造农机具，如重型机引五铧犁、轻型二铧犁、悬挂犁上的犁柱和犁托等，收割机及割草机上的导架、差速器壳等，汽车、拖拉机、手扶拖拉机上的牵引杠、轮毂、驱动桥壳体、离合器壳、拨叉和弹簧吊耳等；也适合制造通用机械中的零件，如 1.6 ～ 6.4 MPa 阀门的阀体、阀盖、支架，压缩机上承受一定温度的高低压气缸、输气管以及铁路垫板、电机机壳、齿轮箱等	拨叉
QT450-10	铁素体	焊接性及切削加工性均较好，塑性略低于 QT400-18，而强度与小能量冲击韧度优于 QT400-18，用途同 QT400-18	电机机壳
QT500-7	铁素体 + 珠光体	具有中等强度与塑性，切削加工性尚好。适合制造内燃机的机油泵齿轮，汽轮机中温气缸隔板，水轮机的阀门体，铁路机车车辆的轴瓦，机器的座架、传动轴、链轮、飞轮，以及电动机架和千斤顶座等	机车轴瓦
QT600-3	铁素体 + 珠光体	具有中高强度，低塑性，耐磨性较好。适合制造内燃机零件，如 4 ～ 3 000 kW 柴油机和汽油机的曲轴，部分轻型柴油机和汽油机的凸轮轴、气缸套、连杆、进排气门座；农机具的零件，如脚踏脱粒机齿条、轻负荷齿轮、畜力机犁铧；机床的零件，如部分磨床、铣床、车床的主轴；通用机械的零件，如空调机、气压机、冷冻机、制氧机及泵的曲轴、缸体、缸套；冶金机械、矿山机械、起重机械的零件，如球磨机齿轴、矿车轮、桥式起重机大小车滚轮等	发动机连杆
QT700-2	珠光体	具有较高的强度和耐磨性，但韧性及塑性较低，用途与 QT600-3 相同	曲轴
QT800-2	珠光体或 回火组织		

续表

牌号	组织	主要用途	图例
QT900-2	贝氏体或回火马氏体	具有高的强度和耐磨性，较高的弯曲疲劳强度、接触疲劳强度和一定的韧性。适合制造农机具零件，如犁铧、耙片、低速农用轴承套圈；汽车零件，如曲线齿锥齿轮、转向节、传动轴；拖拉机零件，如减速齿轮；内燃机零件，如凸轮轴、曲轴	锥齿轮

（4）蠕墨铸铁

蠕墨铸铁是近代发展起来的一种新型结构材料。它是在高碳、低硫、低磷的铁水中加入蠕化剂（目前采用的蠕化剂有镁锌合金、稀土镁钛合金和稀土镁钙合金），经蠕化处理后，使石墨变为短蠕虫状的高强度铸铁。蠕虫状石墨介于片状石墨和球状石墨之间，金属基体和球墨铸铁相近，因此其性能介于优质灰铸铁和球墨铸铁之间。蠕墨铸铁的牌号、力学性能和用途见表 1-1-41。

表 1-1-41　蠕墨铸铁的牌号、力学性能和用途

牌号	R_m/MPa	$R_{p0.2}$/MPa	A/%	硬度（HBW）	用途	图例
	不小于					
RuT420	420	335	0.75	200 ~ 280	适合制造对强度或耐磨性要求高的零件，如活塞、制动盘、制动鼓、玻璃模具	制动盘
RuT380	380	300	0.75	193 ~ 274		
RuT340	340	270	1.00	170 ~ 249	适合制造对强度、刚度和耐磨性要求高的零件，如飞轮、制动鼓、玻璃模具	制动鼓
RuT300	300	240	1.50	140 ~ 217	适合制造对强度要求高及承受热疲劳的零件，如排气管、汽缸盖、液压件、钢锭模	汽缸盖
RuT260	260	195	3.00	121 ~ 197	适合制造承受冲击载荷及热疲劳的零件，如汽车的底盘零件、增压器、废气进气壳体	悬挂下摆臂

4. 各国常用铸铁牌号对照

各国常用铸铁牌号对照见表 1-1-42。

表 1-1-42 各国常用铸铁牌号对照

德国	中国	英国		法国	西班牙	日本	美国
DIN	GB	BS	EN	AFNOR	UNE	JIS	AIS I/S AE
灰口铸铁（非合金）							
							ASTM A48-76
—	—	—	—	—	—	—	No20B
GG10	—	—	—	Ft10D	—	—	No25B
GG15	HT150	Grade150	—	Ft15D	—	—	No30B
GG20	HT200	Grade220	—	Ft20D	—	—	No35B
GG25	HT250	—	—	Ft25D	—	—	No40B
GG30	HT300	Grade300	—	Ft30D	—	—	No45B
GG35	HT350	Grade350	—	Ft35D	—	—	No50B
GG40	HT400	Grade400	—	Ft40D	—	—	No55B
灰口铸铁（合金）							
DIN4964		3468：1974		A32-301			ASTM A436-72
GGL-NiCr202	—	L-NiCr202	—	L-NC202	—	—	Type2
球墨铸铁（非合金）							
		2789：1973		NF A32-201			ASTM A536-72
GGG40	QT400-18	SNG420/12	—	FCS400-12	—	—	60-40-18
GGG40.3	—	SNG370/17	—	FCS370-17	—	—	—
GGG35.3	—	—	—	—	—	—	—
GGG50	QT500-7	SNG500/7	—	FCS500-7	—	—	80-55-06
GGG60	QT600-3	SNG600/3	—	FCS600-3	—	—	—
GGG70	QT700-18	SNG700/2	—	FCS700-2	—	—	100-70-03
合金铸铁							
DIN1694							
GGGNiMn137	—	L-NiMn137	—	L-NM137	—	—	—
GGGNiCr202	—	L-NiCr202	—	L-NC202	—	—	Type2

续表

德国	中国	英国		法国	西班牙	日本	美国
DIN	GB	BS	EN	AFNOR	UNE	JIS	AIS I/S AE
可锻铸铁							
							ASTM A47-74
							A220-76 2
—	—	8290/6	—	MN31-8	—	—	100-70-03
GTS-35	—	B340/12	—	MN35-10	—	—	32510
GTS-45	—	P440/7	—	—	—	—	40010
GTS-55	—	P510/4	—	MN35-10	—	—	50005
GTS-65	—	P570/12	—	MP60-3	—	—	70003
GTS-70	—	B690/	—	IP70-2	—	—	(002)

5. 常用铸铁的热处理

对于已形成的铸铁组织，通过热处理只能改变其基体的组织，但不能改变石墨的大小、数量、形态和分布。灰铸铁和球墨铸铁的热处理方法及目的见表 1-1-43。

表 1-1-43　灰铸铁和球墨铸铁的热处理方法及目的

铸铁类型	热处理方法	热处理目的
灰铸铁	去应力退火	消除因复杂铸件壁厚不均、冷却不匀及切削加工等造成的内应力，避免工件的变形与开裂，如机床床身、机架等
	表面淬火	提高重要工作表面的硬度和耐磨性，如机床导轨、缸体内壁等
	石墨化退火	消除铸件表面或薄壁处的白口组织，降低硬度，改善切削性能
球墨铸铁	退火	得到铁素体基体，提高塑性、韧性，消除应力，改善切削性能
	正火	得到珠光体基体，提高强度和耐磨性
	调质	获得回火索氏体的基体组织，以获得良好的综合力学性能，如主轴、曲轴、连杆等
	等温淬火	使外形复杂且综合力学性能要求高的零件获得下贝氏体的基体组织，以获得高强度、高硬度、高韧性的综合力学性能，避免热处理时产生开裂，如主轴、曲轴、齿轮等

1.1.4　常用有色金属

通常把黑色金属以外的金属称为有色金属，也称非铁金属。有色金属中，密度小于 4.5 g/cm^3 的（铝、镁、铍等）称为轻金属，密度大于 4.5 g/cm^3 的（铜、镍、铅等）称为重金属。

常用的有色金属有铜及铜合金、铝及铝合金、轴承合金等。

1. 铜及铜合金

(1) 铜及铜合金的分类与编号

铜及铜合金的分类如图 1-1-13 所示，铜及铜合金的编号方法见表 1-1-44。

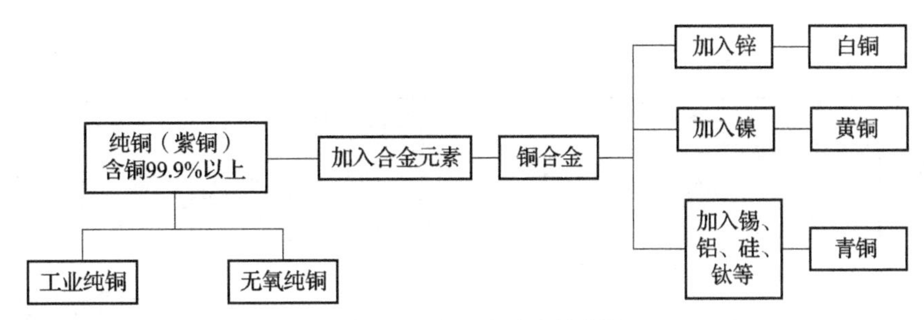

图 1-1-13　铜及铜合金的分类

表 1-1-44　铜及铜合金的编号方法

类别			编号方法	示例	
				牌号	名称
紫铜		纯铜	T+ 顺序号 [1]	T3	三号铜
		无氧铜	TU+ 顺序号 [1]	TU2	二号无氧铜
		磷脱氧铜	TP+ 顺序号 [1]	TP2	二号磷脱氧铜
		银铜	T+ 添加元素化学符号 + 添加元素含量 [2]	TAg0.1	0.1 银铜
黄铜	压力加工	普通黄铜	H+ 铜含量	H65	65 黄铜
		特殊黄铜	H+ 第二主添加元素化学符号 + 铜含量 + 除锌以外的各添加元素含量（数字间以“-”隔开）	HPb89-2	89-2 铅黄铜
	铸造	普通黄铜	ZCu+ 主加元素符号 + 主加元素含量	ZCuZn38	38 黄铜
		特殊黄铜	ZCu+ 主加元素符号 + 主加元素含量 + 其他加入元素符号及含量	ZCuZn40Mn2	40-2 锰黄铜
青铜	压力加工	青铜	Q+ 第一主添加元素化学符号 + 各添加元素含量（数字间以“-”隔开）	QSn6.5-0.1	6.5-0.1 锡青铜
	铸造	青铜	ZCu+ 主加元素符号 + 主加元素含量 + 其他加入元素符号及含量	ZCuA19Mn2	9-2 铝青铜
白铜		普通白铜	B+ 镍（含钴）含量	B30	30 白铜
		特殊白铜	B+ 第二主添加元素符号 + 镍含量 + 各添加元素含量（数字间以“-”隔开）	BMn3-12	3-12 锰白铜

注：1. 铜含量随着顺序号的增加而降低。

2. 元素含量为名义百分含量（以下同）。

（2）纯铜

纯铜呈紫红色，故又称紫铜。其导电性和导热性仅次于金和银，是最常用的导电、导热材料。它的塑性非常好，易于冷、热压力加工，在大气及淡水中有良好的抗蚀性能，但在含有二氧化碳的潮湿空气中其表面会产生绿色铜膜，称为铜绿。表 1–1–45 所列为纯铜的牌号、化学成分和用途。

表 1-1-45　纯铜的牌号、化学成分和用途

<table>
<tr><th rowspan="3">组别</th><th rowspan="3">牌号</th><th colspan="4">化学成分 /%</th><th rowspan="3">用途</th><th rowspan="3">图例</th></tr>
<tr><th rowspan="2">Cu
（不小于）</th><th colspan="2">杂质</th><th rowspan="2">杂质总量</th></tr>
<tr><th>Bi</th><th>Pb</th></tr>
<tr><td rowspan="3">工业纯铜</td><td>T1</td><td>99.95</td><td>0.001</td><td>0.003</td><td>0.05</td><td rowspan="2">作为导电、导热、耐蚀的器具材料，如电线、蒸发器、雷管、储藏器等</td><td rowspan="2">蒸发器</td></tr>
<tr><td>T2</td><td>99.90</td><td>0.001</td><td>0.005</td><td>0.1</td></tr>
<tr><td>T3</td><td>99.70</td><td>0.002</td><td>0.01</td><td>0.3</td><td>一般用材，如开关触头、导油管、铆钉等</td><td>铆钉</td></tr>
<tr><td rowspan="2">无氧铜</td><td>TU1</td><td>99.97</td><td>0.001</td><td>0.003</td><td>0.03</td><td rowspan="2">真空电子器件、高导电性的导线和元件</td><td rowspan="2">光电管</td></tr>
<tr><td>TU2</td><td>99.95</td><td>0.001</td><td>0.004</td><td>0.05</td></tr>
</table>

（3）铜合金

纯铜强度低，不能制作受力的结构件。工业上通常在纯铜中加入合金元素而制成性能得到强化的铜合金，常用的铜合金可分为黄铜、青铜、白铜三大类。

①黄铜。黄铜是以锌为主加合金元素的铜合金，是应用范围最广的有色金属材料。

黄铜按其所含合金元素的种类可分为普通黄铜和特殊黄铜两类，按生产方式可分为压力加工黄铜和铸造黄铜两类。常用黄铜的牌号、化学成分、力学性能和用途见表 1–1–46。

②白铜。白铜是以镍为主加合金元素的铜合金。镍和铜在固态下能完全互溶，所以各类铜镍合金均为 α 单相固溶体，具有很好的冷热加工性能，不能进行热处理强化，只能用固溶强化和加工硬化来提高强度。

常用白铜的牌号、化学成分、工作特性和用途见表 1–1–47。

表 1-1-46 常用黄铜的牌号、化学成分、力学性能和用途

组别	牌号	化学成分 /%		力学性能			用途
		Cu	其他	R_m/MPa	A/%	HBW	
压力加工普通黄铜	H90	89.0 ～ 91.0	余量 Zn	260/480	45/4	53/130	双金属片、热水管、艺术品、证章、复杂冲压件、散热器、波纹管、轴套、弹壳
	H68	67.0 ～ 70.0	余量 Zn	320/660	55/3	/150	
	H62	60.5 ～ 63.5	余量 Zn	330/600	49/3	56/140	销钉、铆钉、螺钉、螺母、垫圈、夹线板、弹簧
压力加工特殊黄铜	HSn90-1	88.0 ～ 91.0	0.25 ～ 0.75Sn 余量 Zn	280/520	45/5	/82	船舶上的零件、汽车和拖拉机上的弹性套管
	HSi80-3	79.0 ～ 81.0	2.5 ～ 4.0Si 余量 Zn	300/600	58/4	90/110	船舶上的零件、蒸汽（<250℃）条件下工作的零件
	HMn58-2	57.0 ～ 60.0	1.0 ～ 2.0Mn 余量 Zn	400/700	40/10	85/175	弱电电路上用的零件
	HPb59-1	57.0 ～ 60.0	0.8 ～ 1.9Pb 余量 Zn	400/650	45/16	44/80	热冲压及切削加工零件，如销钉、螺钉、螺母、轴套等
	HAl59-3-2	57.0 ～ 60.0	2.5 ～ 3.5Al 2.0 ～ 3.0Ni 余量 Zn	380/650	50/15	75/155	船舶、电机及其他在常温下工作的高强度、耐蚀零件
铸造黄铜	ZCuZn38	60.0 ～ 63.0	余量 Zn	295/295	30/30	60/70	法兰、阀座、手柄、螺母
	ZCuZn25 Al6-Fe3 Mn3	60.0 ～ 66.0	4.5 ～ 7.0Al2.0-4.0Fe1.5～4.0Mn 余量 Zn	600/600	18/18	160/170	耐磨块、滑块、蜗轮、螺栓
	ZCuZn40Mn2	57.0 ～ 60.0	1.0 ～ 2.0Mn 余量 Zn	345/390	20/20	80/90	在淡水、海水、蒸汽中工作的零件，如阀体、阀杆、泵管接头等
	ZCuZn33Pb2	63.0 ～ 67.0	1.0 ～ 3.0Pb 余量 Zn	180/	12/	50/	煤气和给水设备的壳体、仪器的构件

注：1．压力加工黄铜的力学性能值中，分母在 50% 变形程度的硬化状态下测定，分子在 600℃退火状态下测定。

2．铸造黄铜的力学性能值中，分子为砂型铸造试样测定，分母为金属型铸造试样测定。

表 1-1-47 常用白铜的牌号、化学成分、工作特性和用途（GB/T 5231—2012）

组别	牌号	化学成分 /%		工作特性	用途
		第一主加元素	其他		
普通白铜	B0.6	0.57 ~ 0.63Ni	0.005Fe 0.005Pb 余量 Cu	为电工白铜。温差电动势小，最大工作温度为100℃	用于制造特殊温差电偶（铂—铂铑热电偶）的补偿导线
	B5	4.4 ~ 5.0Ni	0.20Fe 0.01Pb 余量 Cu	为结构白铜。强度和耐蚀性比铜高，无腐蚀破裂倾向	用于制造船舶耐蚀零件
	B19	18.0 ~ 20.0Ni	0.5Fe 0.5Mn 0.3Zn 0.005Pb 余量 Cu	为结构白铜。有高的耐蚀性和良好的力学性能，在热态和冷态下压力加工性良好，在高温和低温下仍能保持高的强度和塑性，切削加工性不好	用于制造在蒸汽、淡水和海水中工作的精密仪表零件、金属网，抗化学腐蚀的化工机械零件、医疗器具、钱币，以及冷凝、热交换器用管等
	B25	24.0 ~ 26.0Ni	0.5Fe 0.5Mn 0.3Zn 0.005Pb 余量 Cu	为含镍量较高的结构白铜。有高的力学性能和耐蚀性，在热态和冷态下压力加工性能好	用于制造在蒸汽和海水中工作的抗蚀零件，以及在高温高压下工作的金属管和冷凝管等
	B30	29.0 ~ 33.0Ni	0.9Fe 1.2Mn 0.05Pb 余量 Cu	为含镍量很高的结构白铜。力学性能好，色泽美观，在白铜中耐蚀性最强，但价格较贵	广泛用于制造精密机械、化工机械和船舶构件
铁白铜	BFe5-1.5-0.5	4.8 ~ 6.2Ni	1.3 ~ 1.7Fe 0.3 ~ 0.8Mn 1.0Zn 0.05Pb 余量 Cu	为结构铜镍合金。具有高的力学性能和抗蚀性，在热态及冷态下压力加工性良好。由于其含镍量较高，故其力学性能和耐蚀性均较 B5、B19 高	广泛应用于造船业中在高温、高压、高速条件下工作的冷凝器和恒温器
	BFe10-1-1	9.0 ~ 11.0Ni	1.0 ~ 1.5Fe 0.5 ~ 1.0Mn 0.3Zn 0.02Pb 余量 Cu	为含镍量较低的结构白铜。和 BFe30-1-1 相比，其强度、硬度较低，但塑性较高，耐蚀性相似	主要用于船舶业中，代替 BFe30-1-1 制作冷凝器及其他抗蚀零件，以及化学工业、蒸馏水装置等

续表

组别	牌号	化学成分 /%		工作特性	用途
		第一主加元素	其他		
铁白铜	BFe30-1-1	29.0 ～ 32.0Ni	0.5 ～ 1.0Fe 0.5 ～ 1.2Mn 0.3Zn 0.02Pb 余量 Cu	为含镍量较高的结构白铜。有良好的力学性能，在海水、淡水和蒸汽中有高的耐蚀性，但切削加工性较差	用于制造海船制造业中的高温、高压和高速条件下工作的冷凝器和恒温的管材，以及化学工业、供水加热器、蒸馏装置等
锰白铜	BMn3-12	2.0 ～ 3.5Ni	0.20 ～ 0.50Fe 11.5 ～ 13.5Mn 0.020Pb 0.2Al 余量 Cu	为电工白铜，俗称锰铜。具有高的电阻率和低的电阻温度系数，电阻长期稳定性高，对铜的热电动势小	广泛用于制造工作温度在 100℃以下的电阻仪器以及精密电工测量仪器
	BMn40-1.5	39.0 ～ 41.0Ni	0.50Fe 1.0 ～ 2.0Mn 0.005P 余量 Cu	为电工白铜，通常称为康铜。具有几乎不随温度而改变的高电阻率和高的热电动势，耐热性和抗蚀性好，而且具有高的力学性能和变形能力	是制造热电偶（900℃以下）的良好材料，用于制造工作温度在 500℃以下的加热器（电炉的电阻丝）和变阻器
	BMn43-0.5	42.0 ～ 44.0Ni	0.15Fe 0.1 ～ 1.0Mn 0.002P 余量 Cu	为电工白铜，通常称为考铜。在电工白铜中具有最大的温差电动势，并有高的电阻率和低的电阻温度系数，耐热性和抗蚀性比 BMn40-1.5 好，同时具有高的力学性能和变形能力	广泛用于制造高温测量中的补偿导线和热电偶的负极以及工作温度不超过 600℃的电热仪器

③青铜。除了黄铜和白铜外，所有的铜基合金都称为青铜。按主加元素种类的不同，青铜可分为锡青铜、铝青铜和铍青铜等；按生产方式可分为压力加工青铜和铸造青铜两类。常用青铜的牌号、化学成分、力学性能和用途见表 1-1-48。

表 1-1-48　常用青铜的牌号、化学成分、力学性能和用途

组别	牌号	化学成分 /%		力学性能			用途
		第一主加元素	其他	R_m/MPa	A/%	HBW	
压力加工青铜	QSn4-3	3.5 ～ 4.5Sn	2.7 ～ 3.3Zn 余量 Cu	330/350	40/4	60/160	弹性元件、管配件、化工机械中的耐磨零件及抗磁零件

续表

组别	牌号	化学成分 /%		力学性能			用途
		第一主加元素	其他	R_m/MPa	A/%	HBW	
压力加工青铜	QSn6.5-0.1	6.0 ～ 7.0Sn	0.10 ～ 0.25P 余量 Cu	350 ～ 450 700 ～ 800	60 ～ 70 7.5 ～ 12	70 ～ 90 160 ～ 200	弹簧、接触片、振动片、精密仪器中的耐磨零件
	QSn4-4-4	3.0 ～ 5.0Sn	3.5-4.5Pb 3.0 ～ 5.0Zn 余量 Cu	220/250	3/5	80/90	重要的减磨零件，如轴承、轴套、蜗轮、丝杠、螺母
	QA17	6.0 ～ 8.5Al	余量 Cu	470/980	3/70	70/154	重要用途的弹性元件
	QA19-4	8.0 ～ 10.0Al	2.0 ～ 4.0Fe 余量 Cu	550/900	4/5	110/180	耐磨零件，如轴承、蜗轮、齿圈；在蒸汽、海水中工作的高强度、耐蚀性零件
	QBe-2	1.8 ～ 2.1Be	0.2 ～ 0.5Ni 余量 Cu	500/850	3/40	84/247	重要的弹性元件，耐磨件及在高速、高压、高温下工作的轴承
	QSi3-1	2.7 ～ 3.5Si	1.0 ～ 1.5Mn 余量 Cu	370/700	3/55	80/180	弹性元件以及在腐蚀介质下工作的耐磨零件，如齿轮、蜗轮
铸造青铜	ZCuSn5Pb5Zn5	4.6 ～ 6.0Sn	4.0 ～ 6.0Pb 4.0 ～ 6.0Zn 余量 Cu	200/200	13/3	60/60	承受较高负荷、中速的耐磨、耐蚀零件，如轴瓦、缸套、蜗轮
	ZCuSn10Pb1	9.0 ～ 11.5Sn	0.5 ～ 1.0Pb 余量 Cu	220/310	3/2	80/90	高负荷、高速的耐磨零件，如轴瓦、衬套、齿轮
	ZCuPb30	27.0 ～ 33.0Pb	余量 Cu			/25	高速双金属轴瓦
	ZCuA19Mn2	8.0 ～ 10.0Al	1.5 ～ 2.5Mn 余量 Cu	390/440	20/20	85/95	耐磨、耐蚀件，如齿轮、蜗轮、衬套

注：1．压力加工青铜，力学性能数值中分母为 50% 变形程度的硬化状态下测定，分子为 600℃退火状态下测定。

2．铸造青铜力学性能数值中分子为砂型铸造试样测定，分母为金属型铸造试样测定。

2. 铝及铝合金

铝是一种具有良好的导电传热性及延展性的轻金属，其导电性仅次于银、铜，被大量用于电器设备和高压电缆。目前铝及其合金已被广泛用在金属器具、工具、体育设备、汽车、化工、航空等领域，其产量仅次于钢铁材料。

（1）铝及铝合金的分类

铝及铝合金的分类如图 1-1-14 所示。

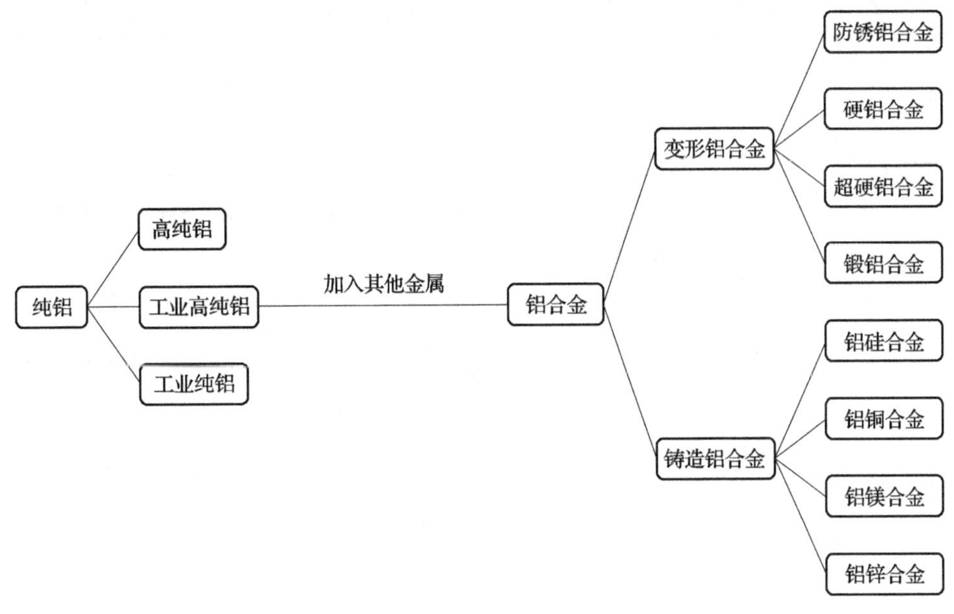

图 1-1-14　铝及铝合金分类

①纯铝。按纯度分为高纯铝、工业高纯铝、工业纯铝三类。

高纯铝：含铝量不小于 99.999%，用于科研，代号为 L04 ～ L01。

工业高纯铝：含铝量不小于 99.90%，用作铝合金的原料，用于制造特殊化学机械等，代号为 L0、L00

工业纯铝：含铝量不小于 99.00%，用于制造管、线、板材和棒材，代号为 L1 ～ L6。

高纯铝的代号中，后面的编号数字越大，纯度越高；工业纯铝的代号中，后面的编号数字越大，纯度越低。表 1-1-49 所列为工业纯铝的牌号、化学成分和用途。

表 1-1-49　工业纯铝的牌号、化学成分和用途

旧牌号	新牌号	化学成分 /%		用途
		Al	杂质总量	
L1	1070	99.7	0.3	垫片、电容、电子管隔离罩、电线、电缆、导电体和装饰件
L2	1060	99.6	0.4	
L3	1050	99.5	0.5	
L4	1035	99.35	1.0	
L5	1200	99.0	1.0	不受力而具有某种特性的零件，如电线保护套管、通信系统的零件、垫片和装饰件

②铝合金。根据成分特点和生产方式不同，铝合金，可分为变形铝合金和铸造铝合金。根据性能的不同，变形铝合金分为防锈铝合金、硬铝合金、超硬铝合金和锻铝合金四种。

常用变形铝合金和铸造铝合金的牌号、力学性能及用途分别见表 1-1-50 和表 1-1-51。

表 1-1-50 常用变形铝合金的牌号、力学性能及用途

类别	代号	牌号	半成品种类	状态①	力学性能		用途
					R_m/MPa	A/%	
防锈铝合金	LF2	5A02	冷轧板材	0	167～226	16～18	用于制造在液体中工作的中等强度的焊接件、冷冲压件和容器、骨架零件等
			热轧板材	H112	117～157	7～6	
			挤压板材	0	0	10	
	LF21	3A21	冷轧板材	0	98～147	18～20	用于制造要求高的可塑性和良好的焊接性、在液体或气体介质中工作的低载荷零件，如油箱、油管、液体容器、饮料罐等
			热轧板材	H112	108～118	15～12	
			挤制厚壁管材	H112	≤167	—	
硬铝合金	LY11	2A11	冷轧板材（包铝）	0	226～235	12	用于制造各种要求中等强度的零件和构件、冲压的连接部件、空气螺旋桨叶片、局部镦粗的零件（如螺栓、铆钉）
			挤压棒材	T4	353～373	10～12	
			拉挤制管材	0	≤245	10	
	LY12	2A12	冷轧板材（包铝）	T4	407～427	10～13	用量最大。用于制造各种要求高载荷的零件和构件（但不包括冲压件和锻件），如飞机上的骨架零件、蒙皮、翼梁、铆钉等在 150℃以下工作的零件
			挤压棒材	T4	255～275	8～12	
			拉挤制管材	0	≤245	10	
	LY8	2B11	铆钉线材	T4	J225	—	用于制造铆钉材料
超硬铝合金	LC3	7A03	铆钉线材	T6	J284	—	用于制造受力结构的铆钉
	LC4 LC9	7A04 7A09	挤压棒材	T6	490～510	5～7	用于制造承力构件和高载荷零件，如飞机上的大梁、桁条、加强框、蒙皮、翼肋、起落架零件等，通常多用以取代 2A12
			冷轧板材	0	≤240	10	
			热轧板材	T6	490	3～6	

续表

类别	代号	牌号	半成品种类	状态①	力学性能		用途
					R_m/MPa	A/%	
锻铝合金	LD5	2A50	挤压棒材	T6	353	12	用于制造形状复杂和中等强度的锻件和冲压件、内燃机活塞、压气机叶片、叶轮、圆盘以及其他在高温下工作的复杂锻件。2A70 耐热性好
	LD7	2A70	挤压棒材	T6	353	8	
	LD8	2A80	挤压棒材	T6	432 ～ 441	8 ～ 10	
	LD10	2A14	热轧板材	T6	432	5	用于制造高负荷和形状简单的锻件和模锻件

注：状态符号采用国家标准《变形铝及铝合金状态代号》（GB/T 16475—2008）规定代号：0—退火；T4—淬火 + 自然时效；T6—淬火 + 人工时效；H112—热加工。

表 1-1-51　常用铸造铝合金的代号、化学成分、力学性能及用途

合金代号	化学成分 /%				铸造方法及合金状态	力学性能			用途
	Si	Cu	Mg	其他		R_m/MPa	A/%	HBW	
ZL101	6.5 ～ 7.5		0.25 ～ 0.45		J，T5	205	2	60	工作温度低于 185℃的飞机、仪器上的零件，如汽化器
					S，T5	195	2		
ZL102	10.0 ～ 13.0				J、SB JB、RB T2	143	4	50	工作温度低于 200℃，承受低载气密性的零件，如仪表、抽水机壳体
						133	4		
ZL105	4.5 ～ 5.5	1.0 ～ 1.5	0.4 ～ 0.6		J，T5	235	0.5	70	形状复杂、在 225℃以下工作的零件，如风冷发动机的气缸头、油泵体、机壳
					S，T5	215	1.0		
					S，T6	225	0.5		
ZL108	11.0 ～ 13.0	1.0 ～ 2.0	0.4 ～ 1.0	0.3 ～ 0.9Mn	J，T1	195	—	85	有高温强度及低膨胀系数要求的零件，如高速内燃机活塞等耐热零件
					J，T6	255	—	90	
ZL201	4.5 ～ 5.3			0.6 ～ 1.0Mn 0.15 ～ 0.35Ti	S，T4	295	8	70	工作温度在 175℃～ 300℃的零件，如内燃机汽缸、活塞、支臂
					S，T5	335	4	90	

续表

合金代号	化学成分 /%				铸造方法及合金状态	力学性能			用途
	Si	Cu	Mg	其他		R_m/MPa	A/%	HBW	
ZL202	9.0 ～ 11.0				S、J，F	104		50	形状简单、要求表面光滑的中等承载零件
					S、J，T6	163		100	
ZL301			9.0 ～ 11.0		J、S，T4	280	9	60	在大气或海水中工作，工作温度低于150℃，承受大振动载荷的零件
ZL401	6.0 ～ 8.0		0.1 ～ 0.3	9.0 ～ 13.0Zn	J，T1	245	1.5	90	工作温度低于200℃，形状复杂的汽车、飞机零件
					S，T1	195	2	80	

注：铸造方法与合金状态的符号规定如下：J—金属型铸造；S—砂型铸造；B—变质处理；T1—人工时效（不进行淬火）；T2—290℃退火；T4—淬火 + 人工时效；T5—淬火 + 不完全时效（时效温度低或时间短）；T6—淬火 + 人工时效（180℃以下，时间较长）。

（2）变形铝及铝合金牌号

国家标准《变形铝及铝合金牌号表示方法》（GB/T 16474—2011）规定，我国变形铝及铝合金采用国际四位数字体系牌号和四位字符体系牌号两种命名方法。按化学成分已在国际牌号注册组织注册命名的铝及铝合金，直接采用四位数字体系牌号；国际牌号注册组织未命名的，则按四位字符体系牌号命名，见表 1-1-52。

表 1-1-52　变形铝及铝合金牌号命名方法

命名方法	具体内容
四位字符体系牌号命名法	四位字符体系牌号的第一、三、四位为阿拉伯数学，第二位为英文大写字母（C、I、L、N、O、P、Q、Z 字母除外）。牌号的第一位数字表示铝及铝合金的组别，见表 1-1-53；牌号的第二位字母表示原始纯铝或铝合金的改型情况；最后两位数字用以标识同一组中不同的铝合金或表示铝的纯度。除改型合金外，铝合金组别按主要合金元素（6××× 系按 Mg_2Si）来确定，主要合金元素指极限含量算术平均值为最大的合金元素。当有一个以上的合金元素极限含量算术平均值同为最大时，应按 Cu、Mn、Si、Mg、Mg_2Si、Zn 及其他元素的顺序来确定合金组别
纯铝的牌号命名法	铝含量不低于 99.00% 时为纯铝，其牌号用 1××× 系列表示。牌号的最后两位数字表示最低铝百分含量。当最低铝百分含量精确到 0.01% 时，牌号的最后两位数字就是最低铝百分含量中小数点后面的两位。牌号第二位的字母表示原始纯铝的改型情况。如果牌号第二位的字母是 A，则表示为原始纯铝；如果是 B ～ Y 的其他字母，则表示为原始纯铝的改型，与原始纯铝相比，其元素含量略有改变

续表

命名方法	具体内容
铝合金的牌号命名法	铝合金的牌号用2×××～8×××系列表示。牌号的最后两位数字没有特殊意义，仅用来区分同一组中不同的铝合金。牌号第二位的字母表示原始合金的改型情况。如果牌号第二位的字母是A，则表示为原始合金；如果是B～Y的其他字母，则表示为原始合金的改型合金。改型合金与原始合金相比，化学成分的变化，仅限于下列任何一种或几种情况： （1）一个合金元素或一组组合元素形式的合金元素，极限含量算术平均值的变化量符合规定，见表1-1-54； （2）增加或删除了极限含量算术平均值不超过0.30%的一个合金元素；增加或删除了极限含量算术平均值不超过0.40%的一组组合元素形式的合金元素； （3）为了同一目的，用一个合金元素代替了另一个合金元素； （4）改变了杂质的极限含量； （5）细化晶粒的元素含量有变化。

注：在新旧牌号命名标准的过渡时期，国内原国家标准《铝及铝合金加工产品的化学成分》（GB 3190—1982）中使用的代号仍可继续使用。现行标准为GB/T 3190—2008。

表1-1-50和表1-1-51中的代号均按GB/T 3190—2008的相关规定，牌号则按GB/T 16474—2011的规定。

表1-1-53　铝及铝合金的组别

组别	牌号系列
纯铝（铝含量不小于99.00%）	1×××
以铜为主要合金元素的铝合金	2×××
以锰为主要合金元素的铝合金	3×××
以硅为主要合金元素的铝合金	4×××
以镁为主要合金元素的铝合金	5×××
以镁和硅为主要合金元素并以Mg_2Si相为强化相的铝合金	6×××
以锌为主要合金元素的铝合金	7×××
以其他合金为主要合金元素的铝合金	8×××
备用合金组	9×××

表1-1-54　合金元素极限含量的变化量

原始合金中的极限含量算术平均值范围/%	极限含量算术平均值的变化量（不大于）/%
≤1.0	0.15
>1.0～2.0	0.20
>2.0～3.0	0.25
>3.0～4.0	0.30
>4.0～5.0	0.35
>5.0～6.0	0.40
>6.0	0.50

(3) 铝及铝合金的强化

铝及铝合金可以通过强化的手段来提高强度、硬度。常用的强化方法见表 1-1-55。

表 1-1-55 铝合金常用强化方法

强化方法	具体内容
固溶强化	将合金元素（铜、铁、锰、锌、硅、镍等元素）加入纯铝中形成固溶体，使铝合金的强度和硬度提高
固溶热处理	将变形铝合金加热到高温单相区，使过剩相充分溶解到固溶体中，经保温后迅速水冷
时效强化	固溶处理后得到的过饱和 α 固溶体是不稳定的组织，在室温下放置或低温加热时，有分解出强化相过渡到稳定状态的倾向，而使强度和硬度明显提高的现象，在室温下进行的时效称为自然时效，在加热条件下进行的时效称为人工时效
过剩相强化	当铝中加入的合金元素含量超过其极限溶解度时，淬火加热时便有一部分不能溶入固溶体的第二相出现，称之为过剩相。过剩相多为硬而脆的金属化合物，使合金的强度、硬度提高，而塑性、韧性下降
变质处理	在液态铝合金中添加微量元素，形成难熔化合物，在合金结晶时作为非自发晶核，起到细化晶粒的作用，从而提高合金的强度和塑性
冷变形强化	将铝合金材料在再结晶温度以下进行冷变形，合金内部位错密度增大，且相互缠结并形成胞状结构，阻碍位错运动，变形越大则强度越高，塑性越低

3. 滑动轴承合金

(1) 滑动轴承合金的性能特点、组织要求和牌号表示方法

滑动轴承的材料主要是有色金属。滑动轴承合金的性能特点、组织要求和牌号表示方法见表 1-1-56。

表 1-1-56 滑动轴承合金的性能特点、组织要求和牌号表示方法

项目	内容	要求	图例
定义	制造滑动轴承的轴瓦及其内衬的耐磨合金称为轴承合金，又称滑动轴承合金、轴瓦合金	与滚动轴承相比，滑动轴承要求承压面积大，工作平稳，无噪声及维修方便	
性能	足够的抗压强度和抗疲劳性能；良好的减摩性（摩擦系数要小）；良好的储备润滑油的功能；良好的磨合性；良好的导热性和耐蚀性；良好的工艺性能，使之制造容易，价格便宜	一种材料无法同时满足上述性能要求，可将滑动轴承合金用铸造的方法镶铸在 08 钢的轴瓦上，制成双金属轴承	

续表

项目	内容	要求	图例
组织	轴承合金应具备软硬兼备的理想组织：①软基体和均匀分布的硬质点；②硬基体上分布着软质点	轴承在工作时，软的组织首先被磨损下凹，可储存润滑油，形成连续分布的油膜；硬的组织则起着支承轴颈的作用。这样，轴承与轴颈的实际接触面积大大减小，使轴承的摩擦减小	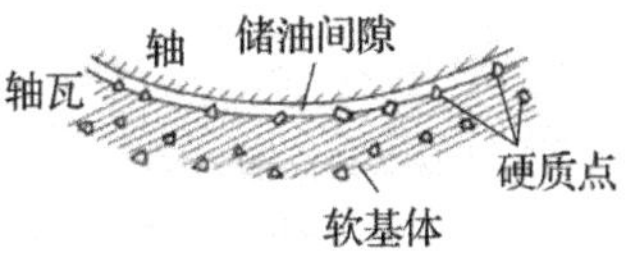
牌号	轴承合金的牌号由其基体金属元素及主要合金元素的化学符号组成。主要合金元素后面跟有表示其名义百分含量的数字。如果合金元素名义百分含量不小于1，该数字用整数表示；如果合金元素名义百分含量小于1，一般不标数字。在合金牌号前面冠以“铸”字汉语拼音第一个字母“Z”，表示属于铸造合金	Z+ 基体金属元素 + 主加元素符号 + 主加元素含量 + 其他加入元素符号及含量	

（2）滑动轴承合金的分类

常用的滑动轴承合金有锡基轴承合金、铅基轴承合金、铜基轴承合金、铝基轴承合金等。滑动轴承合金的分类、典型牌号、性能和用途见表 1-1-57。

表 1-1-57　滑动轴承合金的分类、典型牌号、性能和用途

分类		典型牌号	性能和用途
巴氏合金	锡基轴承合金	ZSnSb12Pb10Cu4 ZSnSb8Cu4 ZSnSb11Cu6 ZSnSb4Cu4	以锡为基体元素，加入锑、铜等元素组成的合金。这种合金摩擦系数小，塑性和导热性好，是优良的减摩材料，常用于制造重要的轴承，如汽轮机、发动机、压气机等巨型机器的高速轴承。主要缺点是疲劳强度较低，且锡较稀缺，故这种轴承合金价格较贵
	铅基轴承合金	ZPbSb16Sn16Cu2 ZPbSb15Sn10 ZPbSb15Sn5 ZPbSb10Sn6	是以铅为基体的合金。加入锡能形成 SnSb 硬质点，并能大量溶于铅中而强化基体，故可提高铅基轴承合金的强度和耐磨性。加铜可形成 Cu_3Sb 硬质点，并防止比密度偏析。铅基轴承合金的强度、塑性、韧性及导热性、耐蚀性均较锡基轴承合金低，且摩擦系数较大，价格较便宜。因此，铅基轴承合金常用来制造承受中、低载荷的中速轴承，如汽车、拖拉机的曲轴、连杆轴承及电动机轴承

续表

分类		典型牌号	性能和用途
铜基轴承合金	锡青铜	ZCuSn10P1 ZCuSn5Pb5Zn5	合金的组织中存在较多的分散缩孔，有利于储存润滑油。这种合金能承受较大的载荷，广泛用于制造中等速度及承受较大固定载荷的轴承，例如电动机、泵、金属切削机床的轴承。锡青铜可直接制成轴瓦，但与其配合的轴颈应具有较高的硬度（300 ～ 400 HBW）
	铅青铜	ZCuPb30	铅青铜的显微组织是硬的基体（铜）上均布着大量软的质点（铅）。与巴氏合金相比，该合金具有高的疲劳强度和承载能力，同时还有高的导热性（约为锡基巴氏合金的 6 倍）和低的摩擦系数，并可在较高温度（如 250℃）下工作。铅青铜适宜制造高速、高压下工作的轴承，如航空发动机、高速柴油机及其他高速机器的主轴承。铅青铜的强度为 R_m=60 MPa，因此也需要在轴瓦上挂衬，制成双金属轴承
铝基轴承合金		ZAlSn6Cu1Ni1	具有原料丰富、价格低廉、导热性好、疲劳强度高和耐蚀性好等优点，而且能轧制成双金属，广泛用于制造高速重载下的汽车、拖拉机及柴油机的滑动轴承。它的主要缺点是线膨胀系数较大，运转时易与轴咬合，尤其在冷起动时危险性更大

（3）常用铸造轴承合金

常用铸造轴承合金的牌号、化学成分及用途见表 1-1-58。

表 1-1-58　常用铸造轴承合金的牌号、化学成分及用途（GB/T 1174—1992）

类别	牌号	化学成分 /%					硬度（HBW）	用途
		Sb	Cu	Pb	Sn	杂质		
锡基轴承合金	ZSnSb12Pb10Cu4	11.0 ～ 13.0	2.5 ～ 5.0	9.0 ～ 11.0	余量	0.55	≥29	一般发动机的轴承，但不适合在高温下工作
	ZSnSb11Cu6	10.0 ～ 12.0	5.5 ～ 6.5	0.35	余量	0.55	≥27	1 500 kW 以上蒸汽机、370 kW 涡轮压缩机、涡轮泵及高速内燃机轴承
	ZSnSb8Cu4	7.0 ～ 8.0	3.0 ～ 4.0	0.35	余量	0.55	≥24	一般大机器轴承及高载荷汽车发动机的双金属轴承
	ZSnSb4Cu4	4.0 ～ 5.0	4.0 ～ 5.0	0.35	余量	0.50	≥20	涡轮内燃机的高速轴承及轴承衬

续表

类别	牌号	化学成分 /%					硬度 (HBW)	用途
		Sb	Cu	Pb	Sn	杂质		
铅基轴承合金	ZPbSb16Sn16Cu2	15.0 ～ 17.0	1.5 ～ 2.0	余量	15.0 ～ 17.0	0.6	≥30	110 ～ 880 kW 蒸汽涡轮机、150 ～ 750 kW 电动机和小于 1 500 kW 起重机及重载荷推力轴承
	ZPbSb15Sn5CuCd2	14.0 ～ 16.0	2.5 ～ 3.0	余量	5.0 ～ 6.0	0.4	≥32	船舶机械、小于 250 kW 电动机、抽水机轴承
	ZPbSb15Sn10	14.0 ～ 16.0	0.7	余量	9.0 ～ 11.0	0.45	≥24	中等压力的机械，也适用于高温轴承
	ZPbSb15Sn5	14.0 ～ 15.5	0.5 ～ 1.0	余量	4.0 ～ 5.5	0.75	≥20	低速、轻压力机械轴承
	ZPbSb10Sn6	9.0 ～ 11.0	0.7	余量	5.0 ～ 7.0	0.7	≥18	重载荷、耐蚀、耐磨轴承

（4）滑动轴承合金的性能比较

常用滑动轴承合金的性能比较见表 1-1-59。

表 1-1-59　常用滑动轴承合金的性能比较

合金种类	抗咬合性	磨合性	耐蚀性	耐疲劳性	合金硬度 HBW	轴颈硬度 HBW	最大允许压力 / MPa	最高使用温度 /℃
锡基合金	优	优	优	劣	20 ～ 30	150	600 ～ 1000	150
铅基合金	优	优	中	劣	15 ～ 30	150	600 ～ 800	150
锡青铜	中	劣	优	优	50 ～ 100	300 ～ 400	700 ～ 2000	200
铅青铜	中	差	差	良	40 ～ 80	300	200 ～ 3200	220 ～ 250
铝基合金	劣	中	优	良	45 ～ 50	300	200 ～ 2800	100 ～ 150
铸铁	差	劣	优	优	160 ～ 180	200 ～ 250	300 ～ 600	150

1.2 非金属材料

1.2.1 工程塑料

工程塑料是20世纪50年代随着电子电器、汽车、航天、通信及国防工业等高新技术产业的发展，在广泛应用塑料为基础的情况下崛起的新型高分子材料。工程塑料一般是指在较宽的温度范围和较长期的使用时间内，能够保持优良性能，能承受机械应力，作为结构材料使用的一种塑料。因此，工程塑料不仅可以代替金属作为结构性的材料，而且随着高科技产业的发展，工程塑料必将成为未来不可缺少的高分子材料。

工程塑料与其他高分子材料一样，有很多分类方法，常用的分类方法为按热性能分类和按使用性能分类，见表2-2-1。

表1-2-1 工程塑料的分类

分类方法	名称	说明	举例
按热性能分类	热塑性塑料	加热后软化或熔化，冷却后硬化成型，这一过程可反复进行	聚乙烯、聚丙烯、ABS塑料等
	热固性塑料	材料成型后，受热不变形软化，但当加热至一定温度则会分解。故只可一次成型或使用	环氧树脂等材料
按使用性能分类	工程塑料	可用作工程结构或机械零件的一类塑料。有较好的、稳定的力学性能，耐热耐蚀性较好，且尺寸稳定性好	ABS塑料、尼龙、聚甲醛等
	通用塑料	主要用于制造日常生活用品的塑料。其产量大、成本低、用途广，占塑料总产量的3/4以上	聚乙烯、聚氯乙烯、聚苯乙烯、聚丙烯、酚醛塑料等
	特种塑料	具有某些特殊的物理化学性能的塑料，如耐高温塑料、耐蚀塑料、具有光学性能的塑料，其产量少、成本高，只用于特殊场合	如聚四氟乙烯（PFFE）、聚三氟乙烯

常用工程塑料的名称、代号、特性和用途见表1-2-2。

表1-2-2 常用工程塑料的名称、代号、特性和用途

类别	名称	代号	特性	用途	图例
热塑性工程塑料	聚乙烯	PE	具有良好的耐蚀性和电绝缘性。高压聚乙烯的柔软性、透明性较好，低压聚乙烯的强度高，耐磨、耐蚀、绝缘性良好	高压聚乙烯常用于制造薄膜、软管、塑料板、塑料瓶。低压聚乙烯多用于制造塑料管、塑料板、塑料绳，以及承载不高的零件，如齿轮、轴承等	聚乙烯轴承

续表

类别	名称	代号	特性	用途	图例
热塑性工程塑料	聚丙烯	PP	强度高，密度小，耐热性良好，电绝缘性能和耐蚀性能优良，韧性差，不耐磨，易老化	用于制造法兰、齿轮、风扇叶轮、泵叶轮、把手、电视机壳体以及化工管道、医疗器械等通风机的叶轮	叶轮
	聚碳酸酯	PC	抗拉、抗弯强度高，冲击韧性及抗蠕变性能好，耐热，耐寒，绝缘性好，尺寸稳定性较高，透明度高，吸水性弱，易加工成形，化学稳定性差	用于制造垫圈、垫片、套管、电容器等绝缘件，仪表外壳、护罩，航空及宇航工业中的信号灯、挡风玻璃、座舱罩、帽盔等	垫圈
	聚氯乙烯	PVC	具有较高的强度和较好的耐蚀性。软质聚氯乙烯的伸长率高，制品柔软，耐蚀性和电绝缘性良好	用于制造废气排污排毒塔、气体液体输送管、离心泵、通风机、接头。软质PVC常用于制造薄膜、雨衣、耐酸碱软管、电缆包皮、绝缘层等	排水管件
	聚酰胺	PA	具有韧性好、耐磨、耐疲劳、耐油、耐水等综合性能，吸水性强，成型收缩不稳定	用于制造一般机器零件，如轴承、齿轮、蜗轮、铰链等	轴承
热固性工程塑料	聚砜	PSF	具有良好的耐寒、耐热、抗蠕变及尺寸稳定性，耐酸、碱和高温蒸汽，可在 −65 ℃ ～ 150 ℃ 间长期工作	用于制造耐蚀、减磨、耐磨、绝缘零件，如齿轮、凸轮、仪表外壳和接触器等	流量计
	苯乙烯—丁二烯—丙烯腈（ABS塑料）	ABS	兼有三组元的性能，坚韧、质硬，刚性好。同时，耐热，耐蚀，尺寸稳定性好，易于成型加工	用于制造一般机械的减磨、耐磨零件，如齿轮、电视机外壳、手机壳、转向盘、凸轮等	手机壳

续表

类别	名称	代号	特性	用途	图例
热固性工程塑料	聚四氟乙烯	PTFE	耐蚀性好，耐高温、耐低温性能优良，吸水性弱；硬度、强度低，抗压强度不高，成本较高	用于制造减磨密封零件、化工耐蚀零件与热交换器以及高频或潮湿环境中使用的绝缘材料，如化工管道、电气设备、腐蚀介质过滤器、生料带等	生料带
	环氧塑料	EP	强度较高，韧性较好，电绝缘性优良，化学稳定性和耐有机溶剂性好。因填料不同，性能也有所不同	用于制造塑料模具、精密量具、电工电子元件及线圈的灌封与固定等	塑料模具
	酚醛塑料	PF	采用木屑作填料的酚醛塑料，俗称“电木”。具有优良的耐热性、绝缘性、化学稳定性、尺寸稳定性和抗蠕变性，这些性能均优于热塑性工程塑料	用于制造一般机械零件、绝缘零件、耐蚀零件及水润滑零件	灯座

1.2.2 橡胶

橡胶是一种具有高弹性的高分子材料。工业上使用的橡胶是以生胶为主原料，加入硫化剂、软化剂、填充剂、防老化剂等制成的产品。橡胶的特性见表 1-2-3。

表 1-2-3 橡胶的特性

优缺点	特性	说 明
优点	高弹性	高弹性是橡胶性能的主要特征。橡胶弹性模量低，回弹性能特别好，承受外力后，立即产生很大的变形，伸长率可达 100% ～ 1 000%，外力去除后能很快恢复原状
	可塑性好	可塑性是指在一定温度和压力下发生塑性变形，外力去除后能够保持所产生的变形的能力。橡胶在加工过程中如弹性太大，塑性变形困难，加工成形就困难，为了提高加工性，则需适当降低弹性而增加可塑性，因此必须通过塑炼提高其可塑性
	有一定的强度	强度是决定橡胶制品性能指标和使用寿命的重要因素
	耐磨性好	耐磨性即抵抗磨损的能力。橡胶强度越高，耐磨性越好，磨损量越少

续表

优缺点	特性	说　明
优点	具有缓冲减振作用	橡胶对声音及振动的传播有缓和作用，可利用这一特点来减弱噪声和振动
缺点	易老化	长期存放或使用时，会逐渐发生氧化而硬化变质，甚至龟裂。未经处理的橡胶耐蚀性差，耐寒性、耐热性也差

常用橡胶的性能特点和用途见表 1-2-4。

表 1-2-4　常用橡胶的性能特点和用途

类别	名称	性能特点	用途
通用橡胶	天然橡胶	高的强度和弹性，伸长率为 650% ~ 900%，使用温度为 -50℃～120℃	轮胎、胶管、胶带及各种日用品
	丁苯橡胶（SBR）	性能接近于天然橡胶，耐老化、耐热性优于天然橡胶，使用温度为 -50℃～140℃	轮胎、胶布、胶板等通用橡胶件
	顺丁橡胶（BR）	优异的弹性、耐磨性和耐寒性，使用温度不超过 120℃	V 形胶带、轮胎、耐寒运输带等
	丁腈橡胶（NBR）	耐油性、气密性好，并具有较好的耐热性，使用温度为 -35℃～175℃，耐臭氧性、耐寒性较差	输油管，耐油的垫圈、胶辊、皮碗、密封圈等
特种橡胶	硅橡胶	耐高低温、耐辐射、耐臭氧老化，电绝缘性能优异，机械强度较低，无毒、无味。使用温度为 -70℃～275℃	高温使用的垫圈、密封件，食品及医疗用品，绝缘制品
	氟橡胶（FPM）	耐高温，使用温度可达 300℃，耐油、耐腐蚀介质	耐蚀零件、高级密封件、高真空橡胶制品、特种电线电缆护套等
	聚酰胺橡胶（UR）	具有高弹性、耐磨性和高强度	胶辊、实芯轮胎、同步齿形带、特种垫圈等

1.2.3　陶瓷

陶瓷是以天然硅酸盐或人工合成的无机化合物为原料，经过成形和高温烧结制成的，由金属和非金属元素构成的无机化合物反应生成的多晶固体材料。陶瓷的性能见表 1-2-5。

表 1-2-5　陶瓷的性能

性能	说　明
力学性能	多数陶瓷室温弹性模量高于金属，硬度远大于金属，抗压强度高于铸铁，但抗拉强度低，脆性大
热性能	陶瓷的熔点一般高于金属，耐高温，热硬性高，热膨胀系数和导热系数低于金属。一般陶瓷的抗热振性能比较差，温度剧烈变化时容易破裂

续表

性能	说 明
化学性能	陶瓷的组织结构非常稳定，具有很好的耐蚀能力
电性能	大多数陶瓷都具有较好的绝缘性能
光学特性	陶瓷一般是不透明的。随着科技发展，目前已研制出了如固体激光器材料、光导纤维材料、光存储材料等新品种陶瓷

陶瓷按所用原料和用途可分为普通陶瓷和特种陶瓷两大类。常用陶瓷的性能特点和用途见表 1-2-6。

表 1-2-6 常用陶瓷的性能特点和用途

种类		名称	性能	用途
普通陶瓷（黏土类陶瓷）		日用陶瓷、绝缘用陶瓷、耐酸瓷	质地坚硬，耐腐蚀，不导电，加工成形性好，成本低。强度较低，耐高温性能差	用于电气、化工、建筑、纺织等行业。例如可用于制造化学工业中的耐酸碱容器、反应塔、管道，电气工业中起绝缘和机械支持作用的构件（如绝缘子等）
特种陶瓷	氧化铝陶瓷	刚玉瓷、刚玉一莫来石瓷、莫来石瓷	强度比普通陶瓷高 2 ~ 3 倍，硬度仅次于金刚石、碳化硼、立方氮化硼和碳化硅。耐高温，可在 1500℃下工作，电绝缘性和耐蚀性优良。缺点是脆性大，抗急冷急热性差	用于制造高温容器和盛装熔融的铁、钴、镍等的坩埚，测温热电偶的绝缘套管，内燃机火花塞，切削高硬度材料的刀具等
	氮化硅陶瓷	反应烧结氮化硅瓷	具有良好的化学稳定性；除氢氟酸外，能耐各种无机酸（如盐酸、硼酸、硫酸、磷酸和王水等）；硬度高，有良好的耐磨性；电绝缘性能和抗急冷急热性能优良	用于制造耐磨、耐蚀、耐高温、起绝缘作用的零件，如各种泵的密封件、高温轴承、阀门、燃气轮机叶片等
		热压氮化硅瓷	力学性能比反应烧结氮化硅瓷好	用于制造形状简单的制品，如刀具、高温轴承、转子发动机中的刮片等
	氮化硼陶瓷	六方氮化硼陶瓷	具有良好的润滑性和导热性，电绝缘性能好，热膨胀系数低，抗热振性能良好，加工性能优异，对大多数金属不浸润，具有非常高的耐热性能	因硬度低，故可进行切削加工。用于制造高温轴承及玻璃制品的成形模具，也是一种重要的宇航材料
		立方氮化硼陶瓷	硬度高；具有良好的耐热性、抗急冷急热性；热导率与不锈钢相当，热稳定性好；绝缘性、化学稳定性良好	用作磨料，用于制造刀具等

2 刀具

2.1 刀具材料

2.1.1 碳素工具钢

1. 成分及性能特点

碳素工具钢都是优质钢或高级优质钢，硫、磷及非金属杂质含量低，含碳量较高，一般为 0.65%～1.35%，属于高碳钢。

(1) 优点

①生产成本较低，原料来源方便；

②易于冷、热加工，在热处理后可以获得相当高的硬度和强度；

③在工作温度不高的情况下，耐磨性较好，应用广泛。

其中高级优质碳素工具钢韧性较好，磨削时可以获得较高的光洁度，适宜制造形状复杂、精度较高的工具。

(2) 缺点

①热硬性较差，工作温度超过 250℃后，硬度和耐磨性迅速下降；

②淬透性低，工具端面尺寸大于 15 mm 时，水淬后只有表面层得到高的硬度，不适合用于制造大尺寸的工具；

③淬火温度范围窄，易过热，淬火时畸变、开裂倾向大，且易产生软点。

碳素工具钢淬火后硬度相近，但是随着含碳量的增加，耐磨性增强，韧性减弱。

2. 常用牌号及用途

碳素工具钢的牌号用 T+ 数字表示，其中 T 为碳的汉语拼音首字母，数字表示平均含碳量（千分之几）。高级优质碳素工具钢在末尾加 A，合金元素锰含量高的，末尾加 Mn。例如，T8 表示平均含碳量 0.8% 的碳素工具钢，T10A 表示平均含碳量 1% 的高级优质碳素工具钢。

碳素工具钢常用的牌号有 8 个，分别为 T7、T8、T8Mn、T9、T10、T11、T12 和 T13，详见表 2-1-1。其中，T7、T8、T10、T12 最为常用，一般用于制造刃具、量具和模具。

表 2-1-1　碳素工具钢的牌号及用途

牌号	性能	用途	图例
T7	有较好的韧性强度和塑性，切削能力差	用于制造承受振动、冲击，硬度适中，有较好韧性的工具，如凿、冲头、木工工具、锤等	木工凿

续表

牌号	性能	用途	图例
T8	强度、塑性较低，热处理后硬度及耐磨性较高	用于制造有较高硬度和耐磨性的工具，如冲头、木工工具、剪切金属用剪刀等	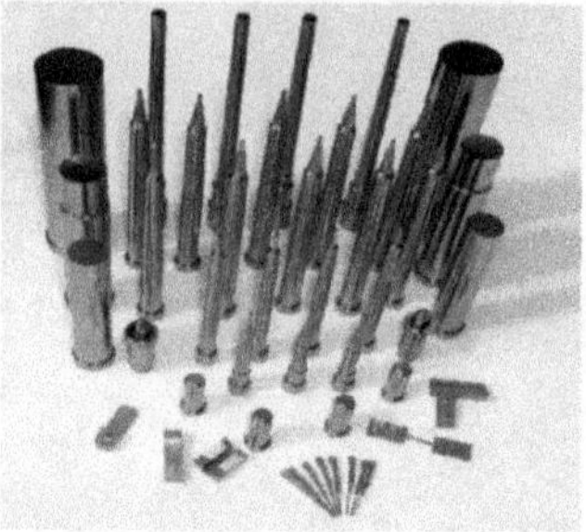 冲头
T8Mn	性能与 T8 相似	用于制造截面较大的工具	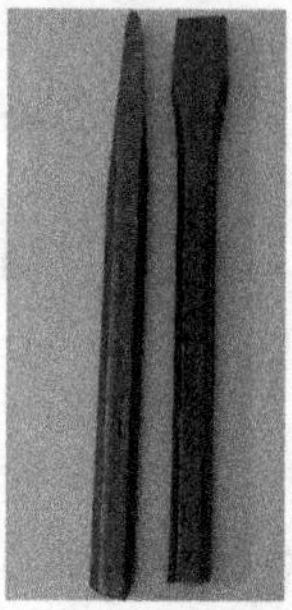 石凿
T9	性能与 T8、T8A 相似，但有较高的淬透性，能获得较深的淬硬层	用于制造有一定硬度和韧性的工具，如冲模、冲头、凿岩石的凿子	 冲模
T10	加热到 700℃～800℃时仍能保持细晶粒，淬火后钢中未熔的过剩碳化物可以增强钢的耐磨性	用于制造工作时不变热、耐磨性要求较高、不受剧烈振动、具有韧性及锋利刃口的工具，如刨刀、车刀、锯条、冷冲模等	 锯条
T11	与 T10、T10A 相比，具有较好的综合力学性能		

续表

牌号	性能	用途	图例
T12	耐磨性及硬度高，韧性低	用于制造不受冲击、高硬度的工具，如丝锥、锉刀、板牙、量具等	丝锥 锉刀
T13	硬度极高，碳化物分布不均匀，力学性能差	用于制造不受振动、要求极高硬度的工具，如剃刀、刻字刀等	剃刀

碳素工具钢在经过热处理后可以达到很高的硬度和耐磨性，但是这种钢材的热硬性不高，在工作温度升高时其硬度和耐磨性会大幅下降，一般多用来制造手动加工中使用的刀具。

2.1.2 低合金刃具钢

1. 工作条件及性能要求

低合金刃具钢主要用于制造各种金属切削刀具，例如钻头、铣刀等。工作时不仅要承受压力、弯曲、振动和冲击，还受到工件和切屑强烈的摩擦作用，刃部温度可以达到 500℃～600℃，因此低合金刃具钢除了需要具有足够的强度和韧性外，还要有高硬度（>60 HRC）、高耐磨性和高热硬性。

2. 成分特点

低合金刃具钢的碳含量一般为 0.75%～1.5%，属于高碳钢，可以保证其在经过热处理后获得高的硬度和耐磨性。低合金刃具钢中会加入少量合金元素（总含量 <5%），如 Cr、Mn、Si、W、V，其中 Cr、Mn、Si 元素的添加可以提高淬透性、强度、硬度和耐回火性，减小变形，而 W、V 元素可以起到细化晶粒、提高耐磨性的作用。

3. 热处理工艺

低合金刃具钢预备热处理一般采用球化退火，最终热处理一般为淬火 + 低温回火，获得细小的回火马氏体、粒状合金碳化物和少量残余奥氏体。

低合金刃具钢的导热性较差，对于形状复杂或横截面较大的刃具，淬火加热时需要进行预热（600℃～650℃），加热速度不宜过快，淬火温度不宜过低，防止溶入奥氏体的碳化物减少，从而降低钢的淬透性。因此，低合金刃具钢一般采用油淬、分级淬或等温淬火工艺。

4. 常用牌号及用途

常用低合金刃具钢的牌号有 9SiCr、8MnSi、Cr06、Cr2、9Mn2V、CrWMn 等，其化学成分、热处理和用途详见表 2-1-2。

表 2-1-2 常用低合金刃具钢的牌号、化学成分、热处理和用途

牌号	合金元素含量（%）	淬火硬度（HRC）	回火硬度（HRC）	用途	图例
9SiCr	Si：1.20 ~ 1.60 Cr：0.30 ~ 1.25	≥62	60 ~ 63	丝锥、板牙、钻头、铰刀、齿轮、铣刀、冷冲模、轧辊	铰刀
8MnSi	Mn：0.80 ~ 1.10 Si：0.30 ~ 0.60	≥62	62 ~ 65	用于制作剃刀、刮片、美工刀、外科医疗刀具	美工刀
Cr06	Cr：0.50 ~ 0.70	≥62	60 ~ 63	用于制作低速、材料硬度不高的切削刀具、量规、冷轧辊等	量规
Cr2	Cr：1.30 ~ 1.65	≥62	58 ~ 63	主要用于制作冷轧辊、冷冲头及冲头、木工刀具等	轧辊
9Mn2V	Mn：1.70 ~ 2.00 V：0.10 ~ 0.25	≥62	58 ~ 63	用于制作丝锥、板牙、铰刀、小冲模、冷压模、料模、剪刀等	板牙
CrWMn	Cr：0.90 ~ 1.20 W：1.20 ~ 1.60 Mn：0.80 ~ 1.10	≥62	62 ~ 65	用于制作拉刀、长丝锥、量规及形状复杂、精度高的冲模、丝杠等	丝杠

2.1.3 高速钢

高速钢（HSS）是一种具有高硬度、高耐磨性和高耐热性的工具钢，又称高速工具钢或锋钢，俗称白钢。高速钢的工艺性能好，强度和韧性配合好，主要用来制造复杂的薄刃刀具和耐冲击的金属切削刀具，也可用于制造高温轴承和冷挤压模具等。

1. 工作条件及性能要求

高速钢主要用于制造尺寸大、负荷重、工作温度高的各种高速切削刃具，如铣刀、拉刀、滚刀等。切削过程中，刃具既要承受压力、振动和冲击，还要承受工件和切屑的摩擦以及由此产生的高温，所以高速钢应具有很高的硬度及耐磨性、高的热硬性、足够的韧性以及良好的淬透性。

2. 成分特点

高速钢含碳量一般为 0.7% ～ 1.65%，以保证形成强硬的马氏体组织和合金碳化物，以提高钢的硬度、耐磨性和热硬性。钢中通常添加 Cr、W、Mo、V、Co 等多种合金元素，且质量分数大于 10%。其中，Cr 的主要作用是提高钢的淬透性；W 或 Mo 形成二次硬化，保证高的热硬性；V 可以形成硬度极高、均匀分布的细小碳化物，显著提高耐磨性；Co 能显著提高钢的热硬性和二次硬度，还可提高钢的耐磨性、导热性，并改善其切削加工性能。

3. 热处理工艺

高速钢的预备热处理是锻造后球化退火，用来改善切削加工性能，消除应力，为最终热处理做好组织准备。退火后的组织为索氏体和粒状碳化物，硬度为 207 ～ 267 HBS。最终热处理为淬火 + 回火，加热温度在 1 200℃以上，回火温度在 560℃左右，且经过多次回火。

采用较高的加热温度可以使大量难溶合金碳化物充分溶入奥氏体内，保证淬火后获得高硬度的马氏体，回火后获得高的热硬性；回火温度高，可析出弥散碳化物，产生二次硬化；多次回火可以消除大量的残余奥氏体，还可以提高硬度，降低应力，提高韧性。

4. 常用牌号及用途

高速钢常用的牌号有 W18Cr4V、W6Mo5Cr4V2 等，其化学成分、热处理和用途详见表 2-1-3。

表 2-1-3 常用高速钢牌号、热处理和用途

牌号	含碳量（%）	添加元素	热处理	硬度（HRC）	热硬性（HRC）	用途	图例
W18Cr4V（18-4-1）	0.73 ～ 0.83	Cr、W、Mo、V	淬火 + 回火	≥63	61.5 ～ 62	加工中等硬度或软材料的车刀、丝锥、钻头等	麻花钻 滚刀
CW6Mo5Cr4V2（6-5-4-2）	0.86 ～ 0.94	Cr、W、Mo、V	淬火 + 回火	≥64		切削性能较高且冲击不大的刃具，如拉刀、铰刀、滚刀等	
W6Mo5Cr4V2（6-5-4-2）	0.8 ～ 0.9	Cr、W、Mo、V	淬火 + 回火	≥64	60 ～ 61	要求耐磨性和韧性配合的中速切削刃具，如丝锥、钻头等	

续表

牌号	含碳量（%）	添加元素	热处理	硬度（HRC）	热硬性（HRC）	用途	图例
W6Mo5Cr4V3（6-5-4-3）	1.15～1.25	Cr、W、Mo、V	淬火+回火	≥64	64	要求较高耐磨性和热硬性，且耐磨性和韧性能较好配合的形状稍微复杂的刃具，如铣刀、拉刀等	
W18Vr4V2Co8	0.75～0.85	Cr、W、Mo、V、Co	淬火+回火	≥63	64	加工高硬度材料、承受高切削力的各种刃具，如铣刀、滚刀、车刀等	拉刀
W6Mo5Cr4V2Al	1.05～1.15	Cr、W、Mo、V、Al	淬火+回火	≥65	65	加工各种难加工材料，如高温合金、不锈钢等的车刀、镗刀、铣刀、钻头等	立铣刀

2.1.4 硬质合金

硬质合金是以一种或几种难熔碳化物（碳化钨、碳化钛等）的粉末为主要成分，加入起黏结作用的金属粉末，用粉末冶金法制得的材料。

1．常用硬质合金的类别、成分和牌号

（1）钨—钴类硬质合金

钨—钴类硬质合金的主要化学成分是WC（碳化钨）及Co（钴）。牌号由“YG+数字”组成，其中，“YG”是“硬钴”二字汉语拼音首字母，数字是以名义百分数表示的Co的质量分数。例如：YG6表示$W_{Co}\approx6\%$，其余为WC的钨—钴类硬质合金。

（2）钨—钛—钴类硬质合金

钨—钛—钴类硬质合金的主要化学成分是WC、TiC（碳化钛）及Co。牌号由“YT+数字”组成，其中，“YT”是“硬钛”二字汉语拼音首字母，数字是以名义百分数表示的TiC的质量分数。例如：YT15表示$W_{TiC}\approx15\%$、$W_{Co}\approx6\%$、$W_{wc}\approx79\%$的钨—钛—钴类硬质合金。

（3）钨—钛—钽（铌）类硬质合金

钨—钛—钽（铌）类硬质合金又称为万能硬质合金或通用硬质合金，它是由TaC（碳化钽）或NbC（碳化铌）取代钨—钛—钴类硬质合金中的部分TiC而形成的，如钨—钛—钽类硬质合金的主要成分是WC+TiC+TaC+C。牌号由“YW+数字”组成，其中，“YW”是“硬万”二字汉语拼音首字母，数字是顺序号。例如：YW1表示1号万能硬质合金。

2. 硬质合金的性能

(1) 优点

硬质合金具有高的抗压强度、耐蚀性和抗氧化性，常温下硬度可以达到 86 ～ 93 HRA（相当于 69 ～ 81 HRC）；热硬性好，可以达到 900 ～ 1 000℃ ；耐磨性好，其切削速度比高速钢高 4 ～ 7 倍，刀具寿命长 5 ～ 80 倍，可以切削 50 HRC 左右的硬质材料。

(2) 缺点

抗弯强度较低，韧性较差，导热性差，线胀系数小。

3. 硬质合金的应用

硬质合金广泛用于制造各类刃具，如图 2-1-1 所示。可用于切削铸铁、钢、非铁金属、玻璃、石材等多种材料，也可以用来加工耐热钢、不锈钢、高锰钢等难加工材料。

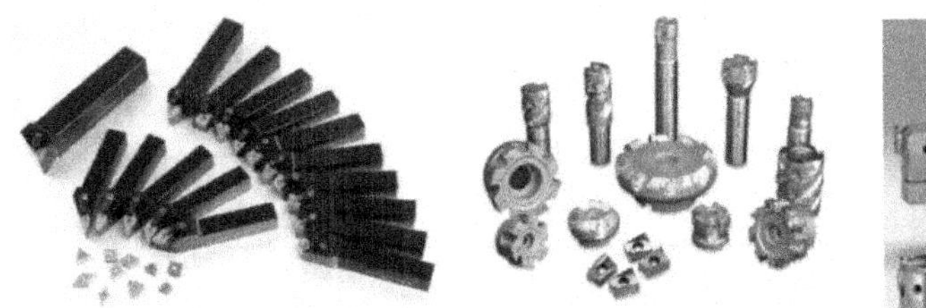

图 2-1-1　各类刃具

硬质合金的性能与其中碳化物和钴的含量有密切关系，碳化物的含量会影响硬质合金的硬度、热硬性、耐磨性，钴的含量则会影响硬质合金的强度和韧性，如图 2-1-2 所示。

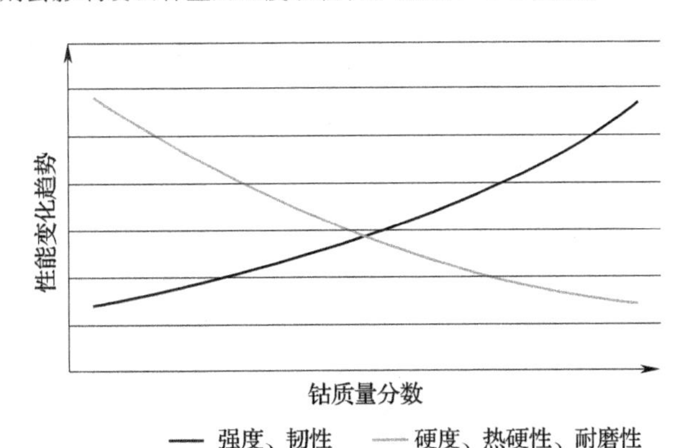

图 2-1-2　钴含量对硬质合金性能的影响

当钴的质量分数相同时，YT 类合金的硬度、耐磨性、热硬性要高于 YG 类合金，但是其强度和韧性要低于 YG 类合金。因此，YG 类合金适合加工脆性材料（铸铁），YT 类合金适合加工塑性材料（钢等）。同类合金中，钴的质量分数高的适合粗加工，低的适合精加工。万能硬质合金中，被取代的 TiC 量越多，在硬度不变的情况下，合金的抗弯强度越高，适用于切削各类材料，特别是不锈钢、高锰钢等难加工材料。

4. 切削加工用硬质合金的分类

切削加工用硬质合金按其切屑排出形式和加工对象范围不同，分为 P、M、K 三类，每一类所适用的加工材料的类别不同，可以将各类硬质合金按用途进行分组，代号由“类别代号＋数字”组成，如 P01、M10、K20 等。切削加工用硬质合金的分类见表 2-1-4。

表 2-1-4　切削加工用硬质合金的分类

<table>
<tr><th rowspan="2">代号</th><th rowspan="2">被加工材料类别</th><th rowspan="2">用途代号</th><th rowspan="2">硬质合金牌号</th><th colspan="2">合金性能变化趋势</th><th colspan="2">切削性能变化趋势</th></tr>
<tr><th>硬度、热硬性、耐磨性</th><th>强度、韧性</th><th>切削速度</th><th>进给量</th></tr>
<tr><td rowspan="4">P</td><td rowspan="4">长切屑的钢铁材料</td><td>P01</td><td>YT30</td><td rowspan="4">高 ↑
低</td><td rowspan="4">低
高 ↓</td><td rowspan="4">高 ↑
低</td><td rowspan="4">小
大 ↓</td></tr>
<tr><td>P10</td><td>YT15</td></tr>
<tr><td>P20</td><td>YT14</td></tr>
<tr><td>P30</td><td>YT5</td></tr>
<tr><td rowspan="2">M</td><td rowspan="2">介于 P 与 K 之间</td><td>M10</td><td>YW1</td><td rowspan="2">高 ↑
低</td><td rowspan="2">低
高 ↓</td><td rowspan="2">高 ↑
低</td><td rowspan="2">小
大 ↓</td></tr>
<tr><td>M20</td><td>YW2</td></tr>
<tr><td rowspan="4">K</td><td rowspan="4">短切屑的钢铁材料、有色金属、非金属材料</td><td>K01</td><td>YG3X</td><td rowspan="4">高 ↑
低</td><td rowspan="4">低
高 ↓</td><td rowspan="4">高 ↑
低</td><td rowspan="4">小
大 ↓</td></tr>
<tr><td>K10</td><td>YG6X、YG6A</td></tr>
<tr><td>K20</td><td>YG6、YG8N</td></tr>
<tr><td>K30</td><td>YG8、YG8N</td></tr>
</table>

注：牌号中“A”表示合金中含有 TaC 或 NbC；“X”表示该合金为细颗粒；“N”表示该合金中含有少量 NbC。

2.2 手动加工刀具

2.2.1 锯削

用锯削工具（手锯）对材料或工件进行切断或切槽的加工方法称为锯削，如图 2–2–1 所示。锯削属于粗加工的一种，平面度一般可以控制在 0.5 mm 以内。具有操作方便、简单、灵活，不受设备和场地限制的特点，应用广泛，是钳工较为重要的基本技能之一。锯削的工艺范围如图 2–2–2 所示。

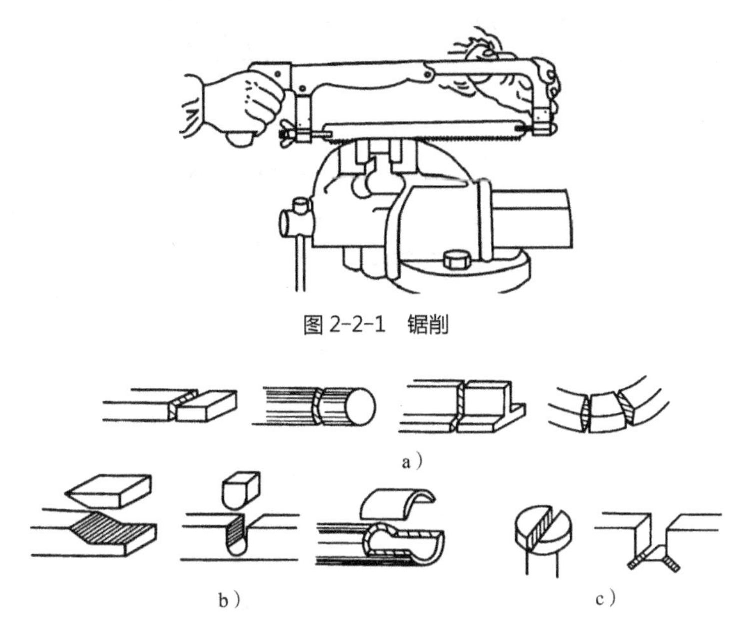

图 2–2–1 锯削

图 2–2–2 锯削的工艺范围

a）锯断 b）去除多余材料 c）锯削沟槽

1. 锯削工具

手锯是锯削的主要工具，由锯弓和锯条两部分组成。

（1）锯弓

锯弓用来安装并张紧锯条，用来进行锯削加工。根据其构造不同可以分为固定式和可调式两种，如图 2–2–3 所示。

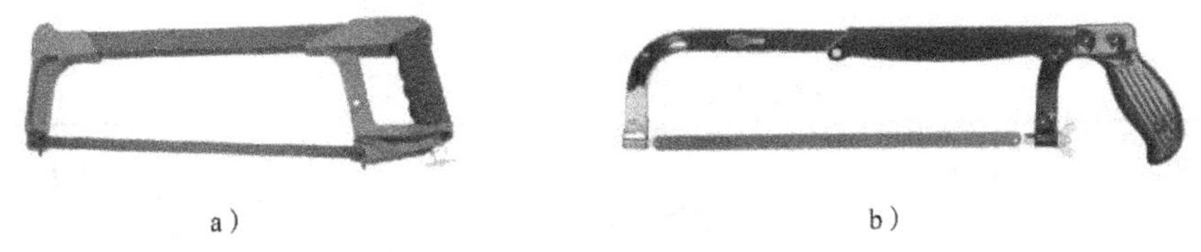

图 2–2–3 锯弓

a）固定式 b）可调式

（2）锯条

锯条即手用钢锯条，用来直接锯削材料或工件，其种类较多，如图 2–2–4 所示。钳工中最常用的类型是单面全硬型锯条，其结构如图 2–2–5 所示。

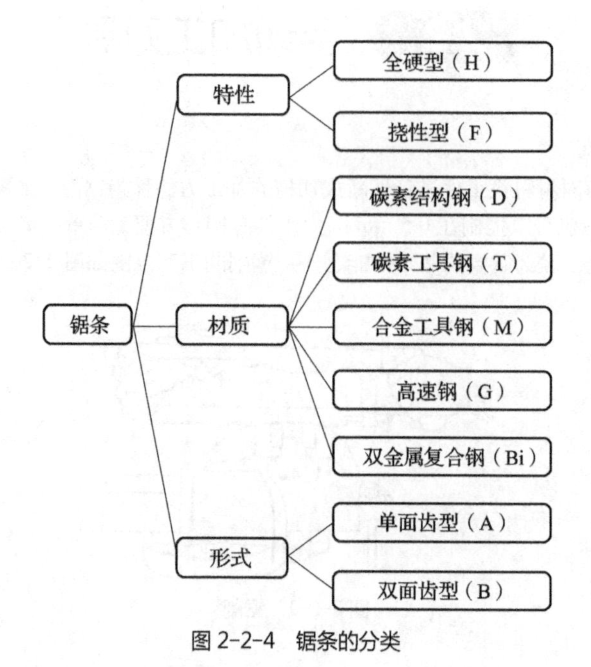

图 2-2-4　锯条的分类

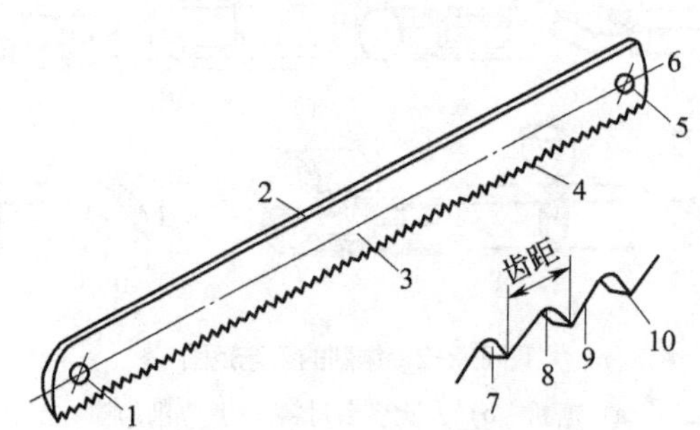

图 2-2-5　锯条结构

1—销孔；2—背部；3—侧面；4—齿部；5—销孔；6—中心线；
7—齿面；8—齿根；9—齿背；10—锯切刃

①锯条的规格及选用。

a. 锯条的规格。锯条规格包含长度规格和粗细规格两个部分。长度规格用两销孔之间中心距表示，常用长度为 300 mm，粗细规格用 25 mm 长度内锯齿的数量或用齿距表示。锯条的规格及基本尺寸见表 2-2-1。

表 2-2-1　锯条的规格及基本尺寸

锯条形式	长度规格 l/mm	粗细规格		宽度 b/mm	厚度 a/mm
		每 25 mm 长度内齿数	齿距 p/mm		
单面齿型（A）	300 或 250	14	1.8	12.0 或 10.7	0.65
		16	1.5		
		18	1.4		

续表

锯条形式	长度规格 l/mm	粗细规格		宽度 b/mm	厚度 a/mm
		每 25 mm 长度内齿数	齿距 p/mm		
单面齿型（A）	300 或 250	20	1.2	12.0 或 10.7	0.65
		24	1.0		
		32	0.8		
双面齿型（B）	292	18	1.4	25	0.65
		24	1.0		
	296			22	
		32	0.8		

b. 锯条粗细选择。锯条锯齿的粗细应该根据被加工材料的硬度和厚度来进行选择。一般情况下，粗齿适合锯削较软、较大的表面，细齿适合锯削较硬、较小的表面。

粗齿锯条容屑槽较大，比较适合加工硬度较低且面积较大的材料。细齿锯条因为齿数较多，同时参与加工的齿数多，每齿的切削量小，材料更加容易被切除，比较适合加工较硬的材料。锯削管子和薄板时必须使用细齿锯条，否则锯齿容易被钩住而崩断。锯齿粗细规格的选用见表 2–2–2。

表 2–2–2　锯齿粗细规格的选用

规格	每 25 mm 长度内齿数	用途
粗	14 ～ 18	锯削铜、铝、铸铁、软钢等
中	22 ～ 24	锯削中等硬度钢，厚壁钢管、铜管等
细	32	薄壁管、薄板等
细变中	32 ～ 30	一般工厂中用，起锯容易

②锯条的分齿形状。锯条的分齿是指在制造锯条时，将锯齿按照一定的规律左右错开，排成一定的形状，从而可以为后续锯削提供锯切间隙。锯条的分齿形状有交叉型和波浪形两种，如图 2–2–6 所示。锯条分齿的目的是使工件上的锯缝大于锯条背部的厚度，从而减小锯缝对锯条的摩擦，避免锯条在锯削过程中被夹住或折断，也可以减少锯条的发热量，避免锯条过早磨损，从而提高锯削效率、延长锯条的使用寿命。

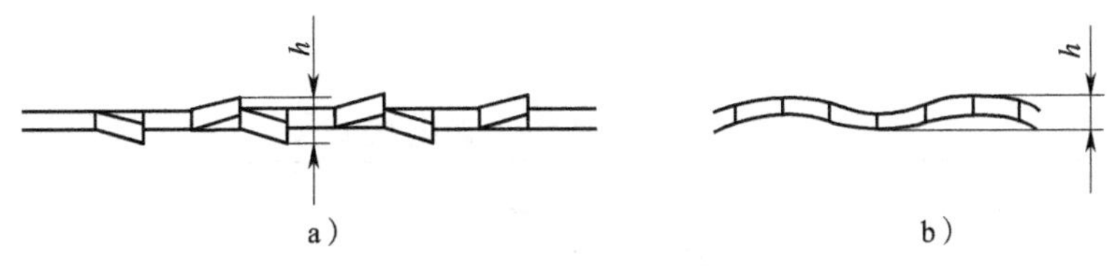

图 2–2–6　锯条的分齿形状

a）交叉形分齿　b）波浪形分齿

③锯齿的几何参数。锯条的切削部分由许多均匀分布的锯齿组成，每一个锯齿相当于一把錾子，都具有切削作用，如图 2–2–7a 所示。锯齿的几何角度如图 2–2–7b 所示，其几何参数见表 2–2–3。

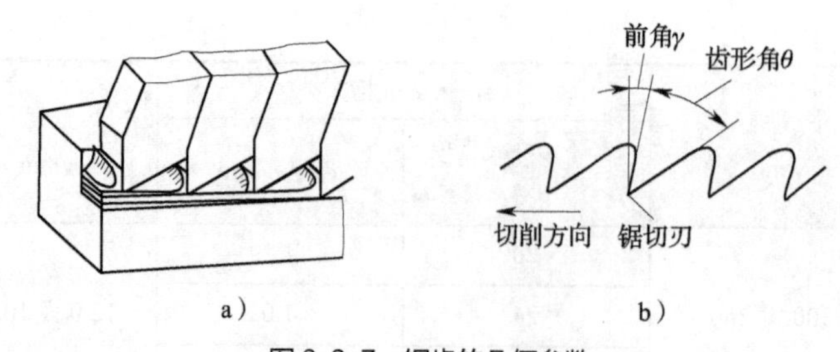

图 2-2-7　锯齿的几何参数

a）锯条切削部分　b）锯齿的几何角度

表 2-2-3　锯齿的几何参数

齿距 p	分齿宽度 h/mm	齿形角 θ（°）	前角 γ（°）
0.8	0.9	46 ～ 53	-2 ～ 2
1.0			
1.2	0.95	46 ～ 53	-2 ～ 2
1.4	1.0	50 ～ 58	
1.5			
1.8			

④锯条的安装。锯条的安装可以根据加工需要分成直向、横向或斜向等。锯削过程中，手锯向前推时才起切削作用，因此锯条安装一定要注意锯齿的方向，必须是向前倾斜的，如图 2-2-8 所示。不能装反，否则锯齿的前角将变为负值，导致切削无法进行。

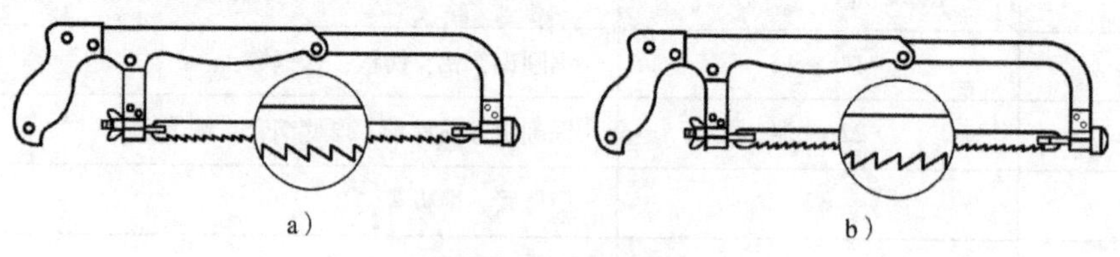

图 2-2-8　锯条安装

a）正确　b）错误

锯条安装的松紧程度可以通过调节翼型螺母来实现，以手扳动锯条感觉硬实即可。安装好的锯条应该与锯弓保持在同一平面内，以防止锯条折断。

2. 锯削质量分析

锯削时常见的质量问题及产生原因见表 2-2-4。

表 2-2-4　常见锯削质量问题及产生原因

质量问题	产生原因
锯齿折断	锯条安装过紧或过松； 锯削时压力太大或锯削用力偏离锯缝方向； 工件未夹紧，锯削时有松动； 锯缝歪斜后强行纠正； 新锯条在旧锯缝中卡住

续表

质量问题	产生原因
锯齿崩裂	锯齿的粗细选择不合适； 起锯角度太大，锯齿卡住后仍用力推据； 锯削速度过快或锯削摆动突然过大
锯齿过早磨损	锯削速度太快，锯条发热过度、磨损加剧； 锯削硬材料未添加切削液； 锯削过硬材料
锯缝歪斜	工件装夹歪斜； 锯条安装过松或产生扭曲； 锯条两面磨损不一致； 锯削时因压力过大，锯条左右偏摆； 锯弓未扶正或用力歪斜
尺寸超出	划线不正确； 锯缝歪斜过度
工件表面拉毛	起锯方法不对

2.2.2 锉削

用锉刀对工件表面进行切削加工，使工件达到所需的尺寸、形状和表面粗糙度的操作方法称为锉削，其精度可达 0.01 mm，表面粗糙度可达 Ra0.8 μm。锉削是钳工的重要操作技能，尽管其加工效率不高，但在现代工业生产中仍然应用广泛，可以去除工件的毛刺，加工工件的内外、沟槽和形状复杂的表面，还可以配键，制作样板和对零件局部进行修整等。

1．锉刀

锉刀是锉削的主要刀具，一般采用优质碳素工具钢 T12、T13 或 T12A、T13A 制成，经过热处理后硬度可以达到 62 ～ 72 HRC。因锉削加工的普遍性，目前锉刀已经标准化。

（1）锉刀的结构

锉刀的结构如图 2-2-9 所示。

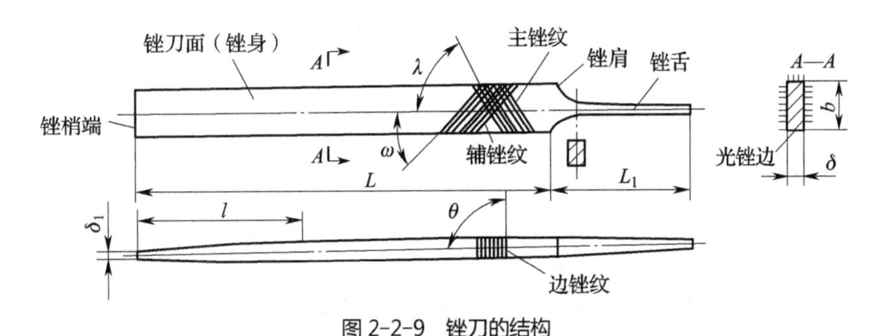

图 2-2-9 锉刀的结构

锉刀各部分的说明如下：

①锉梢端：梢部是锉身逐渐向前缩小的始点到梢端之间的部分。

②锉刀面：锉纹所包含的部分为锉身（L）。

③主锉纹：是锉刀工作面起主要锉削作用的部分。

④锉舌：锉肩到锉舌部分是经过锻打而成的（L_1）。

⑤光锉边：是没有锉纹的边。

⑥边锉纹：是锉刀窄面上的锉纹。

⑦辅锉纹：是主锉纹覆盖的锉纹。

⑧主锉纹夹角：主锉纹与锉身轴线的夹角（λ）。

⑨辅锉纹夹角：辅锉纹与锉身轴线的夹角（ω）。

⑩边锉纹夹角：边锉纹与锉身轴线的夹角（θ）。

（2）锉刀的锉纹与齿纹

锉纹由两个不同方向和不同角度的锉齿所组成，很适合于锉削，锉削时不易出勾痕。锉纹的粗细是根据锉齿间距的大小而定。通常锉纹锉齿是以每 10 mm 长度之内的锉纹条数来区分的，它有粗齿、中齿、细齿和油光齿等多种型号。普通锉刀的锉纹参数见表 2-2-5。

表 2-2-5　普通锉刀的锉纹参数

长度规格/mm	每 10 mm 主锉纹条数					辅锉纹条数	边锉纹条数	主锉纹夹角 λ		辅锉纹夹角 ω		边锉纹夹角 θ
	锉纹号							1～3 号锉纹	4～5 号锉纹	1～3 号锉纹	4～5 号锉纹	
	1	2	3	4	5							
100	14	20	28	40	56	为主锉纹条数的 75%～95%	为主锉纹条数的 100%～120%	65°	72°	45°	52°	90°
125	12	18	25	36	50							
150	11	16	22	32	45							
200	10	14	20	28	40							
250	9	12	18	25	32							
300	8	11	16	22	32							
350	7	10	14	20	—							
400	6	9	12	—	—							
450	5.5	8	11	—	—							

锉刀的齿纹有单纹齿和双纹齿两种。

①单齿纹锉刀。通常单齿纹锉刀是铣削出来的，齿纹成弧状，只有一个方向的齿纹。锉齿的切削角度是成负前角 50° 切削的，齿的间距较大，切屑槽较深，锉齿的目数少，增加了切削阻力，所以适合用于切削粗加工而又比较软的材料，如图 2-2-10 所示。

②双齿纹锉刀。通常双齿纹锉刀是剁制出来的，齿纹排列有两个不同的角度，呈交叉排列成网状的锉齿纹。它由主齿纹和辅齿纹组成，齿纹与锉刀中心线之间的夹角称为齿角。主齿纹的角度有 70° 和 60° 两种，辅齿纹的角度有 55° 和 45° 两种，辅齿纹按相反方向交叉覆盖在主齿纹上（此角度在切削时锉纹不重合）。主齿纹起切削加工作用，辅齿纹起分断切屑的作用。切削时，锉齿的切削角度是成负前角 16° 切削，齿的间距较小，辅齿纹分断切屑，所以切削阻力小，适合用于精加工和加工比较硬的材料，如图 2-2-11 所示。

图 2-2-10　单齿纹锉刀

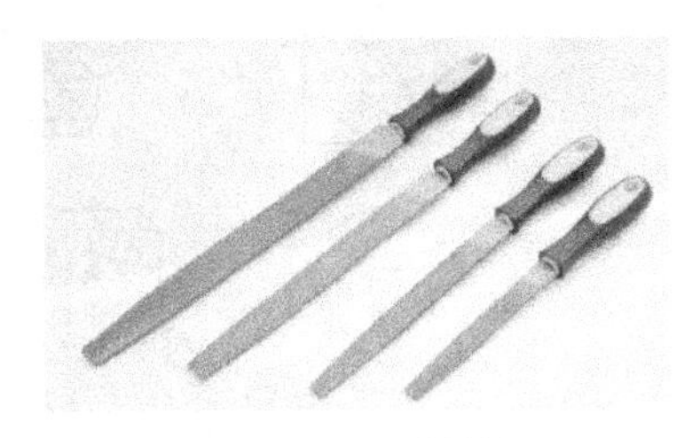

图 2-2-11　双齿纹锉刀

（3）锉刀的种类

锉刀可分为三类：普通锉刀、整形锉刀和异形锉刀。

①普通锉刀。按断面形状的不同可分为圆锉、三角锉、方锉、平板锉、刀口锉、椭圆锉、扁锉、三角锉、半圆锉和菱形锉等。根据工件材料和形状的不同，可选择粗细、形状等不同的锉刀，如图 2-2-12 所示。

②整形锉刀。主要用于修整工件上的棱角、沟槽、圆弧等细小部位。图 2-2-13 所示为整形锉刀的种类。

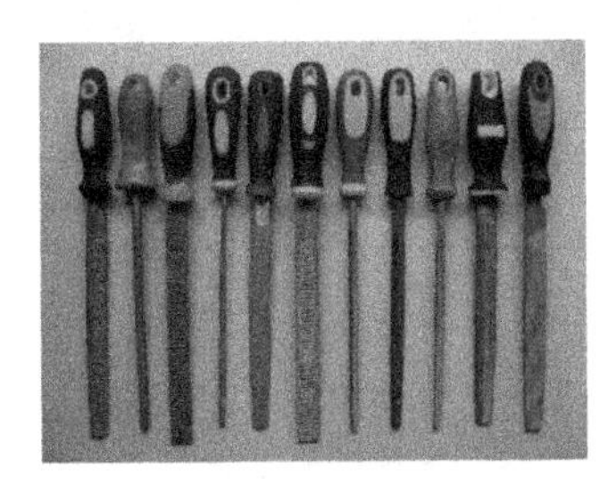

图 2-2-12　普通锉刀的种类

图 2-2-13　整形锉刀的种类

③异形锉刀（特种锉）。主要用于加工奇形怪状的表面，有扁三角单面锉、刀口锉、扁椭圆锉、椭圆锉、大肚梯形锉等，其断面形状如图 2-2-14 所示。

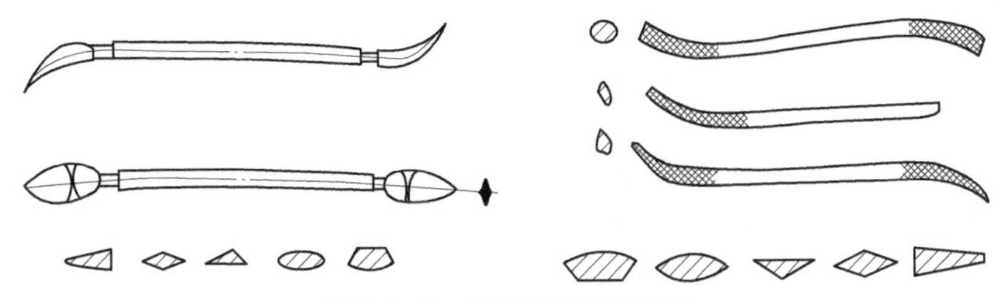

图 2-2-14　异形锉刀及断面形状

（4）锉刀的选用

锉削加工之前，应根据工件的加工余量、精度和表面粗糙度及加工表面形状，正确选择锉刀大小、形状和粗细，这是提高加工精度和加工效率的保障。

①锉刀形状的选择。一般取决于被加工工件的表面形状，具体如图 2-2-15 所示。

②锉刀粗细的选择。主要取决于被加工材料的性质，以及加工余量、加工精度和表面粗糙度的要求。一般情况下，粗锉刀主要用于锉削软材料等加工余量较大、精度较低和表面粗糙度要求较低的工件，细锉刀用于锉削加工余量小、精度和表面粗糙度要求高的工件，具体见表 2-2-6。

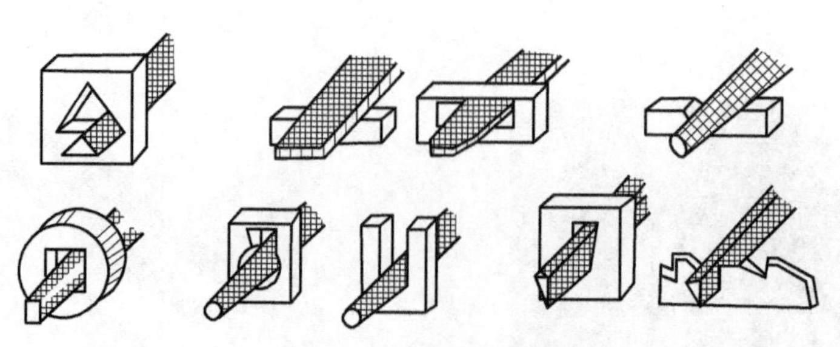

图 2-2-15　锉刀形状选择

表 2-2-6　锉刀粗细规格的选择

粗细规格	适用场合		
	锉削余量 /mm	尺寸精度 /mm	表面粗糙度 Ra/μm
1 号（粗齿锉刀）	0.5 ～ 1	0.2 ～ 0.5	100 ～ 25
2 号（中齿锉刀）	0.2 ～ 0.5	0.05 ～ 0.2	25 ～ 6.3
3 号（细齿锉刀）	0.1 ～ 0.3	0.02 ～ 0.05	12.5 ～ 3.2
4 号（双细齿锉刀）	0.1 ～ 0.2	0.01 ～ 0.02	6.3 ～ 1.6
5 号（油光锉）	0.1 以下	0.01	1.6 ～ 0.8

（5）锉刀的使用与保养

①放置锉刀时应避免与其他金属硬物发生磕碰，也不能把锉刀重叠堆放，以免损伤锉纹。

②普通锉刀必须装柄使用，以免刺伤手腕。松动的锉刀柄应装紧后再用。

③防止锉刀沾水、沾油，以免出现锈蚀及锉削时打滑的情况。

④锉削时应先认定一面使用，用钝后再用另一面。用过的刀面容易锈蚀，两面同时使用会缩短锉刀的使用寿命。另外，锉削时要充分使用锉刀的有效工作长度，避免局部磨损。

⑤锉削过程中，要及时清除锉纹中嵌入的切屑，以免切屑刮伤加工表面。锉刀用完后，应及时用锉刷刷去锉齿中的残留切屑，以免生锈。

⑥不能用锉刀来锉削毛坯的硬皮、氧化皮以及淬硬的工件表面，而应用其他工具或锉刀的锉梢端、锉刀边来加工。

⑦不能把锉刀当作装拆、敲击或撬物的工具，防止锉刀折断。

⑧使用整形锉刀时，用力不能过猛，以免折断锉刀。

2.3 车床刀具

2.3.1 车刀的类型

1. 车刀的种类和用途

车削时，需要根据不同加工要求选择不同种类的车刀。常用车刀的种类和用途见表 2-3-1。

表 2-3-1 常用车刀的种类和用途

种类	硬质合金焊接车刀	用途	加工示例
90°车刀	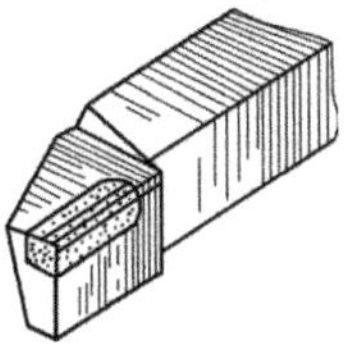	车削工件的外圆、台阶和端面	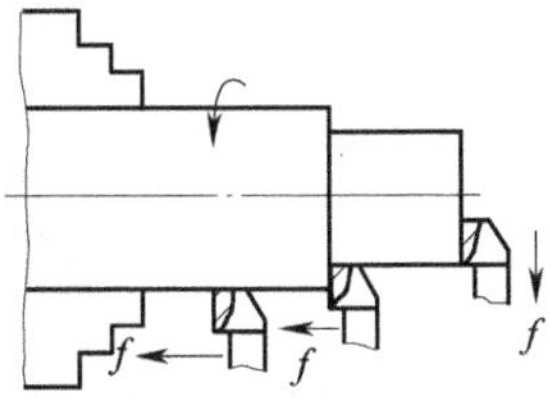 f f f
75°车刀	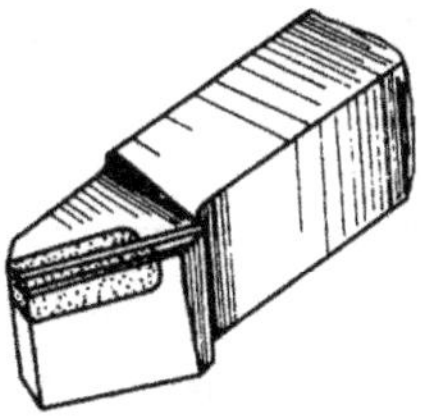	车削工件的外圆和端面	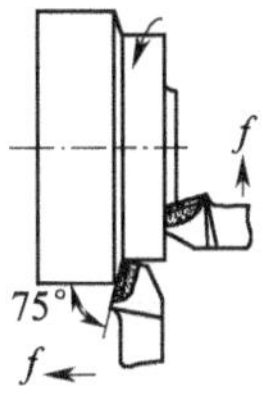 f 75° f
45°车刀	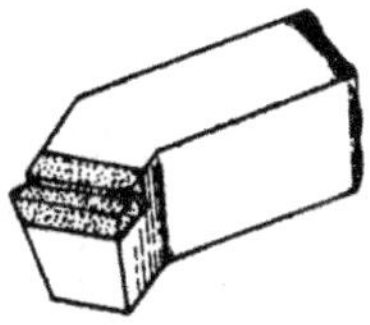	车削工件的外圆、端面或进行 45°倒角	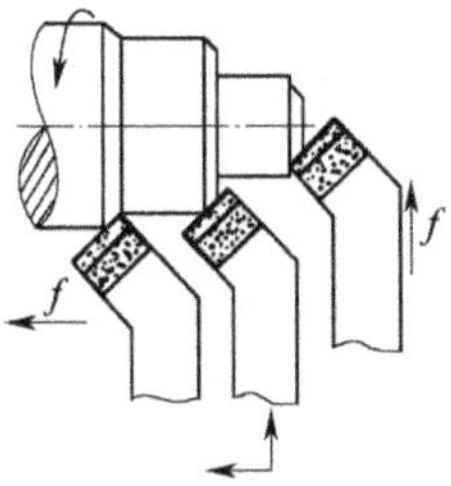 f f
切断刀	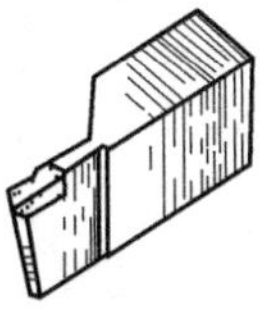	切断或在工件上切槽	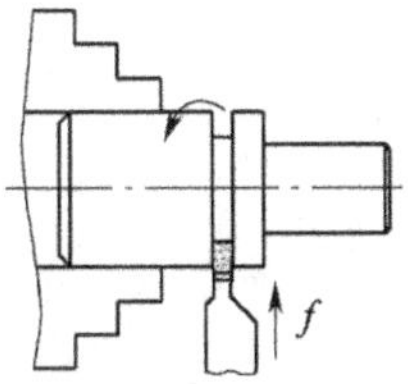 f

续表

种类	硬质合金焊接车刀	用途	加工示例
内孔车刀	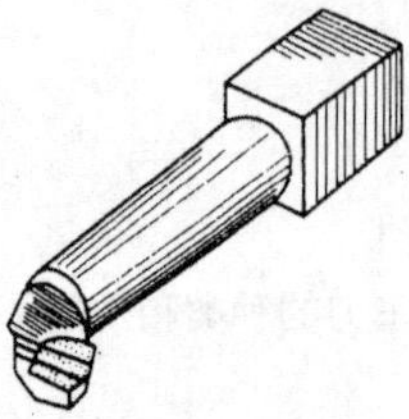	车削工件的内孔	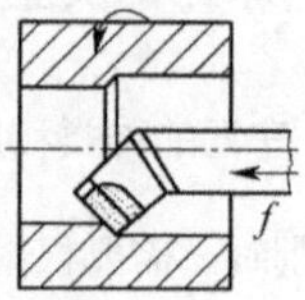 f
圆头车刀	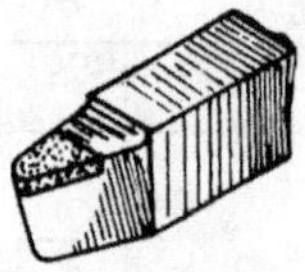	车削工件的圆弧面或成型面	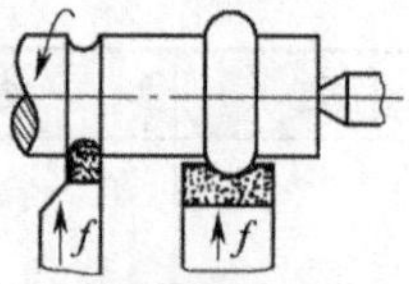 f f
螺纹车刀	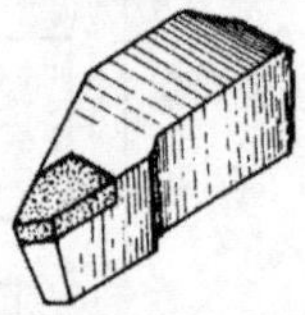	车削螺纹	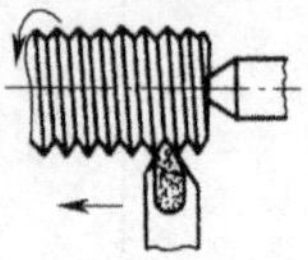

2. 左、右车刀的判别

车削加工中按照进给方向的不同，车刀可以分为左车刀和右车刀两种，判别方法见表 2-3-2。

表 2-3-2 左、右车刀的判别

	右车刀	左车刀
45° 车刀	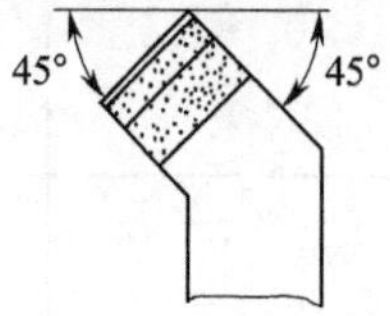 45° 45° 45°右车刀	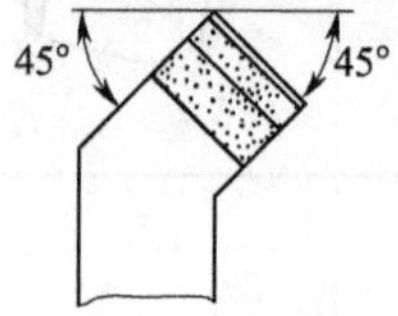 45° 45° 45°左车刀
75° 车刀	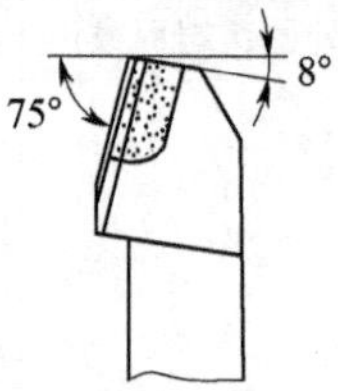 75° 8° 75°右车刀	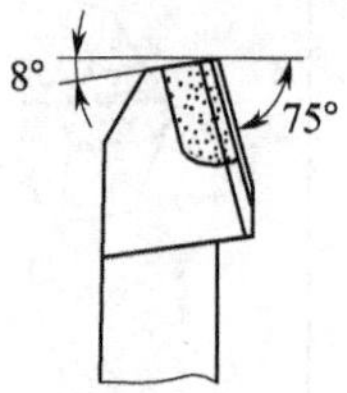 8° 75° 75°左车刀
90° 车刀	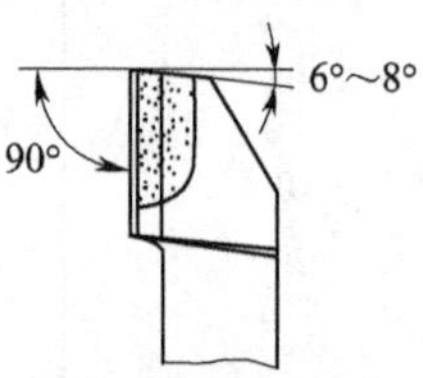 90° 6°～8° 右偏刀（又称正偏刀）	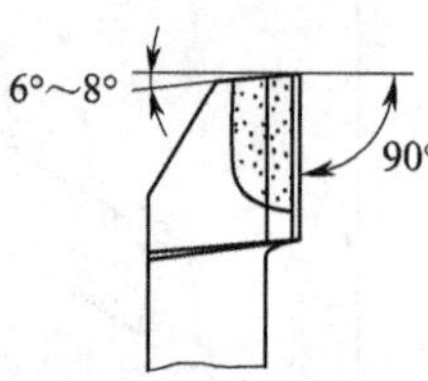 6°～8° 90° 左偏刀

续表

	右车刀	左车刀
判别依据	将张开的右手掌心向下放在刀柄的上面，指尖指向刀头方向，如果主切削刃和右手拇指在同一侧，则该车刀为右车刀	反之为左车刀
加工提醒	右车刀的主切削刃在刀柄的左侧，应该由车床的右侧向左侧纵向进给	左车刀的主切削刃在刀柄的右侧，应该由车床的左侧向右侧纵向进给

2.3.2 硬质合金车刀

中华人民共和国国家标准（GB/T 17985.1 ～ 17985.3—2000）规定了硬质合金车刀的代号和标志，硬质合金外表面车刀和硬质合金内表面车刀的型式、尺寸及技术要求，其中硬质合金外表面车刀的型式和尺寸共 11 种，硬质合金内表面车刀的型式和尺寸共 6 种。

1. 硬质合金车刀的代号及标志

（1）硬质合金车刀代号的表示规则

硬质合金车刀代号由按规定顺序排列的一组字母和数字组成，共有六个符号，分别表示其各项特征。

①第一个符号用两位数字表示车刀头部的型式，见表 2-3-3。

②第二个符号用一字母表示车刀的切削方向，“R”为右切削车刀，“L”为左切削车刀。

③第三个符号用两位数字表示车刀的刀杆高度，如果高度不足两位数字时，则在该数前面加“0”。

④第四个符号用两位数字表示车刀的刀杆宽度，如果宽度不足两位数字时，则在该数前面加“0”。

⑤第五个符号用“-”表示该车刀长度符合中华人民共和国国家标准（GB/T 17985.2—2000 或 GB/T 17985.3—2000）的规定。

⑥第六个符号用一字母和两位数字表示车刀所焊刀片符合中华人民共和国国家标准（GB/T 2075—2007）中规定的硬切削材料的用途小组代号。

（2）硬质合金车刀刀杆截面尺寸的符号

硬质合金车刀刀杆截面尺寸的符号以毫米计，示例如下：

—0808，用于每边为 8 mm 的正方形截面；

—2516，用于高为 25 mm 和宽为 16 mm 的矩形截面；

—25，用于直径为 25 mm 的圆形截面。

（3）硬质合金车刀代号示例

例如，正方形截面 25 mm × 25 mm，用途小组为 P20 的硬质合金刀片，06 型右切削车刀的代号如图 2-3-1 所示。

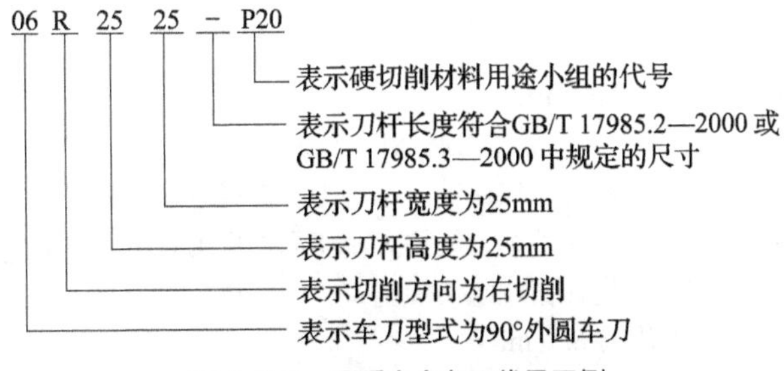

图 2-3-1 硬质合金车刀代号示例

（4）硬质合金车刀型式和符号

硬质合金车刀型式和符号见表 2-3-3。

表 2-3-3　硬质合金车刀型式和符号

名称	车刀型式	符号	名称	车刀型式	符号
70° 外圆车刀	70°	01	90° 内孔车刀	90°	10
45° 端面车刀	45°	02	45° 内孔车刀	45°	11
95° 外圆车刀	95°	03	内螺纹车刀		12
切槽车刀		04	内切槽车刀		13
90° 端面车刀	90°	05	75° 外圆车刀	75°	14
90° 外圆车刀	90°	06	B 型切断车刀		15
A 型切断车刀		07	外螺纹车刀	60°	16
75° 内孔车刀	75°	08	V 带轮车刀	36°	17
95° 内孔车刀	95°	09			

2. 硬质合金外表面车刀

硬质合金外表面车刀的技术要求如下：

①车刀前角推荐值为 10°（γ_o=10°），后角由制造厂家决定。

②车刀表面不得有锈迹、毛刺，锐角应该倒钝，车刀刀杆应经过表面处理。

③焊接刀片时，刀片主、辅切削刃应按车刀规格大小不同伸出刀杆 0.3 ～ 1 mm。

④车刀各部位的表面粗糙度最大允许值按以下规定：

a. 安装面与基准侧面 Ra 上限值为 6.3 μm；

b. 前刀面、主后刀面、副后刀面 Ra 上限值为 3.2 μm。

⑤车刀刀杆用 45 钢或其他同等性能的材料制造。
⑥车刀刀片与车刀刀杆焊接应牢固，不得有铜瘤、烧伤、脱焊、缝隙等影响使用性能的缺陷。

3. 硬质合金内表面车刀

硬质合金内表面车刀的技术要求如下：
①车刀前角推荐值为 8°（γ_o=8°），后角由制造厂家决定。
②车刀表面不得有锈迹、毛刺，锐角应该倒钝，刀杆应经过表面处理。
③焊接刀片时，刀片主、辅切削刃应按车刀规格大小不同伸出刀杆 0.3 ～ 0.6 mm。
④车刀各部位的表面粗糙度最大允许值按以下规定：
a. 安装面与基准侧面 Ra 上限值为 6.3 μm；
b. 前刀面、主后刀面、副后刀面 Ra 上限值为 3.2 μm。
⑤车刀刀杆用 45 钢或其他同等性能的材料制造。
⑥车刀刀片与车刀刀杆焊接应牢固，不得有铜瘤、烧伤、脱焊、缝隙等影响使用性能的缺陷。

4. 硬质合金焊接车刀片和焊接刀片

国家标准中推荐硬质合金车刀所用刀片优先选用 YS/T 253—2016 和 YS/T 79—2018 所规定的刀片。其中 YS/T 253—2016 规定的刀片通常焊接于车刀的刀杆上，见表 2-3-4。YS/T 79—2018 规定的刀片通常焊接于车刀或其他刀具的刀杆或刀体上，见表 2-3-5。

表 2-3-4　硬质合金焊接车刀片

刀片类型	刀片型号	刀片形状	用途
A	A5 ～ 50	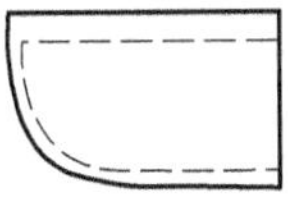	用于外圆车刀、宽刃车刀
B	B5 ～ 50	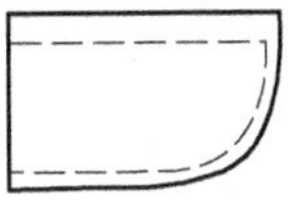	用于左切外圆车刀、镗刀
C	C5 ～ 50	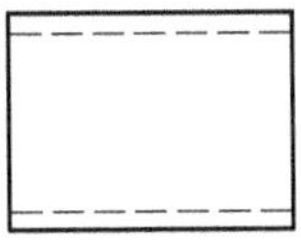	用于外圆车刀、浮动镗刀、三面刃铣刀
D	D3 ～ 12	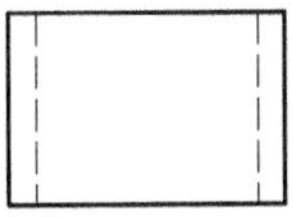	用于切槽车刀、三面刃铣刀
E	E4 ～ 32	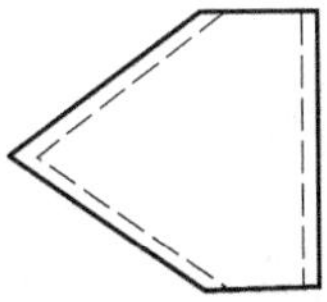	用于螺纹车刀

表 2-3-5　硬质合金焊接刀片

刀片类型	刀片型号	刀片形状	用途
A1	A106 ～ 1701	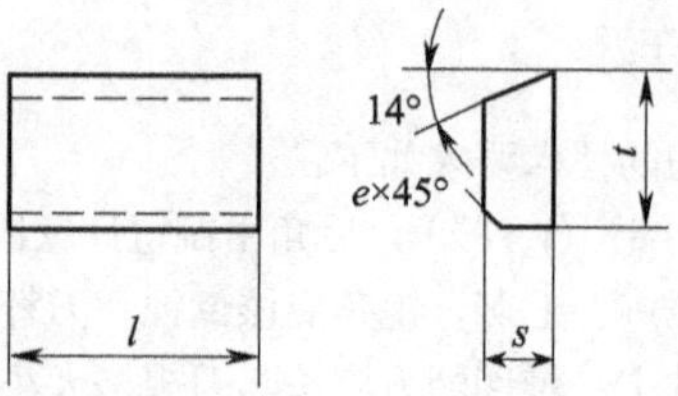 14° t e×45° l s	用于外圆车刀、镗刀和切槽刀
A2	右切 A208 ～ 225 左切 A212Z ～ 225Z	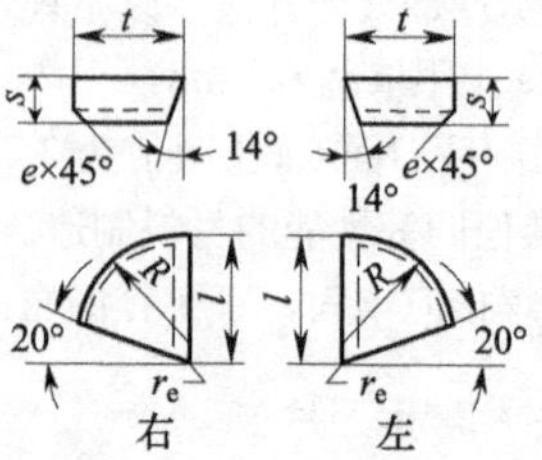 t s e×45° 14° t s 14° e×45° R l 20° r_e 右 l R 20° r_e 左	用于内孔车刀、镗刀和端面车刀
A3	右切 A310 ～ 340 左切 A312Z ～ 340Z	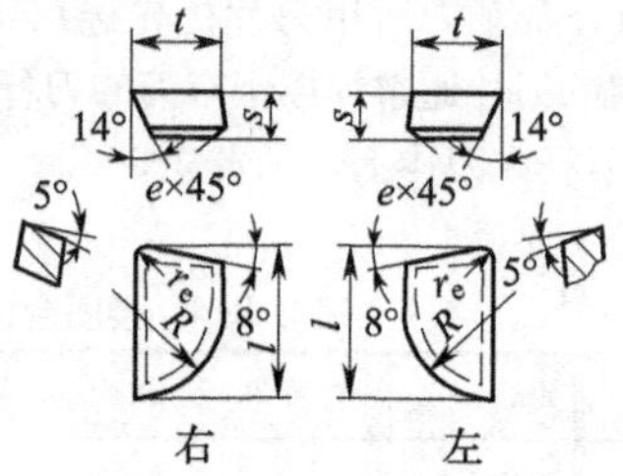 t 14° s e×45° t s 14° e×45° 5° r_e R 8° l 右 l 8° r_e R 5° 左	用于外圆车刀和端面车刀
A4	右切 A406 ～ 450A 左切 A410Z ～ 450AZ	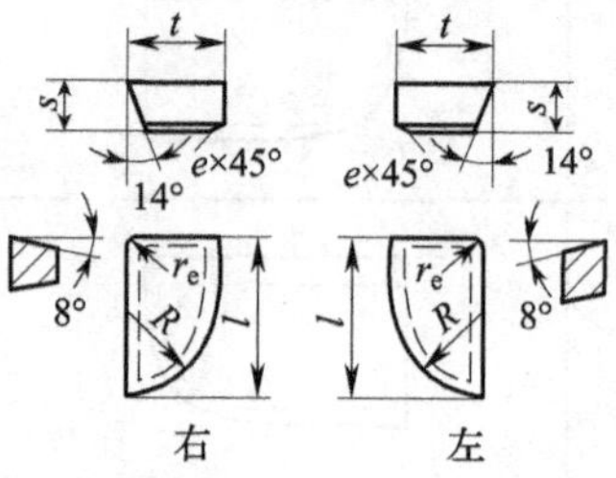 t s e×45° 14° t s e×45° 14° 8° r_e R l 右 l r_e R 8° 左	用于外圆车刀、镗刀和端面车刀
A5	右切 A515、518 左切 A515Z、518Z	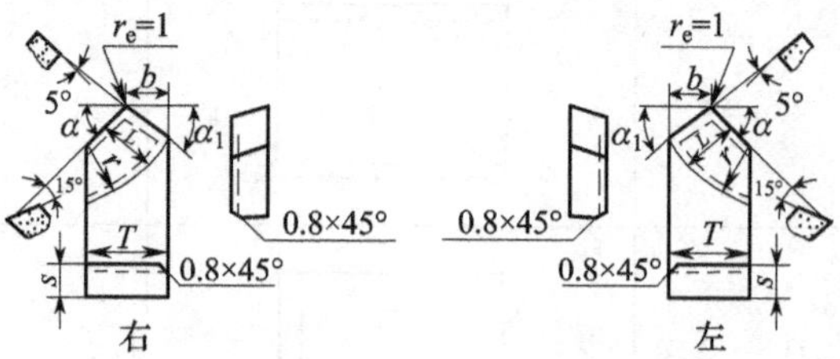 r_e=1 b 5° α α_1 L r 15° 0.8×45° T s 0.8×45° 右 r_e=1 b 5° α α_1 L r 15° 0.8×45° T s 0.8×45° 左	用于装配式钻镗复合刀具
A6	右切 A612、615、618 左切 A612Z、615Z、618Z	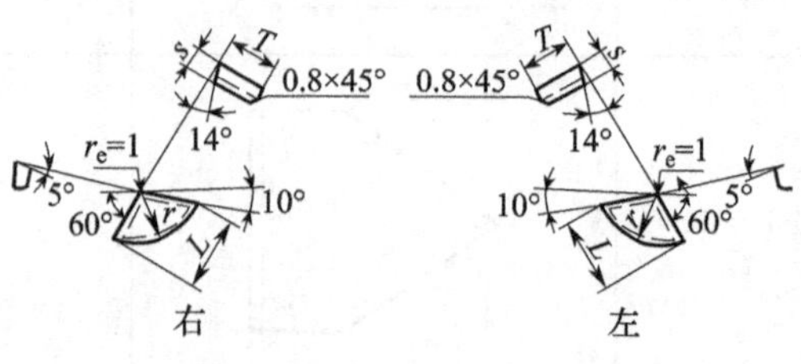 s T 0.8×45° 14° r_e=1 5° 60° r 10° L 右 0.8×45° T s 14° r_e=1 10° r 60° 5° L 左	用于镗孔刀

续表

刀片类型	刀片型号	刀片形状	用途
B1	右切 B108 ~ 130 左切 B112Z ~ 130Z	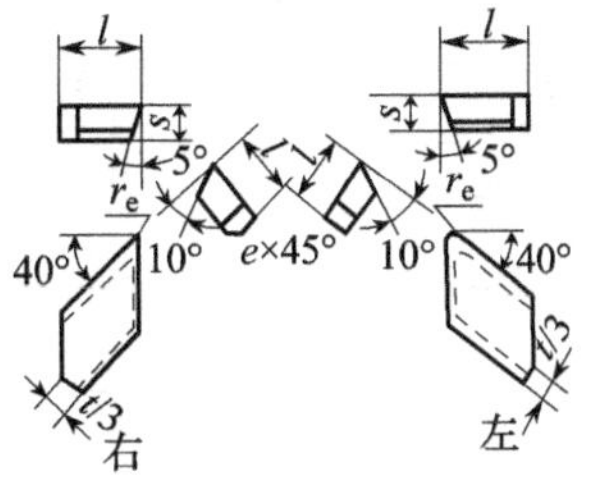	用于成型车刀、燕尾槽刨刀和铣刀
B2	B208 ~ B265A	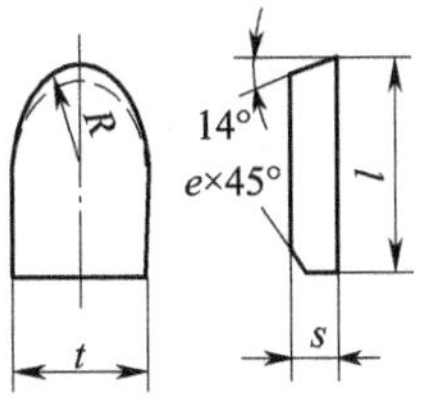	用于凹圆弧成型车刀及轮缘车刀
B3	右切 B312 ~ 322 左切 B312Z ~ 322Z	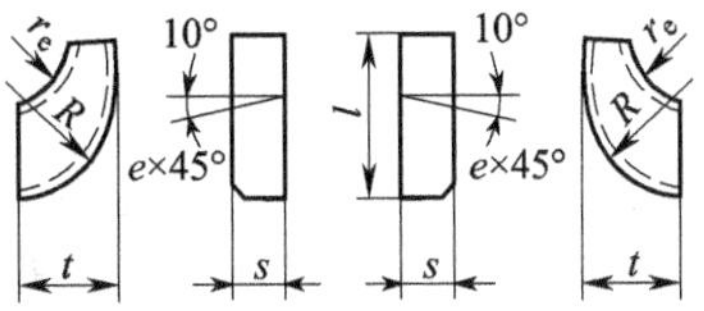	用于凸圆弧成型车刀
C1	C110、C116、C120、C122、C125 C110A、C116A、C120A	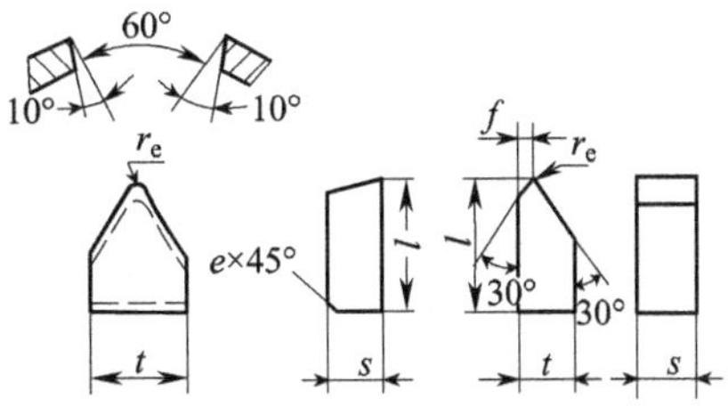	用于螺纹车刀
C2	C215、218、223、228、236	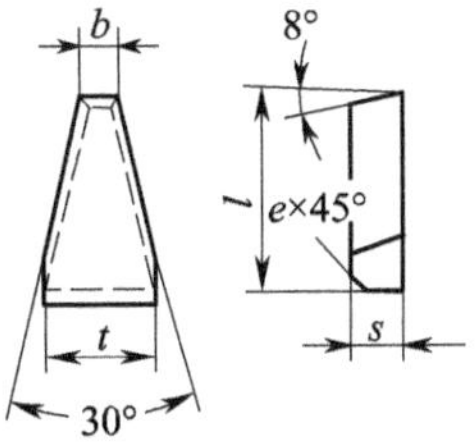	用于梯形螺纹车刀
C3	C303 ~ 306、C308、310、312、316	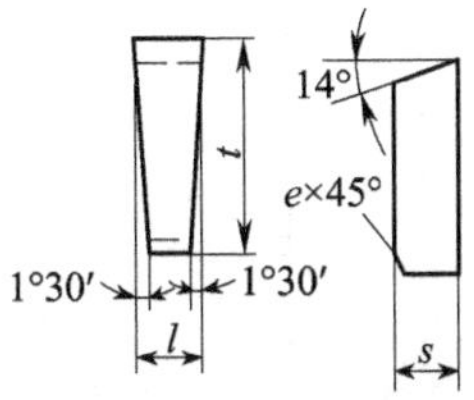	用于切断和切槽车刀

续表

刀片类型	刀片型号	刀片形状	用途
C4	C420、425、430、435、442、450	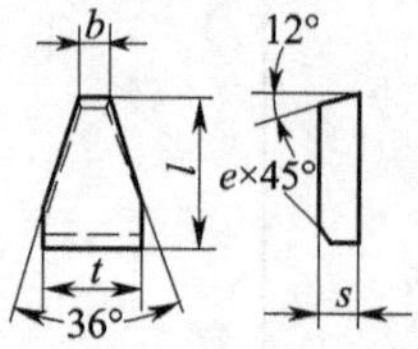	加工V带轮V型槽的成型车刀
C5	C539、545	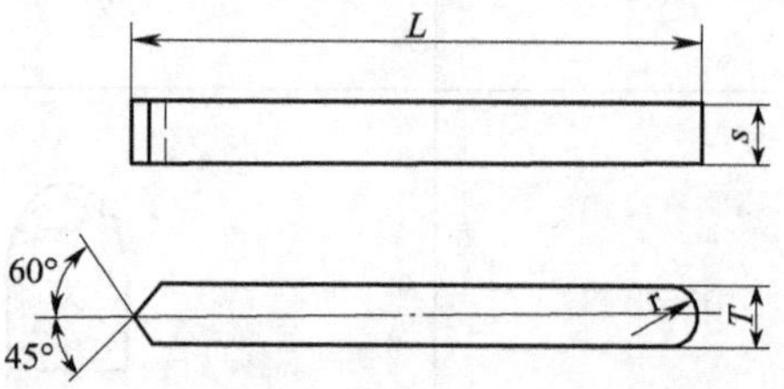	长刀片外圆车刀、长刀片螺纹车刀
D1	右切 D110 ～ 130 左切 D115Z ～ 130Z	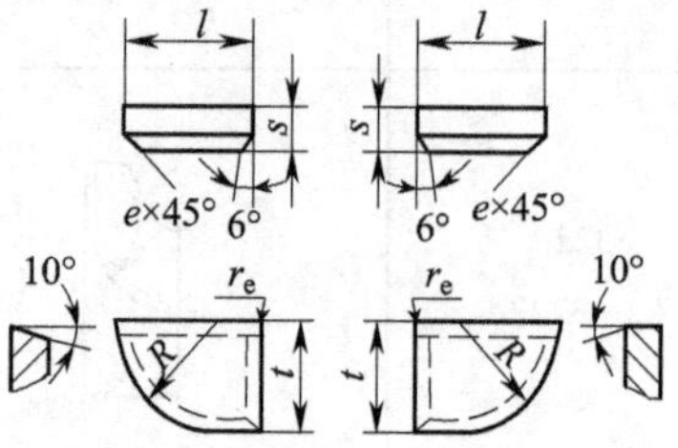	用于面铣刀
D2	D206 ～ 246	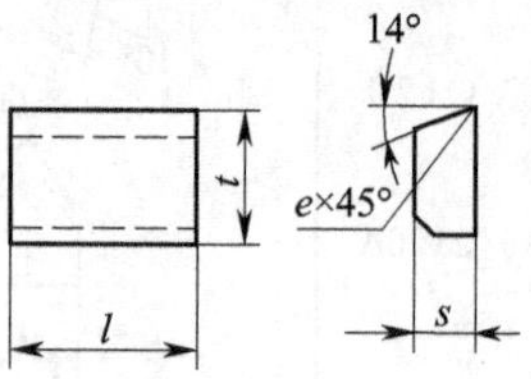	用于三面刃铣刀、T型槽铣刀及浮动镗刀
E1	E105 ～ 110	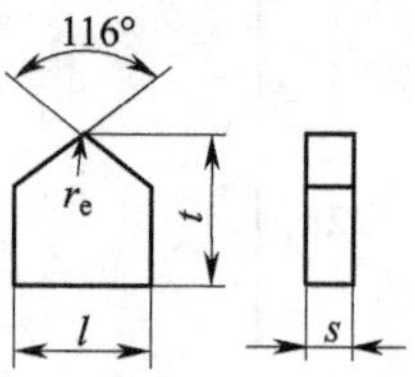	用于硬质合金麻花钻及直槽钻
E2	E210 ～ 252	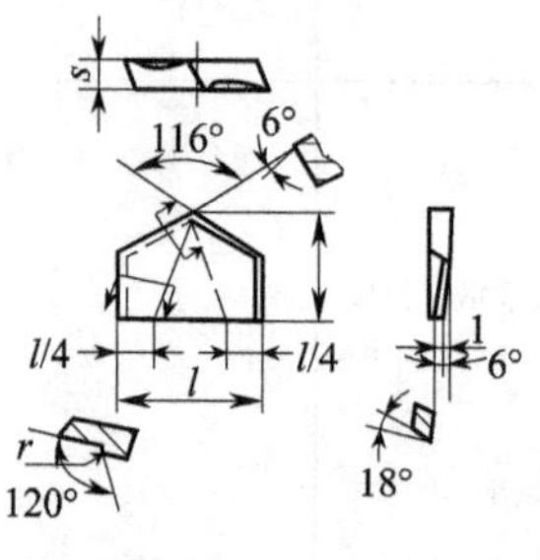	用于硬质合金麻花钻及直槽钻

续表

刀片类型	刀片型号	刀片形状	用途
E3	E312 ~ 345	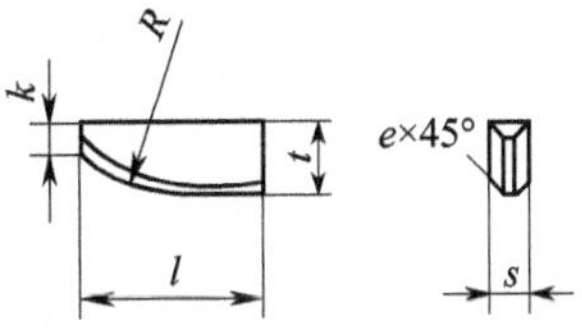	用于立铣刀及键槽铣刀
E4	E415、418、420、425、430	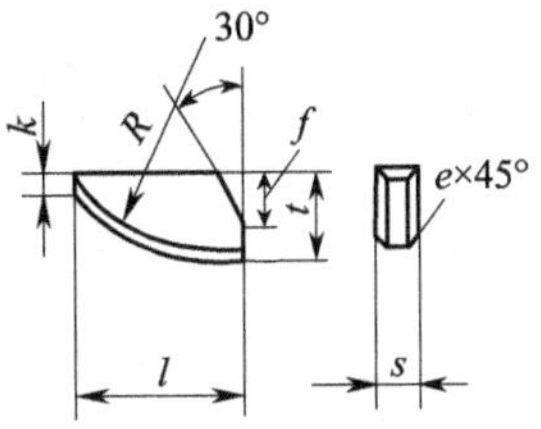	用于扩孔钻
E5	E515、518、522、525、530、540	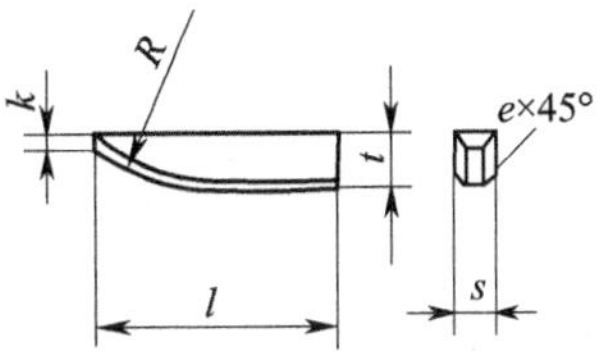	用于铰刀

2.3.3　硬质合金机械夹固式车刀

国家标准（GB/T 10953—2006）规定硬质合金机械夹固式车刀（简称机夹车刀）的型式和尺寸，其中包括机夹切断车刀、机夹外螺纹车刀和机夹内螺纹车刀。

1．机夹切断车刀

（1）机夹切断车刀的代号表示规则

机夹切断车刀的代号由按规定顺序排列的一组字母和数字代号组成，共有六位代号，分别表示车刀的各项特征。

①第一位代号用字母 Q 表示切断车刀。

②第二位代号用字母 A 或 B 表示 A 型或 B 型切断车刀。

③第三位代号用两位数字表示车刀的刀尖高度。

④第四位代号用两位数字表示车刀的刀杆宽度。

⑤第五位代号用字母 R 表示右切刀，用字母 L 表示左切刀。

⑥第六位代号用两位数字表示车刀刀片宽度，不计小数。如果不足两位数字时，则在该数前面加“0”。

⑦第五位与第六位两位代号之间，用“-”将其分开。

（2）A 型机夹切断车刀的型式和尺寸

A 型机夹切断车刀切断工件的最大直径范围为 D_{max}=40 ~ 80 mm，其型式如图 2-3-2 所示，尺寸见表 2-3-6。

（3）B 型机夹切断车刀的型式和尺寸

B 型机夹切断车刀切断工件的最大直径范围为 D_{max}=100 ~ 200 mm，其型式如图 2-3-3 所示，尺寸见表 2-3-7。

（4）机夹切断车刀的标记示例

例如，A 型右切机夹切断车刀，刀尖高度为 25 mm，刀杆宽度为 25 mm，刀片宽度为 4.2 mm，其代号为：QA2525 R-04。

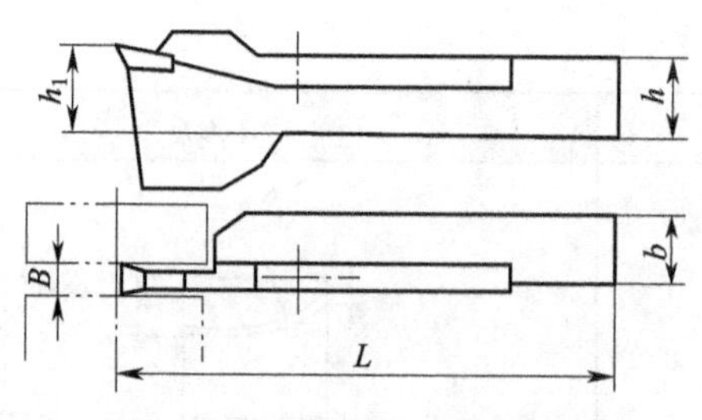

图 2-3-2　A 型机夹切断车刀型式

表 2-3-6　A 型机夹切断车刀尺寸

（单位：mm）

<table>
<tr><th colspan="2">车刀代号</th><th rowspan="2">h_1</th><th rowspan="2">h</th><th rowspan="2">b</th><th rowspan="2">L</th><th rowspan="2">B</th><th rowspan="2">最大加工直径
D_{max}</th></tr>
<tr><th>右切刀</th><th>左切刀</th></tr>
<tr><td>QA2022R-03</td><td>QA2022L-03</td><td rowspan="2">20</td><td rowspan="2">20</td><td rowspan="2">22</td><td rowspan="2">125</td><td>3.2</td><td rowspan="2">40</td></tr>
<tr><td>QA2022R-04</td><td>QA2022L-04</td><td rowspan="2">4.2</td></tr>
<tr><td>QA2525R-04</td><td>QA2525L-04</td><td rowspan="2">25</td><td rowspan="2">25</td><td rowspan="2">25</td><td rowspan="2">150</td><td rowspan="2">60</td></tr>
<tr><td>QA2525R-05</td><td>QA2525L-05</td><td rowspan="2">5.3</td></tr>
<tr><td>QA3232R-05</td><td>QA3232L-05</td><td rowspan="2">32</td><td rowspan="2">32</td><td rowspan="2">32</td><td rowspan="2">170</td><td rowspan="2">80</td></tr>
<tr><td>QA3232R-06</td><td>QA3232L-06</td><td>6.5</td></tr>
</table>

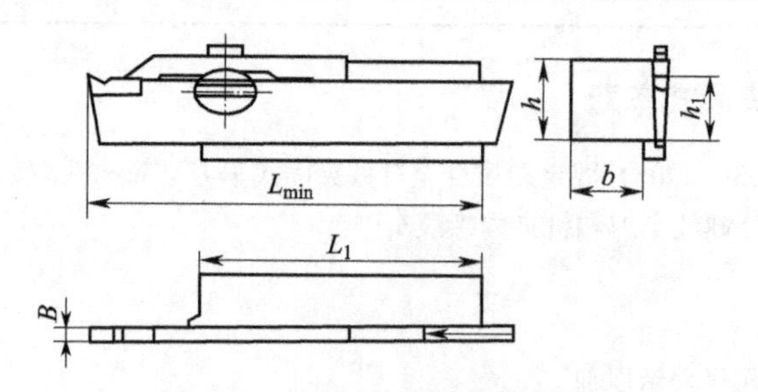

图 2-3-3　B 型机夹切断车刀型式

表 2-3-7　B 型机夹切断车刀尺寸

（单位：mm）

<table>
<tr><th colspan="2">车刀代号</th><th rowspan="2">h_1</th><th rowspan="2">h</th><th rowspan="2">b</th><th rowspan="2">L_{min}</th><th rowspan="2">B</th><th rowspan="2">L_1</th><th rowspan="2">最大加工直径
D_{max}</th></tr>
<tr><th>右切刀</th><th>左切刀</th></tr>
<tr><td>QB2022R-04</td><td>QB2020L-04</td><td rowspan="2">20</td><td rowspan="2">25</td><td rowspan="2">22</td><td rowspan="2">125</td><td>4.2</td><td rowspan="2">100</td><td rowspan="2">100</td></tr>
<tr><td>QB2022R-05</td><td>QB2020L-05</td><td rowspan="2">5.3</td></tr>
<tr><td>QB2525R-05</td><td>QB2525L-05</td><td rowspan="2">25</td><td rowspan="2">32</td><td rowspan="2">25</td><td rowspan="2">150</td><td rowspan="2">125</td><td rowspan="2">125</td></tr>
<tr><td>QB2525R-06</td><td>QB2525L-06</td><td rowspan="2">6.5</td></tr>
<tr><td>QB3232R-06</td><td>QB3232L-06</td><td rowspan="2">32</td><td rowspan="2">40</td><td rowspan="2">32</td><td rowspan="2">170</td><td rowspan="2">140</td><td rowspan="2">150</td></tr>
<tr><td>QB3232R-08</td><td>QB3232L-08</td><td rowspan="2">8.5</td></tr>
<tr><td>QB4040R-08</td><td>QB4040L-08</td><td rowspan="2">40</td><td rowspan="2">50</td><td rowspan="2">40</td><td rowspan="2">200</td><td rowspan="2">160</td><td rowspan="2">175</td></tr>
<tr><td>QB4040R-10</td><td>QB4040L-10</td><td rowspan="2">10.5</td></tr>
<tr><td>QB5050R-10</td><td>QB5050L-10</td><td rowspan="2">50</td><td rowspan="2">68</td><td rowspan="2">50</td><td rowspan="2">250</td><td rowspan="2">200</td><td rowspan="2">200</td></tr>
<tr><td>QB5050R-12</td><td>QB5050L-12</td><td>12.5</td></tr>
</table>

(5) 刀片的型式和尺寸

适用于机夹切断车刀的硬质合金刀片分 A 型、B 型两种。

① A 型刀片的型式如图 2-3-4 所示，尺寸见表 2-3-8。

② B 型刀片的型式如图 2-3-5 所示，尺寸见表 2-3-9。

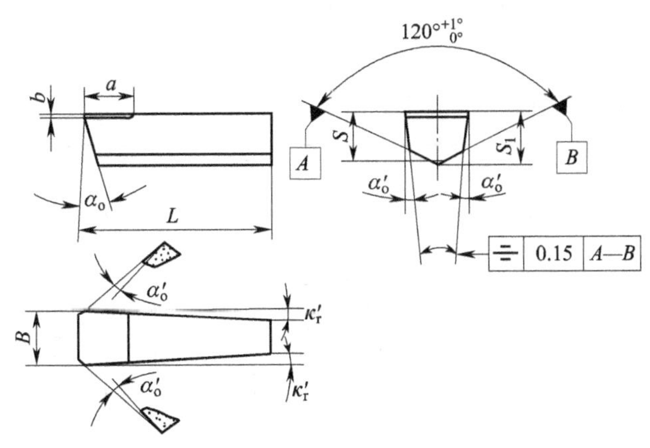

图 2-3-4　A 型刀片型式

表 2-3-8　A 型刀片尺寸　（单位：mm）

<table>
<tr><th rowspan="2">片代号</th><th rowspan="2">B
±0.25</th><th rowspan="2">S
±0.25</th><th rowspan="2">L
±0.30</th><th rowspan="2">S_1
±0.25</th><th colspan="5">参考值</th></tr>
<tr><th>α_o</th><th>$\alpha_o'+1°$</th><th>$\kappa_r'+1°$</th><th>a</th><th>b</th></tr>
<tr><td>QA03</td><td>3.0</td><td>4</td><td>12</td><td>4.23</td><td rowspan="4">10°～15°</td><td rowspan="2">3°</td><td rowspan="2">2°</td><td>3.0</td><td rowspan="2">0.4</td></tr>
<tr><td>QA04</td><td>4.0</td><td>4</td><td>14</td><td>4.29</td><td>3.5</td></tr>
<tr><td>QA05</td><td>5.0</td><td>5</td><td>16</td><td>5.35</td><td rowspan="2">4°</td><td rowspan="2">3°</td><td>4.0</td><td rowspan="2">0.5</td></tr>
<tr><td>QA06</td><td>6.0</td><td>6</td><td>18</td><td>6.40</td><td>4.5</td></tr>
</table>

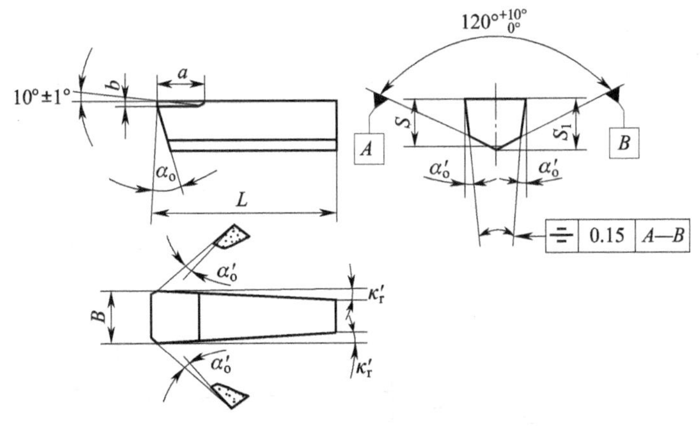

图 2-3-5　B 型刀片型式

表 2-3-9　B 型刀片尺寸　（单位：mm）

片代号	B ±0.25	S ±0.25	L ±0.30	S_1 ±0.25	参考值				
					α_o	α_o'+1°	κ_r'+1°	a	b
QB03	3.0	4	12	4.23	8°～10°	3°	2°	3.0	0.4
QB04	4.0	4	14	4.29				3.5	
QB05	5.0	5	16	5.35		4°	3°	4.0	0.5
QB06	6.0	6	18	6.40				4.5	
QB08	8.0	7	20	7.46	10°～12°	6°	4°	5.0	0.6
QB10	10.0	8	24	8.52				5.5	
QB12	12.0	10	28	10.58				6.0	

2. 机夹螺纹车刀

(1) 机夹螺纹车刀的代号表示规则

机夹螺纹车刀的代号由按规定顺序排列的一组字母和数字代号组成，共有六位代号，分别表示机夹螺纹车刀的各项特征。

①第一位代号用字母 L 表示螺纹车刀。

②第二位代号用字母 W 表示外螺纹车刀，用字母 N 表示内螺纹车刀。

③第三位代号用两位数字表示车刀的刀尖高度。

④第四位代号用两位数字表示矩形刀杆车刀的刀杆宽度或圆形刀杆车刀的刀杆直径。

⑤第五位代号用字母 R 表示右切刀，用字母 L 表示左切刀。

⑥第六位代号用两位数字表示车刀刀片宽度。如果不足两位数字时，则在该数前面加“0”。

⑦第五位与第六位两位代号之间，用“-”将其分开。

(2) 机夹螺纹车刀的型式和尺寸

①机夹外螺纹车刀的型式和尺寸。机夹外螺纹车刀适用于加工牙型角为 60° 的普通外螺纹，其型式如图 2-3-6 所示，尺寸见表 2-3-10。

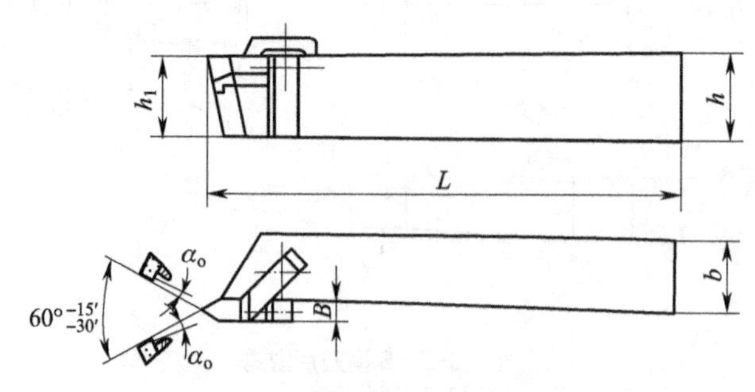

图 2-3-6　机夹外螺纹车刀型式

表 2-3-10　机夹外螺纹车刀尺寸　　（单位：mm）

车刀代号		h_1	h	b	L		B
右切刀	左切刀				基本尺寸	极限偏差	
LW1616R-03	LW1616L-03	16	16	16	110	0 -2.5	3
LW2016R-04	LW2016L-04	20	20	16	125		4
LW2520R-06	LW2520L-06	25	25	20	150		6
LW3225R-08	LW3225L-08	32	32	25	170	0 -2.9	8
LW4032R-10	LW4032L-10	40	40	32	200		10
LW5040R-12	LW5040L-12	50	50	40	250		12

②机夹内螺纹车刀的型式和尺寸。机夹内螺纹车刀适用于加工牙型角为60°的普通内螺纹，分矩形刀杆机夹内螺纹车刀和圆形刀杆机夹内螺纹车刀两种。矩形刀杆机夹内螺纹车刀的型式如图 2-3-7 所示，尺寸见表 2-3-11，圆形刀杆机夹内螺纹车刀的型式如图 2-3-8 所示，尺寸见表 2-3-12。

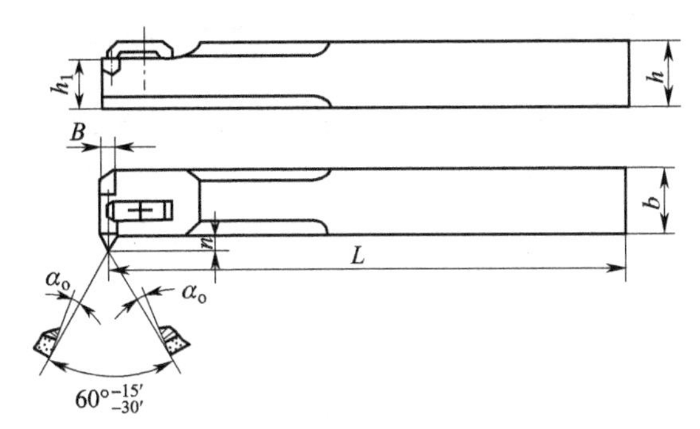

图 2-3-7　矩形刀杆机夹内螺纹车刀型式

表 2-3-11　矩形刀杆机夹内螺纹车刀尺寸　　（单位：mm）

车刀代号		h_1	h	b	L		B
右切刀	左切刀				基本尺寸	极限偏差	
LN1216R-03	LN1216L-03	12	16	16	150	0 -2.5	3
LN1620R-04	LN1620L-04	16	20	20	180		4
LN2025R-06	LN2025L-06	20	25	25	200		6
LN2532R-08	LN2532L-08	25	32	32	250	0 -2.9	8
LN3240R-10	LN3240L-10	32	40	40	300		10

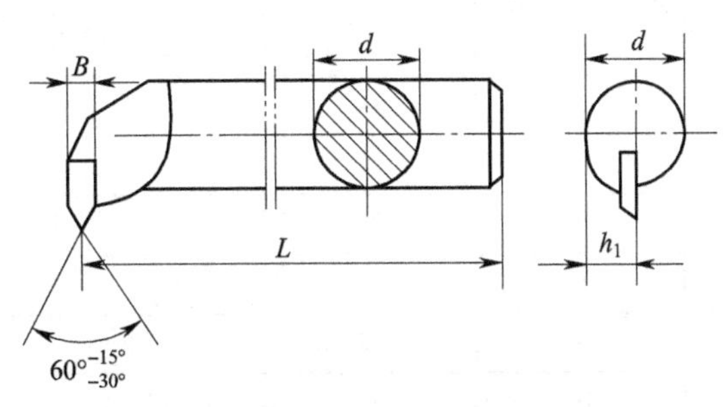

图 2-3-8　圆形刀杆机夹内螺纹车刀型式

表 2-3-12　圆形刀杆机夹内螺纹车刀尺寸

（单位：mm）

车刀代号		h_1	d		L		B
右切刀	左切刀		基本尺寸	极限偏差	基本尺寸	极限偏差	
LN1020R-03	LN1020L-03	10	20	$^{0}_{-0.052}$	180	$^{0}_{-2.5}$	3
LN1225R-03	LN1225L-03	12.5	25		200		3
LN1632R-04	LN1632L-04	16	32	$^{0}_{-0.062}$	250		4
LN2040R-08	LN2040L-08	20	40		300	$^{0}_{-2.9}$	6
LN2550R-08	LN2550L-08	25	50	$^{0}_{-0.074}$	350		8
LN3060R-10	LN3060L-10	30	60		400		10

3．机夹螺纹车刀的标记示例

①刀尖高度为 25 mm，刀杆宽度为 20 mm，刀片宽度为 6 mm，右切的机夹外螺纹车刀为：LW2520R-06。

②矩形车刀刀杆，刀尖高度为 20 mm，刀杆宽度为 25 mm，刀片宽度为 6 mm，右切的机夹内螺纹车刀为：LN2025R-06。

③圆形车刀刀杆，刀尖高度为 16 mm，刀杆直径为 32 mm，刀片宽度为 4 mm，右切的机夹内螺纹车刀为：LN1632R-04。

4．刀片的型式和尺寸

机夹螺纹车刀刀片的型式如图 2-3-9 所示，尺寸见表 2-3-13。

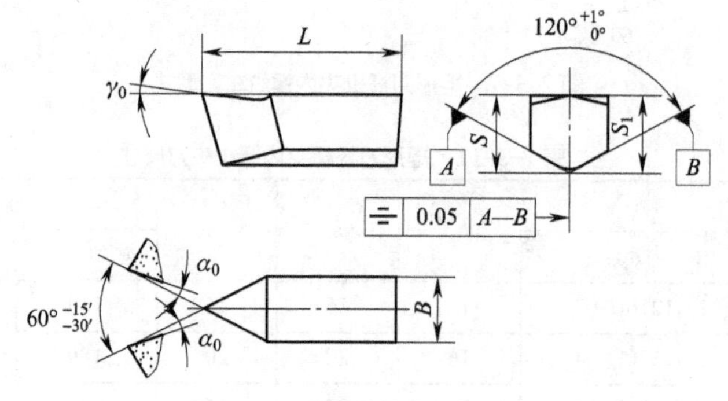

图 2-3-9　机夹螺纹车刀刀片型式

表 2-3-13　机夹螺纹车刀刀片尺寸

（单位：mm）

刀片代号	B ±0.25	S ±0.25	L ±0.25	S_1 ±0.25	参考值	
					α_0	γ_0
L03	3	3	14	4.23	4°	0° ～ 1°
L04	4	4	17	4.29		
L06	6	5	20	6.40	5°	
L08	8	6	24	8.52		
L10	10	8	28	10.58	6°	
L12	12	10	32	13		

2.3.4 可转位车刀

可转位车刀是一种新型高效刀具。与焊接式或机夹重磨式硬质合金车刀相比，可转位车刀换刀时间短，生产效率高，尤其适用于数控车床和加工中心；刀片不经过焊接，避免了由于高温焊接产生的刀片裂纹，刀具寿命长；刀片断屑槽按标准压制成型，尺寸稳定一致，断屑可靠；可转位刀片经涂层处理后，刀具寿命可提高 1 ～ 3 倍，节省了制造成本。

1. 可转位车刀的分类和结构

(1) 按刀片夹紧方式分类

根据 GB/T 5343.1—2007 的规定，可转位车刀刀片夹紧方式和结构具体见表 2-3-14。

(2) 按头部形式分类

可转位车刀头部型式及符号见表 2-3-15。

表 2-3-14 可转位车刀刀片夹紧方式和结构

字母符号	刀片夹紧方式	说明	结构图例
C	顶面夹紧	装无孔刀片，从刀片上方将刀片夹紧，如压板式（又称上压式）	爪形压板 双头螺钉 刀片 刀垫 刀杆 刀垫 固定螺钉
M	顶面和孔夹紧	装圆孔刀片，从刀片上方并利用刀片孔将刀片夹紧，如楔沟式（又称楔销式）	刀片 定位销 楔块 双头螺钉 刀垫 刀杆
P	孔夹紧	装圆孔刀片，利用刀片孔将刀片夹紧，如杠杆式、偏心式、拉垫式等	压紧螺钉 刀片 刀垫 弹簧套 杠杆 刀杆
S	螺钉通孔夹紧	装沉孔刀片，螺钉直接穿过刀片孔将刀片夹紧，如压孔式	e=0.3~0.5 刀片 刀杆 螺钉

表 2-3-15　可转位车刀头部型式及符号

符号	头部型式		符号	头部型式	
A	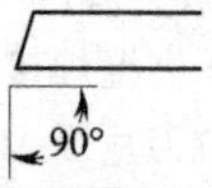 90°	90° 直头侧切	M	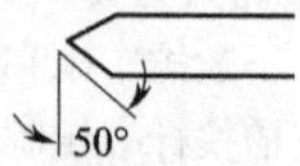 50°	50° 直头侧切
B	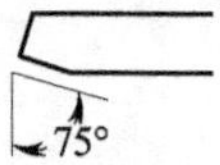 75°	75° 直头侧切	N	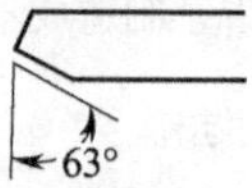 63°	63° 直头侧切
C	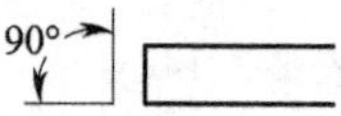 90°	90° 直头端切	P	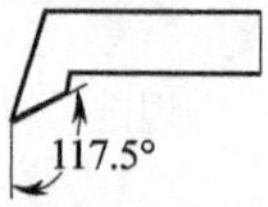 117.5°	117.5° 偏头侧切
D	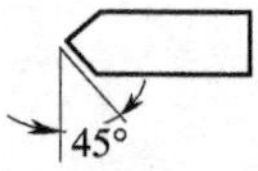 45°	45° 直头侧切	R	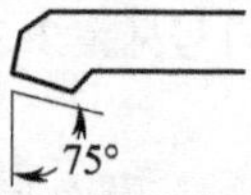 75°	75° 偏头侧切
E	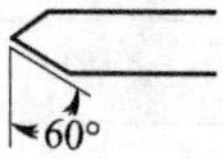 60°	60° 直头侧切	S	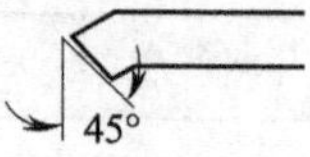 45°	45° 偏头侧切
F	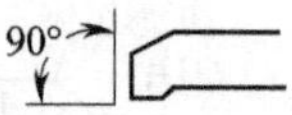 90°	90° 偏头端切	T	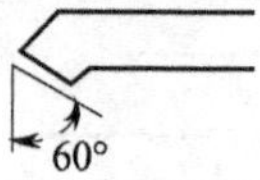 60°	60° 偏头侧切
G	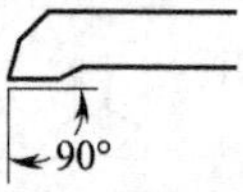 90°	90° 偏头侧切	U	 93°	93° 偏头端切
H	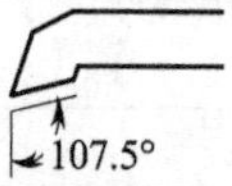 107.5°	107.5° 偏头侧切	V	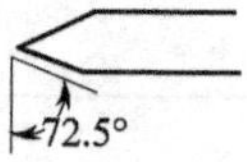 72.5°	72.5° 直头侧切
J	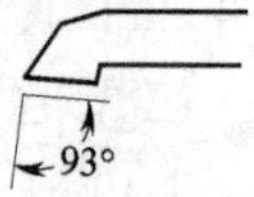 93°	93° 偏头侧切	W	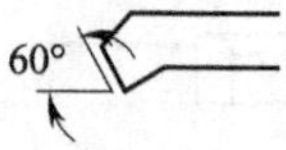 60°	60° 偏头端切
K	 75°	75° 偏头端切	Y	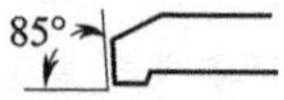 85°	85° 偏头端切
L	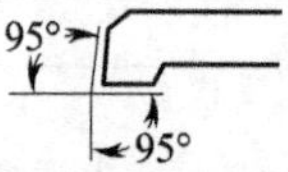 95° 95°	95° 偏头侧切及端切			

注：D 型和 S 型车刀和刀夹也可以安装圆形（R 型）刀片；表中所示角度均为主偏角。

2. 可转位车刀的代号使用规则

可转位车刀的代号由代表给定意义的字母或数字按一定的规则排列组成，共有 10 位符号，任何一种可转位车刀都应使用前 9 位符号，最后一位符号在必要时才使用。9 位应使用的符号和一位任意符号的规定如下：

①第一位是表示刀片夹紧方式的字母符号，见表 2-3-14。

②第二位是表示刀片形状的字母符号，见表 2-3-19。

③第三位是表示刀具头部型式的字母符号，见表 2-3-15。

④第四位是表示刀片法后角的字母符号，见表 2-3-20。

⑤第五位是表示刀具切削方向的字母符号（R：右切；L：左切；N：左、右切通用）。

⑥第六位是表示刀具高度（刀杆和切削刃高度）的数字符号。对于刀尖高等于刀杆高的矩形柄可转位

车刀用刀杆高度表示；对于刀尖高不等于刀杆高的刀夹，用刀尖高表示。如果高度的数值不足两位，在该数前加“0”。

⑦第七位是表示刀具宽度的数字符号或识别刀夹类型的字母符号。对于矩形柄可转位车刀用刀杆宽度表示，如果宽度的数值不足两位，在该数前加“0”；对于刀夹，当宽度没有给出时，用两个字母组成的符号表示类型，第一个字母总是 C（刀夹），第二个字母表示刀夹的类型。

⑧第八位是表示刀具长度的字母符号，见表 2–3–16。对于符合 GB/T 5343.2—2007 的标准可转位车刀，一种刀具只规定对应一个长度尺寸，因此，该位符号用“–”表示。对于符合 GB/T 14661 的标准刀夹，如果表 2–3–16 中没有对应的符号，则该位代号用“–”表示。

表 2–3–16　刀具长度尺寸符号

符号	A	B	C	D	E	F	G	H
长度	32	40	50	60	70	80	90	100
符号	J	K	L	M	N	P	Q	R
长度	110	125	140	150	160	170	180	200
符号	S	T	U	V	W	X	Y	
长度	250	300	350	400	450	特殊尺寸	500	

⑨第九位是表示可转位刀片尺寸的数字符号，见表 2–3–17。

表 2–3–17　可转位刀片尺寸的数字符号

刀片型式	数字符号
等边并等角和等边但不等角	用刀片的边长表示，忽略小数
不等边但等角和不等边不等角	用主切削刃长度或较长的切削刃长度表示，忽略小数
圆形	用直径表示，忽略小数

⑩第十位是表示特殊公差的字母符号，见表 2–3–18。

表 2–3–18　特殊公差符号

符号	简图	基准面
Q	$f_1 \pm 0.08$　$l_1 \pm 0.08$	基准外侧面和基准后端面
F	$f_1 \pm 0.08$　$l_1 \pm 0.08$	基准内侧面和基准后端面
B	$f_1 \pm 0.08$　$f_2 \pm 0.08$　$l_1 \pm 0.08$	基准内外侧面和基准后端面

3. 可转位车刀型号示例

①图 2-3-10 所示为右切机夹可转位车刀型号示例。刀杆长度符合 GB/T 5343.2—2007 的规定。

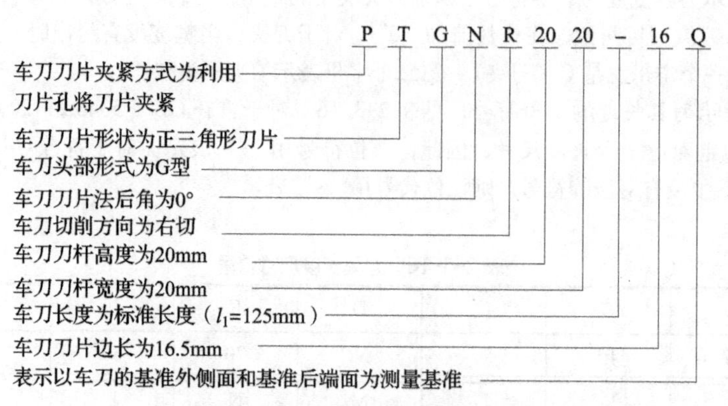

图 2-3-10 可转位车刀型号示例一

②图 2-3-11 所示为左切机夹可转位车刀型号示例。刀杆长度符合 GB/T 5343.2—2007 的规定。

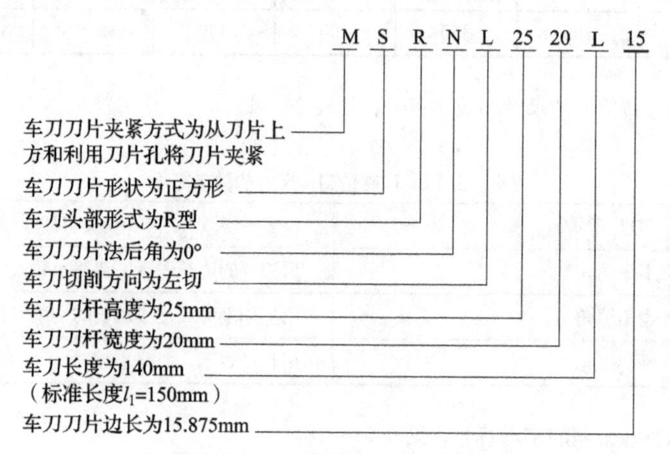

图 2-3-11 可转位车刀型号示例二

4. 可转位车刀的型式和尺寸

国家标准规定了适用于普通车床和数控车床的可转位车刀的型式和尺寸，推荐了优先采用的刀杆型式，详见 GB/T 5343.2—2007。

5. 可转位刀片的型号

（1）可转位刀片的型号表示规则

可转位刀片的型号用九个代号表征刀片的尺寸和其他特征，第一位至第七位代号是必需的，第八位和第九位代号在需要时添加。

①第一位用一字母表示刀片形状，见表 2-3-19。

②第二位用一字母表示刀片法后角，见表 2-3-20。

③第三位用一字母表示允许偏差等级，见表 2-3-21。

④第四位用一字母表示夹固形式及有无断屑槽，见表 2-3-22。

⑤第五位用两数字表示刀片长度，见表 2-3-23。

⑥第六位用两数字表示刀片厚度。用舍去小数值部分的刀片厚度值表示，若舍去小数部分后，只剩下一位数字，则必须在数字前加“0”。如刀片厚度为 3.18 mm，表示代号为 03。当刀片厚度整数值相同，而小数值部分不同时，则将小数部分大的刀片代号用“T”表示 0，以示区别。如刀片厚度为 3.97 mm，表示代号为 T3。

⑦第七位用字母或数字表示刀尖角形状。若刀尖角为圆角，用按 0.1 mm 为单位测量得到的圆弧半径值表示，如果数值小于 10，则在数字前加“0”。如刀尖半径为 0.8 mm，表示代号为 08。如果刀尖角不是圆角时，表示代号为 00。

⑧第八位用一字母表示切削刃截面形状，见表 2–3–24。

⑨第九位用一字母表示切削方向，见表 2–3–25。

除标准代号外，制造商可以用补充代号表示一个或两个刀片特征，以更好地描述其产品。该符号应用短横线“–”与标准代号隔开，并不得使用第八位和第九位用过的代号。

（2）可转位刀片形状及代号（见表 2–3–19）

表 2–3–19　可转位刀片形状及代号

刀片形状	代号	形状说明	刀尖角 ε_r	示意图
I 等边等角	H	正六边形	120°	
	O	正八边形	135°	
	P	正五边形	108°	
	S	正方形	90°	
	T	正三角形	60°	
II 等边不等角	C D E M V	菱形	80° 55° 75° 86° 35°	
	W	等边不等角的六边形	80°	
III 等角不等边	L	矩形	90°	
IV 不等边不等角	F	不等边不等角六边形	82°	
	A B K	平行四边形	85° 82° 55°	
V 圆形	R	圆形	—	

（3）可转位刀片法后角及代号（见表 2-3-20）

表 2-3-20　可转位刀片法后角及代号

法后角	代号	法后角	代号
3°	A	25°	F
5°	B	30°	G
7°	C	0°	N
15°	D	11°	P
20°	E	其他需专门说明的法后角	O

注：如果所有的切削刃都用来做主切削刃，且具有不同的法后角时，则法后角代号表示较长一段切削刃的法后角，这段较长的切削刃即代表切削刃的长度。

（4）可转位刀片的主要尺寸、代号及允许偏差等级（见表 2-3-21）

表 2-3-21　可转位刀片主要尺寸、代号及允许偏差等级

偏差等级代号	允许偏差		
	m	*s*	*d*
A	±0.005	±0.025	±0.025
F	±0.005	±0.025	±0.013
C	±0.013	±0.025	±0.025
H	±0.013	±0.025	±0.013
E	±0.025	±0.025	±0.025
G	±0.025	±0.13	±0.025
J	±0.005	±0.025	±0.05 ～ ±0.15
K	±0.013	±0.025	±0.05 ～ ±0.15
L	±0.025	±0.025	±0.05 ～ ±0.15
M	±0.08 ～ ±0.20	±0.13	±0.05 ～ ±0.15
N	±0.08 ～ ±0.20	±0.025	±0.05 ～ ±0.15
U	±0.13 ～ ±0.38	±0.13	±0.08 ～ ±0.25

注：通常用于具有修光刃的可转位刀片；允许偏差取决于刀片尺寸的大小，每种刀片的尺寸允许偏差应按其相应的尺寸标准进行表示。

（5）可转位刀片固定方式、断屑槽及代号（见表 2-3-22）

表 2-3-22　可转位刀片固定方式、断屑槽及代号

代号	固定方式	断屑槽	示意图
N	无固定孔	无断屑槽	
R	无固定孔	单面有断屑槽（台）	
F	无固定孔	双面有断屑槽（台）	

续表

代号	固定方式	断屑槽	示意图
A	有圆形固定孔	无断屑槽	
M	有圆形固定孔	单面有断屑槽	
G	有圆形固定孔	双面有断屑槽	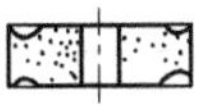
W	单面有 40°～60° 固定沉孔	无断屑槽	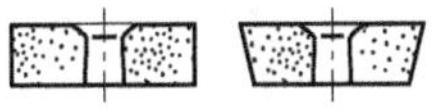
T	单面有 40°～60° 固定沉孔	单面有断屑槽	
Q	双面有 40°～60° 固定沉孔	无断屑槽	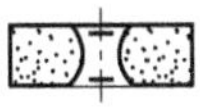
U	双面有 40°～60° 固定沉孔	双面有断屑槽	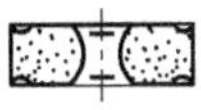
B	单面有 70°～90° 固定沉孔	无断屑槽	
H		单面有断屑槽	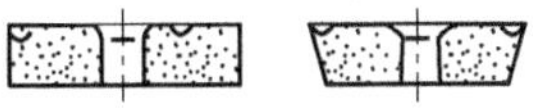
C	双面有 70°～90° 固定沉孔	无断屑槽	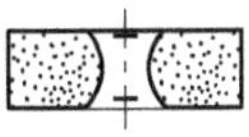
J		双面有断屑槽	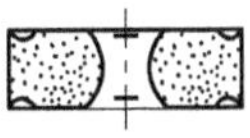
X	其他固定方式和断屑槽形式，需附图形或加以说明		

(6) 可转位刀片长度代号（见表 2-3-23）

表 2-3-23　可转位刀片长度代号

刀片形状类别	数字代号
Ⅰ－Ⅱ 等边形刀片	(1) 在采用公制单位时，用舍去小数部分的刀片切削刃长度值表示。如果舍去小数部分后，只剩下一位数字，则必须在数字前加“0”。如： 切削刃长度为 15.5 mm，表示代号为：15 切削刃长度为 9.525 mm，表示代号为：09 (2) 在采用英制单位时，用刀片内切圆的数值作为表示代号。数值取按 1/8 英寸为单位测量得到的分数的分子。 ①当取用数字是整数时，用一位数字表示。如： 内切圆直径 1/2 in 表示代号为：4（1/2=4/8） ②当取用数字不是整数时，用两位数字表示。如： 内切圆直径 5/16 in 表示代号为：2.5（5/16=2.5/8）

续表

刀片形状类别	数字代号
Ⅲ－Ⅳ 不等边形刀片	通常用主切削刃或较长的边的尺寸值作为表示代号。 （1）在采用公制单位时，用舍去小数部分后的长度值表示。如： 主要长度尺寸 19.5 mm 表示代号为：19 （2）在采用英制单位时，用按 1/4 英寸为单位测量得到的分数的分子表示。如： 主要长度尺寸 3/4 in 表示代号为：3
Ⅴ 圆形刀片	（1）在采用公制单位时，用舍去小数部分后的数值表示。如： 刀片尺寸 15.875 mm 表示代号为：15 （2）在采用英制单位时，表示方法与等边形刀片相同（见Ⅰ－Ⅱ类）

（7）可转位刀片切削刃截面形状及代号（见表 2-3-24）

表 2-3-24　可转位刀片切削刃截面形状及代号

代号	刀片切削刃截面形状	示意图
F	尖锐刀刃	
E	倒圆刀刃	
T	倒棱刀刃	
S	既倒棱又倒圆刀刃	
Q	双倒棱刀刃	
P	既双倒棱又倒圆刀刃	

（8）可转位刀片切削方向及代号（见表 2-3-25）

表 2-3-25　可转位刀片切削方向及代号

代号	切削方向	刀片的应用	示意图
R	右切	适用于非等边、非对称角、非对称刀尖、有或没有非对称断屑槽刀片，只能用该进给方向	κ_r　进给方向　κ_r　进给方向

续表

代号	切削方向	刀片的应用	示意图
L	左切	适用于非等边、非对称角、非对称刀尖、有或没有非对称断屑槽刀片，只能用该进给方向	
N	双向	适用于有对称刀尖、对称角、对称边和对称断屑槽的刀片，可能采用两个进给方向	

2.3.5 中心钻

GB/T 6078—2016 规定了中心钻的型式和尺寸、技术要求、标记及包装等基本要求，适用于加工 A 型、B 型、R 型中心孔的中心钻。

1. A 型中心钻

（1）A 型中心钻的型式、基本尺寸及极限偏差

A 型中心钻的型式如图 2-3-12 所示，基本尺寸及极限偏差见表 2-3-26。A 型中心钻的容屑槽可为直槽或螺旋槽。除另有说明外，A 型中心钻均制成右切削。

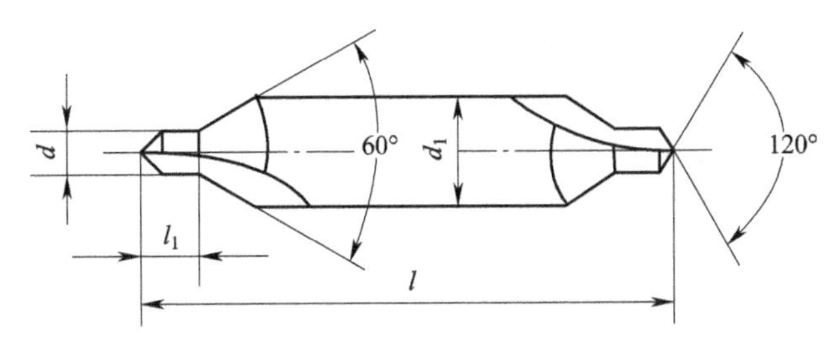

图 2-3-12　A 型中心钻的型式

表 2-3-26　A 型中心钻的基本尺寸及极限偏差

d k_{12}	d_1 h_9	l		l_1	
		基本尺寸	极限偏差	基本尺寸	极限偏差
(0.50)	3.15	31.5	±2	0.8	+0.2 0
(0.63)				0.9	+0.3 0
(0.80)				1.1	+0.4 0
1.00				1.3	+0.6 0
(1.25)				1.6	

续表

d k_{12}	d_1 h_9	l		l_1	
		基本尺寸	极限偏差	基本尺寸	极限偏差
1.60	4.0	35.5	±2	2.0	+0.8 0
2.00	5.0	40.0		2.5	
2.50	6.3	45.0		3.1	+1.0 0
3.15	8.0	50.0		3.9	
4.00	10.0	56.0	±3	5.0	+1.2 0
(5.00)	12.5	63.0		6.3	
6.30	16.0	71.0		8.0	
(8.00)	20.0	80.0		10.1	+1.4 0
10.00	25.0	100.0		12.8	

（2）标记示例

①直径 d=2.5 mm，d_1=6.3 mm 的直槽 A 型中心钻：

直槽中心钻 A2.5/6.3　GB/T 6078—2016

②直径 d=2.5 mm，d_1=6.3 mm 的螺旋槽 A 型中心钻：

螺旋槽中心钻 A2.5/6.3　GB/T 6078—2016

③直径 d=2.5 mm，d_1=6.3 mm 的直槽左切 A 型中心钻：

直槽左切中心钻 A2.5/6.3-L　GB/T 6078—2016

④直径 d=2.5 mm，d_1=6.3 mm 的螺旋槽左旋 A 型中心钻：

螺旋槽左旋中心钻 A2.5/6.3-L　GB/T 6078—2016

2. B 型中心钻

（1）B 型中心钻的型式、基本尺寸及极限偏差

B 型中心钻的型式如图 2-3-13 所示，基本尺寸及极限偏差见表 2-3-27。B 型中心钻的容屑槽可为直槽或螺旋槽。除另有说明外，B 型中心钻均制成右切削。

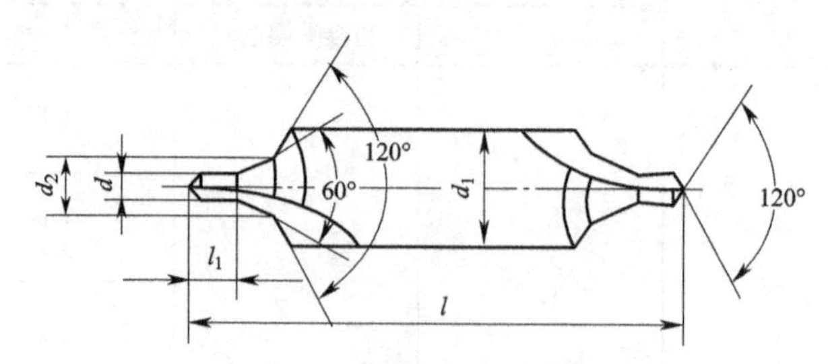

图 2-3-13　B 型中心钻的型式

表 2-3-27　B 型中心钻的基本尺寸及极限偏差

d k_{12}	d_1 h_9	d_2 k_{12}	l		l_1	
			基本尺寸	极限偏差	基本尺寸	极限偏差
1.00	4.0	2.12	35.0	±2	1.3	+0.6 0
(1.25)	5.0	2.65	40.0		1.6	
1.60	6.3	3.35	45.0		2.0	+0.8 0
2.00	8.0	4.25	50.0		2.5	
2.50	10.0	5.30	56.0	±3	3.1	+1.0 0
3.15	11.2	6.70	60.0		3.9	
4.00	14.0	8.50	67.0		5.0	+1.2 0
(5.00)	18.0	10.60	75.0		6.3	
6.30	20.0	13.20	80.0		8.0	
(8.00)	25.0	17.00	100.0		10.1	+1.4 0
10.00	31.5	21.20	125.0		12.8	

（2）标记示例

①直径 d=2.5 mm，d_1=10.0 mm 的直槽 B 型中心钻：

直槽中心钻 B2.5/10　GB/T 6078—2016

②直径 d=2.5 mm，d_1=10.0 mm 的螺旋槽 B 型中心钻：

螺旋槽中心钻 B2.5/10　GB/T 6078—2016

③直径 d=2.5 mm，d_1=6.3 mm 的直槽左切 B 型中心钻：

直槽左切中心钻 B2.5/6.3-L　GB/T 6078—2016

④直径 d=2.5 mm，d_1=6.3 mm 的螺旋槽左旋 B 型中心钻：

螺旋槽左旋中心钻 B2.5/6.3-L　GB/T 6078—2016

3. R 型中心钻

（1）R 型中心钻的型式、基本尺寸及极限偏差

R 型中心钻的型式如图 2-3-14 所示，基本尺寸及极限偏差见表 2-3-28。R 型中心钻的容屑槽可为直槽或螺旋槽。除另有说明外，R 型中心钻均为右切削。

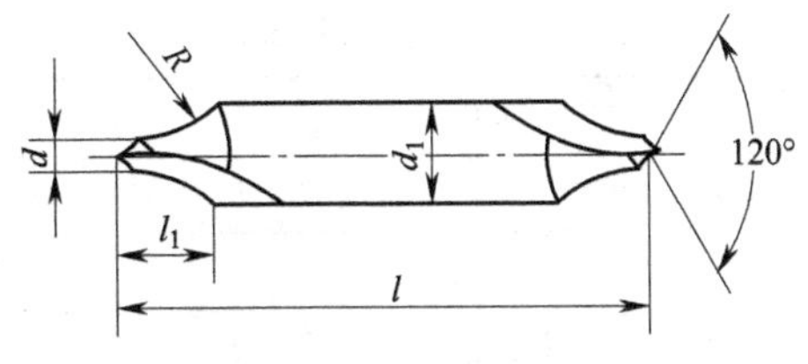

图 2-3-14　R 型中心钻的型式

表 2-3-28　R 型中心钻的基本尺寸及极限偏差

d k_{12}	d_1 h_9	l		l_1	R	
		基本尺寸	极限偏差	基本尺寸	max	min
1.00	3.15	31.5	±2	3.0	3.15	2.5
(1.25)				3.35	4.0	3.15
1.60	4.0	35.5		4.25	5.0	4.0
2.00	5.0	40.0		5.3	6.3	5.0
2.50	6.3	45.0		6.7	8.0	6.3
3.15	8.0	50.0		8.5	10.0	8.0
4.00	10.0	56.0	±3	10.6	12.5	10.0
(5.00)	12.5	63.0		13.2	16.0	12.5
6.30	16.0	71.0		17.0	20.0	16.0
(8.00)	20.0	80.0		21.2	25.0	20.0
10.00	25.0	100.0		26.5	31.5	25.0

注：括号内的尺寸尽量不采用。

（2）标记示例

①直径 d=2.5 mm，d_1=6.3 mm 的直槽 R 型中心钻：

直槽中心钻 R2.5/6.3　GB/T 6078—2016

②直径 d=2.5 mm，d_1=6.3 mm 的螺旋槽 R 型中心钻：

螺旋槽中心钻 R2.5/6.3　GB/T 6078—2016

③直径 d=2.5 mm，d_1=6.3 mm 的直槽左切 R 型中心钻：

直槽左切中心钻 R2.5/6.3–L　GB/T 6078—2016

④直径 d=2.5 mm，d_1=6.3 mm 的螺旋槽左旋 R 型中心钻：

螺旋槽左旋中心钻 R2.5/6.3–L　GB/T 6078—2016

4. 中心钻的切削用量

标准中心钻的钻孔部分直径 $d \leqslant 10$ mm，当选用的中心钻 $d \leqslant 3.15$ mm 时，即使主轴转速 n=1 000 r/min，切削速度 v_c 仍小于 10 m/min。由于小直径中心钻刚性较差，如果切削速度太低，进给量又选择不当，很容易造成中心钻折断。因此，必须合理选择中心钻的切削用量，才能使中心钻顺利地进行切削。推荐的中心钻的切削用量见表 2–3–29。

表 2-3-29　中心钻的切削用量

直径 /mm	切削速度 /（m/min）	进给量 /（mm/r）		钻削深度 /mm		
		A 型、B 型	R 型	A 型	B 型	R 型
0.50	8 ～ 10	手动	手动	1.3	—	—
0.63				1.5	—	—
0.80				1.9	—	—
1.00				2.3	2.6	2.3

续表

直径/mm	切削速度/（m/min）	进给量/（mm/r）		钻削深度/mm		
		A型、B型	R型	A型	B型	R型
1.25	8～10	手动	手动	2.8	3.2	2.8
1.60				3.5	4.0	3.5
2.00				4.4	5.0	4.4
2.50		0.03	0.06	5.5	6.3	5.5
3.15				7.0	8.0	7.0
4.00		0.04	0.08	8.9	10.1	8.9
5.00		0.06	0.10	11.2	12.7	11.2
6.30		0.08	0.12	14.0	15.4	14.0
8.00				17.9	19.5	17.9
10.00				22.5	24.5	22.5

5. 中心钻钻削时的切削液

A型、B型、R型中心钻在钻削孔时，应采用的切削液为乳化液。

2.4 孔加工刀具

2.4.1 麻花钻

容屑槽由螺旋面构成的钻头统称为麻花钻，麻花钻由钻体和钻柄组成，钻体前段为切削部分，称为钻尖。

1. 麻花钻的组成及各部分作用

麻花钻由钻柄和钻体组成，其中钻体包含空刀、切削部分和导向部分。麻花钻的组成部分及作用见表 2-4-1。

表 2-4-1 麻花钻的组成部分及作用

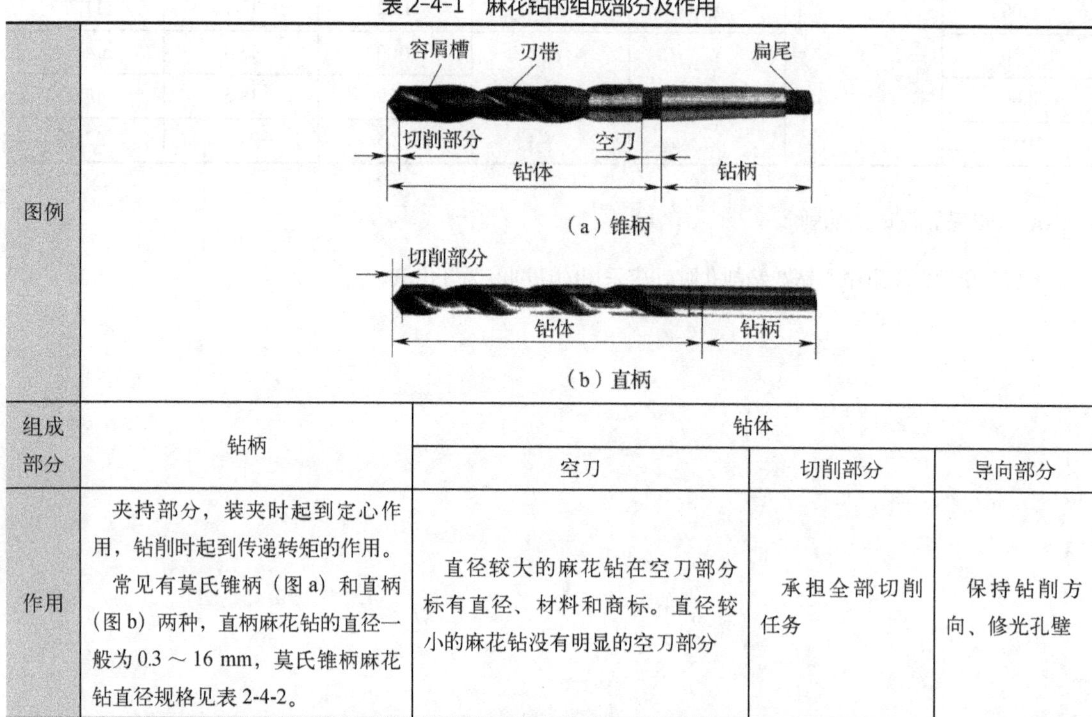

图例	（a）锥柄 （b）直柄			
组成部分	钻柄	钻体		
		空刀	切削部分	导向部分
作用	夹持部分，装夹时起到定心作用，钻削时起到传递转矩的作用。 常见有莫氏锥柄（图 a）和直柄（图 b）两种，直柄麻花钻的直径一般为 0.3 ～ 16 mm，莫氏锥柄麻花钻直径规格见表 2-4-2。	直径较大的麻花钻在空刀部分标有直径、材料和商标。直径较小的麻花钻没有明显的空刀部分	承担全部切削任务	保持钻削方向、修光孔壁

表 2-4-2 莫式锥柄麻花钻的直径规格

莫式锥柄号码	No.1	No.2	No.3	No.4	No.5	No.6
麻花钻直径 d/mm	3 ～ 14	14 ～ 23.02	23.02 ～ 31.75	31.75 ～ 50.8	50.8 ～ 75	75 ～ 80

2. 麻花钻工作部分几何参数

麻花钻工作部分的结构如图 2-4-1 所示，它有两条对称的主切削刃、两条副切削刃和一条横刃。麻花钻工作时相当于两把正、反安装的车刀同时切削，所以其几何角度的概念与车刀基本相同，但也有自身的特殊性。

（1）螺旋角、前角和后角

麻花钻因其结构的特殊性，切削刃上不同位置处的前角、后角和螺旋角是不一致的，其变化规律见表 2-4-3。

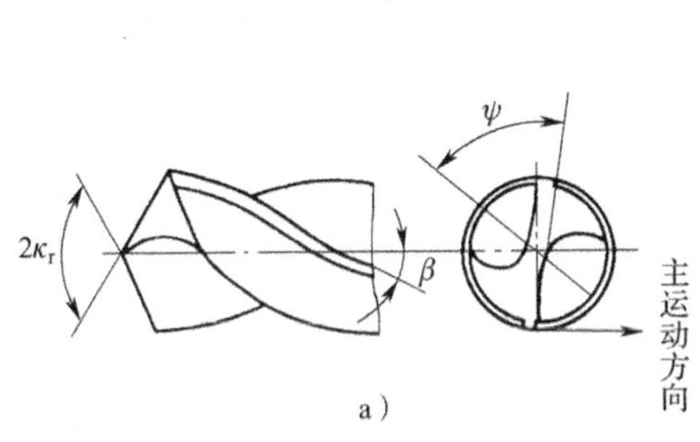

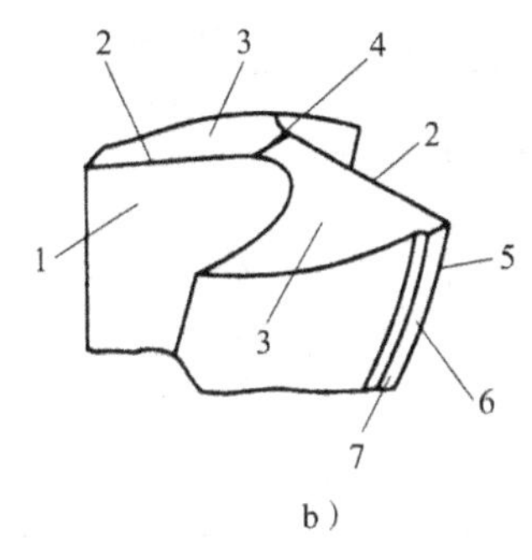

图 2-4-1　麻花钻的工作部分

a）几何角度　b）切削刃和切削面

1—前刀面；2—主切削刃；3—主后刀面；4—横刃；

5—副切削刃；6—副后刀面；7—刃带

表 2-4-3　麻花钻切削刃不同位置处螺旋角、前角和后角的变化

图例	a）外缘处前角和后角（$\gamma_o>0°$，α_o）	b）钻心处前角和后角（$\gamma_o<0°$，α_o）	c）在圆柱面内测量后角（α_o）
角度	螺旋角 β	前角 γ_o	后角 α_o
定义	麻花钻的工作部分有两条螺旋槽，其作用是构成切削刃、排出切屑和流通切削液。 螺旋槽上最外缘的螺旋线展开成直线后与麻花钻轴线之间的夹角（图 a）	麻花钻切削部分的螺旋槽面称为前刀面，切屑从此面排出。 基面与前刀面间的夹角（图 b）	麻花钻钻顶的螺旋圆锥面称为主后刀面。 切削平面与主后刀面间的夹角（图 c）。 在圆柱面内测量后角较为方便
变化规律	麻花钻切削刃上的位置不同，其螺旋角 β、前角 γ_o 和后角 α_o 也不同		
	自外缘向钻心逐渐减小	自外缘向钻心逐渐减小，并且在 $d/3$ 处前角为 0°，再向钻心则为负前角	自外缘向钻心逐渐增大
靠近外缘处	最大	最大	最小
靠近钻心处	较小	较小	较大
变化范围	18° ～ 30°	-30° ～ +30°	8° ～ 12°

（2）顶角 $2\kappa_r$

麻花钻的前刀面与主后刀面的交线称为主切削刃，承担主要的钻削任务。

麻花钻有两条主切削刃，在通过麻花钻轴线并与两主切削刃平行的平面上，两主切削刃投影间的夹角称为顶角，如图 2-4-1（a）所示。顶角大小对切削刃和加工的影响见表 2-4-4。

表 2-4-4 麻花钻顶角大小对切削刃和加工的影响

顶角	$2\kappa_r>118^\circ$	$2\kappa_r=118^\circ$	$2\kappa_r<118^\circ$
图例	>118° 凹形切削刃	=118° 直线形切削刃	凸形切削刃 <118°
主切削刃形状	凹曲线	直线	凸曲线
对加工的影响	顶角大，切削刃短，麻花钻定心性能差，钻出的孔直径容易偏大；但是顶角大使得前角变大，切削过程省力	适中	顶角小，切削刃长，定心性能好，钻出的孔直径不易偏大；但是顶角小使得前角变小，切削过程阻力大
适合的材料	较硬的材料	中等硬度材料	较软的材料

（3）横刃斜角 ψ

麻花钻两条主切削刃的连接线称为横刃，横刃担负着钻心处的切削任务。横刃太短会影响麻花钻的钻尖强度，横刃太长会使轴向的进给阻力增大，不利于钻削。

横刃与主切削刃之间所夹的锐角称为横刃斜角，如图 2-4-1（a）所示（在垂直于麻花钻轴线的端面投影中）。横刃斜角的大小由后角决定，并且与后角的变化趋势相反，通常为 55°。

（4）刃带

在麻花钻的导向部分有两条略带倒锥形的刃带，如图 2-4-1（b）所示。刃带减小钻削时麻花钻与孔壁之间的摩擦。

3. 麻花钻的装夹

直柄麻花钻的装夹方法与中心钻一致，先用钻夹头装夹，再将钻夹头的锥柄插入车床位置锥孔或其他锥孔内。锥柄麻花钻的锥柄如果与夹持部分的锥柄孔规格一致，则直接插入即可；如果不匹配，需要加装莫氏过渡锥套才可以实现安装。

拆卸锥柄麻花钻时，用楔形铁插入腰型孔内，敲击楔形铁即可卸下麻花钻，如图 2-4-2 所示。

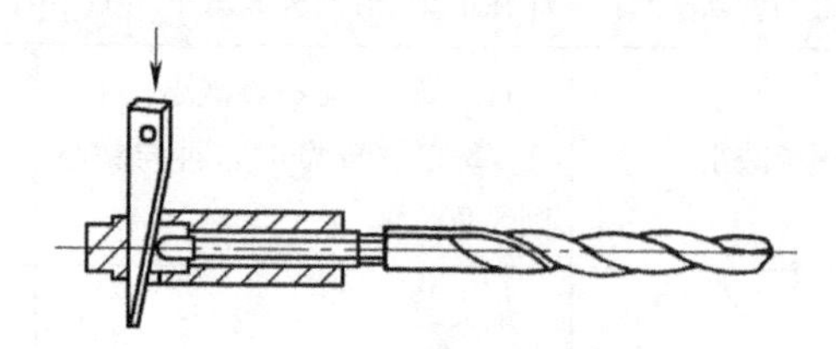

图 2-4-2 锥柄麻花钻的拆卸

4. 麻花钻的使用

（1）进给平稳

使用麻花钻钻孔时，由于钻头的工作情况非常恶劣，务必保持均匀进给，且进给量不宜过大。

（2）及时冷却

钻孔过程中散热条件差，在钻削过程中必须选择带一定润滑性能的切削液或乳化液对钻头进行冷却。

（3）及时断屑和排屑

使用麻花钻钻孔，尤其是钻削深孔时，切屑经常会堵在螺旋槽内，要及时退出钻头实现人工断屑并排出切屑，保证整个切削过程的顺利进行。

2.4.2 扩孔钻

扩孔钻是用于扩大孔径、提高加工质量的刀具，用于孔的最终加工或铰孔、磨孔前的预先加工，加工精度为 IT10 ～ IT9，表面粗糙度 Ra6.3 ～ 3.2 μm，属于半精加工。扩孔钻结构如图 2-4-3 所示。

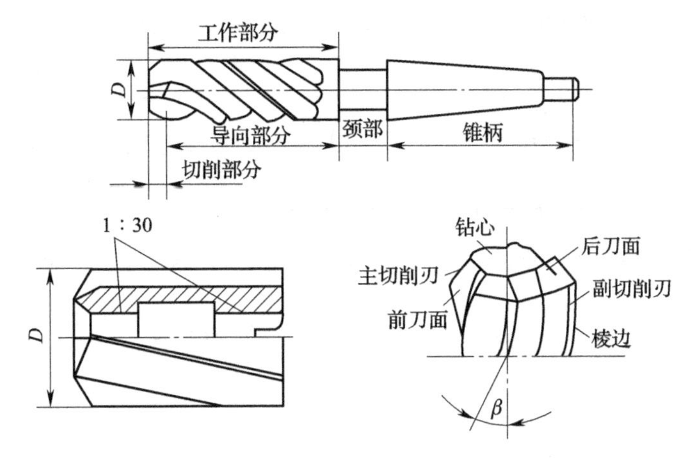

图 2-4-3 扩孔钻结构

与麻花钻相比，扩孔钻的特点主要有以下几点：

①扩孔钻的钻芯粗，刚度高；

②扩孔时被吃刀量小，切屑少，排屑容易，因此可以采用更高的切削速度和进给量；

③扩孔钻的齿数比麻花钻多，一般为 3 ～ 4 个刀齿，刀齿周边的棱边也相应增多，导向性比麻花钻好，可以校正钻孔时引起的轴线偏差；

④扩孔钻没有横刃，避免了横刃带来的不良影响，提高了生产效率。

2.4.3 铰刀

铰刀是一种用于精加工的孔加工刀具。

1. 铰刀的几何形状

铰刀的形状如图 2-4-4 所示，它由刀体和柄部组成。铰刀的柄部有圆柱形、圆锥形和圆柄方榫形三种。

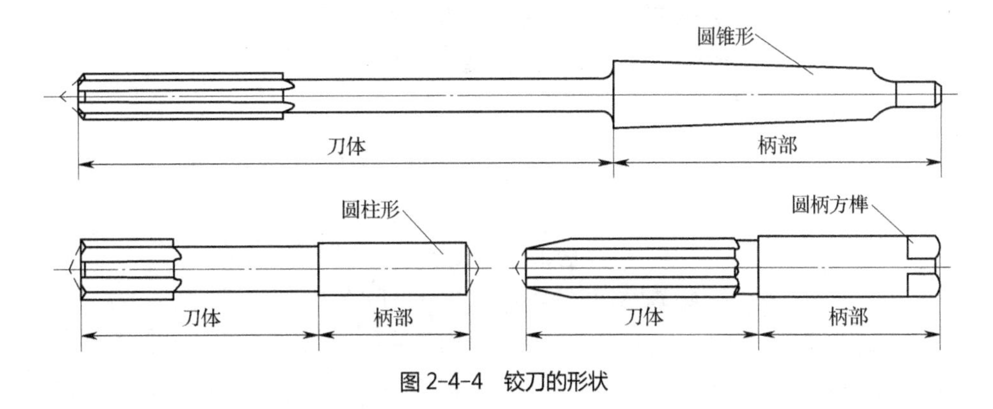

图 2-4-4 铰刀的形状

铰刀的刀体由导锥、切削锥、校准部分和空刀组成，各部分的主要作用和几何参数见表 2-4-5。

表 2-4-5　铰刀组成及其主要作用和几何参数一览表

工作部分	主要作用	几何参数
导锥	引导铰刀进入被加工孔	导向角 κ=45°
切削锥	承担主要切削工作，定心好、切屑薄	前角 γ_0=0°，加工钢件时为 5°～10° 后角 α_0=6°～8° 主偏角 κ_r=3°～15°
校准部分	通过圆柱刃带，起到定向、修光孔壁、控制铰刀直径和便于测量等作用	棱边宽度一般为 0.15～0.25 mm

铰刀最容易磨损的部位是切削锥和校准部分的过渡处，而且这个部分直接影响工件的表面粗糙度，因而该处不能有尖棱。

铰刀的刃齿数一般为 4～10 齿，为了便于测量直径，应采用偶数齿。

2. 铰刀的种类

(1) 按使用方式分类

按使用方式分类，可将铰刀分为机用铰刀（锥柄铰刀、直柄铰刀）和手用铰刀，如图 2-4-5 所示。其柄部、工作部分和主偏角的差异，见表 2-4-6。

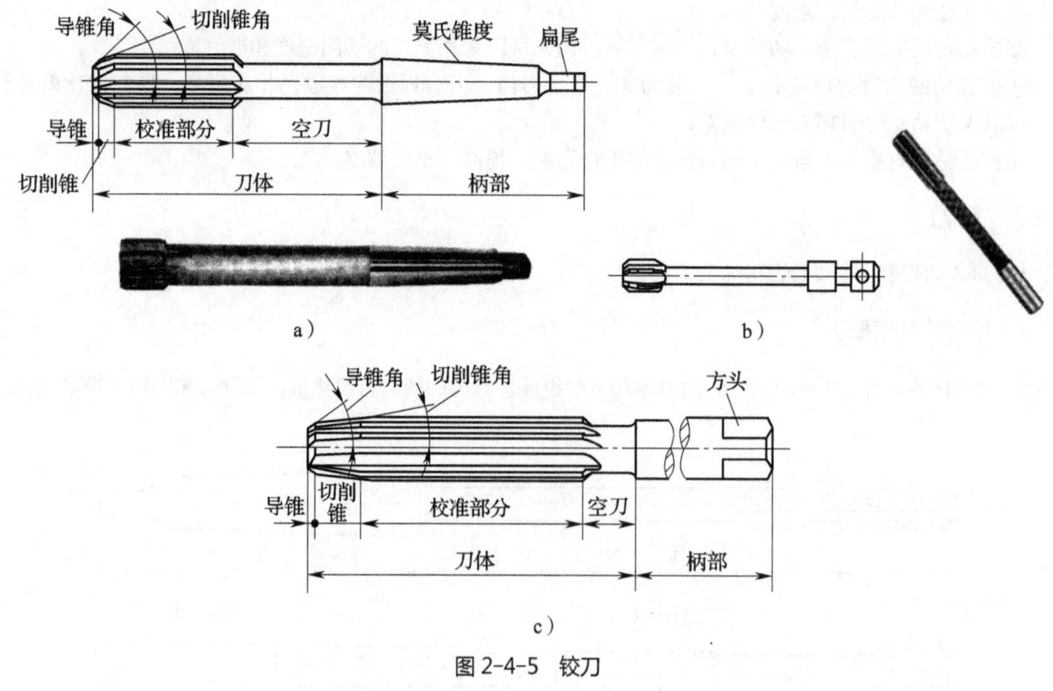

图 2-4-5　铰刀

a) 锥柄铰刀　b) 直柄铰刀　c) 手用铰刀

表 2-4-6 铰刀柄部、工作部分和主偏角的差异

铰刀	柄部	工作部分	主偏角 κ_r
机用铰刀	直柄和锥柄，方便安装	定向部分由机床完成，因此其工作部分较短	标准机用铰刀的主偏角 κ_r=15°
手用铰刀	柄部做成方榫形，便于与绞杠配合	需要承担导向作用，因此其工作部分较长	手用铰刀主偏角较小，一般为 κ_r=40′ ～ 4°

（2）按切削部分材料分类

按切削部分材料分类，可将铰刀分为高速钢铰刀和硬质合金铰刀两种。

3. 铰刀的型式和尺寸

①手用铰刀的型式和直径推荐范围（d=1.5 ～ 71 mm）详见 GB/T 1131.1—2004。手用铰刀主要用于单件或小批量生产的手工铰削加工或装配时的配钻铰工序。

②直柄机用铰刀的型式和直径推荐范围（d>1.32 ～ 20 mm）以及锥柄机用铰刀的型式和直径推荐范围（d>5.3 ～ 50 mm）详见 GB/T 1132—2017。直柄机用铰刀与锥柄机用铰刀均适用于较大批量生产时在机床（如车床）上进行铰削加工。

③带刃倾角直柄机用铰刀的型式和直径推荐范围（d>5.3 ～ 20 mm）以及带刃倾角锥柄机用铰刀的型式和直径推荐范围（d>7.5 ～ 40 mm）详见 GB/T 1134—2008。带刃倾角的机用铰刀是在切削导锥的刀齿上带有 15° 的刃倾角，其作用是改善排屑条件，减小已加工表面的表面粗糙度值，并可适当加大铰削时的铰削用量。

④套式机用铰刀的型式和直径推荐范围（d>19.9 ～ 101.6 mm）、套式铰刀和套式扩孔钻用心轴的型式和直径推荐范围（d>19.9 ～ 101.6 mm）详见 GB/T 1135—2004。套式铰刀适于较大批量生产时在机床上铰削直径较大的孔。

⑤锥柄机用 1∶50 锥度销子铰刀的型式和基本尺寸范围（d ≥5 ～ 50 mm）详见 GB/T 20332—2006。直柄机用 1∶50 锥度销子铰刀的型式和基本尺寸范围（d=2 ～ 12 mm）详见 GB/T 20331—2006。手用 1∶50 锥度销子铰刀的型式和基本尺寸范围（d=0.6 ～ 50 mm）详见 GB/T 20774—2006。1∶50 锥度销子铰刀主要适用于手工或在机床上铰削或配钻铰各种规格的 1∶50 锥度销孔。

⑥莫氏圆锥和公制圆锥铰刀适用范围为 4 号和 6 号公制圆锥以及 0 号～ 6 号莫氏圆锥。莫氏圆锥和公制圆锥铰刀的型式及尺寸见 GB/T 1139—2017。直柄或锥柄莫氏圆锥和公制圆锥铰刀适用于手工或在机床上铰削各种规格莫氏圆锥和公制圆锥孔。

⑦硬质合金直柄机用铰刀的型式和直径推荐值（d>5.3 ～ 20 mm）以及硬质合金锥柄机用铰刀的型式和直径推荐值（d>7.5 ～ 40 mm）详见 GB/T 4251—2008。硬质合金直柄和锥柄机用铰刀适用于较大批量或大批量生产时在机床上铰孔。焊有不同牌号硬质合金刀片的铰刀适用于不同材料的铰孔加工，例如焊有 P20 硬质合金刀片的铰刀，适用于对硬度为 170 ～ 200 HBS 的 45 钢件铰孔；焊有 K20 硬质合金刀片的铰刀，适用于对硬度为 180 ～ 220 HBS 的灰铸铁件铰孔。

⑧锥柄长刃机用铰刀的型式和直径推荐值（d>6 ～ 85 mm）详见 GB/T 4243—2017。长刃机用铰刀工作部分长度较一般机用铰刀长，且刀槽是螺旋槽型，适用于较大批量生产时在机床上铰削工件的深孔。

4. 铰刀的安装

以车床铰孔为例，直柄铰刀可用钻夹头或直柄铰刀浮动刀杆夹持，锥柄铰刀可直接或装上相应莫氏过渡锥套插入车床尾座套筒内，也可采用锥柄铰刀浮动刀杆夹持。需要注意的是，应调整尾座零位，使尾座套筒锥孔轴线与车床主轴轴线的同轴度为 0.05 m。

2.4.4 拉刀

拉刀是用于拉削的成形刀具。刀具表面上有多排刀齿，各排刀齿的尺寸和形状从切入端至切出端依次增加和变化。当拉刀作拉削运动时，每个刀齿就从工件上切下一定厚度的金属，最终得到所要求的尺寸和形状。拉刀常用于在成批和大量生产中加工圆孔、花键孔、键槽、平面和成形表面等，生产率很高。

1. 拉刀的分类

拉刀按加工表面部位的不同，分为内拉刀和外拉刀；按工作时受力方式的不同，分为拉刀和推刀。推刀常用于校准热处理后的型孔。

2. 拉刀的结构

拉刀的种类虽多，但结构组成基本类似。如普通圆孔拉刀的结构如图 2-4-6 所示，各部分功能如下：头部，用以夹持拉刀和传递动力；颈部，起连接作用；过渡锥，将拉刀前导部引入工件；前导部，起引导作用，防止拉刀歪斜；切削部，完成切削工作，由粗切齿和精切齿组成；校准部，起修光和校准作用，并作为精切齿的后备齿；后导部，用于支承工件，防止刀齿切离前因工件下垂而损坏加工表面和刀齿；尾部，承托拉刀。

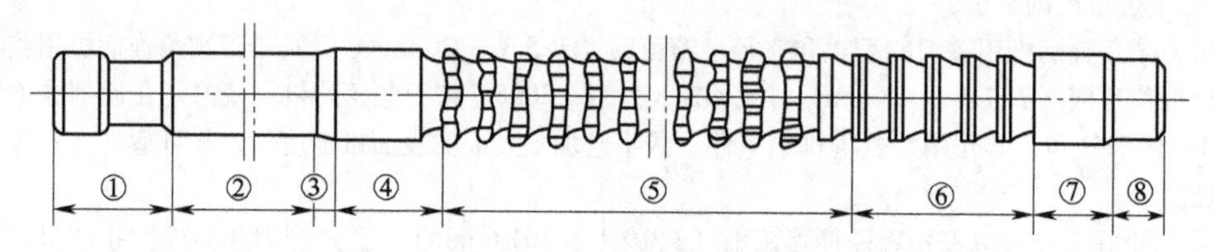

图 2-4-6 圆孔拉刀的结构

1—头部；2—颈部；3—过渡锥；4—前导部；5—切削部；
6—校准部；7—后导部；8—尾部

3. 拉削加工特点

拉削加工主要有以下特点：

(1) 拉削加工的加工效率高，通常拉刀的一个行程就可以完成表面的加工。

(2) 拉削加工表面的质量由机床和刀具保证，与工人的技术水平无关。

(3) 拉刀结构复杂，加工难度大，维护和刃磨难度高，因此成本高，不适合单件生产。

2.5 螺纹刀具

2.5.1 板牙

圆板牙的型式和标记方法见表 2-5-1，粗牙和细牙普通螺纹用圆板牙的尺寸可以查看 GB/T 970.1—2008。其他螺纹板牙（如圆柱管螺纹板牙、60° 圆锥管螺纹板牙等）也可以查看相应国家标准。

表 2-5-1 普通螺纹用圆板牙的型式和标记方法

标记方法
粗牙普通螺纹，公称直径 8 mm、螺距 1.25 mm、6g 公差带的圆板牙：M8-6g GB/T 970.1—2008
细牙普通螺纹，公称直径 8 mm、螺距 0.75 mm、6g 公差带的圆板牙：M8 × 0.75-6g GB/T 970.1—2008
左旋螺纹板牙标记应在代号后加“LH”字母，其余标记参见上面，如：M8 × 0.75LH-6g GB/T 970.1—2008

①容屑孔的数量不做规定；

②圆板牙两端的切削锥由制造厂自行规定，但至少有一端切削锥长度应符合螺纹收尾规定（GB/T 3—1997）。

圆板牙上开有容屑孔，可以起到容屑和排屑的作用，板牙上的螺纹齿形磨有 8° 左右的后角，容屑槽的缺口与螺纹齿形形成前角，角度为 15° ～ 20°，螺纹齿形即为切削刃。

使用圆板牙套螺纹时，需要先将螺纹大径加工至下偏差并倒角 30°，倒角后小端的直径小于螺纹小径以方便板牙切入，接近工件端面处时少许加力便可使板牙顺利切入并完成螺纹加工。套螺纹时需要注意以下几点：

加工螺纹时必须保证板牙端面与被套螺纹工件的轴线垂直，可以借助角尺控制；

套螺纹时需要浇注切削液；

加工过程中通过反转板牙帮助断屑，以利于切削过程的顺利进行。

2.5.2 丝锥

丝锥是一种加工内螺纹的标准刀具，丝锥攻螺纹就是用丝锥加工内螺纹。丝锥的种类很多，圆柱形丝锥（GB/T 20333—2006）用来攻圆柱形螺纹，如普通螺纹和圆柱形管螺纹，圆锥形丝锥（GB/T 20333—2006）用来攻圆锥管螺纹。此外，还有用于大批量生产标准螺母的螺母丝锥（GB/T 967—2008），用于加工直径较小的梯形内螺纹的梯形螺纹丝锥（GB/T 28256—2012）和高精度梯形螺纹拉削丝锥（GB/T 28691—2012），用于加工不锈钢、铜合金、铝合金的螺旋槽丝锥（GB/T 3506—2008），用于加工材料塑性较好的工件挤压丝锥（GB/T 28253—2012）等。

1．机用和手用丝锥的型式和尺寸

按使用方法来分，丝锥可分为机用和手用两种，粗柄机用和手用丝锥如图 2-5-1a 所示，粗柄带颈机用和手用丝锥如图 2-5-1b 所示，细柄机用和手用丝锥如图 2-5-2 所示。

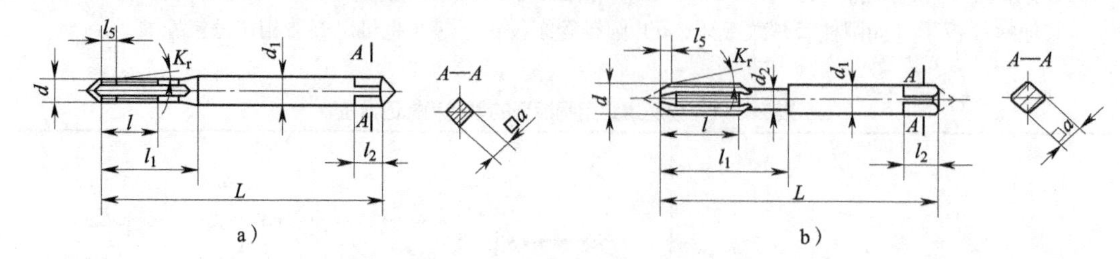

图 2-5-1　粗柄机用和手用丝锥

a）常规　b）带颈

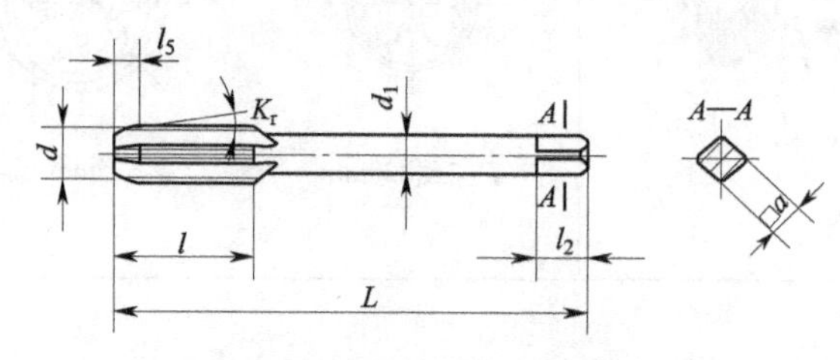

图 2-5-2　细柄机用和手用丝锥

M1 ～ M2.5 粗牙及细牙普通螺纹粗柄机用和手用丝锥、M3 ～ M10 粗牙及细牙普通螺纹粗柄带颈机用和手用丝锥、M36 ～ M68 粗牙普通螺纹及 M3 ～ M100 细牙普通螺纹细柄机用和手用丝锥的尺寸详见 GB/T 3464.1—2007。M3 ～ M30 粗牙普通螺纹细柄机用和手用丝锥尺寸见表 2-5-2。普通机用丝锥通常采用 W6Mo5Cr4V2 或同性能的其他牌号高速钢制造，手用丝锥一般采用 9SiCr、T12A 或同性能的其他牌号合金工具钢、碳素工具钢制造。

表 2-5-2　M3 ～ M30 粗牙普通螺纹细柄机用和手用丝锥尺寸

代号	公称直径 d	螺距 p	d_1	l	L	方头	
						a	l_2
M3	3	0.5	2.24	11	48	1.8	4
M3.5	3.5	（0.6）	2.5	13	50	2	
M4	4	0.7	3.15		53	2.5	5
M4.5	4.5	（0.75）	3.55			2.8	
M5	5	0.8	4	16	58	3.15	6
M6	6	1	4.5	19	66	3.55	
M7	（7）		5.6			4.5	7

续表

<table>
<tr><th rowspan="2">代号</th><th rowspan="2">公称直径
d</th><th rowspan="2">螺距
p</th><th rowspan="2">d_1</th><th rowspan="2">l</th><th rowspan="2">L</th><th colspan="2">方头</th></tr>
<tr><th>a</th><th>l_2</th></tr>
<tr><td>M8</td><td>8</td><td rowspan="2">1.25</td><td>6.3</td><td rowspan="2">22</td><td rowspan="2">72</td><td>5</td><td rowspan="2">8</td></tr>
<tr><td>M9</td><td>(9)</td><td>7.1</td><td>5.6</td></tr>
<tr><td>M10</td><td>10</td><td rowspan="2">1.5</td><td rowspan="2">8</td><td>24</td><td>80</td><td rowspan="2">6.3</td><td rowspan="2">9</td></tr>
<tr><td>M11</td><td>(11)</td><td>25</td><td>85</td></tr>
<tr><td>M12</td><td>12</td><td>1.75</td><td>9</td><td>29</td><td>89</td><td>7.1</td><td>10</td></tr>
<tr><td>M14</td><td>14</td><td rowspan="2">2</td><td>11.2</td><td>30</td><td>95</td><td>9</td><td>12</td></tr>
<tr><td>M16</td><td>16</td><td>12.5</td><td>32</td><td>102</td><td>10</td><td>13</td></tr>
<tr><td>M18</td><td>18</td><td rowspan="3">2.5</td><td rowspan="2">14</td><td rowspan="2">37</td><td rowspan="2">112</td><td rowspan="2">11.2</td><td rowspan="2">14</td></tr>
<tr><td>M20</td><td>20</td></tr>
<tr><td>M22</td><td>22</td><td>16</td><td>38</td><td>118</td><td>12.5</td><td>16</td></tr>
<tr><td>M24</td><td>24</td><td rowspan="2">3</td><td>18</td><td rowspan="2">45</td><td>130</td><td>14</td><td>18</td></tr>
<tr><td>M27</td><td>27</td><td rowspan="2">20</td><td>135</td><td rowspan="2">16</td><td rowspan="2">20</td></tr>
<tr><td>M30</td><td>30</td><td>3.5</td><td>48</td><td>138</td></tr>
</table>

2. 各种公差带丝锥加工螺纹的精度

各种中径公差带丝锥所能加工的内螺纹公差带见表 2-5-3 所示。

表 2-5-3 各种中径公差带丝锥所能加工的内螺纹公差带

丝锥公差带代号	适用于内螺纹公差带代号
H1	4H、5H
H2	5G、6H
H3	6G、7H、7G
H4	6H、7H

注：详见 GB/T 968—2007。

由于影响攻螺纹尺寸的因素很多，诸如攻螺纹材料性质、机床条件、丝锥装卡方法、切削速度、润滑冷却液种类等，因此，表 2-5-3 中所列各种公差带的丝锥所能加工的内螺纹公差等级，只能作为选择丝锥时的参考。丝锥一般都是成组生产，分为初锥、中锥、底锥（螺距 $p \leqslant 2.5$ mm）、第一粗锥、第二粗锥和精锥（螺距 $p>2.5$ mm）。对于螺距较小的螺纹可以选择单支中锥一次完成螺纹加工，螺距较大的内螺纹则需按照第一粗锥—第二粗锥—精锥的顺序分锥进行螺纹加工。

3. 丝锥攻螺纹时的切削速度

通常在钢件上攻螺纹选用切削速度为 3 ～ 10 m/min，在铸件或铜、铝合金上攻螺纹选用切削速度为 5 ～ 20 m/min。

4. 丝锥攻螺纹时切削液的选择

丝锥攻螺纹时切削液的选择见表 2–5–4。

表 2–5–4　丝锥攻螺纹时切削液的选择

工件材料	切削液
合金和非合金钢	硫化油、乳化油
不锈钢	硫化油或植物油
铸铁	煤油、乳化液或干切
铜合金	柴油、硫化油或干切
铝合金	煤油、极压乳化油

3 量具

量具是加工中用来检查零件尺寸、角度、形位误差等几何量的常用工具，主要包括游标卡尺、千分尺、百分表等。

3.1 普通量具

3.1.1 钢直尺

钢直尺一般由不锈钢薄板制成，正面（带刻度）上下两侧边均有刻线，按其标称长度来分，一般有150 mm、300 mm、500 mm、600 mm、1 000 mm 和 2 000 mm 共六种规格。钢直尺实物图如图 3-1-1 所示。

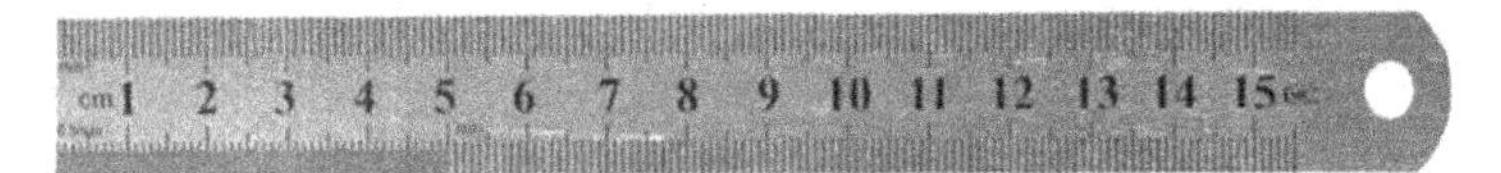

图 3-1-1　钢直尺

钢直尺刻度标尺的分度值（即线纹间距）为 1 mm，规格为 150 mm 的钢直尺允许在工作端（即平端）起始的 50 mm 长度上有 0.5 mm 的分度刻线。

钢直尺是一种精度相对较低但应用较为广泛的量具，一般用于毛坯或加工精度低的粗加工尺寸的测量。为了保证钢直尺的测量精度，其工作端（平端）应尽量避免碰伤或磨损。对于长度较大的钢直尺，为了避免尺身弯曲变形，每次用完后应该悬挂放置。

3.1.2 卡钳

1. 卡钳的分类

卡钳是一种间接比较式量具，卡钳本身没有刻度，无法直接读取尺寸，因此必须要和有刻度的量具（钢直尺、游标卡尺、量规等）配合使用。卡钳有内外之分，如图 3-1-2 所示。

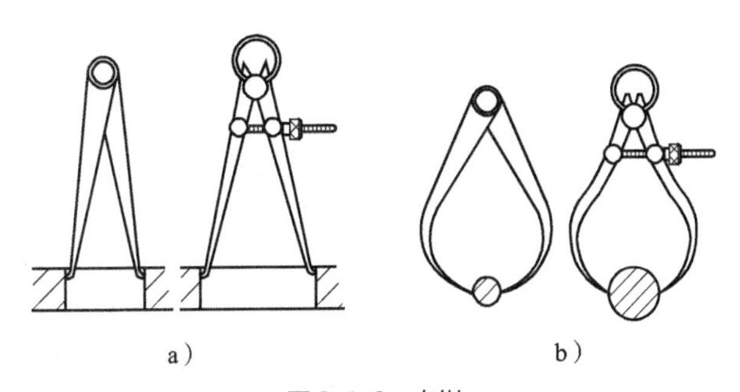

图 3-1-2　卡钳

a）内卡钳　b）外卡钳

2. 卡钳的规格

常用的卡钳有如下几种规格：150 mm（6 in）、200 mm（8 in）、250 mm（10 in）、300 mm（12 in）、350 mm（14 in）、400 mm（16 in）、450 mm（18 in）、500 mm（20 in）、600（24 in）、800（32 in）、1 000（40 in）、

1 500（60 in）和 2 000（80 in）。

3. 卡钳的测量方法

因卡钳本身没有刻度，在需要获取尺寸时就要和其他量具配合使用，如图 3-1-3 所示。

（1）较低精度测量。测量精度较低时，卡钳可以配合钢直尺使用，尺寸可以从钢直尺上直接获得。

（2）较高精度测量。测量精度较高时，卡钳可以配合游标卡尺、千分尺、量规来获得尺寸。采用制作质量高的卡钳，配合丰富的经验，测量精度可达 0.02 ～ 0.03 mm。

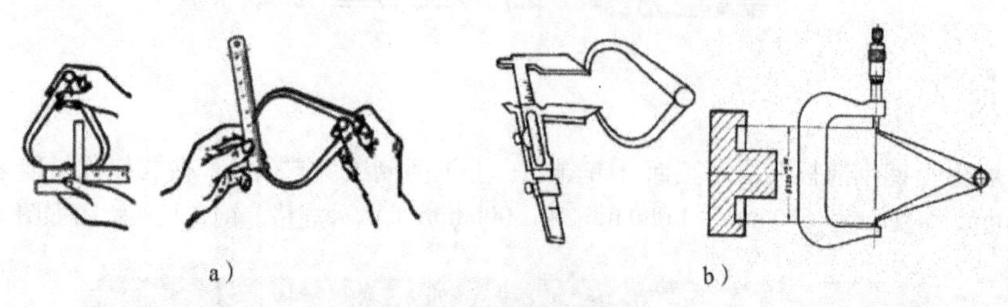

a） b）

图 3-1-3 卡钳测量方法

a）测量精度低 b）测量精度高

4. 使用注意事项

（1）调整卡钳时不可以敲击钳口。

（2）卡钳尺寸一经确定，应该将卡钳放置于无振动处，轻拿轻放，以防止已经取定的尺寸发生变动。

（3）禁止用卡钳测量运动中的工件，这样做既不安全又容易加速钳口磨损。

（4）使用卡钳从工件上取得的尺寸，实际尺寸应与钢直尺、游标卡尺等量具进行比对获得。

（5）卡钳不可以当作工具使用。

3.2 卡尺类量具

3.2.1 游标卡尺

游标卡尺是利用游标原理对两测量面相对移动分隔的距离进行读数的测量工具。游标卡尺的类型及主要参数见表 3-2-1。

表 3-2-1　游标卡尺的类型及主要参数　　单位：mm

类型	图例	分度值	测量范围	适用场合
游标卡尺	Ⅰ型	0.02 0.05 0.10	0 ～ 120 0 ～ 150	内外直径、长度和深度测量
	Ⅱ型 Ⅲ型	0.02 0.05 0.10	0 ～ 200 0 ～ 300	内外直径和长度测量
	Ⅳ型		0 ～ 500 0 ～ 1 000	
高度游标卡尺		0.02 0.05	0 ～ 200 0 ～ 300 0 ～ 500 0 ～ 1 000	测量高度尺寸或实现较精密的划线
		0.10	0 ～ 500 0 ～ 1 000	

续表

类型	图示	分度值	测量范围	适用场合
深度游标卡尺	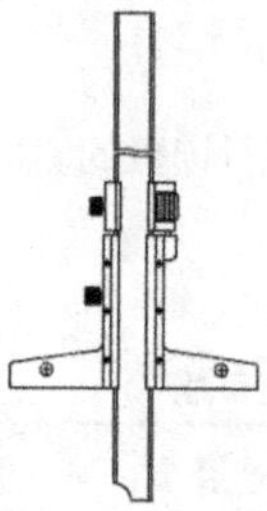	0.02 0.05 0.10	0～200 0～300 0～500	孔、槽深度测量或台阶高度测量

注：详见 GB/T 21388—2008、GB/T 21389—2008、GB/T 21390—2008。

游标卡尺的读数方法见表 3-2-2。

表 3-2-2 游标卡尺的读数方法

单位：mm

<table>
<tr><th colspan="3">游标卡尺</th><th rowspan="2">分度值</th><th rowspan="2">测量结果（游标卡尺上第 n 格刻线与主尺上刻度线对正）</th><th colspan="2" rowspan="2">图例</th></tr>
<tr><th>刻度格数</th><th>刻度总长</th><th>每小格与 1 mm 差值</th></tr>
<tr><td rowspan="4">10</td><td rowspan="4">9</td><td rowspan="4">0.1</td><td rowspan="4">0.1</td><td rowspan="4">主尺上读取的毫米数 +0.1 × n</td><td colspan="2"> 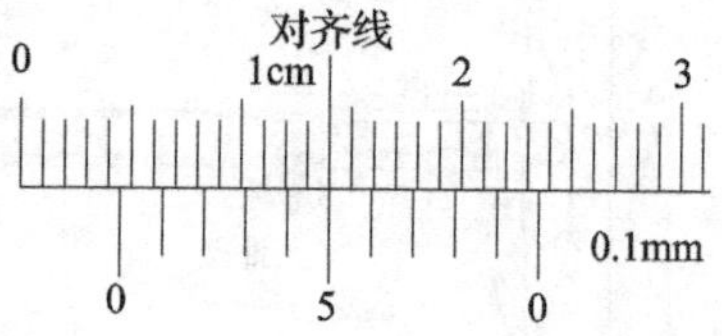</td></tr>
<tr><td>主尺数值</td><td>游标卡尺数值</td></tr>
<tr><td>4</td><td>游标卡尺第 5 根刻线与主尺刻度线对正，游标卡尺数值 =5 × 0.1=0.5</td></tr>
<tr><td colspan="2">最终尺寸值 = 主尺数值 + 游标卡尺数值 =4+0.5=4.5</td></tr>
<tr><td rowspan="4">20</td><td rowspan="4">19</td><td rowspan="4">0.05</td><td rowspan="4">0.05</td><td rowspan="4">主尺上读取的毫米数 +0.05 × n</td><td colspan="2"> 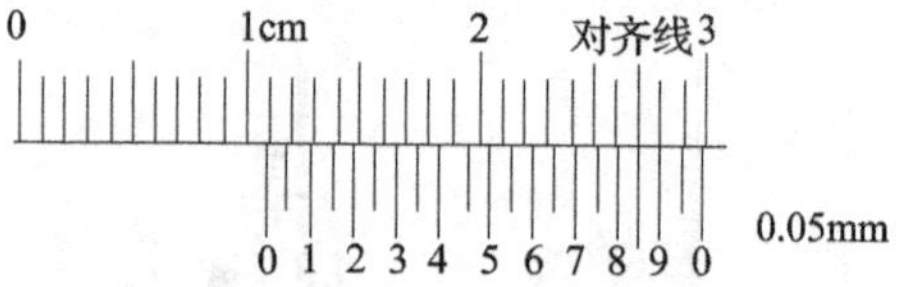</td></tr>
<tr><td>主尺数值</td><td>游标卡尺数值</td></tr>
<tr><td>10</td><td>游标卡尺第 17 根刻线与主尺刻度线对正，游标卡尺数值 =17 × 0.05=0.85</td></tr>
<tr><td colspan="2">最终尺寸值 = 主尺数值 + 游标卡尺数值 =10+0.85=10.85</td></tr>
</table>

续表

<table>
<tr><th colspan="3">游标卡尺</th><th rowspan="2">分度值</th><th rowspan="2">测量结果（游标卡尺上第 n 格刻线与主尺上刻度线对正）</th><th rowspan="2" colspan="2">图例</th></tr>
<tr><th>刻度格数</th><th>刻度总长</th><th>每小格与 1 mm 差值</th></tr>
<tr><td rowspan="4">50</td><td rowspan="4">49</td><td rowspan="4">0.02</td><td rowspan="4">0.02</td><td rowspan="4">主尺上读取的毫米数 $+0.02\times n$</td><td colspan="2">0 1cm 2对齐线 3 4 5 0
0.02mm
0 1 2 3 4 5 6 7 8 9 0</td></tr>
<tr><td>主尺数值</td><td>游标卡尺数值</td></tr>
<tr><td>2</td><td>游标卡尺第 21 根刻线与主尺刻度线对正，游标卡尺数值 =21 × 0.02=0.42</td></tr>
<tr><td colspan="2">最终尺寸值 = 主尺数值 + 游标卡尺数值 =2+0.42=2.42</td></tr>
</table>

游标卡尺读数步骤如下：

第一步，读出主尺数值（游标零线左侧相邻刻线的尺寸数，每格 1 mm）；

第二步，找出游标卡尺上与主尺刻度线对齐的刻线，确定刻线的位置数；

第三步，计算游标卡尺数值（分度值 × 位置数）；

第四步，将主尺和游标卡尺两者的数据相加即为测量的尺寸值。

3.2.2 带表和数显卡尺

1. 带表卡尺

带表卡尺如图 3-2-1 所示，带表卡尺的主要参数见表 3-2-3。

图 3-2-1 带表卡尺

表 3-2-3 带表卡尺的主要参数

单位：mm

<table>
<tr><th>指示表分度值</th><th>指示表示值范围</th><th>测量范围</th></tr>
<tr><td>0.01</td><td>1</td><td rowspan="4">0 ～ 150
0 ～ 200
0 ～ 300</td></tr>
<tr><td rowspan="2">0.02</td><td>1</td></tr>
<tr><td>2</td></tr>
<tr><td>0.05</td><td>5</td></tr>
</table>

注：详见 GB/T 21389—2008。

2. 数显卡尺

数显卡尺类型及主要参数见表 3-2-4。

表 3-2-4　数显卡尺类型及主要参数

单位：mm

类型	图例	测量范围	分度值
数显卡尺		0 ～ 150 0 ～ 200 0 ～ 300 0 ～ 500	0.01
数显高度尺		0 ～ 200 0 ～ 300 0 ～ 500	0.01
数显深度尺		0 ～ 200 0 ～ 300 0 ～ 500	0.01

注：详见 GB/T 21388—2008、GB/T 21389—2008。

3. 注意事项

(1) 使用前应做的检查

①尺框与尺身之间运动灵活、平稳，无明显间隙、松动或卡滞；

②卡爪合拢后不得有明显漏光；

③游标卡尺主尺与游标的零线必须对齐，带表卡尺百分表指针调零，数显卡尺读数为零；

④紧固螺钉锁紧时，卡尺读数不能发生变化。

(2) 使用中的注意事项

①根据不同测量对象，合理选择量爪；

②测量位置要正，忌歪斜；

③合理施加测力；

④垂直正视刻线读取尺寸。

(3) 使用后的正确保养方法

①使用完毕应将卡尺平放于卡尺盒内；

②应远离磁场，以免卡尺被磁化；

③若卡尺长时间不使用，应用汽油清洗后擦拭干净，涂上少许防锈油。

3.3 千分尺类量具

千分尺类量具测量的精度一般高于游标卡尺类量具，是车削加工中最常用的精密量具。千分尺是利用精密螺旋副的传动原理进行测量的。

3.3.1 外径千分尺

外径千分尺如图 3-3-1 所示。在千分尺的固定套管的轴向中线上、下两侧刻有两排线，刻线间距为 1 mm，两排刻线之间错开 0.5 mm，外侧微分筒的外圆周上刻有 50 等分格线。测微螺距为 0.5 mm，微分筒旋转一周，测微螺杆轴向移动 0.5 mm；若微分筒转动一格，测微螺杆轴向移动距离为螺距的 1/50，即为 0.01 mm。

外径千分尺的主要参数见表 3-3-1。

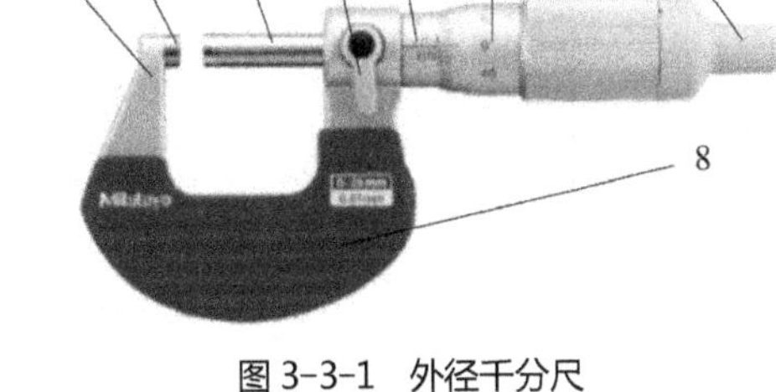

图 3-3-1 外径千分尺

1—尺架；2—测砧；3—测微螺杆；4—锁紧装置；5—固定套管；6—微分筒；7—测力装置；8—隔热装置

表 3-3-1 外径千分尺的主要参数　　单位：mm

类型	测量范围	分度值
外径千分尺	0 ～ 25，25 ～ 50，50 ～ 75，…900 ～ 1 000（小于 500 时 25/ 挡，大于 500 时 100/ 挡）	0.01、0.001、0.002、0.005
微米千分尺	0 ～ 15，0 ～ 25，25 ～ 50，50 ～ 75，75 ～ 100	0.001、0.002
杠杆千分尺	0 ～ 25，25 ～ 50，50 ～ 75，75 ～ 100	0.01、0.001、0.002、0.005

注：详见 GB/T 1216—2018、JB/T10032—1999、GB/T 8061—2004。

千分尺的读数方法见表 3-3-2。

表 3-3-2 千分尺的读数方法　　单位：mm

<table>
<tr><th>分度值</th><th>测量结果
（微分筒上第 n 个刻线与基线对齐）</th><th colspan="3">图例</th></tr>
<tr><td rowspan="5">0.01</td><td rowspan="5">固定套管读取的数值 + 微分筒读取的数值</td><td colspan="3">0 5 30 25 20 15</td></tr>
<tr><td rowspan="2">固定套管数值</td><td colspan="2">微分筒数值</td></tr>
<tr><td>微分筒准确数值</td><td>微分筒估读数值</td></tr>
<tr><td>7</td><td>微分筒第 23 根刻线与固定套管基线对正，
微分筒准确数值 =
23 × 0.01=0.23</td><td>0</td></tr>
<tr><td colspan="3">最终尺寸值 = 固定套管数值 + 微分筒准确数值 + 微分筒估读数值
=7+0.23+0=7.230</td></tr>
</table>

续表

<table>
<tr><th>分度值</th><th>测量结果
（微分筒上第 n 个刻线与基线对齐）</th><th colspan="3">图例</th></tr>
<tr><td rowspan="5">0.01</td><td rowspan="5">固定套管读取的数值 + 微分筒读取的数值</td><td colspan="3"></td></tr>
<tr><td rowspan="2">固定套管数值</td><td colspan="2">微分筒数值</td></tr>
<tr><td>微分筒准确数值</td><td>微分筒估读数值</td></tr>
<tr><td>8.5</td><td>微分筒第 33 根刻线与固定套管基线对正，微分筒准确数值 =33 × 0.01=0.33</td><td>0</td></tr>
<tr><td colspan="3">最终尺寸值 = 固定套管数值 + 微分筒准确数值 + 微分筒估读数值
=8.5+0.33+0=8.830</td></tr>
<tr><th>分度值</th><th>测量结果
（微分筒上没有刻线与基线对齐）</th><th colspan="3">图例</th></tr>
<tr><td rowspan="5">0.01</td><td rowspan="5">固定套管读取的数值 + 微分筒读取的数值</td><td colspan="3"></td></tr>
<tr><td>固定套管数值</td><td colspan="2">微分筒数值</td></tr>
<tr><td>固定套管数值</td><td>微分筒准确数值</td><td>微分筒估读数值</td></tr>
<tr><td>23.5</td><td>微分筒无刻线与固定套管基线对正，选择与基线靠近且数值较小的刻线作为对正刻线，这里选择第 23 根刻线。微分筒准确数值 =23 × 0.01=0.23</td><td>根据固定套管基线与微分筒上相邻两个靠近基线的刻线之间的距离关系进行数值估读，范围为 0.001 ～ 0.009，这里估读数值为 0.003</td></tr>
<tr><td colspan="3">最终尺寸值 = 固定套管数值 + 微分筒准确数值 + 微分筒估读数值
=23.5+0.23+0.003=23.733</td></tr>
</table>

3.3.2 内测千分尺

内测千分尺如图 3-3-2 所示。内测千分尺又称测孔千分尺，主要用来测量工件上的沟槽宽度、浅孔直径等内尺寸，主要参数见表 3-3-3。

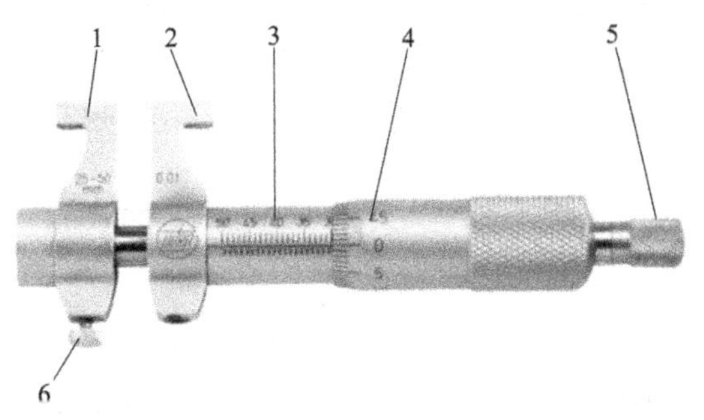

图 3-3-2　内测千分尺

1—固定测量爪；2—活动测量爪；3—固定套管；4—微分筒；5—测力装置；6—锁紧装置

表 3-3-3　内测千分尺主要参数

单位：mm

分度值	测量范围	刻度数字标记
0.01	5 ~ 30	30，25，20，15，10，5
	25 ~ 50　125 ~ 150	50，45，40，35，30，25
	50 ~ 75	75，70，65，60，55，50
	75 ~ 100	100，95，90，85，80，75
	100 ~ 125	25，20，15，10，5，0

注：详见 JB/T 10006—1999。

3.3.3 深度千分尺

深度千分尺是用来测量孔深、槽深、台阶高度等尺寸的测量工具，如图 3-3-3 所示，主要技术参数见表 3-3-4。

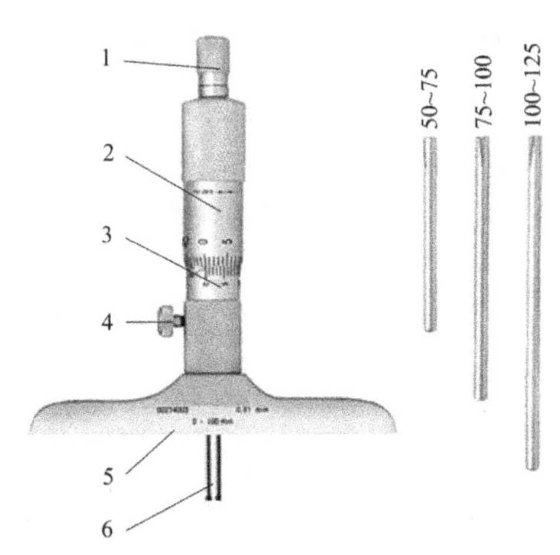

图 3-3-3　深度千分尺

1—测力装置；2—微分筒；3—固定套管；4—锁紧装置；5—底座；6—测量杆

深度千分尺的测量杆可以进行更换，根据测量范围选择不同的测量杆，测量杆成套配备，相互之间长度相差为 25 mm。

表 3-3-4　深度千分尺主要技术参数

单位：mm

测量范围	分度值	极限误差 /μm	可换测量杆长度允许误差 /μm	
			最大允许误差	对零误差
0 ～ 25	0.1 0.001 0.002 0.005	3	4	±2
0 ～ 50			5	±2
0 ～ 100			6	±3
0 ～ 150			7	±4
0 ～ 200			8	±5
0 ～ 250			9	±6
0 ～ 300			10	±7

注：详见 GB/T 1218—2004。

1. 校零

测量前应对千分尺进行校零。转动千分尺的测力装置，使得千分尺的两个测量面并拢或与校对量具紧密接触，检查微分筒上的零线是否与固定套管上的基线对齐，如有偏差，需进行调整后方可使用。

2. 测量

测量时，应使千分尺测微螺杆的轴线垂直于工件被测面。可以先转动微分筒，等到活动量杆的测量面快要接近工件上的被测面时，转动测力装置继续移动测微螺杆，直至测量面接触工件被测面并发出“咔咔”响声，停止转动。

3. 读数

读数时要保证视线正视刻线，如必须取下千分尺进行读数，应锁紧测微螺杆后再轻轻抽出，防止尺寸变动产生误差。

4. 维护

（1）不得用千分尺测量未停止运动的工件或表面比较粗糙的工件。

（2）轻拿轻放，防止磕碰，尤其是测量面。

（3）使用完毕应用软布或棉纱擦拭干净，放回盒内。如长期不用，应涂抹防锈油，并使测量面保持一定的间距。

3.4 指示表类量具

指示表类量具是通过将测杆微小位移，经机械传动机构放大后转换成指针的旋转或角位移，在刻度表盘上指示测量结果的测量工具。指示表类量具主要用于检测尺寸，也可以用来测量微小尺寸或形位误差，还可以用作计量仪器和检验工具的读数装置。指示表类量具的类型和主要技术参数见表 3-4-1。

表 3-4-1 指示表类量具的类型和主要技术参数

单位：mm

名称	分度值	测量范围
指针式指示表	0.1	0 ~ 10，10 ~ 20，20 ~ 30，30 ~ 50，50 ~ 100
	0.01	0 ~ 3，3 ~ 5，5 ~ 10，10 ~ 20，20 ~ 30，30 ~ 50，50 ~ 100
	0.001	0 ~ 1，1 ~ 3，3 ~ 5
	0.002	0 ~ 1，1 ~ 3，3 ~ 5，5 ~ 10
指针式杠杆指示表	0.01	0 ~ 0.8，0 ~ 1.6
	0.002	0 ~ 0.2
	0.001	0 ~ 0.12
内径指示表	0.01	6 ~ 10，10 ~ 18，18 ~ 35，35 ~ 50，50 ~ 100，100 ~ 160，160 ~ 250，250 ~ 450
	0.001	6 ~ 10，18 ~ 35，35 ~ 50，50 ~ 100，100 ~ 160，160 ~ 250，250 ~ 450

注：详见 GB/T 1219—2008、GB/T 8123—2007、GB/T 8122—2004。

3.4.1 百分表和千分表

百分表和千分表的外形如图 3-4-1 所示，百分表的读数方法见表 3-4-2。

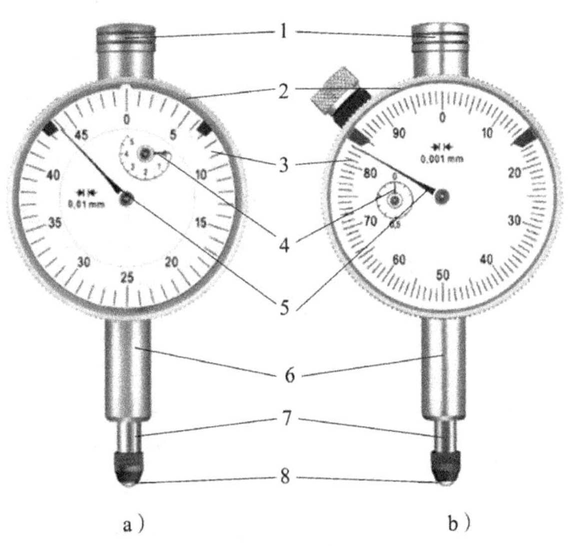

图 3-4-1 百分表、千分表的外形

a）百分表 b）千分表

1—挡帽；2—表圈；3—表盘；4—转数指针；5—指针；
6—装夹套管；7—测量杆；8—测量头

表 3-4-2　百分表的读数方法　　单位：mm

<table>
<tr><th>分度值</th><th>测量结果</th><th colspan="3">图例</th></tr>
<tr><td rowspan="5">0.01</td><td rowspan="5">毫米整数部分 +
毫米小数部分</td><td colspan="3"> </td></tr>
<tr><td rowspan="2">小指针转过刻度线（毫米整数部分）</td><td colspan="2">大指针转过刻度线（毫米小数部分）</td></tr>
<tr><td>准确数值</td><td>估读数值</td></tr>
<tr><td>2</td><td>大指针转过第 67 根刻线，小数部分准确数值 =67 × 0.01=0.67</td><td>0</td></tr>
<tr><td colspan="3">最终尺寸值 =2+0.67+0=2.670</td></tr>
<tr><td rowspan="5">0.01</td><td rowspan="5">毫米整数部分 + 毫米小数部分</td><td colspan="3"> </td></tr>
<tr><td rowspan="2">小指针转过刻度线（毫米整数部分）</td><td colspan="2">大指针转过刻度线（毫米小数部分）</td></tr>
<tr><td>准确数值</td><td>估读数值</td></tr>
<tr><td>1</td><td>大指针转过第 43 根刻线，小数部分准确数值 =43 × 0.01=0.43</td><td>根据指针与表盘上与指针相邻两个刻线之间的距离关系进行数值估读，范围为 0.001 ～ 0.009，这里估读数值为 0.009</td></tr>
<tr><td colspan="3">最终尺寸值 =1+0.43+0.009=1.439</td></tr>
</table>

注：千分表的读数方法可以参考百分表。

1．测量前

先检查百分表或千分表是否完好无损、指针转动是否灵活、回程复位是否可靠。

2．测量时

①测量杆应垂直于被测表面。
②测头与被测表面之间应存在一定的压力，以保证测头与被测面紧密接触。
③不得将工件硬推至测头下面或将测头硬推至被测表面，以防止内部机构受损。
④不能频繁提压百分表或千分表的测量杆，提压距离不能过大，以防止损坏内部机构或加剧磨损。
⑤测量杆的行程不能超过示值范围。
⑥必须轻拿轻放，避免剧烈振动和撞击，以防止测杆弯曲变形。
⑦严防水、油、污物进入表内。
⑧配合表座或专用夹具进行长度尺寸测量时，必须先用量块或标准件进行校对并调零。
⑨使用相应附件可以对工件进行直线度、平面度等形位误差的测量。

3．测量后

①普通表架要摆放稳妥，磁力表架要注意磁力开关的位置，以防止摔坏指示表。
②应使测量杆处于自由状态。
③用软布或棉纱擦拭干净放入盒内保存。

3.4.2 内径指示表

内径指示表由指示表与带有机械传动机构的表架共同组成，根据所采用的指示表分度值的不同，可分为内径百分表（分度值为 0.01 mm）和内径千分表（分度值为 0.001 mm）。内径指示表用于测量孔的直径和孔的形状误差，与内测千分尺相比更加适合进行深孔的测量。内径指示表活动测头的移动范围很小，因此测量范围的变化是依靠更换或调整可换测头的长度来实现的。内径指示表的结构有三种常见类型，分别为带定位护桥（杠杆式或滚道式）、涨簧式和钢球式。图 3-4-2 所示为带定位护桥（杠杆式）内径指示表。

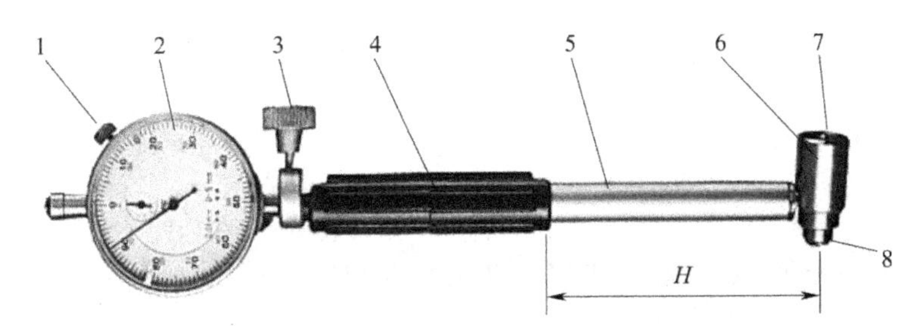

图 3-4-2　带定位护桥（杠杆式）内径指示表

1—制动器；2—指示表；3—锁紧装置；4—手柄；5—直管；
6—定位护桥；7—活动测头；8—可换测头

内径指示表的技术参数见表 3-4-3。

表 3-4-3　内径指示表的技术参数　　单位：mm

分度值	测量范围	最大允许误差 /μm	活动测量头工作行程	手柄下部长度 H
0.01	6 ～ 10	±12	⩾ 0.6	⩾ 40
	10 ～ 18		⩾ 0.8	

续表

<table>
<tr><th>分度值</th><th>测量范围</th><th>最大允许误差 /μm</th><th>活动测量头工作行程</th><th>手柄下部长度 H</th></tr>
<tr><td rowspan="6">0.01</td><td>18 ~ 35</td><td rowspan="2">±15</td><td>≥ 1.0</td><td rowspan="14">≥ 40</td></tr>
<tr><td>35 ~ 50</td><td>≥ 1.2</td></tr>
<tr><td>50 ~ 100</td><td rowspan="4">±18</td><td rowspan="4">≥ 1.6</td></tr>
<tr><td>100 ~ 160</td></tr>
<tr><td>160 ~ 250</td></tr>
<tr><td>250 ~ 450</td></tr>
<tr><td rowspan="8">0.001</td><td>6 ~ 10</td><td rowspan="2">±5</td><td>≥ 0.6</td></tr>
<tr><td>10 ~ 18</td><td rowspan="7">≥ 0.8</td></tr>
<tr><td>18 ~ 35</td><td rowspan="2">±6</td></tr>
<tr><td>35 ~ 50</td></tr>
<tr><td>50 ~ 100</td><td rowspan="4">±7</td></tr>
<tr><td>100 ~ 160</td></tr>
<tr><td>160 ~ 250</td></tr>
<tr><td>250 ~ 450</td></tr>
</table>

注：详见 GB/T 8122—2004。

1. 测量前

①按照被测内径尺寸备好成套内径指示表，根据内径公称尺寸安装好可换测头和指示表。

②利用量块组、外径千分尺、标准环对百分表或千分表校零，注意要使得指示表的测杆有一定的压缩量，一般百分表为 0.3 ~ 0.5 mm，千分表为 0.03 ~ 0.05 mm。

2. 测量时

①利用定位护桥找准测量位置。

②缓慢摆动内径指示表，在摆动中找到最小示值即为实际测量的尺寸。

③若指针位置超过零线，则表明孔的直径小于公称尺寸，反之则大于公称尺寸。

④测量时应尽量将活动测头压靠在被测表面，以减少可换测头的磨损。

⑤必须轻拿轻放，以防止损坏量具。

3. 测量后

①测头、量块、标准环等在使用前需要清洗干净，使用完毕后再次清洗擦干净，放于盒内涂油保存。

②指示表的维护请参照百分表和千分表。

3.5 角度量具

下面介绍常用角度量具——万能角度尺。万能角度尺有三种常见类型，分别为游标万能角度尺、带表万能角度尺和数显万能角度尺，主要参数见表 3-5-1。游标万能角度尺用于测量工件的内、外角度，又称为万能游标量角器或角度规。图 3-5-1 所示为常用的 I 型游标万能角度尺。

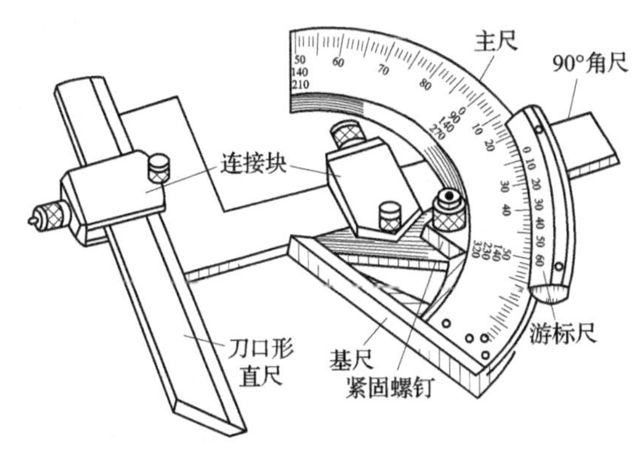

图 3-5-1　I 型游标万能角度尺

表 3-5-1　万能角度尺的主要参数

<table>
<tr><th rowspan="3">形式</th><th rowspan="3">分度值</th><th rowspan="3">测量范围</th><th rowspan="3">直尺测量面标称长度 /mm</th><th rowspan="3">基尺测量面标称长度 /mm</th><th colspan="3">最大允许误差</th></tr>
<tr><th colspan="3">分度值</th></tr>
<tr><th>2′</th><th>5′</th><th>30″</th></tr>
<tr><td>I 型游标万能角度尺</td><td>2′，5′</td><td>0 ～ 320°</td><td>≥ 150</td><td rowspan="2">≥ 50</td><td rowspan="2">±2′</td><td rowspan="2">±5′</td><td rowspan="2">—</td></tr>
<tr><td>II 型游标万能角度尺</td><td>2′，5′</td><td>0 ～ 360°</td><td>150，200，300</td></tr>
<tr><td>带表万能角度尺</td><td>2′，5′</td><td rowspan="2">0 ～ 360°</td><td rowspan="2">150，200，300</td><td rowspan="2">≥ 50</td><td>±2′</td><td>±5′</td><td>—</td></tr>
<tr><td>数显万能角度尺</td><td>30″</td><td>—</td><td>—</td><td>±4′</td></tr>
</table>

注：详见 GB/T 6315—2008。

1. 游标万能角度尺的刻线原理

游标万能角度尺的刻线原理与游标卡尺的刻线原理相同，如图 3-5-2 所示。主尺刻线每格 1°，游标尺刻线对应于主尺上 29 格，即 29° 弧长上等分为 30 格，那么游标尺上每格所对应的角度应该为 $\frac{29°}{30°}$ =58′，主尺上每 1 格与游标尺上每 1 格的差值为 2′，此即为游标万能角度尺的分度值。

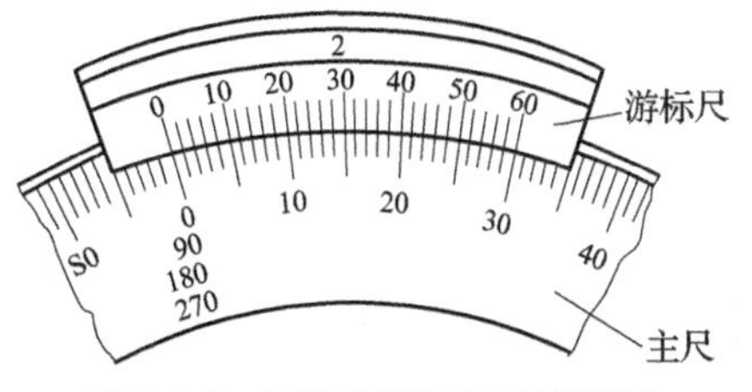

图 3-5-2　万能游标角度尺刻线原理

2. 游标万能角度尺的读数方法

游标万能角度尺的读数方法与游标卡尺的读数方法相似，具体方法见表 3-5-2。

表 3-5-2　游标万能角度尺的读数方法

<table>
<tr><th>分度值</th><th>测量结果
（游标尺上第 n 格刻线与主尺上刻度线对正）</th><th colspan="2">图例</th></tr>
<tr><td rowspan="8">2′</td><td rowspan="8">主尺上读取的整数角度值 + 游标尺上读取的分数角度值（$n \times 2'$）</td><td colspan="2"> 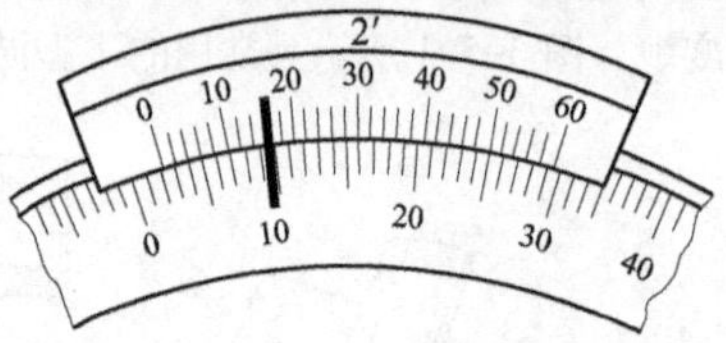</td></tr>
<tr><td>主尺数值</td><td>游标尺数值</td></tr>
<tr><td>2°</td><td>游标尺第 8 根刻线与主尺刻度线对正，游标尺角度数值 $=8 \times 2'=16'$</td></tr>
<tr><td colspan="2">最终角度值 = 主尺数值 + 游标尺数值 $=2°16'$</td></tr>
<tr><td colspan="2"> 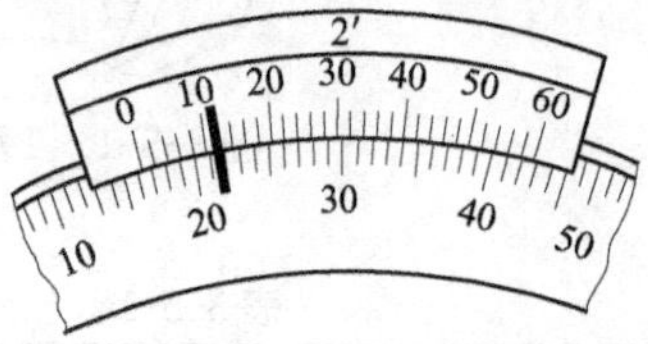</td></tr>
<tr><td>主尺数值</td><td>游标尺数值</td></tr>
<tr><td>16°</td><td>游标尺第 6 根刻线与主尺刻度线对正，游标尺角度数值 $=6 \times 2'=12'$</td></tr>
<tr><td colspan="2">最终角度值 = 主尺数值 + 游标尺数值 $=16°12'$</td></tr>
</table>

3. 游标万能角度尺的维护与保养

方法可以参考游标卡尺，但是游标万能角度尺的组成部件较多，因此使用完毕后务必将各组成部件、附件放入盒内的固定位置，以防止丢失。

3.6 普通螺纹量具

3.6.1 螺纹千分尺

螺纹千分尺主要用来测量精度较低的螺纹的中径，外形结构与千分尺相似，如图 3-6-1 所示。螺纹千分尺的活动量杆和固定测砧的端部各设置一个小孔，孔内可以安装锥形、V 形等不同的测头来适应不同螺距螺纹的测量，因此，螺纹千分尺配有一套可换测头和一个用于调整零位的基准杆。螺纹千分尺的主要技术参数见表 3-6-1。

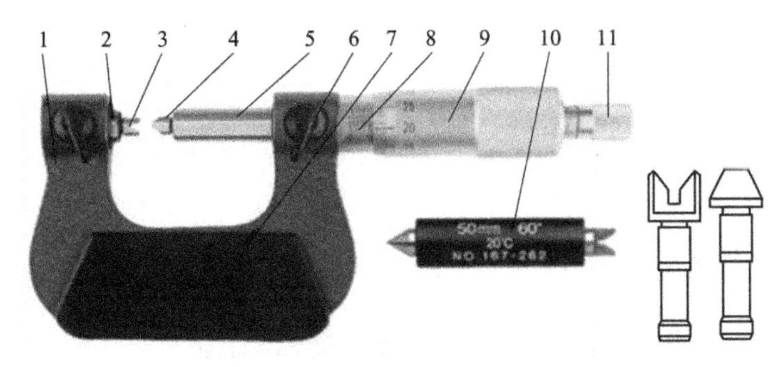

图 3-6-1 螺纹千分尺

1—尺架；2—固定测砧；3—V 形可换测头；4—锥形可换测头；5—活动量杆；6—锁紧装置；7—隔热装置；8—固定套管；9—微分筒；10—基准杆；11—测量装置

表 3-6-1 螺纹千分尺的主要技术参数 （单位：mm）

分度值	测量范围	测量极限误差 /μm
0.01 0.001 0.002 0.005	0 ～ 25，25 ～ 50	4
	25 ～ 75，75 ～ 100	5
	100 ～ 125，125 ～ 150	6
	150 ～ 175，175 ～ 200	7

注：详见 GB/T 10932—2004。

采用螺纹千分尺测量螺纹中径，如图 3-6-2 所示，将测头与被测螺纹的齿面接触，同时应根据被测螺纹的中径值选择合适的测头用于测量。螺纹千分尺可换测头的规格见表 3-6-2。

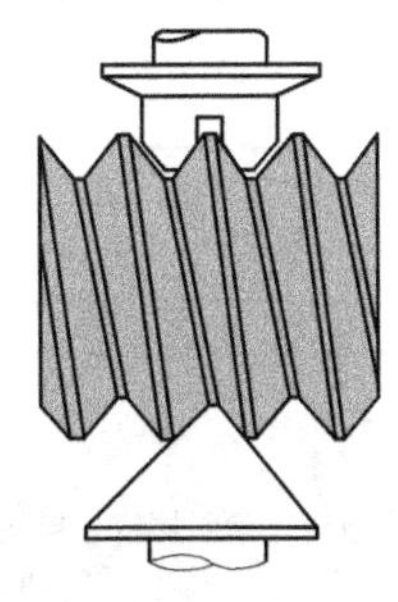

图 3-6-2 螺纹千分尺测量螺纹中径

表 3-6-2　螺纹千分尺可换测头的规格　　（单位：mm）

测量范围	插头对数	被测螺纹螺距
0 ～ 25	5	0.4 ～ 0.5，0.6 ～ 0.9，1 ～ 1.25，1.5 ～ 2.0，2.0 ～ 3.5
25 ～ 50	5	0.6 ～ 0.9，1 ～ 1.25，1.5 ～ 2.0，2.0 ～ 3.5，4.0 ～ 7.0
50 ～ 75，75 ～ 100	4	1 ～ 1.25，1.5 ～ 2.0，2.0 ～ 3.5，4.0 ～ 7.0
100 ～ 125，125 ～ 200	3	1.5 ～ 2.0，2.0 ～ 3.5，4.0 ～ 7.0

注：详见 JJG25—2004。

3.6.2　螺纹量规

普通螺纹量规分为塞规和环规，其中塞规用于检验内螺纹，环规用于检验外螺纹。

1. 螺纹量规的结构型式

常用普通螺纹量规的结构型式见表 3-6-3。

表 3-6-3　常用普通螺纹量规的结构型式

普通螺纹量规的型式名称		简图	公称直径 d/mm
塞规	锥度锁紧式螺纹塞规	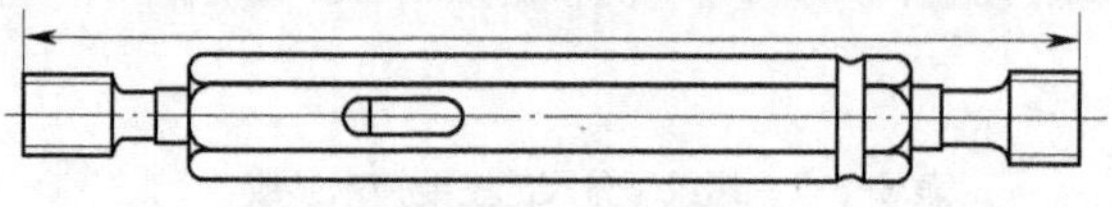	$1 \leqslant d \leqslant 14$
		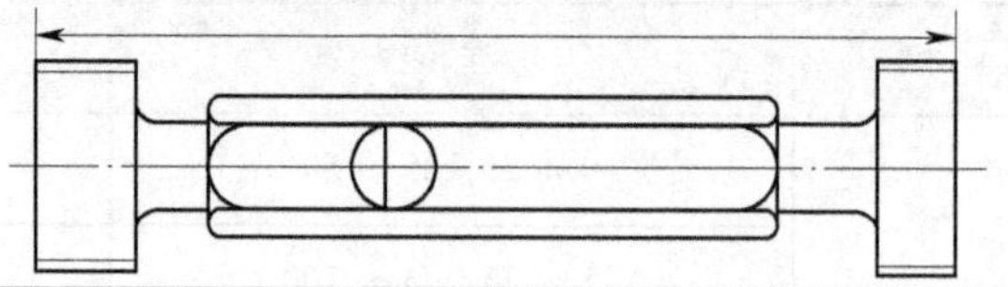	$14 \leqslant d \leqslant 100$
	三牙锁紧式螺纹塞规	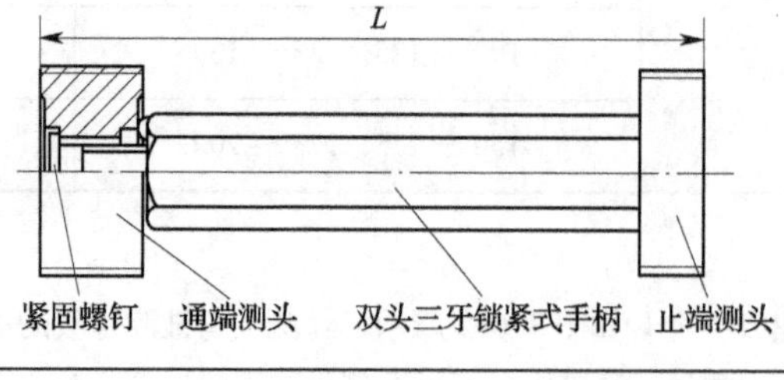 L 紧固螺钉　通端测头　双头三牙锁紧式手柄　止端测头	$40 \leqslant d \leqslant 62$
		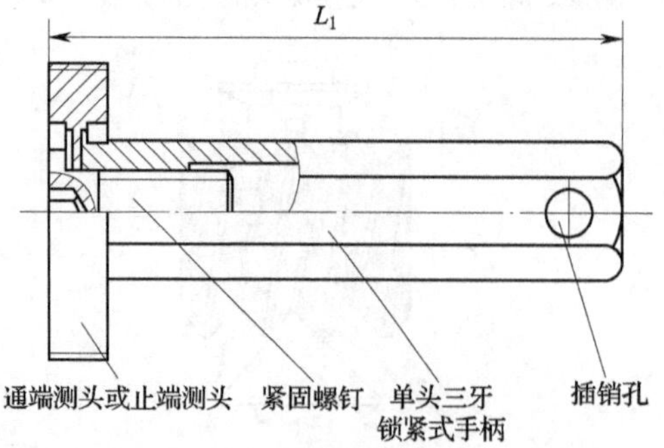 L_1 通端测头或止端测头　紧固螺钉　单头三牙锁紧式手柄　插销孔	$62 < d \leqslant 100$

续表

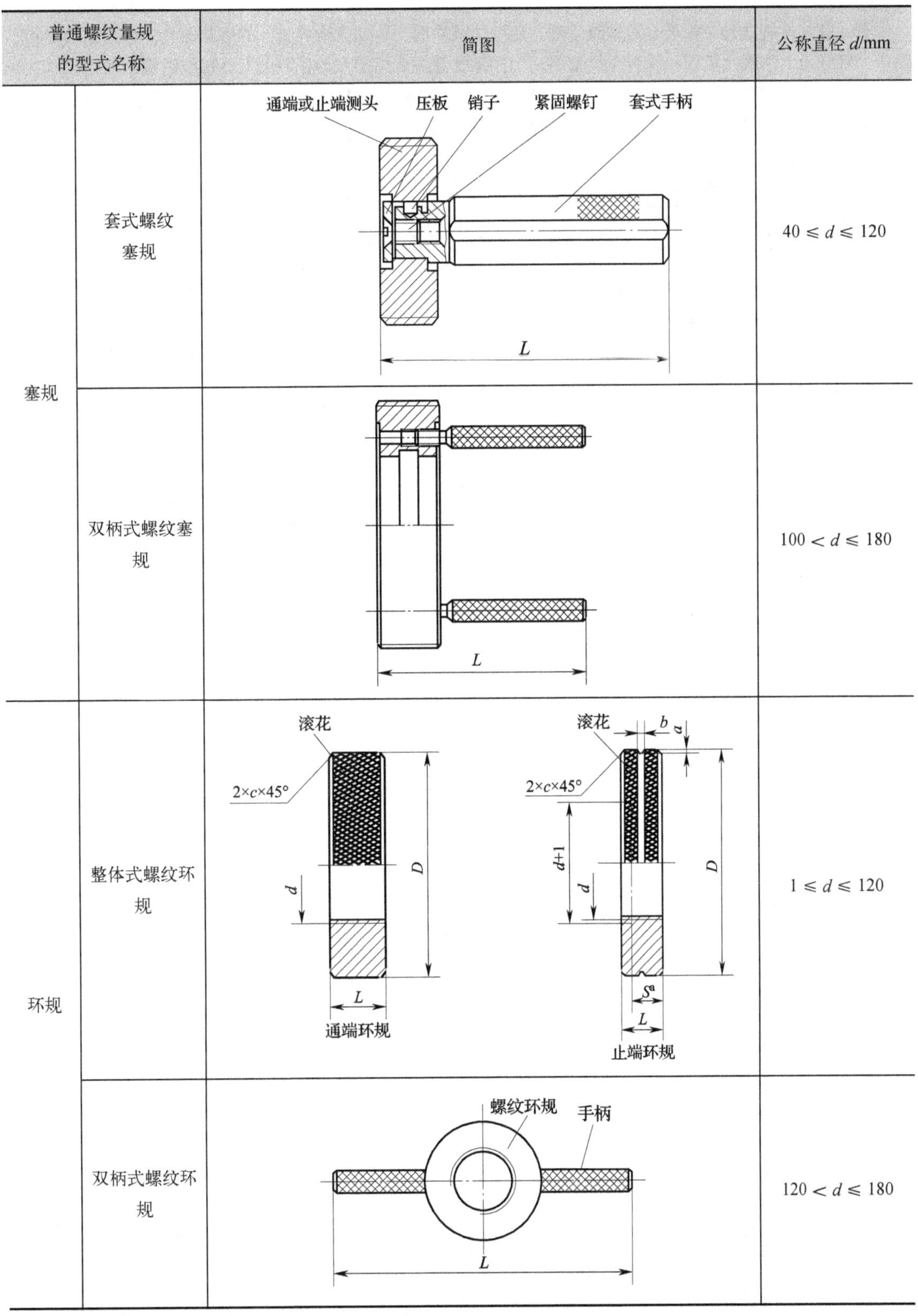

普通螺纹量规的型式名称		简图	公称直径 d/mm
塞规	套式螺纹塞规		$40 \leqslant d \leqslant 120$
	双柄式螺纹塞规		$100 < d \leqslant 180$
环规	整体式螺纹环规		$1 \leqslant d \leqslant 120$
	双柄式螺纹环规		$120 < d \leqslant 180$

注：详见 GB/T 10920—2008。

2. 普通工作螺纹量规功能及使用规则

普通螺纹量规是具有标准普通螺纹牙型，能反映被检内、外螺纹边界条件的测量器具。按使用性能的不同，一般分为工作螺纹量规和校对螺纹量规。工作螺纹量规是指操作者在制造工件螺纹过程中所用的螺纹量规，校对螺纹量规是在制造工作螺纹环规或检验使用中的工作螺纹环规是否已磨损所用的量规。普通螺纹工作量规的名称、代号、特征、功能和使用规则见表 3-6-4。

表 3-6-4 普通工作螺纹量规的名称、代号、特征、功能和使用规则

名称	代号	特征	功能	使用规则
通端螺纹塞规	T	具有完整的外螺纹牙型	用于检查工件内螺纹的大径和作用中径	应与工件内螺纹旋合通过
止端螺纹塞规	Z	截短的外螺纹牙型	用于检查工作内螺纹的单一中径	允许与工件内螺纹两端的螺纹部分旋合，旋合量应不超过 2 个螺距（退出时测定）；若工件内螺纹的螺距少于或等于 3 个，不应完全旋合通过

注：详见 GB/T 3934—2003。

3.7 其他量具

3.7.1 塞尺

塞尺是一种用于检验两接合面之间间隙的量具，有时又称为厚薄规，如图 3-7-1 所示。塞尺一般成组使用，成组的塞尺由不同厚度的钢片制成，每片塞尺的厚度差值根据尺寸范围有所差异。塞尺厚度在 0.02 ～ 0.1 mm 内，每片相差 0.01 mm；厚度在 0.1 ～ 1 mm 内，每片相差 0.05 mm。

塞尺是一种极限量规，测量过程中根据被测间隙的厚度选择单片或多片塞尺组合使用即可。利用塞尺只能测量出间隙的尺寸范围，无法获得准确的值。若用一片 0.04 mm 的塞尺能插入间隙，而用 0.05 mm 的不能插入，说明该间隙在 0.04 ～ 0.05 mm 之间，这点需要注意。

塞尺采用薄钢片制成，容易折断或褶皱，使用过程中应严格控制力度，不能插入间隙太紧，更不能使用蛮力硬塞。使用完毕应擦净并涂上防锈油，收回保护板内。

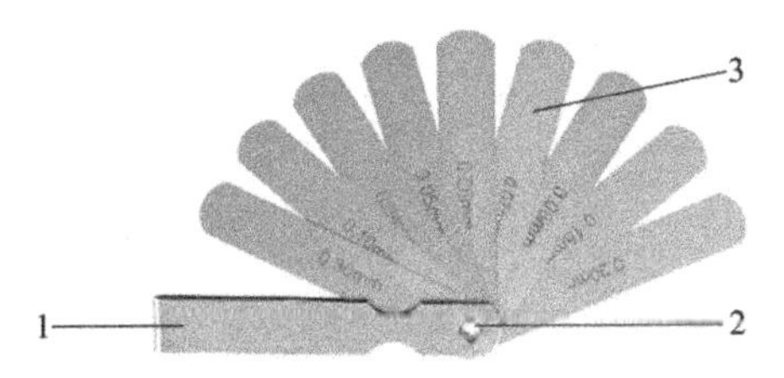

图 3-7-1　塞尺

1—保护板；2—连接件；3—塞尺片

3.7.2 半径样板

半径样板是一种由多个具有不同半径的标准圆弧薄钢片组成的用于测量圆弧半径的量具，根据所测圆弧不同有凹形和凸形两种，每片钢片上都标有半径尺寸。半径样板也是成组配套使用，每组样板凸、凹形各 16 片，如图 3-7-2 所示。

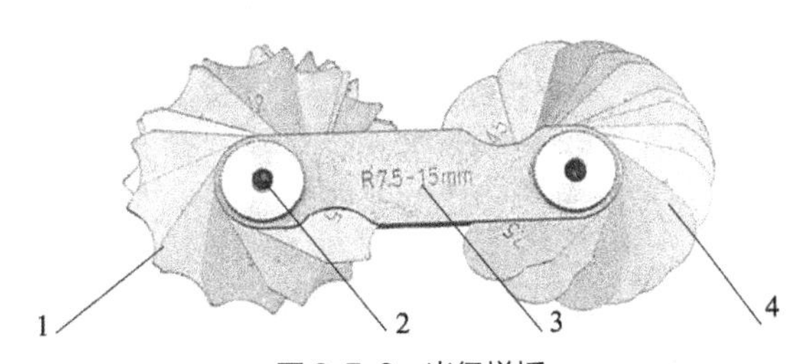

图 3-7-2　半径样板

1—凹形样板；2—螺钉或铆钉；3—保护板；4 – 凸形样板

使用半径样板检测圆弧半径尺寸时，采用比较法依次用不同半径尺寸的样板与被测工件圆弧贴合，直到两者贴合一致，不透光或光隙最小时，则该半径样板的半径尺寸即为被测圆弧的半径尺寸。

半径样板使用过程中不得用力挤压，以防止样板损坏或加速磨损。不能使用样板测量运动中的工件。使用完毕后应擦净并涂上防锈油，收回保护板内。

3.7.3 螺纹样板

螺纹样板也叫螺距规，主要用于检测精度较低的螺纹的螺距和牙型角，需成组配套使用，如图 3-7-3 所示。

用于制作螺纹样板的钢片厚度一般在 0.5 mm 左右，在钢片上制有不同螺距的螺牙并在上面标注对应的螺距值，螺距值从以下尺寸系列中选择：0.4 mm、0.45 mm、0.5 mm、0.6 mm、0.7 mm、0.75 mm、0.8 mm、1.0 mm、1.25 mm、1.5 mm、1.75 mm、2 mm、2.5 mm、3.0 mm、3.5 mm、4.0 mm、4.5 mm、5.0 mm、5.5 mm 和 6 mm。

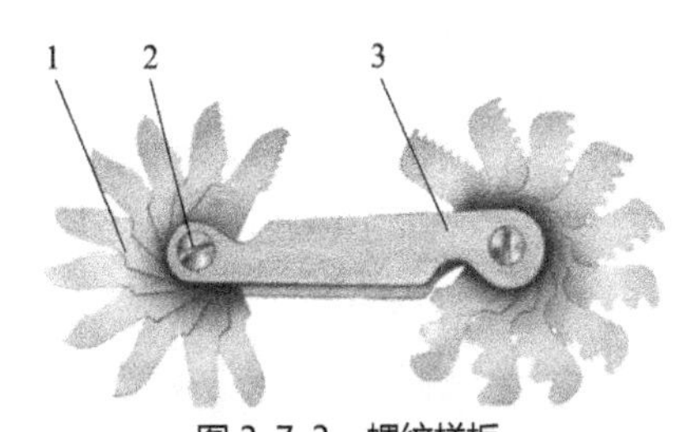

图 3-7-3　螺纹样板

1—样板；2—链接钉；3—保护板

利用螺纹样板测量螺距时，采用比较法依次用不同螺距的样板与被测工件螺纹贴合，直到两者贴合一致，则该螺纹样板上标注的螺距值即为被测螺纹的螺距。

测量时应当利用螺纹样板上螺纹工作部分长度的螺牙与被测螺纹螺牙卡合。螺纹样板在使用过程中不得用力挤压，以防止样板损坏或加速磨损。不能使用样板测量运动中的工件。使用完毕后应擦净并涂上防锈油收回保护板内。

3.8 量具使用注意事项及保养方法

3.8.1 使用注意事项

（1）做好定期检验，保证量具处于良好状态。

（2）使用前需要先校对零位。

（3）测量前需擦净量具测量面，测量时不可用力过猛，以免损坏量具或加速磨损。

（4）被测工件未停止运动前不允许进行测量。

（5）为减少测量误差，可以在同一位置进行多次测量，取平均值。

（6）为减少温度对测量结果的影响，应等到量具与被测工件温度一致时再进行测量，高精度测量可以在恒温区域内进行。

（7）带有绝热装置的量具在测量时应握住隔热装置部分。

3.8.2 保养方法

（1）存放地点要求清洁、干燥、无振动、无腐蚀性气体、周围附近无强磁场。

（2）不要用手触摸量具的测量面。

（3）不要将量具与其他工具、刀具混放在一起。

（4）不要用砂纸、磨石等高硬度物体擦拭量具的测量面和刻线。

（5）使用完毕后应松开锁紧装置，擦拭干净并在测量面上涂上防锈油，放入盒内。

4 工具和辅具

4.1 划线工具

4.1.1 划线平台

划线平台是用来划线、找整的基准台，由铸铁（不易变形、耐磨，易生锈）经过精刨和精刮削加工而制成的基准台，简称为平台，如图 4-1-1 所示。为确保平台的精确度，平台要处于水平稳固的状态；表面要保持洁净，使用后要涂防锈油，工件和工具在平台上要轻拿、轻放。为避免平台局部磨损，划线时不要总使用平台的某一个位置，否则会导致平台平面精度下降。

图 4-1-1 划线平台

4.1.2 划针、划规

划针是用来刻画线条的工具。一般硬度为 55 ～ 60 HRC，是经过淬火而成的，也有直接用高速合金钢条磨制成的，其尖端为 15° ～ 20° 的尖角。划线时，划针尖应紧靠在导向工具的边缘面上，略向外倾斜约 15°，同时向划线方向倾斜约 30°，如图 4-1-2 所示。划针钝了要及时修磨。划线应一次划完，不能重复划线。

划规是由工具钢制成的，其尖部通常焊接一块硬质合金纲，以保持硬度和锋利，如图 4-1-3 所示。它可用于划圆、划弧、划等份及量取尺寸等用途。划规的两脚长短稍有不齐，两划规脚应能靠拢，划规的尖角要保持尖锐。使用划规划圆时，应以较长的划规脚作为旋转中心，而另一只划规脚以较轻的侧压力在工件表面上旋划划线。

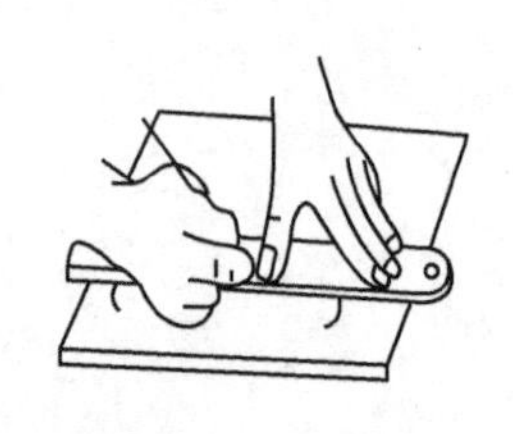

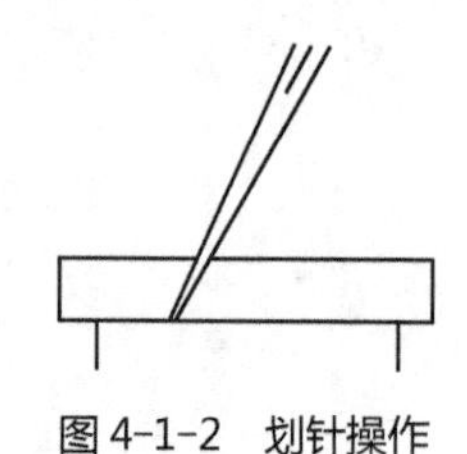

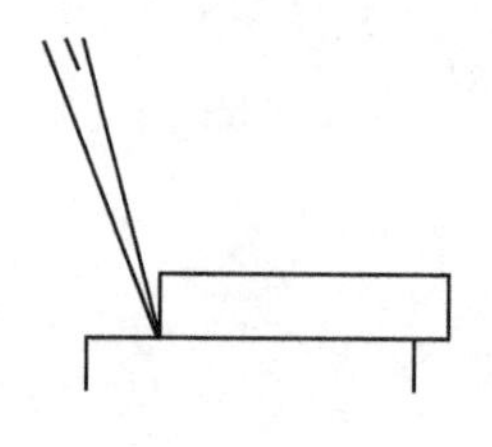

图 4-1-2 划针操作

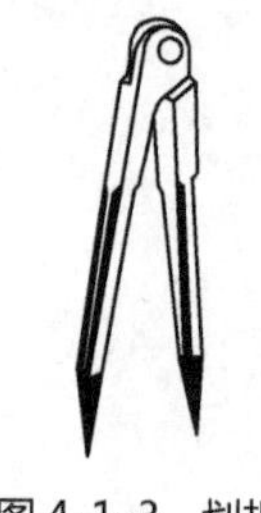

图 4-1-3 划规

4.1.3 90°角尺

90° 角尺是测量垂直角度和测量平面的工具，也可用于工件的校正或作为划平行线的导向工具，如图 4-1-4 所示。

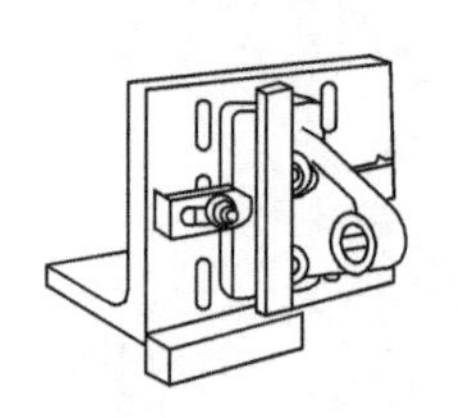

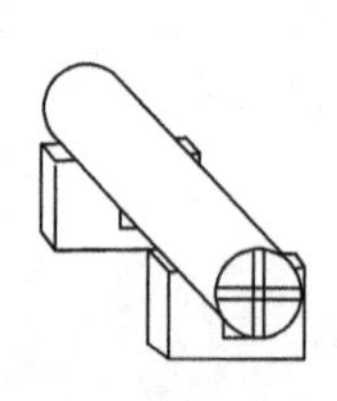

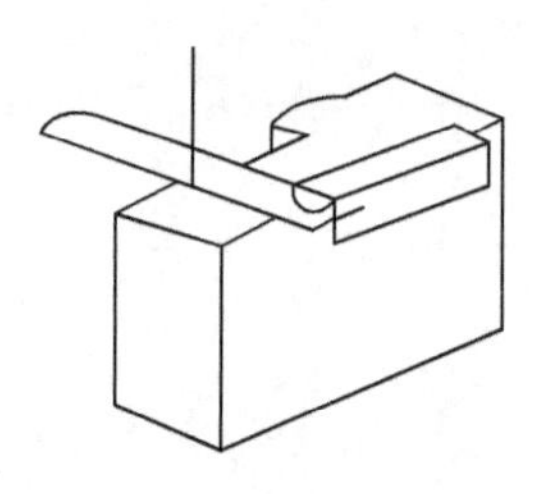

图 4-1-4 用 90°角尺测量

4.1.4 方箱、V 形块

方箱的各个平面都相互平行，相邻的平面是相互垂直的。划线时，可通过箱体上的夹紧装置将工件定位夹紧，通过翻转箱体，可将工件的多个面一次全部划出来。方箱上的 V 形槽也可装夹条形工件，如图 4-1-5 所示。

V 形块的 V 形槽夹角为 90° 或 120°，通常为一对，常用于条形、轴类等工件上的划线，还可用来划线找工件中心等。带有 U 形夹紧装置的 V 形块，可夹紧工件带动一起翻转划线，如图 4-1-6 所示。

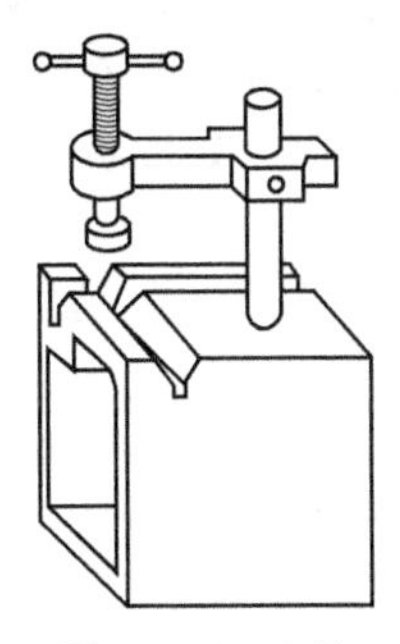

图 4-1-5 方箱

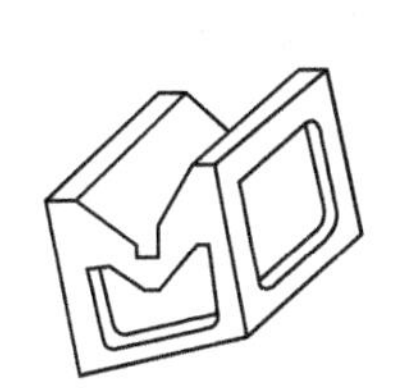
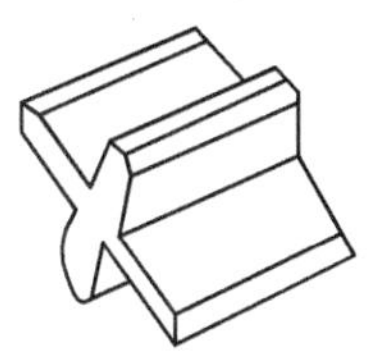
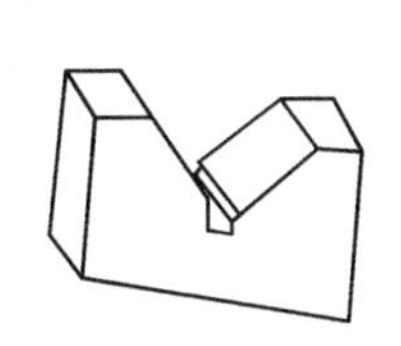
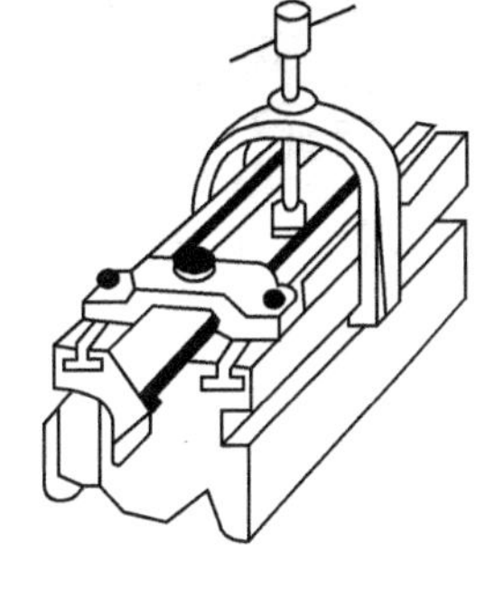

图 4-1-6 V 形块

4.2 机床附件

4.2.1 车床附件

1. 三爪自定心卡盘

三爪自定心卡盘如图 4-2-1 所示。它是用连接盘装夹在车床主轴上的。当扳手方榫插入小锥齿轮的方孔转动时，小锥齿轮就带动大锥齿轮转动。大锥齿轮的背面是一平面螺纹，三个卡爪背面的螺纹跟平面螺纹啮合，因此当平面螺纹转动时，就带动三个卡爪同时做向心或离心移动，从而夹紧工件。

三爪自定心卡盘能自动定心，工件装夹找正方便，但夹紧力没有四爪卡盘大。这种卡盘一般只适用于中小型规格工件的装夹，如圆柱形、六边形等工件。

三爪自定心卡盘的卡爪可装配成正爪或反爪，以适应不同内径或外径的工件的装夹。三个卡爪背面的螺纹齿数不同，装配时要将卡爪上的号码和卡盘上的号码相对应。

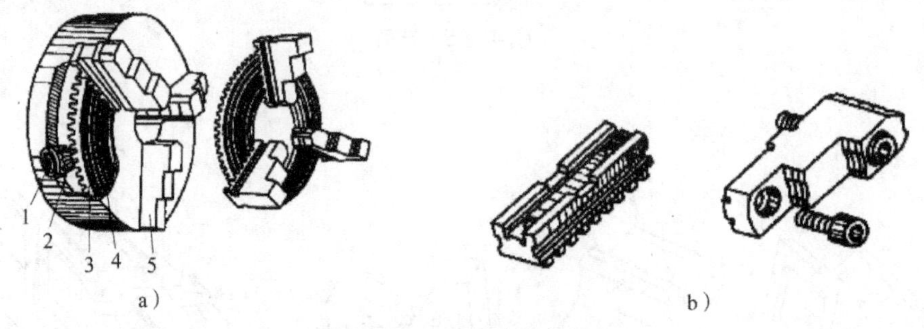

图 4-2-1　三爪自定心卡盘

a）结构原理　b）装配式卡爪

1—方孔；2—小锥齿轮；3—大锥齿轮；4—平面螺纹；5—卡爪

2. 四爪卡盘

四爪卡盘如图 4-2-2 所示，其有四个相互独立的卡爪，每个爪的后面有一半内螺纹跟丝杠啮合。丝杠的一端有一方孔，用来安插扳手方榫。用扳手转动某一丝杠时，跟它啮合的卡爪就能单独移动，以适应工件大小的需要。卡盘后面配有连接盘，连接盘有内螺纹跟车床主轴外螺纹相配合。

由于四爪卡盘的四个卡爪各自独立移动，因此工件安装以后必须找正，其工作量很大。四爪卡盘的夹紧力较大，适用于装夹大型或形状不规则的工件。四爪卡盘也可装成正爪或反爪，反爪用来装夹直径较大的工件。

3. 顶尖

顶尖的作用是定中心和承受工件的重量以及刀具作用在工件上的切削力。顶尖有前顶尖和后顶尖两种。插在主轴锥孔内跟主轴一起旋转的叫前顶尖。前顶尖随同工件一起转动，无相对运动，不发生滑动摩擦，如图 4-2-3 所示。插入车床尾座套筒内的叫后顶尖。后顶尖又分固定顶尖和回转顶尖两种，如图 4-2-4 和图 4-2-5 所示。

在车削中，固定顶尖与工件中心孔产生滑动摩擦而发生高热。在高速切削时，碳钢顶尖和高速钢顶尖往往会退火，因此目前多使用镶硬质合金的顶尖。

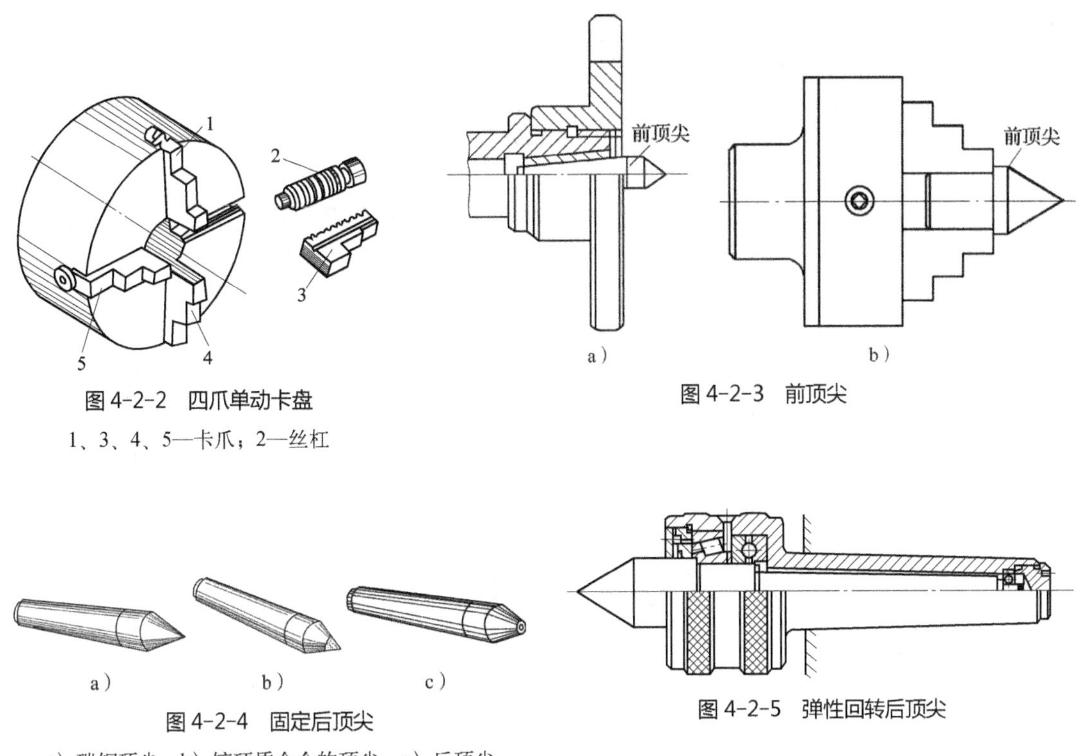

图 4-2-2　四爪单动卡盘

1、3、4、5—卡爪；2—丝杠

图 4-2-3　前顶尖

图 4-2-4　固定后顶尖

a）碳钢顶尖　b）镶硬质合金的顶尖　c）反顶尖

图 4-2-5　弹性回转后顶尖

固定顶尖的优点是定心准确且刚性好；缺点是工件和顶尖是滑动摩擦，发热较大，过热时会把中心孔或顶尖“烧坏”。因此，它适用于低速加工精度要求较高的工件。支承细小工件时可用反顶尖。

为了避免后顶尖与工件中心孔摩擦，常使用弹性回转后顶尖。弹性回转后顶尖的顶尖由圆柱滚子轴承、滚针轴承承受径向力，推力球轴承承受轴向推力。在圆柱滚子轴承和推力球轴承之间，放置两片碟形弹簧。这种顶尖把顶尖与工件中心孔的滑动摩擦改成顶尖内部轴承的滚动摩擦，能承受很高的旋转速度，克服了固定顶尖的缺点，因此目前应用很广。

4．花盘和角铁

在车床加工中，有时会遇到一些外形复杂和不规则的工件，不能用三爪自定心卡盘或四爪卡盘直接装夹，往往采用花盘、角铁等附件装夹。

（1）花盘

花盘是一铸铁大圆盘，形状基本上与四爪单动卡盘相同，如图 4-2-6 所示，可以直接安装在车床主轴上，盘面上有许多条通槽以及 T 形槽，用来安插各种螺钉，以紧固工件。花盘表面必须与主轴轴线垂直，盘面平整，表面粗糙度值 $Ra \leq 1.6\mu m$。

（2）角铁

角铁分两种类型，两个平面互相垂直的角铁叫直角形角铁，如图 4-2-7 所示；两个平面相交角度大于或小于 90° 的角铁叫角度角铁。最常用的是直角形角铁。在角铁面上有长短不同的通槽，用来安插方头螺栓，以便用方头螺栓将角铁装夹在花盘面上以及把工件装夹在角铁上。角铁的两平面必须精刮过，以保证正确的角度。

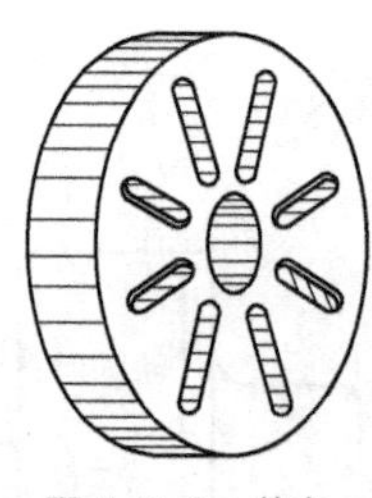
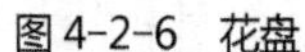
图 4-2-6　花盘

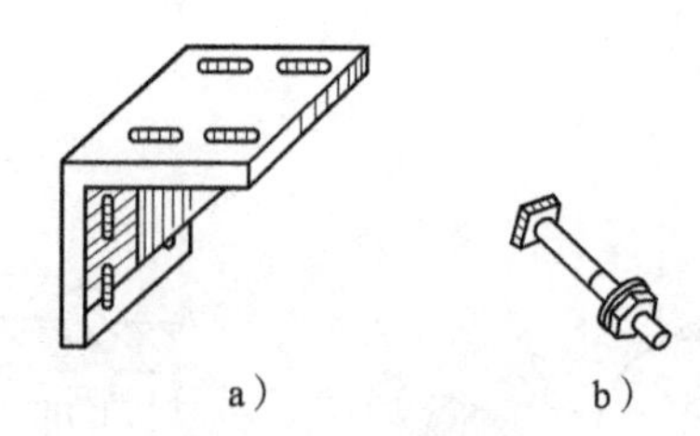

图 4-2-7　角铁和方头螺栓

a）角铁　b）方头螺栓

（3）其他常用附件

车床上其他的常用附件如图 4-2-8 所示。

V 形块的工作面是一条 V 形槽，一般为 90° 或 120°。在 V 形块上根据需要加工出螺钉孔或圆柱孔，以使用螺钉将 V 形块固定在花盘上或把工件固定在 V 形块上。

方头螺栓作紧固用，根据装夹要求，可做成不同长短，插入花盘或角铁的槽中，与压板和螺母结合使用。

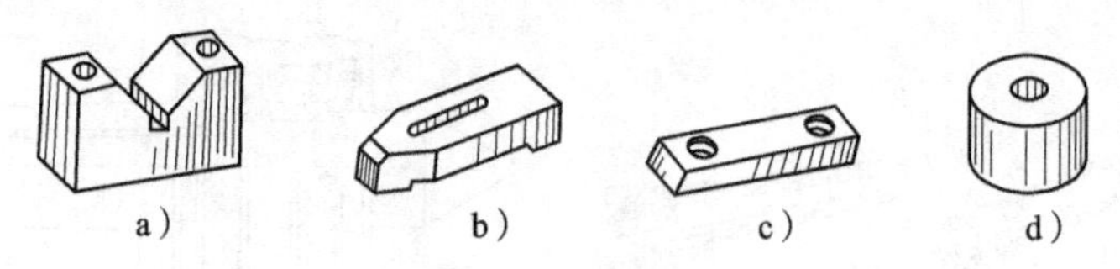

图 4-2-8　常用附件

a）V 形块　b）压板　c）平垫铁　d）平衡块

压板可根据需要做成各种不同的规格。压板上铣有腰形孔，用来安插螺钉，并使螺钉在孔中可以移动。

平垫铁装在花盘、角铁上，作为工件的基准平面或导向平面。

平衡块是使用花盘和角铁车削工件时不可缺少的附件。因为在花盘上装夹工件后大部分是一面偏重的，这样不但影响工件的加工精度，而且还会损坏主轴与轴承。为了克服工件的偏重，必须在花盘偏重的对面装上适当的平衡块。在花盘上平衡工件时，可以调整平衡块的重量和位置。

5. 中心架和跟刀架

中心架和跟刀架用于细长轴的加工，以增加工件的刚度。

（1）中心架

中心架安装在车床的导轨面上并固定在适当的位置，卡爪和工件外表面接触（或使用过渡套筒），如图 4-2-9 和图 4-2-10 所示。使用时要首先调整各个卡爪和工件接触，并保证工件轴线和主轴轴线同轴，还要注意保证卡爪和工件间充分润滑。必要时可使用图 4-2-11 所示的带滚动轴承的中心架。

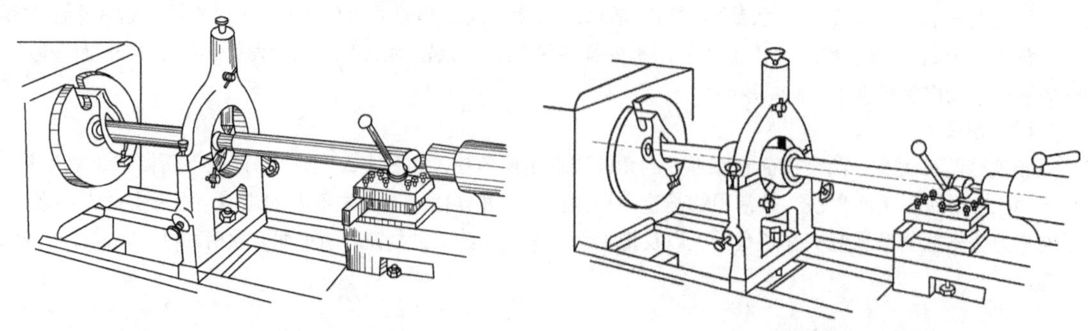
图 4-2-9　用中心架车削细长轴

图 4-2-10　用过渡套筒装夹细长轴

(2) 跟刀架

跟刀架一般有两个或三个卡爪，使用时固定在床鞍上，跟随刀具做纵向移动，抵消径向切削力，如图 4-2-12 所示。跟刀架主要用于车削细长轴和长丝杠，以提高细长轴的形状精度和减小表面粗糙度。

三爪跟刀架的结构如图 4-2-13 所示。用手柄转动锥齿轮，经锥齿轮转动丝杠，使卡爪做向心或离心移动。其他两个卡爪也可以移动。

6. 拨动顶尖

(1) 内、外拨动顶尖

为了缩短装夹时间，可采用内、外拨动顶尖，如图 4-2-14 所示。这种顶尖的锥面上的齿能嵌入工件，拨动工件旋转。圆锥角一般为 60°，硬度为 58 ～ 60 HRC。

图 4-2-14a 所示为外拨动顶尖，用于装夹套类零件，它能在一次装夹中加工外圆。图 4-2-14b 所示为内拨动顶尖，用于装夹轴类零件。

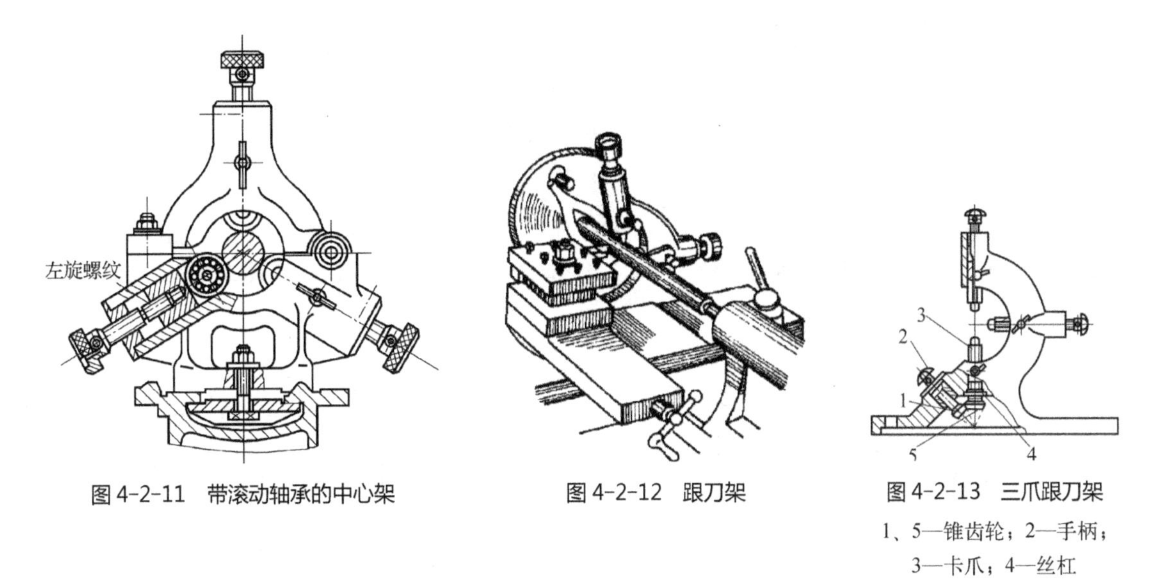

图 4-2-11　带滚动轴承的中心架

图 4-2-12　跟刀架

图 4-2-13　三爪跟刀架

1、5—锥齿轮；2—手柄；3—卡爪；4—丝杠

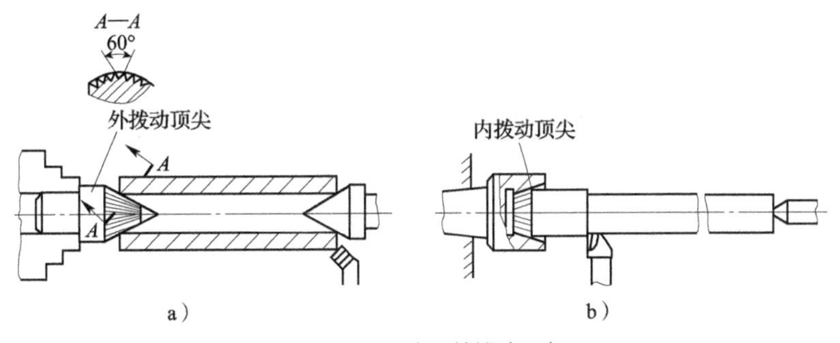

图 4-2-14　内、外拨动顶尖

a）外拨动顶尖　b）内拨动顶尖

（2）端面拨动顶尖

如图 4–2–15 所示，端面拨动顶尖属于前顶尖，工作时装夹在卡盘内，利用端面拨爪带动工件旋转，工件以中心孔定位。其优点是：能够快速装夹工件，并在一次装夹中能加工出全部外表面。适用于装夹外径为 $\phi50$ ～ $\phi150$ mm 的工件。

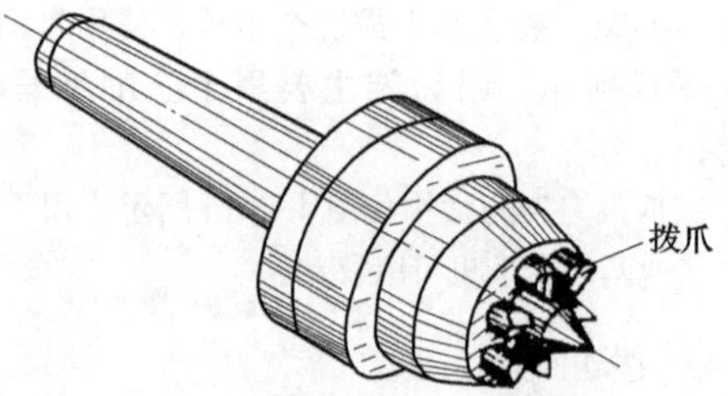

图 4–2–15　端面拨动顶尖

7．弹簧夹头和弹簧心轴

弹簧夹头和弹簧心轴是一种定心夹紧装置，它既能定心又能夹紧。弹簧夹头如图 4–2–16 所示。

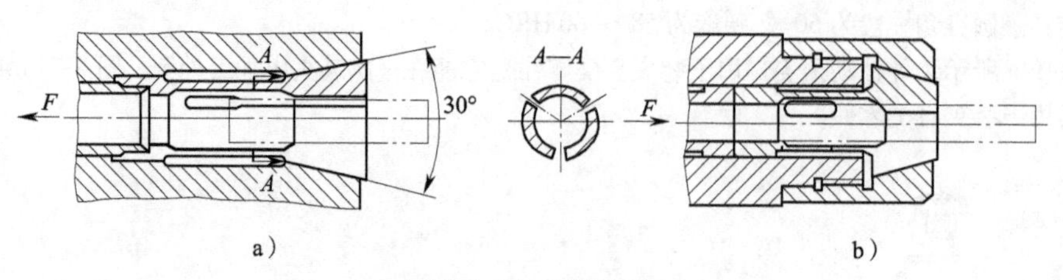

图 4–2–16　弹簧夹头

a）拉式弹簧夹头　b）推式弹簧夹头

常见的弹簧心轴有两种，分别是直式弹簧心轴和台阶式弹簧心轴，如图 4–2–17 所示。直式弹簧心轴的最大特点是直径方向膨胀较大（可达 1.5 ～ 5 mm），因此使用范围较大。台阶式弹簧心轴的膨胀量为 1 ～ 2 mm。

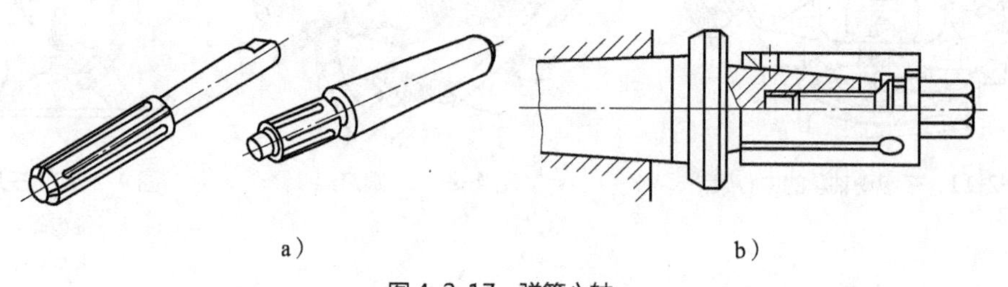

图 4–2–17　弹簧心轴

a）直式弹簧心轴　b）台阶式弹簧心轴

5 机械制造工艺

5.1 基本概念

5.1.1 常用术语

1．机械产品的生产过程与工艺过程

（1）生产过程

机械产品的生产过程是指将原材料转变为成品的所有劳动过程。生产过程包括以下内容：

①生产和技术准备工作，如产品的开发和设计、工艺及工艺装备的设计与制造等；

②原材料、半成品和成品的运输及保存；

③毛坯制造和处理、零件的机械加工、热处理及其他表面处理；

④部件或产品的装配、检测、调试、包装等。

（2）工艺过程

工艺过程是指通过改变材料形状、尺寸、相对位置和材料性能，使之成为半成品或成品的过程，它是生产过程的一部分。工艺过程包括毛坯制造、机械加工、热处理和装配等，其中用金属切削刀具在机床上加工零件的过程称为机械加工工艺过程，装配车间中把零件装配成机器的过程称为装配工艺过程。

（3）生产过程与工艺过程的关系

生产过程与工艺过程是包容关系，如图 5-1-1 所示。由于工艺过程是指直接作用于生产对象的那部分工作过程，所以工艺过程在生产过程中占有重要地位。

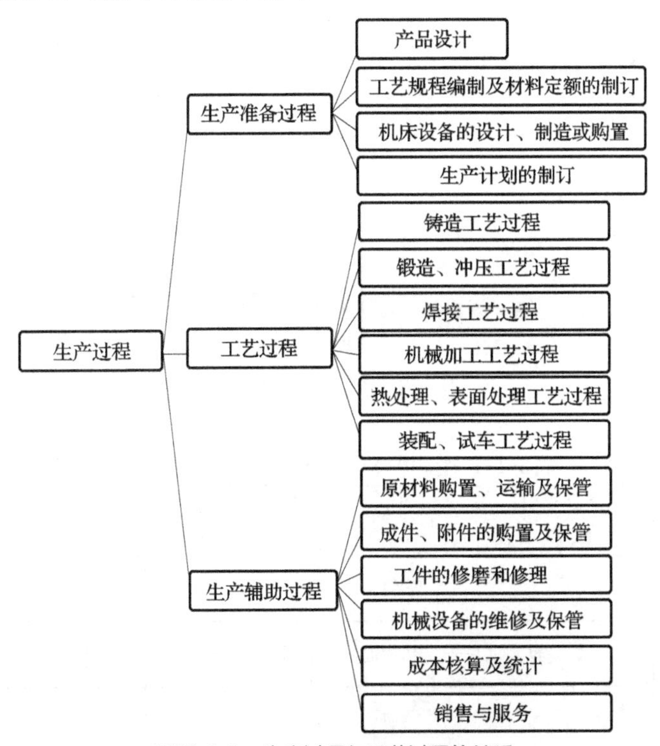

图 5-1-1　生产过程与工艺过程的关系

2. 机械加工工艺过程的组成

在机械加工工艺过程中，针对零件的技术要求和结构特点，采用合适的加工方法和设备，按照正确的顺序进行加工，才能生产出合格的产品。一般将机械加工工艺过程细分为工序、安装、工位、工步。

(1) 工序

工序是指同一个（一组）工人，在同一台机床（或同一场所），对同一个（或同时对几个）工件所连续完成的那一部分工艺过程。工作地点、工人、零件和连续作业是构成工序的四个要素，即常说的“三不变”和“一连续”，其中任一个要素发生变化即构成新的工序。一个工艺过程所包含的工序是由零件的结构复杂程度、加工要求及生产类型决定的。

【举例】 如图 5–1–2 所示为齿轮轴，其加工过程包括下料、粗车、调质、精车、铣削、淬火、磨削等。根据生产类型的不同，其工序的划分也不相同。单件、小批量生产的工艺过程见表 5–1–1，成批生产的工艺过程见表 5–1–2。

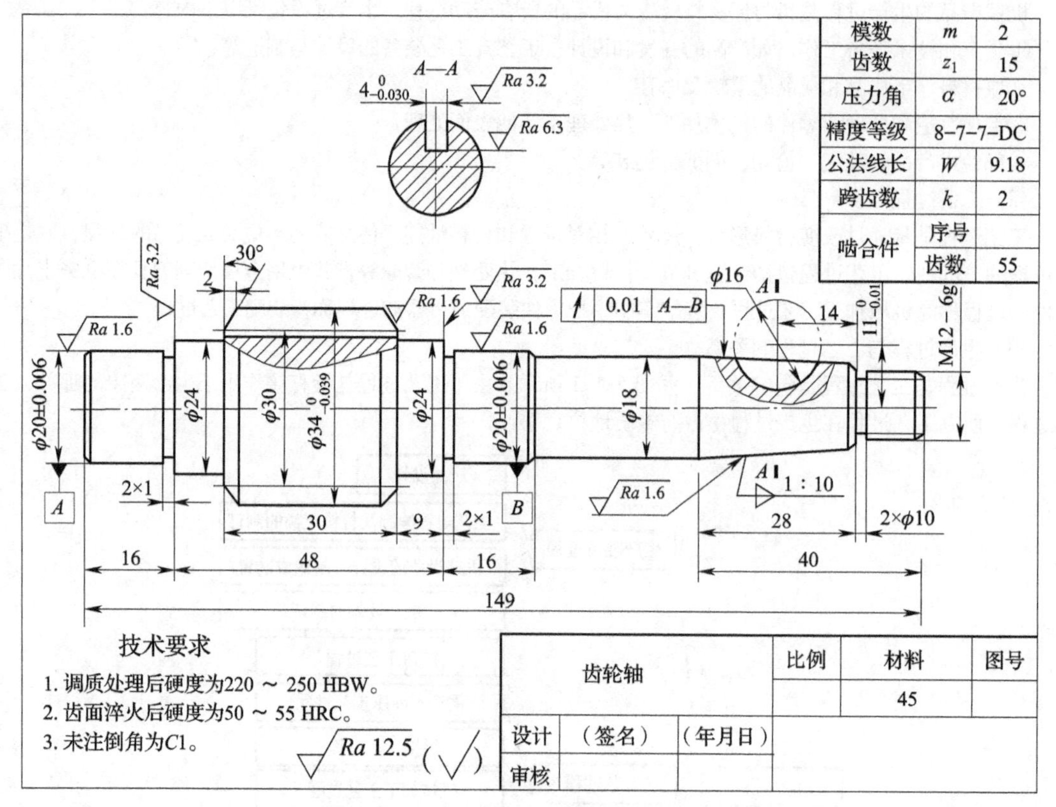

图 5–1–2　齿轮轴

表 5–1–1　齿轮轴单件、小批量生产的工艺过程

工序号	工序名称	设备
10	下料	锯床
20	车端面、定总长、钻中心孔、粗车各外圆	车床
30	调质	淬火、回火炉

续表

工序号	工序名称	设备
40	精车各外圆、圆锥、螺纹、车槽、倒角	车床
50	铣键槽 $4_{-0.030}^{0}$ mm	铣床
60	铣齿轮	铣床
70	齿面淬火	齿面淬火机床
80	磨齿轮	磨齿机
90	磨外圆	磨床

表 5-1-2　齿轮轴成批生产的工艺过程

工序号	工序名称	设备
10	下料	锯床
20	车左端面、钻中心孔	车床
30	车右端面、定总长、钻中心孔	车床
40	粗车 $\phi34_{-0.039}^{0}$ mm 外圆及其左端各外圆	车床
50	粗车 $\phi34_{-0.039}^{0}$ mm 右端各外圆	车床
60	调质	淬火、回火炉
70	精车 $\phi34_{-0.039}^{0}$ mm 外圆及其左端各外圆	车床
80	精车 $\phi34_{-0.039}^{0}$ mm 右端各外圆、圆锥、螺纹	车床
90	铣键槽 $\phi4_{-0.030}^{0}$ mm	铣床
100	滚齿	滚齿机
110	齿面淬火	齿面淬火机床
120	磨齿轮	磨齿机
130	磨左端 $\phi20\pm0.006$ mm、$\phi34_{-0.039}^{0}$ mm 外圆	外圆磨床
140	磨右端 $\phi20\pm0.006$ mm 外圆、锥度为 1 : 10 的圆锥	外圆磨床

对比两表不难发现，表 5-1-1 中工序号为 20 的工序名称与表 5-1-2 中工序号 20 ～ 50 的加工任务是一样的，加工设备也是一样的。同样的加工内容在不同的生产类型中，其工序的划分是不一样的。一般来讲，单件、小批量生产中单个工序所包含的加工内容较多，通常称之为工序集中；成批生产中，单个工序的加工内容较少，通常称之为工序分散。

（2）安装

同一道工序中，工件每定位和夹紧一次所完成的那部分工序内容称为安装。在一道工序中，工件可能被安装一次，也可能被安装多次。

（3）工位

工件在一次安装后，工件相对于刀具或设备的固定部分所占据的每一个位置称为工位。如图 5-1-3 所示，利用回转工作台，工件在一次安装中具有四个工位，工件的加工任务依次在四个工位上完成，即：Ⅰ安装（或拆卸）工件，Ⅱ钻孔，Ⅲ扩孔，Ⅳ铰孔。利用多工位加工，可以减少工件安装的次数，缩短辅助时间，提高生产效率。

（4）工步

工步是指在加工表面、切削刀具和切削用量都保持不变的情况下所完成的那一部分工序内容。

【举例】 表 5-1-1 中的工序号 20 中包括车左端面、钻左中心孔、车右端面、钻右中心孔，粗车左端 $\phi20\pm0.006$ mm、$\phi24$ mm、$\phi34_{-0.039}^{\ 0}$ mm，粗车右端 M12 外圆、$\phi18$ mm、$\phi20\pm0.006$ mm、$\phi24$ mm 外圆共 11 个工步。

实际加工过程中，为提高生产效率，常常将几个待加工表面用几把刀具同时加工，这种由刀具合并起来的工步称为复合工步。在工艺文件中，复合工步仍然表现为一个工步。如图 5-1-4 所示为钻、扩复合工步。

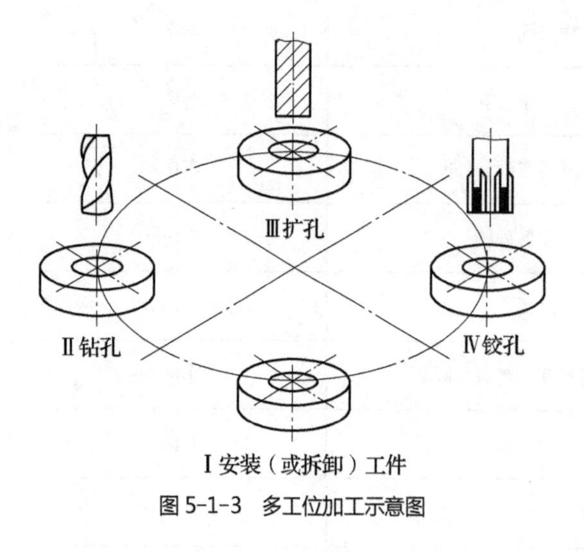

图 5-1-3 多工位加工示意图

图 5-1-4 钻、扩复合工步

3. 生产类型

生产类型是指企业（或车间、工段、班组）生产专业化程度的分类，其实质是某个产品生产规模的大小。一般分为单件生产、成批生产、大量生产三种类型。生产类型的划分见表 5-1-3。

4. 机械加工工艺文件

将工艺规程的内容填入一定格式的卡片，即形成工艺文件。工艺文件是指导工人操作和用于生产、工艺管理的技术文件。机械加工工艺文件的基本格式有以下三种：

表 5-1-3　生产类型的划分

		工件年产量 / 个			基本特点	应用举例
		重型工件	中型工件	轻型工件		
单件生产		<5	<10	<100	产品的品种繁多，数量极少，且很少重复生产	新产品试制或专用设备制造等
成批生产	小批	5 ～ 100	10 ～ 200	100 ～ 500	产品种类较多，每种产品均有一定的数量，且各种产品是周期性重复生产	通用机床、机器等制造
	中批	100 ～ 300	200 ～ 500	500 ～ 5 000		
	大批	300 ～ 1 000	500 ～ 5 000	5 000 ～ 50 000		
大量生产		>1 000	>5 000	>50 000	产品种类较少但数量很多，大多数工作地点长期重复地进行某一道工序的加工	自行车、轴承、汽车等制造

（1）机械加工工艺过程卡

机械加工工艺过程卡是以工序为单位，简要说明产品或零部件的加工（装配）过程所经过的整个工艺路线的一种工艺文件。它是制订其他工艺文件的基础，是生产技术准备、编排作业计划和组织生产的依据。机械加工工艺过程卡见表 5-1-4，其中列出了齿轮轴在单件、小批量生产情况下的加工工艺过程及各工序要完成的加工任务。

（2）机械加工工艺卡

机械加工工艺卡是以工序为单位，详细说明产品在某一工艺阶段中的工序号、工序名称、工序内容、工艺参数、操作要求以及采用的设备和工艺装备等的工艺文件。它是工艺准备、生产管理和指导操作的一种主要技术文件，广泛用于批量生产的零件和小批量生产的重要零件。机械加工工艺卡见表 5-1-5，其中列出了齿轮轴工序为 20 的加工内容，可以看出在机械加工工艺卡中工序的划分更为详细，内容更加具体。

（3）机械加工工序卡

机械加工工序卡是在前两种卡片的基础上，以工步为单位对每道工序编制的工艺文件，一般具有工序简图，并详细说明该工序的每个工步的加工（或装配）内容、工艺参数、操作要求以及所有的设备和工艺装备等，用来具体指导工人进行操作，其内容最为详细，格式见表 5-1-6，常用于大批量生产中。表 5-1-6 中具体列出齿轮轴工序 20 中第 5 工步的加工内容，并且配有工序简图及相关的工艺参数等。一般情况下，操作者只要按工序卡中的要求加工即可，不得随意更改工序。

表 5-1-4　机械加工工艺过程卡

<table>
<tr><td colspan="3" rowspan="2">机械加工工艺过程卡</td><td colspan="2">产品型号</td><td></td><td colspan="2">零（部）件图号</td><td colspan="4"></td></tr>
<tr><td colspan="2">产品名称</td><td>单级齿轮减速器</td><td colspan="2">零（部）件名称</td><td colspan="2">齿轮轴</td><td>共　页</td><td>第　页</td></tr>
<tr><td>材料牌号</td><td>45 钢</td><td>毛坯种类</td><td>圆钢</td><td>毛坯外形尺寸</td><td></td><td>每件毛坯可制件数</td><td>1</td><td>每台件数</td><td>1</td><td>备注</td><td></td></tr>
<tr><td rowspan="2">工序号</td><td rowspan="2">工序名称</td><td colspan="3" rowspan="2">工序内容</td><td rowspan="2">车间</td><td rowspan="2">工段</td><td rowspan="2">设备</td><td colspan="2" rowspan="2">工艺装备</td><td colspan="2">工时</td></tr>
<tr><td>准终</td><td>单件</td></tr>
<tr><td>10</td><td>下料</td><td colspan="3">下料</td><td></td><td></td><td>锯床</td><td colspan="2">锯条、量具</td><td></td><td></td></tr>
<tr><td>20</td><td>车</td><td colspan="3">车端面，定总长，钻中心孔，粗车各外圆</td><td></td><td></td><td>车床</td><td colspan="2">端面车刀、外圆车刀、中心钻、量具</td><td></td><td></td></tr>
<tr><td>30</td><td>热处理</td><td colspan="3">调质</td><td></td><td></td><td>淬火、回火炉</td><td colspan="2"></td><td></td><td></td></tr>
<tr><td>40</td><td>车</td><td colspan="3">精车各外圆、圆锥、螺纹、车槽、倒角</td><td></td><td></td><td>车床</td><td colspan="2">外圆车刀、三角形螺纹车刀、车槽刀、量具</td><td></td><td></td></tr>
<tr><td>50</td><td>铣</td><td colspan="3">铣键槽 $4_{-0.030}^{\ 0}$ mm</td><td></td><td></td><td>铣床</td><td colspan="2">键槽铣刀、量具</td><td></td><td></td></tr>
<tr><td>60</td><td>铣</td><td colspan="3">铣齿轮</td><td></td><td></td><td>铣床</td><td colspan="2">齿轮铣刀、量具</td><td></td><td></td></tr>
<tr><td>70</td><td>热处理</td><td colspan="3">齿面淬火</td><td></td><td></td><td>齿面淬火机床</td><td colspan="2"></td><td></td><td></td></tr>
<tr><td>80</td><td>磨</td><td colspan="3">磨齿轮</td><td></td><td></td><td>磨齿机</td><td colspan="2">专用齿轮砂轮、量具</td><td></td><td></td></tr>
<tr><td>90</td><td>磨</td><td colspan="3">磨外圆</td><td></td><td></td><td>外圆磨床</td><td colspan="2">砂轮、量具</td><td></td><td></td></tr>
</table>

<table>
<tr><td></td><td></td><td></td><td></td><td></td><td></td><td></td><td></td><td></td><td></td><td rowspan="2">设计（日期）</td><td rowspan="2">审核（日期）</td><td rowspan="2">标准化（日期）</td><td rowspan="2">会签（日期）</td></tr>
<tr><td></td><td></td><td></td><td></td><td></td><td></td><td></td><td></td><td></td><td></td></tr>
<tr><td>标记</td><td>处数</td><td>更改文件号</td><td>签字</td><td>日期</td><td>标记</td><td>处数</td><td>更改文件号</td><td>签字</td><td>日期</td><td></td><td></td><td></td><td></td></tr>
</table>

表 5-1-5　机械加工工艺卡

××工厂	机械加工工艺卡		产品型号					零（部）件图号					共　页		
			产品名称		单级齿轮减速器			零（部）件名称			齿轮轴		第　页		
材料牌号	45 钢	毛坯种类	圆钢	毛坯外形尺寸			每件毛坯可制件数			每台件数		备注			
工序号	装夹	工步号	工序内容	同时加工零件数	切削用量				设备名称及编号	工艺装备名称及编号			技术等级	工时	
					背吃刀量/mm	切削速度/（m/min）	每分钟转速或往复次数	进给量/（mm/r）		夹具	刀具	量具		准终	单件
10			略												
20		05	用卡盘装夹工件，车左端面												
		10	钻左中心孔												
		15	车左端面，保证总长 149 mm												
		20	钻右中心孔												
		25	将图样中左端 $\phi34_{-0.039}^{0}$ mm 外圆车至 $\phi30$ mm，长度为 30 mm												
			其余略												
									设计（日期）	审核（日期）		标准化（日期）		会签（日期）	
标记	处数	更改文件号	签字	日期	标记	处数	更改文件号	签字	日期						

表 5-1-6　机械加工工序卡

机械加工工序卡	产品型号		零（部）件图号			
	产品名称	单级齿轮减速器	零（部）件名称	齿轮轴	共　页	第　页

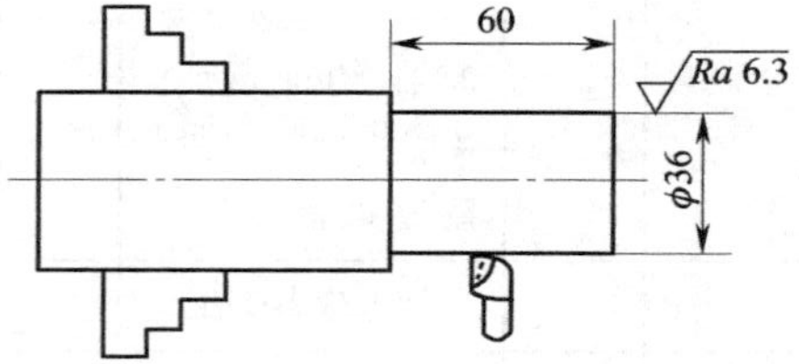

车间	工序号	工序名称	材料牌号
	20	车	45 钢
毛坯种类	毛坯外型尺寸	每件毛坯可制件数	每台件数
		1	1
设备名称	设备型号	设备编号	同时加工件数

夹具编号	夹具名称	切削液	
工位器具编号	工位器具名称	工序工时	
		准终	单件

工步号	工步内容	工艺装备	主轴转速 /（r/min）	切削速度 /（m/min）	进给量 /（mm/r）	背吃刀量 /mm	进给次数	工步工时	
								机动	辅助
25	将图纸中左端 $\phi 34_{-0.039}^{\ 0}$ mm 外圆车至 $\phi 36$ mm，长度为 60 mm	外圆车刀、量具	760	86	0.6	1	1	0.06	0.02

										设计（日期）	审核（日期）	标准化（日期）	会签（日期）
标记	处数	更改文件号	签字	日期	标记	处数	更改文件号	签字	日期				

5.1.2 基准的选择

零件在机器（或部件）中或在加工、测量时，用以确定其位置的点、线、面称为基准。通常会选择零件的一些重要的加工面（如安装面、两零件的接触面、端面等）、零件的对称面、主要回转体的轴线等作为基准。

基准根据其作用不同通常分为设计基准和工艺基准，如图 5-1-5 所示。

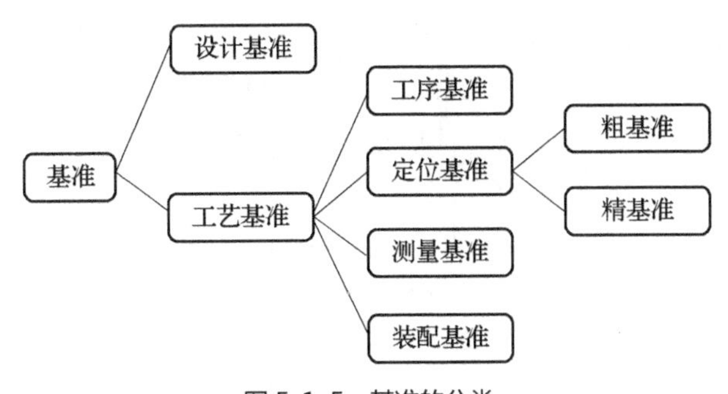

图 5-1-5 基准的分类

1. 设计基准

设计基准是指在设计零件时，根据零件的功用，为满足零件的设计性能要求，确定零件表面在机器（或部件）中位置的一些点、线或面。

如图 5-1-6 所示零件齿轮轴，其径向设计基准为两 $\phi20\pm0.006$ mm 圆柱的公共轴线，轴向设计基准是右侧 $\phi24$ mm 圆柱的右端面。

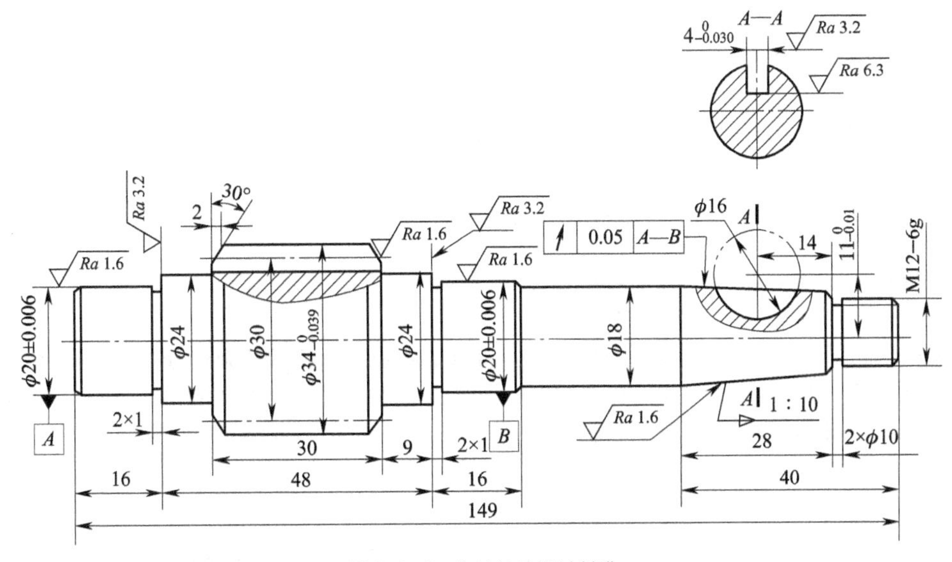

图 5-1-6 齿轮轴的设计基准

2. 工艺基准

为满足零件的加工要求而确定的基准称为加工基准，为便于零件在加工过程中测量尺寸而确定的基准称为测量基准。

对于一个具体的零件来说，如何选择基准，要根据它的设计要求和工艺要求来确定。在标注尺寸时，既要从设计基准出发，反映设计要求，确保零件在机器中的工作性能；也要从工艺基准出发，反映工艺要求，方便零件后期的加工和测量。

测量基准是测量零件时所采用的基准。在测量齿轮轴（图 5-1-6）右端圆锥面的径向圆跳动误差时，可以用 V 形架支撑齿轮轴，用两个 $\phi20\pm0.006$ mm 圆柱的公共轴线 A–B 作为测量基准，如图 5-1-7 所示。

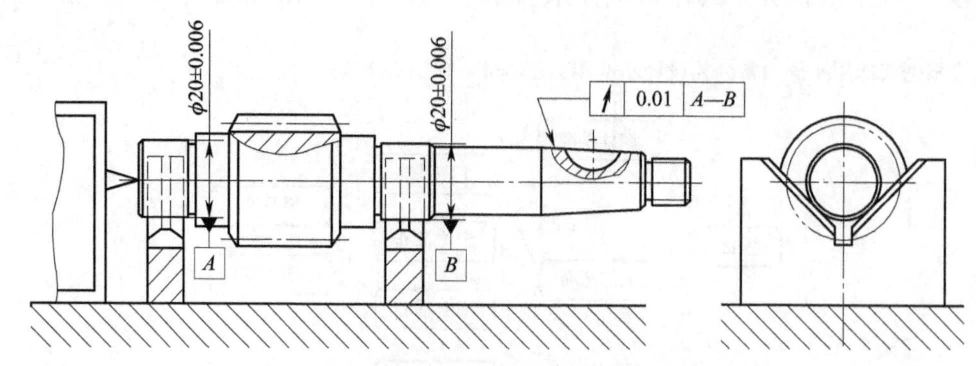

图 5-1-7　测量齿轮轴圆锥面的径向圆跳动误差

3. 定位基准的选择

合理选择定位基准对于保证零件的尺寸精度和相互位置精度有着决定性的作用。

定位基准分为粗基准和精基准两种。在加工起始阶段，只能用零件上未经过加工的毛坯面作为定位的基准，这种定位基准称为粗基准。后续加工中采用加工后的表面作为定位基准，称为精基准。

（1）粗基准的选择

选择粗基准时，必须要保证两点：一是保证所有加工表面都有足够的加工余量，二是保证零件上加工表面和不加工表面之间具有一定的位置精度。

①应该选择不加工表面作为粗基准。如图 5-1-8 所示为减速器的上箱盖，在加工对合面前需要进行划线，此时应以不需要加工的凸缘上表面作为划线基准，以保证减速器对合面加工后箱盖两端凸缘的厚度一致。

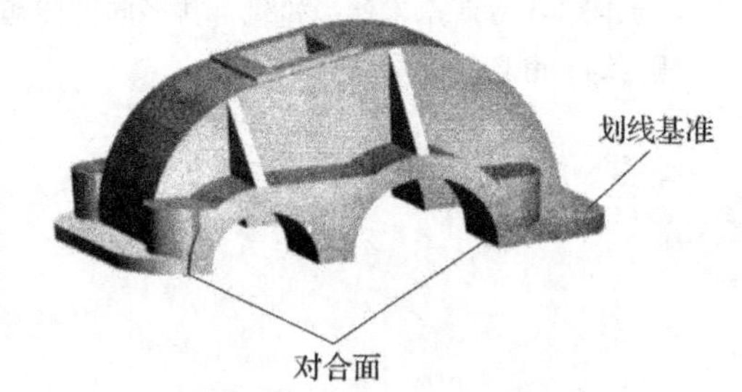

图 5-1-8　减速器箱盖划线基准

②应选择加工余量最小的表面作为粗基准，以保证各表面都有足够的加工余量。

③应选择比较牢固、可靠的表面作为粗基准，以避免夹坏工件或装夹不牢造成加工时工件移动。

④应选择平整、光滑的表面作为粗基准。

⑤应选择加工余量要求均匀的表面作为粗基准，在加工时可以保证该表面余量均匀。如图 5-1-9 所示车床床身，导轨面要求只切除较少且均匀的一层余量，使其表面保留均匀一致的金相组织，从而保证导轨具有较好的耐磨性。因此，应选择导轨面作为加工的粗基准，先加工床脚，然后再以床脚的底平面为基准加工导轨面。

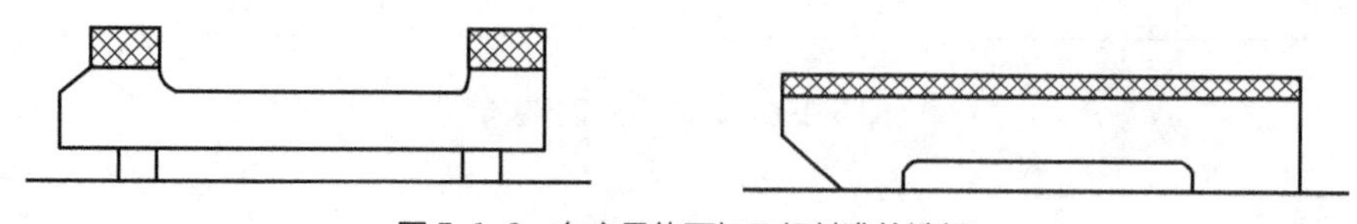

图 5-1-9　车床导轨面加工粗基准的选择

（2）精基准的选择

①尽可能采用设计基准作为精基准。如图 5-1-10 所示加工减速器箱盖上的螺栓孔时，采用下面的大对合面为精基准，这样在箱盖和底座对合装配时就很容易达到满意的装配精度。

②尽可能使精基准与测量基准重合。如图 5-1-11a 所示，长度尺寸为（40±0.1）mm，测量基准面为 *A* 面。采用芯轴装夹工件，如图 5-1-11b 所示，定位基准为 *A* 面，定位基准与测量基准重合，长度尺寸要求更容易达到。若采用如图 5-1-11c 所示装夹定位方式，则定位基准为 *C* 面，此时定位基准与设计基准并不重合，两者之间存在一定的误差，此误差会间接影响到长度尺寸，所以芯轴装夹更加适合此零件的加工。

图 5-1-10　减速器箱盖钻孔精基准的选择

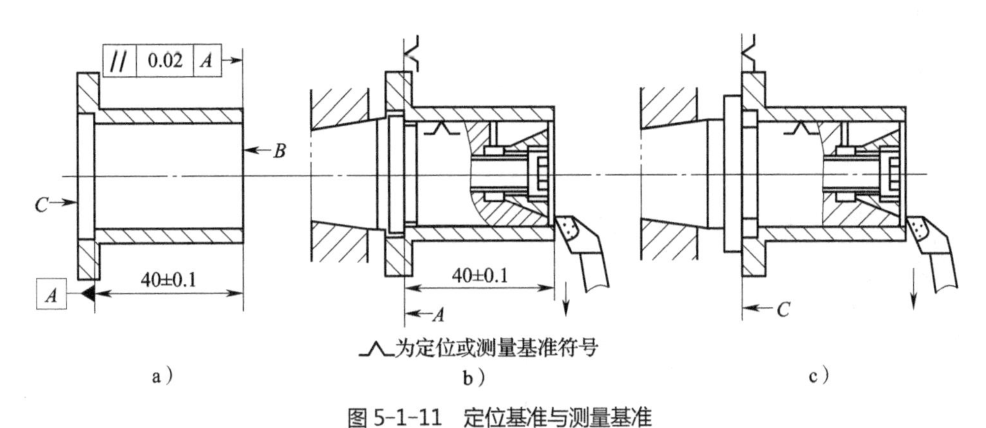

图 5-1-11　定位基准与测量基准

a）工件　b）正确装夹方式　c）错误装夹方式

③尽可能使基准统一。加工零件各个表面时，除去第一道工序外，其他工序都采用同一个精基准。基准统一可以减小定位误差，提高加工精度。在加工如图 5-1-2 所示齿轮轴时，车削、铣削和磨削等工序中始终采用中心孔作为精基准。

④选择精度高、安装稳定性可靠的表面作为精基准，并尽可能选用形状简单和尺寸较大的表面作为精基准，以利于定位稳定、减小定位误差。

【举例】 如图 5-1-12 所示单级齿轮减速器箱盖和箱体的对合面不仅尺寸较大，而且磨削后精度高，作为加工螺栓孔的精基准，定位稳定、可靠。

⑤选择精基准时，应考虑夹具设计容易，结构简单，操作方便。

图 5-1-12　单级齿轮减速器箱盖和箱体

5.2 工艺规程

5.2.1 制订的依据和步骤

机械加工工艺规程一般包括：零件的加工工艺路线、工序的具体加工内容、切削参数、工时定额、采用的设备和工艺装备。它能够起到稳定生产秩序、保证加工质量、指导生产计划、组织和管理等作用，是组织生产过程中必须认真贯彻执行的纪律性文件，不得随意更改。

1. 制订工艺规程的技术依据

以下资料在制订工艺规程时必须获得：
①产品的装配图和零件图；
②产品验收的质量标准；
③毛坯的生产情况；
④产品的生产类型和生产纲领；
⑤企业的生产条件。

2. 制订工艺规程的步骤

工艺规程制定步骤如图 5-2-1 所示。

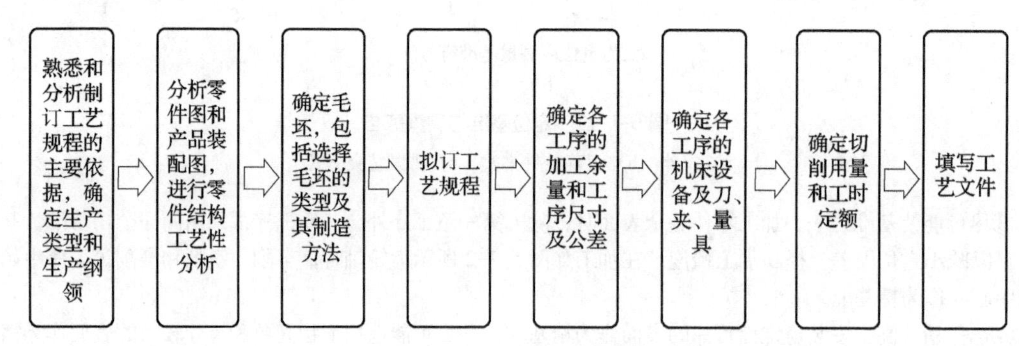

图 5-2-1　工艺规程制定步骤

5.2.2 工艺规程的拟订

拟订工艺规程的主要任务：选择各表面的加工方法，划分加工阶段，确定各表面的加工顺序，安排热处理工序及辅助工序，合理确定并安排工序等。

1. 表面加工方法的选择原则

零件表面加工方法的选择原则可以参见表 5-2-1。

表 5-2-1　零件表面加工方法的选择原则

原则	具体内容
经济加工精度选择原则	经济加工精度是指在正常生产条件下所能获得的加工精度。如加工精度为 IT7、表面粗糙度为 0.8μm 的圆柱表面，选择磨削加工要优于精车

续表

原则	具体内容
加工方法要适应材料特性原则	要充分理解不同加工方法的适用场合。例如，淬火后的钢件采用磨削加工更为合理，而有色金属一般不适宜采用磨削加工
加工方法要与生产类型相协调原则	如大批量生产应采用先进、高效的加工设备，以生产线方式组织生产更加合适；单件小批量生产选用通用机床则更加合理
加工方法要与企业生产条件相适应原则	加工方法的选择应充分考虑企业现有的设备、工人技术水平、工艺装备配备情况

2. 常见表面的加工方法

众所周知，零件的加工精度与加工成本、生产效率密切相关。一般情况下，零件的加工精度越高，其加工成本也相对越高，生产效率也会相应下降。正确选择加工方法对于保证产品质量、提高生产效率、提升经济效益有着非常重要的作用。常见圆柱面、孔表面和平面的加工方案及其所能达到的加工精度和表面粗糙度见表 5-2-2、表 5-2-3 和表 5-2-4，在选择加工方案时可以作为参考。

表 5-2-2　圆柱面加工方案

序号	加工方案	经济精度等级	表面粗糙度/μm	适用场合
1	粗车	IT13 ~ IT11	50 ~ 12.5	除淬火钢以外的各种金属
2	粗车—半精车	IT10 ~ IT8	6.3 ~ 3.2	
3	粗车—半精车—精车	IT8 ~ IT7	1.6 ~ 0.8	
4	粗车—半精车—精车—滚压（抛光）	IT8 ~ IT7	0.2 ~ 0.025	
5	粗车—半精车—磨削	IT8 ~ IT7	0.8 ~ 0.4	主要用于淬火钢，也可以用于未淬火钢，但不宜用来加工有色金属
6	粗车—半精车—粗磨—精磨	IT7 ~ IT6	0.4 ~ 0.1	
7	粗车—半精车—粗磨—精磨—超精加工	IT6 ~ IT5	0.1 ~ 0.012	
8	粗车—半精车—精车—金刚石车	IT7 ~ IT6	0.4 ~ 0.025	主要用于加工要求较高的有色金属

表 5-2-3　孔表面加工方案

1	钻	IT13 ~ IT11	12.5	加工未淬火钢及铸铁的实心毛坯，也可用于加工有色金属，但表粗糙度值稍大，孔径小于 20 mm
2	钻—铰	IT10 ~ IT8	6.3 ~ 1.6	
3	钻—粗铰—精铰	IT8 ~ IT7	1.6 ~ 0.8	

续表

序号	加工方案	经济精度等级	表面粗糙度/μm	适用场合
4	钻—扩	IT11 ~ IT10	12.5 ~ 6.3	加工未淬火钢及铸铁的实心毛坯，也可用于加工有色金属，但表面粗糙度值稍大，孔径小于 20 mm
5	钻—扩—铰	IT9 ~ IT8	3.2 ~ 1.6	
6	钻—扩—粗铰—精铰	IT7	1.6 ~ 0.8	
7	钻—扩—机铰—手铰	IT7 ~ IT6	0.1 ~ 0.1	
8	钻—扩—拉	IT9 ~ IT7	1.6 ~ 0.1	大批量生产，加工精度取决于拉刀的精度
9	粗镗（扩孔）	IT13 ~ IT11	12.5 ~ 6.3	除淬火钢外的各种材料，毛坯有铸造孔或锻造孔
10	粗镗（粗扩）—半精镗（精扩）	IT10 ~ IT9	3.2 ~ 1.6	
11	粗镗—半精镗—精镗	IT8 ~ IT7	1.6 ~ 0.8	
12	粗镗—半精镗—精镗—浮动镗	IT7 ~ IT6	0.8 ~ 0.4	
13	粗镗—半精镗—磨孔	IT8 ~ IT7	0.8 ~ 0.2	主要用于淬火钢，也可用于未淬火钢，但不宜用于有色金属
14	粗镗—半精镗—粗磨—精磨	IT8 ~ IT7	0.2 ~ 0.1	
15	粗镗—半精镗—精镗—金刚镗	IT7 ~ IT6	0.4 ~ 0.025	主要用于加工精度要求高的有色金属
16	钻—（扩）—粗铰—精铰—珩磨 钻—（扩）—拉—珩磨 粗镗—半精镗—精镗—珩磨	IT7 ~ IT6	0.2 ~ 0.025	适用于精度要求很高的孔
17	以研磨代替上述方案中的珩磨	IT6 ~ IT5	0.1 ~ 0.006	

表 5-2-4　平面加工方案

序号	加工方案	经济精度等级	表面粗糙度/μm	适用场合
1	粗车—半精车	IT13 ~ IT11	50 ~ 12.5	端面
2	粗车—半精车—精车	IT8 ~ IT7	1.6 ~ 0.8	端面
3	粗车—半精车—磨削	IT8 ~ IT6	0.8 ~ 0.2	端面

续表

序号	加工方案	经济精度等级	表面粗糙度/μm	适用场合
4	粗刨（粗铣）—精刨（精铣）	IT10 ~ IT8	6.3 ~ 1.6	未淬火平面
5	粗刨（粗铣）—精刨（精铣）—刮研	IT7 ~ IT6	0.8 ~ 0.1	精度要求较高的未淬火平面，批量较大时优先采用宽刃精刨方案
6	粗刨（粗铣）—精刨（精铣）—宽刃精刨	IT7	0.8 ~ 0.2	
7	粗刨（粗铣）—精刨（精铣）—磨削	IT7 ~ IT6	0.8 ~ 0.2	精度要求较高的淬火平面或不淬火平面
8	粗刨（粗铣）—精刨（精铣）—粗磨—精磨	IT7 ~ IT6	0.4 ~ 0.025	
9	粗铣—拉	IT9 ~ IT7	0.8 ~ 0.2	大批量生产的较小平面
10	粗铣—精铣—磨削—研磨	IT5 以上	0.1 ~ 0.006	高精度平面

3．工序集中与分散

（1）工序集中

整个工艺过程中所安排的工序数量少，但每道工序中所加工的表面数量较多。极端情况下，一道工序就能完成零件的加工。

优点：减少工件装夹的次数，减少定位夹具的数量，减少所需设备数量、工作场地和工人，简化生产管理工作。

缺点：调整机床比较复杂，机床精度要求较高，对工人的操作技术水平要求较高。

（2）工序分散

整个工艺过程中安排的工序数量多，但每道工序所加工的表面数量较少。极端情况下，一道工序只包括一个简单的工步内容。

优点：可以采用简单的机床，调整方便，更加容易实现单机自动化。对工人的操作技术水平要求较低。

缺点：工序流程长，工人、设备、工艺装备较多，生产管理要求高。

工序集中与工序分散各有优缺点，应根据零件的批量、加工要求和企业的生产条件来合理选用。

4．加工顺序的安排

（1）划分加工阶段

工件的绝大多数加工质量要求是通过切削加工实现的，通常根据加工要求将其分为四个加工阶段，各阶段的任务和目标见表 5-2-5。

表 5-2-5　切削加工各阶段的任务和目标

加工阶段	主要任务	主要目标
粗加工阶段	切除毛坯上大部分多余金属，使毛坯在形状和尺寸上接近零件成品	提高生产效率
半精加工阶段	使主要表面达到一定的精度，留有一定的精加工余量	为主要表面的精加工做好准备
精加工阶段	保证主要表面达到规定的尺寸精度和表面结构要求	全面保证零件加工质量
光整加工阶段	减小表面粗糙度值，进一步提高加工精度	满足高质量产品的使用及美观要求

加工阶段的划分不是绝对的，在某些特殊情况下可以不划分加工阶段，在一次装夹中完成加工。例如，一些特大型工件，如果加工精度不高，就可以不进行加工阶段划分，从而避免多次安装和运输。

(2) 切削加工顺序的安排

加工阶段划分和加工顺序安排一般遵循以下原则：

①先粗后精——先安排粗加工，中间安排半精加工，最后安排精加工；

②先主后次——先加工主要表面，后加工次要表面；

③基面先行——先将在工艺过程中起重要作用的基准面加工好，通常安排在第一道工序；

④先面后孔——加工孔时应该先加工孔口平面，再加工孔。

(3) 热处理工序的安排

热处理工序通常分为预备热处理、最终热处理和去应力热处理等。热处理工序的安排见表 5-2-6。

表 5-2-6　热处理工序的安排

热处理工序	目的	方法	工序安排
预备热处理	消除前道工序造成的缺陷，为后续的切削加工或热处理做准备	退火、正火、调质	通常安排在机械加工前退火，正火一般安排在毛坯生产后、切削加工前，调质通常安排在粗加工后、半精加工或精加工前
最终热处理	根据零件设计要求安排热处理，主要是为了获得材料的高强度和高硬度	淬火、回火及表面热处理，如氮化、发蓝等。 对一些要求不高的零件，退火、正火或调质即可满足使用要求	通常安排在半精加工之后、精加工前，除了安排磨削加工外，一般不再安排其他形式的切削加工
去应力热处理	消除工件内应力，避免工件变形	人工时效、退火等	通常安排在粗加工之后、半精加工之前

5.2.3 典型零件工艺规程拟订实例

加工如图 5-1-2 所示齿轮轴，一般生产条件，小批量生产，拟订其工艺规程。

1. 分析零件图样

齿轮轴的加工表面大部分为回转面，其中 $\phi34_{-0.039}^{0}$ mm 齿顶圆、两个 $\phi20\pm0.006$ mm 外圆和锥度为 1∶10 的圆锥精度要求较高，为主要加工表面。各外圆表面及其长度都有尺寸精度要求；齿轮精度三组分别为 8 级、7 级、7 级；锥面相对于 $A-B$ 轴线的径向圆跳动公差为 0.01 mm；$\phi34_{-0.039}^{0}$ mm 齿顶圆、两个 $\phi20\pm0.006$ mm 外圆和锥度为 1∶10 的圆锥四部分表面结构要求较高，其表面粗糙度值为 1.6 μm，其他表面的表面粗糙度值为 3.2 μm 或更大。

2. 选择材料

齿轮轴用于单级齿轮减速器，性能要求一般，采用 45 钢的圆棒料可以满足要求。

3. 确定加工方案

根据前面所述各表面加工方案的选择原则，确定齿轮轴各表面的加工方案，具体见表 5-2-7。

表 5-2-7 齿轮轴各表面加工方案

加工表面	加工方案
$\phi34_{-0.039}^{0}$ mm 齿顶圆、两个 $\phi20\pm0.006$ mm 外圆、1∶10 的圆锥	粗车—调质—精车—磨削
其余各外圆、M12-6g 螺纹	粗车—调质—精车
齿轮表面	滚齿—齿面高频淬火—磨齿

4. 确定热处理工序

齿轮轴外圆直径相差较大，为保证零件有良好的力学性能及切削加工性能，调质处理安排在粗车后、精车前。为保证齿形尺寸精度和硬度质量，齿面高频淬火安排在滚齿后、磨齿前。

5. 确定加工基准

通过零件图样分析，齿轮轴的两个中心孔既是零件的径向尺寸设计基准，也是加工基准和测量基准，尤其是几个精度要求较高的要素（如 $\phi34_{-0.039}^{0}$ mm 齿顶圆、两个 $\phi20\pm0.006$ mm 外圆、1∶10 的圆锥）以及齿轮、键槽加工的重要加工基准。

6. 拟订工艺路线

齿轮轴加工工艺路线如下：

下料—车端面，平总长，钻中心孔—粗车 $\phi34_{-0.039}^{0}$ mm 外圆及其左端各外圆—粗车 $\phi34_{-0.039}^{0}$ mm 右端各外圆—调质—精车 $\phi34_{-0.039}^{0}$ mm 外圆及其左端各外圆—精车 $\phi34_{-0.039}^{0}$ mm 右端各外圆、1∶10 的圆锥、螺纹—铣键槽 $4_{-0.030}^{0}$ mm—滚齿—齿面淬火—磨齿—磨 $\phi20\pm0.006$ mm 外圆、$\phi34_{-0.039}^{0}$ mm 外圆、1∶10 的圆锥。

5.3 毛坯选择及工序尺寸确定

5.3.1 毛坯选择

毛坯的选择包括毛坯种类和制造方法的选择。毛坯的选择对于零件的质量、材料的消耗及加工时间都有直接影响，需要综合考虑毛坯制造和机械加工的成本。

1. 毛坯的种类

毛坯的种类及用途见表 5-3-1。

表 5-3-1 毛坯的种类及用途

毛坯种类	用途	举例	图例
铸件	形状复杂或有一定性能要求的零件毛坯	箱体、机床床身等	机床床身
锻件	强度要求较高，形状比较简单的零件毛坯	齿轮等	齿轮
型材	热轧型材用于一般零件；冷拉型材精度较高，主要用于自动机床加工	轴、货架、导轨等	货架
焊接件	用于大件毛坯或单件加工	油罐、单件加工的箱体等	油罐

续表

毛坯种类	用途	举例	图例
冷冲压件	形状复杂的板料零件毛坯	电气开关盒、汽车车身覆盖件等	
其他	热轧、挤压、粉末冶金件等毛坯	成形刀具	成型车刀

2．选择毛坯应考虑的因素

①零件的材料及力学性能要求。材料的工艺特性决定了毛坯的制造方法，当零件的材料选定后，毛坯的类型也就相应确定了。例如，铸铁和青铜零件一般使用铸造毛坯；钢质零件当形状不复杂、性能要求不高时采用棒料，力学性能要求高时使用锻件；有色金属零件常用型材和铸造毛坯。

②零件的结构、形状和大小。

5.3.2 加工余量确定

1．加工余量的基本概念

从工件表面切去的金属层的厚度称为加工余量。加工余量分为工序余量和总余量。工序余量是指在一个工序中切去的金属层的厚度。零件从毛坯到成为成品的整个切削过程中，某个表面所切除的材料层的总厚度称为该表面的总余量。工序余量等于相邻两工序工序尺寸之差，计算方法根据表面不同也有一定的差异，详见表 5-3-2。

表 5-3-2 工序余量的计算方法

表面类型		图例	计算公式	
平面	外表面	z a b	$z=a-b$	式中： z—工序余量，mm； a—前工序基本尺寸，mm； b—本工序的基本尺寸，mm

续表

表面类型		图例	计算公式	
平面	内表面		$z=b-a$	式中： z—工序余量，mm； a—前工序基本尺寸，mm； b—本工序的基本尺寸，mm
回转面	外表面		$2z=d_a-d_b$	式中： z—工序余量，mm； d_a—前工序的轴基本尺寸，mm； d_b—本工序的轴基本尺寸，mm
	内表面		$2z=D_b-D_a$	式中： z—工序余量，mm； D_a—前工序的孔基本尺寸，mm； D_b—本工序的孔基本尺寸，mm

2. 加工余量的确定方法

(1) 经验法

经验法是根据经验确定加工余量。为防止出现废品，经验法估算的加工余量往往偏大，常用于单件、小批量生产。

(2) 查表法

查表法是根据以工厂生产实践中统计的数据和试验研究积累的关于加工余量的资料数据为基础编制的加工余量标准，考虑不同加工方法和加工条件，查得的数据再结合实际加工情况进行修正，最终确定合理的加工余量。常用加工方法的加工余量及公差确定参考表 5-3-3 ～表 5-3-7。

表 5-3-3 粗、精车外圆的加工余量及公差 （单位：mm）

基本尺寸	直径余量				粗车直径公差
	粗车		精车		
	长度				
	≤ 200	200 ～ 400	≤ 200	200 ～ 400	
≤ 10	1.5	1.7	0.8	1.0	IT14 ～ IT12
10 ～ 18	1.5	1.7	1.0	1.3	

续表

基本尺寸	直径余量				粗车直径公差
	粗车		精车		
	长度				
	≤ 200	200 ~ 400	≤ 200	200 ~ 400	
18 ~ 30	2.0	2.2	1.3	1.3	IT14 ~ IT12
30 ~ 50	2.0	2.2	1.4	1.5	
50 ~ 80	2.3	2.5	1.5	1.8	
80 ~ 120	2.5	2.8	1.5	1.8	
120 ~ 180	2.5	2.8	1.8	2.0	
180 ~ 250	2.8	3.0	2.0	2.3	
250 ~ 315	3.0	3.3	2.0	2.3	

表 5-3-4　精车端面的加工余量及公差　（单位：mm）

零件直径	零件全长					
	≤ 18	18 ~ 50	50 ~ 120	120 ~ 260	260 ~ 500	500 -
	长度余量					
≤ 30	0.5	0.6	0.7	0.8	1.0	1.2
30 ~ 50	0.5	0.6	0.7	0.8	1.0	1.2
50 ~ 120	0.7	0.7	0.8	1.0	1.2	1.2
120 ~ 260	0.8	0.8	1.0	1.0	1.2	1.4
260 ~ 500	1.0	1.0	1.2	1.2	1.4	1.5
500 -	1.2	1.2	1.4	1.4	1.5	1.7
长度公差	-0.2	-0.3	-0.4	-0.5	-0.6	-0.8

表 5-3-5　半精车后磨外圆的加工余量及公差　（单位：mm）

基本尺寸	直径余量		直径公差	
	粗磨	半精磨	半精车	粗磨
≤ 10	0.2	0.1	IT11	IT9
10 ~ 18	0.2	0.1		
18 ~ 30	0.2	0.1		
30 ~ 50	0.25	0.15		

续表

基本尺寸	直径余量		直径公差	
	粗磨	半精磨	半精车	粗磨
50 ~ 80	0.3	0.2	IT11	IT9
80 ~ 120	0.3	0.2		
120 ~ 180	0.5	0.3		
180 ~ 250	0.5	0.3		
250 ~ 315	0.5	0.3		

表 5-3-6 磨孔的加工余量及公差 （单位：mm）

基本尺寸	直径余量		直径公差	
	粗磨	半精磨	半精镗	粗磨
10 ~ 18	0.2	0.1	IT10	IT8
18 ~ 30	0.2	0.1		
30 ~ 50	0.2	0.1		
50 ~ 80	0.3	0.1		
80 ~ 120	0.3	0.2		
120 ~ 180	0.3	0.3		

表 5-3-7 平面的加工余量及公差 （单位：mm）

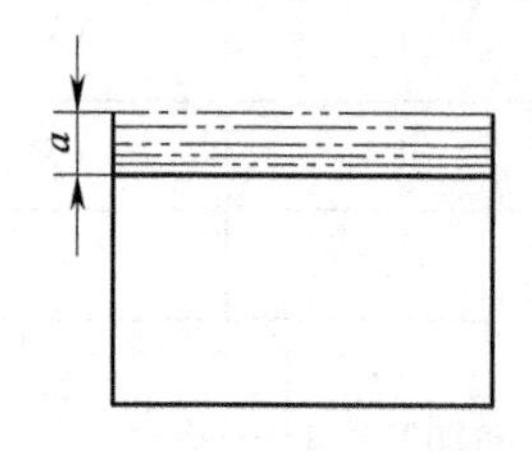

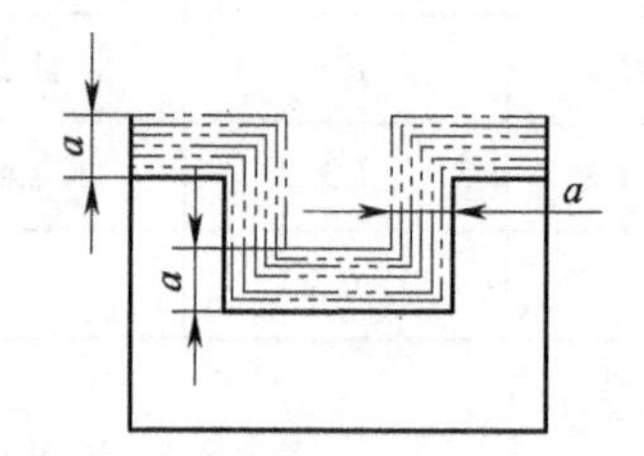

加工情况	加工面长度	加工面宽度					
		≤ 100		100 ~ 300		300 ~ 1000	
		余量	公差 +	余量	公差 +	余量	公差 +
粗加工—精刨或精铣	≤ 300	1.0	0.3	1.5	0.5	2	0.7
	300 ~ 1 000	1.5	0.5	2	0.7	2.5	1
	1 000 ~ 2 000	2	0.7	2.5	1.2	3	1.2

续表

加工情况	加工面长度	加工面宽度					
		≤ 100		100 ～ 300		300 ～ 1000	
		余量	公差 +	余量	公差 +	余量	公差 +
精加工－磨削，装夹未校准	≤ 300	0.4	0.1	0.4	0.12	—	—
	300 ～ 1 000	0.5	0.12	0.5	0.15	0.6	0.15
	1 000 ～ 2 000	0.8	0.15	0.6	0.15	0.7	0.15
精加工－磨削，装夹校准	≤ 300	0.2	0.1	0.25	0.12	—	—
	300 ～ 1 000	0.25	0.12	0.3	0.15	0.4	0.15
	1 000 ～ 2 000	0.3	0.15	0.4	0.15	0.4	0.15
刮削	≤ 300	0.15	0.06	0.15	0.06	0.2	0.1
	300 ～ 1 000	0.2	0.1	0.2	0.1	0.25	0.12
	1 000 ～ 2 000	0.25	0.12	0.25	0.12	0.3	0.15

5.3.3 工序尺寸确定

工序尺寸的确定包含工序基本尺寸及其公差确定两个部分。

1. 工序基本尺寸确定

一般情况下，被加工表面最终工序的工序尺寸及其公差可以直接按零件图样规定的尺寸和公差确定。中间各工序的工序尺寸根据工序余量的大小采用“从后向前”推算的方法来确定，直到确定毛坯的尺寸，具体方法如下：

①对于外表面：前工序的基本尺寸 = 本工序基本尺寸 + 本工序的工序余量。

②对于内表面：前工序的基本尺寸 = 本工序基本尺寸 - 本工序的工序余量。

2. 工序尺寸公差的确定

主要根据加工方法、加工精度和经济性综合确定，具体原则如下：

①最终工序的公差：当工序基准与设计基准重合，取零件图样规定的尺寸公差。

②毛坯尺寸的公差：按照制造方法或所选型材的规格和品种来确定。

③中间工序的公差：按照该工序加工方法的经济加工精度来确定，通常外尺寸按照基轴制配置，内尺寸按照基孔制配置。

④特殊情况：

被加工表面用作定位基准时，一般会缩小工序公差；

需要渗碳、渗氮的表面，其工序尺寸及公差需要考虑渗碳和渗氮层的厚度，通过工艺尺寸链计算来确定。

总之，工序尺寸及其公差的确定需要结合经验、丰富的数据和严谨的计算来最终确定。

【举例】 如图 5-3-1 所示为单级齿轮减速器的输出轴，毛坯为 45 钢，ϕ36 mm 外圆的加工路线为“粗车—调质—半精车”，试确定各工序余量、加工余量、各工序尺寸及公差。

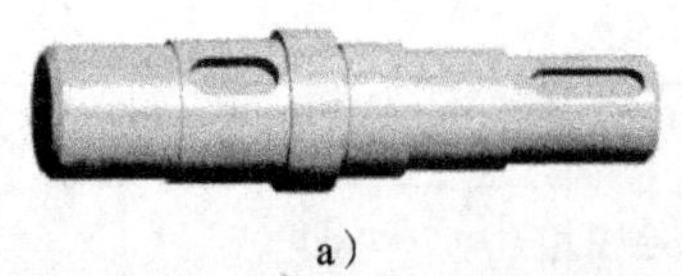

a）

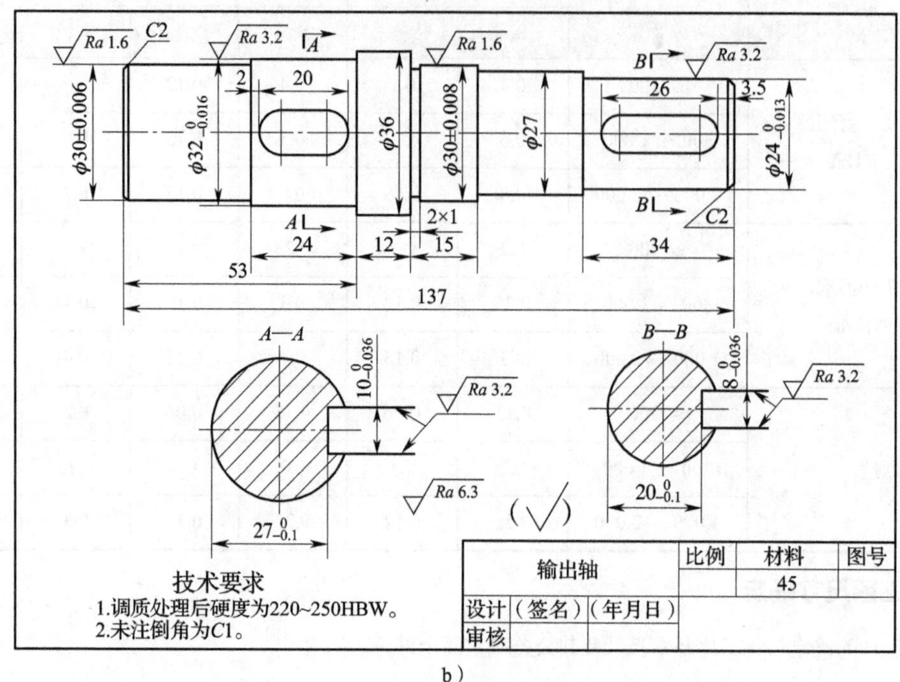

b）

图 5-3-1　单级齿轮减速器的输出轴

a）实物图　b）零件图

计算加工余量：

查表 5-3-3 可得，基本尺寸为 $\phi36$ mm，长度为 137 mm 的外圆粗车余量 z_2=2 mm，半精车余量 z_1=1.4 mm，则加工余量 z 为：

$$z=z_1+z_2=1.4+2=3.4\ \text{mm}$$

计算各工序基本尺寸：

半精车后（最终工序）：d_1=36 mm；

粗车后：$d_2=d_1+z_1$=36+1.4=37.4 mm；

毛坯（棒料）：$d_3=d_2+z_2$=37.4+2=39.4 mm。

确定公差：

根据加工经济精度，查阅标准公差表，确定公差及表面粗糙度。

粗车：IT13；

半精车：IT10；

查阅标准公差表得，$\phi36$ mm 外圆粗车尺寸公差为 0.39 mm，半精车尺寸公差为 0.10 mm。

查阅表格得，$\phi36$ mm 外圆粗车表面粗糙度值为 12.5 μm，半精车表面粗糙度值为 3.2 μm。

最终结果：

粗车——$\phi37.4^{\ 0}_{-0.39}$ mm，Ra=12.5 μm；

半精车——$\phi36^{\ 0}_{-0.1}$ mm，Ra=3.2 μm。

5.4 轴类零件加工工艺

5.4.1 轴类零件结构、材料和工艺分析

1. 轴类零件的功能和结构

轴类零件是机械产品中最为常用的典型零件，主要用来支承传动零件（齿轮、轴承、凸轮等），传递转矩或运动。轴类零件在工作中不仅要承受载荷，还需要保证轴上零件的回转精度。

轴类零件的加工表面通常有内、外圆柱面，内、外圆锥面，台阶平面和端面，还有螺纹、花键、沟槽等。

2. 轴类零件的材料和毛坯

轴类零件的材料一般采用碳素结构钢和合金结构钢，应用最为广泛的是 45 钢，用于中等复杂程度、载荷中等的轴类零件。对于精度要求高、载荷较大、转速较高的轴，可以采用中碳合金结构钢来制造，如 40Cr、35SiMn 等。

轴类零件常用的毛坯有棒料、锻件和铸件等。棒料分为冷拉和热轧棒料，一般用于要求不高的光轴和截面直径相差不大的台阶轴；锻件用于强度要求较高或直径相差较大的轴类零件；铸件用于结构和形状复杂或尺寸较大的轴类零件。

3. 轴类零件的加工工艺分析

轴类零件为回转体，一般情况下长度与直径之比较大，其公共轴线多用作各回转表面的径向设计基准。精度要求较高的轴类零件，可以把两端中心孔轴线作为径向加工基准，获得较高的位置精度，减少装夹次数，尤其适用于精度要求较高的零件的定位基准。精度要求不高的一般以外圆表面作为加工基准。

加工顺序安排一般遵循“先粗后精”的原则，按粗车→半精车→精车的顺序加工，精度要求高的轴还需安排磨削加工。轴上的键槽、螺纹的加工一般安排在车削之后、磨削之前。需要淬火的轴，要求不高的螺纹加工尽量放在淬火前，避免淬火后切削加工困难；若螺纹要求较高，可以在淬火后安排螺纹磨削加工，以保证螺纹精度。

毛坯为锻件时，在切削加工前需要安排正火处理，消除锻造内应力，调整硬度从而改善切削加工性能；重要的轴需要经过多次热处理，如调质、淬火等。

轴类零件的典型工艺过程如下：

毛坯→正火→车端面，钻中心孔→粗车→调质→半精车→铣花键→铣键槽→车螺纹等→表面淬火→粗磨→精磨。

5.4.2 齿轮轴加工工艺实例分析

试分析如图 5-1-2 所示单级齿轮减速器齿轮轴零件图的加工工艺。

1. 零件分析

齿轮轴在减速器中担负着传递动力的作用，因此需在回转精度、刚度、强度、使用寿命等多个方面有良好的性能。从图 5-1-2 可以看出，零件为台阶轴，材料为 45 钢。

重要表面分析：$\phi20\pm0.006$ mm 圆柱面与深沟球轴承配合，对于齿轮轴回转精度有着重要影响，同时该轴颈的公共轴线又是其他部件的设计基准、加工基准和装配基准，因此其加工精度较高。锥度 1 : 10 的圆锥面与 V 带轮配合，需要一定的配合精度。齿轮轴上齿轮的齿顶圆柱面（$\phi34^{\ 0}_{-0.039}$ mm）与大齿轮啮合关系，有公差要求，此外齿面要求淬火后硬度达到 50 ～ 55 HRC。

2. 毛坯选择

普通精度等级，直径不太大，选择棒料即可满足使用要求。

3. 加工阶段划分

根据零件要求划分为粗加工、半精加工、精加工三个阶段。

(1) 粗加工阶段

主要工作：端面加工、定总长、钻中心孔、粗车各外圆。粗加工后零件的形状和尺寸如图 5-4-1 所示。

(2) 半精加工阶段

主要工作：半精车、精车各外圆、圆锥，车螺纹，铣键槽，铣齿轮。

(3) 精加工阶段

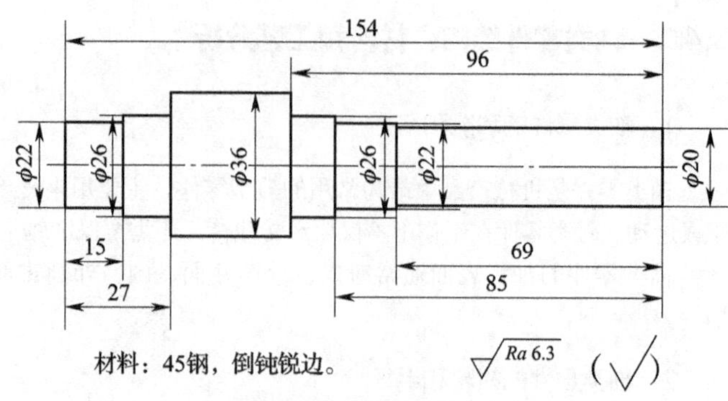

图 5-4-1　齿轮轴粗车图

主要工作：研修中心孔，粗、精磨两个 $\phi20\pm0.006$ mm 外圆、1 : 10 圆锥面、$\phi34_{-0.039}^{\ 0}$ mm 齿顶圆。

4. 基准选择

粗车、半精车时，切削余量和切削力较大，可以采用外圆表面和中心孔作为定位基准，采用一夹一顶装夹工件，如图 5-4-2 所示。精车、磨削加工时采用两中心孔作为定位基准，采用两顶尖装夹工件，如图 5-4-3 所示。

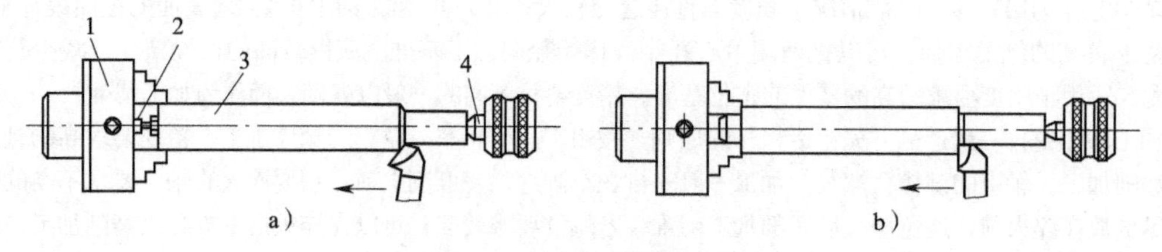

图 5-4-2　一夹一顶装夹工件

1—三爪卡盘；2—限位支承；3—工件；4—活动顶尖

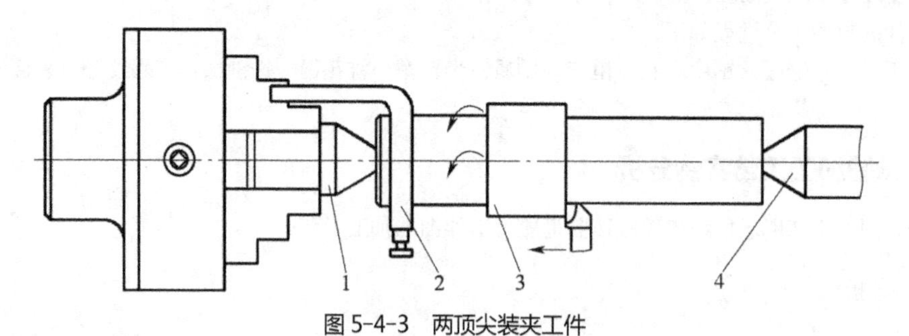

图 5-4-3　两顶尖装夹工件

1—前顶尖；2—鸡心夹头；3—工件；4—后顶尖

5. 热处理安排

材料为中碳钢，综合性能良好，需安排调质工序。另外齿面硬度有要求，需要安排淬火工序。调质工序安排在粗车后、半精加工前，淬火工序安排在磨削前。

6. 加工工艺过程拟订

(1) 单件、小批量生产的加工工艺过程

零件数量 50 件，单件、小批量生产的齿轮轴的加工工艺过程见表 5–4–1。

表 5–4–1　齿轮轴的机械加工工艺过程卡（单件、小批量生产）

序号	名称	加工过程	定位基准	加工设备
1	下料	下料 ϕ38 mm × 158 mm	外圆表面	锯床
2	车	车端面、定总长、钻中心孔、粗车各外圆	外圆表面	车床
3	热处理	调质		淬火、回火炉
4	车	精车各外圆、圆锥、螺纹、车槽、倒角	中心孔、外圆表面	车床
5	铣	铣键槽 $4_{-0.03}^{0}$ mm	中心孔、外圆表面	铣床
6	铣	铣齿轮	中心孔、外圆表面	铣床
7	热处理	齿面淬火		齿面淬火机床
8	磨	磨齿轮	中心孔	磨齿机
9	磨	磨外圆	中心孔	磨床

单件、小批量生产模式下，加工工艺过程卡中只列出零件加工的生产过程，但各工序的说明不够具体，主要用于生产计划的编制和生产管理，无法用来直接指导工人操作。

(2) 中批量生产的加工工艺过程

零件数量 400 件，中批量生产的齿轮轴的加工工艺过程见表 5–4–2。

表 5–4–2　齿轮轴的机械加工工艺过程卡（中批量生产）

序号	名称	加工内容	工艺简图	定位基准	加工设备
1	下料	下料 ϕ38 mm × 158 mm	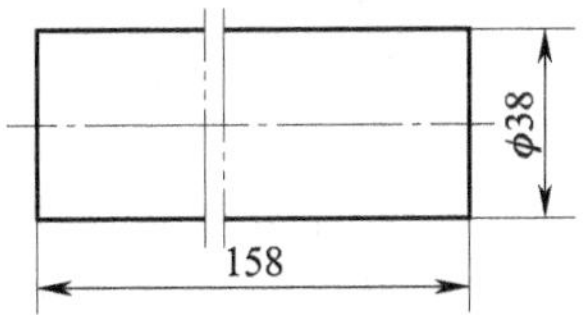 ϕ38 158	棒料外圆表面	锯床
2	粗车	三爪卡盘装夹工件，车两端面，钻两中心孔，保证总长 154 mm	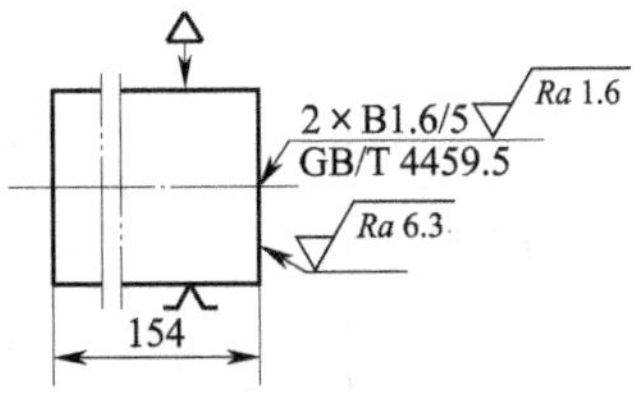 2 × B1.6/5 Ra 1.6 GB/T 4459.5 Ra 6.3 154	外圆表面	车床

续表

序号	名称	加工内容	工艺简图	定位基准	加工设备
3	粗车	将 $\phi 34_{-0.039}^{0}$ mm 外圆车至 $\phi 36$ mm，长 60 mm； 将 $\phi 24$ mm 外圆车至 $\phi 26$ mm，长 27 mm； 将 $\phi 20 \pm 0.006$ mm 外圆车至 $\phi 22$ mm，长 15 mm； 各外圆表面粗糙度值为 6.3 μm；	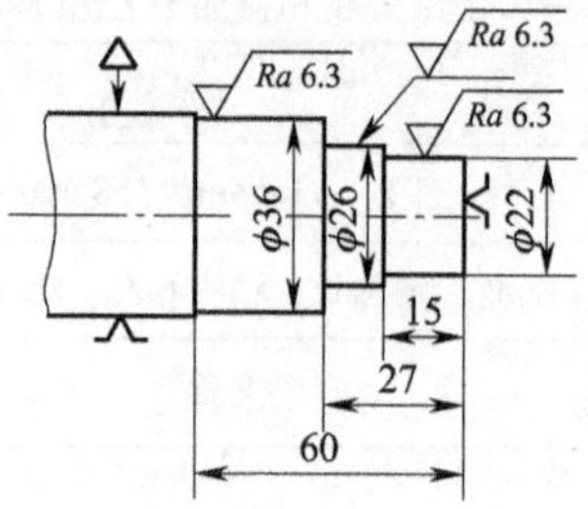	右端棒料外圆表面	车床
4	粗车	掉头，一夹一顶装夹工件，将右端 $\phi 24$ mm 外圆车至 $\phi 26$ mm，长 95 mm； 将 $\phi 20 \pm 0.006$ mm 外圆车至 $\phi 22$ mm，长 84 mm； 将 $\phi 18$ mm 外圆、1∶10 圆锥、螺纹部分车至 $\phi 20$ mm，长 69 mm； 各外圆表面粗糙度值为 6.3 μm；	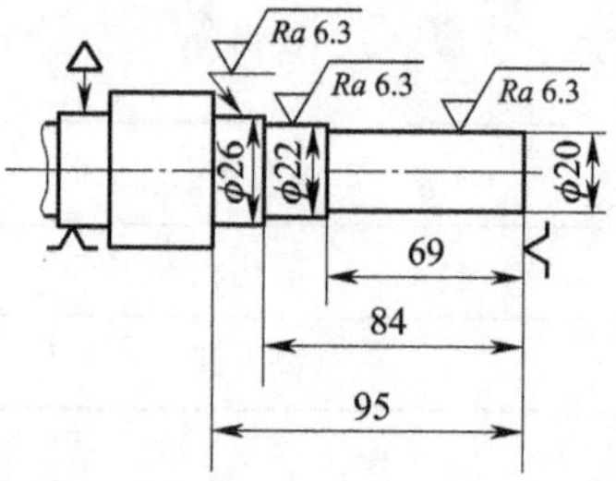	左端 $\phi 26$mm 外圆表面、右端中心孔	车床
5	热处理	调质处理后硬度为 220～250 HBW	—	—	淬火、回火炉
6	半精车	一夹一顶将 $\phi 34_{-0.039}^{0}$ mm 外圆车至 $\phi 34_{+0.26}^{+0.38}$ mm 并倒角； $\phi 24$ mm 外圆车至图样要求； 将 $\phi 20 \pm 0.006$ mm 外圆车至 $\phi 20_{+0.22}^{+0.30}$ mm，长 16 mm 并倒角； 车 $\phi 18 \times 2$ mm 槽至图样要求； 各外圆表面粗糙度值为 3.2 μm；	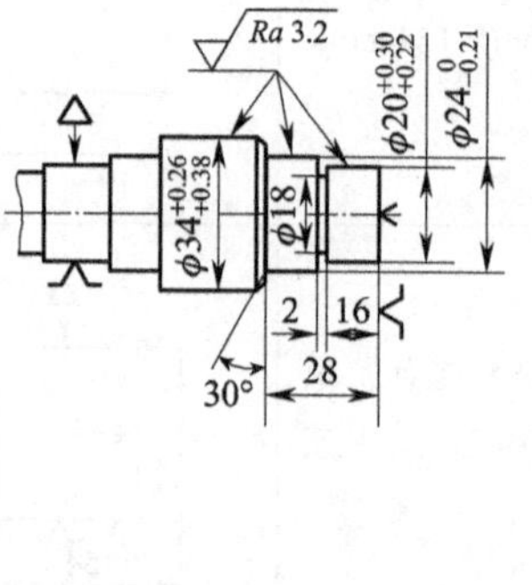	左端 $\phi 26$mm 外圆表面、右端中心孔	车床

续表

序号	名称	加工内容	工艺简图	定位基准	加工设备
7	半精车	掉头，一夹一顶将右端 ϕ24 mm 外圆车至图样要求；将 $\phi20\pm0.006$mm 外圆车至 $\phi20^{+0.30}_{+0.22}$ mm；车 $\phi18\times2$ mm 槽至图样要求；车 $\phi18$ mm 外圆及锥面至图样要求；车螺纹部分各尺寸至图样要求，倒角；各外圆表面粗糙度值≤3.2 μm；	30° $\phi24^{0}_{-0.21}$ $\phi20^{+0.30}_{+0.22}$ $\phi14^{0}_{-0.18}$ 1:10 M12—6g $\phi18$ $\phi10$ 2 30 11 2 28 53 16 40 Ra 3.2 (√)	左端 ϕ24 mm 外圆表面、右端中心孔	车床
8	铣	铣键槽 $4^{0}_{-0.039}$ mm 至图样要求	Ra 6.3 $4^{0}_{-0.030}$ Ra 3.2 $\phi16$ $11^{0}_{-0.1}$ 14	左端 ϕ24 mm 外圆表面、右端中心孔	铣床
9	滚齿	滚齿，留磨削余量为0.1～0.2 mm，去毛刺	—	中心孔	滚齿机
10	热处理	齿面淬火后硬度达到50～55 HRC	—		齿面淬火机床
11	磨	齿面磨削至要求	—	中心孔	磨齿机
12	磨	磨 $\phi20\pm0.006$ mm 外圆、圆锥至图样要求	Ra 1.6 Ra 1.6 $\phi34^{0}_{-0.039}$ Ra 1.6 Ra 1.6 $\phi20\pm0.006$ $\phi20\pm0.006$	中心孔	磨床
13	检验	按图样要求检验	—	—	—

表中符号含义：

△（带箭头）——三爪自定心卡盘夹紧；⋀——基准；＜——顶尖；|——拨盘或鸡心夹头

在成批生产的机械加工工艺过程卡中，以工序为单位，较详细地说明了齿轮轴的加工工艺过程，各工序中都给出了具体的加工技术要求。生产技术工人在实际加工过程中，按照工序的先后顺序以及各工序的尺寸公差、表面要求和其他相关技术要求进行加工。

用这样的技术文件组织指导生产，零件的合格要靠工艺的合理编制和操作者的正确执行两个方面来保证，广泛用于成批生产中。各操作者在每个工序中担负的加工内容相对减少，生产的专业化程度有所提高，有利于生产效率的提高和产品质量的提高。

(3) 大批量生产的加工工艺过程

零件数量 7 000 件，大批量生产的齿轮轴的加工工艺过程见表 5-4-3。

表 5-4-3　齿轮轴的机械加工工艺过程卡（大批量生产）

序号	名称	加工内容	工艺简图	定位基准	加工设备
1	下料	下料 ϕ38 mm × 158 mm	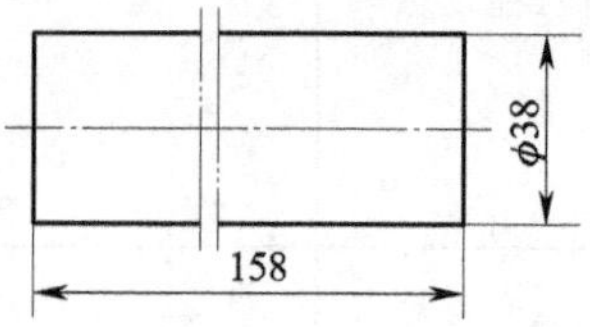 ϕ38 158	棒料外圆表面	锯床
2	粗车	三爪自定心卡盘装夹工件，车端面，钻中心孔	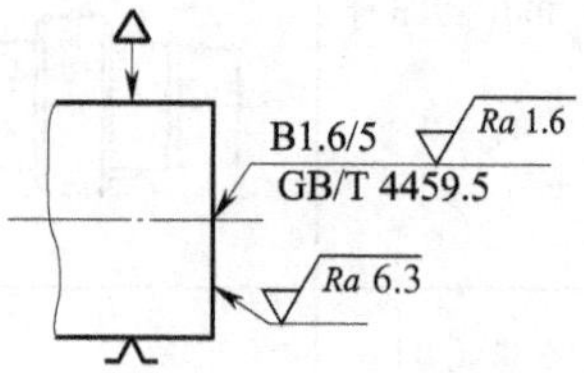 B1.6/5 GB/T 4459.5 Ra 1.6 Ra 6.3	棒料外圆表面	车床
3	粗车	三爪自定心卡盘装夹工件，车另一端面，钻中心孔，保证总长 154 mm	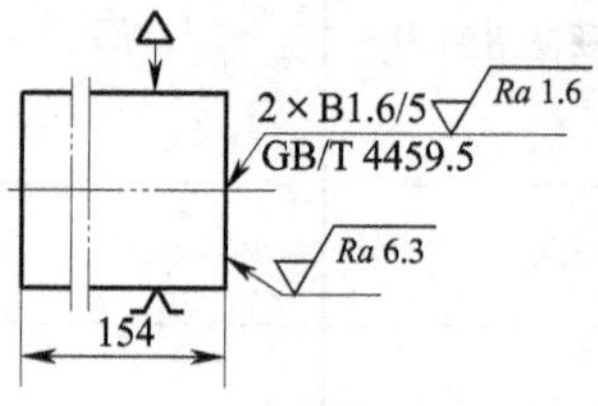 2 × B1.6/5 GB/T 4459.5 Ra 1.6 Ra 6.3 154	棒料外圆表面	车床
4	粗车	将 $\phi34_{-0.039}^{0}$ mm 外圆车至 ϕ36 mm，长 60 mm； 各外圆表面粗糙度值为 3.2 ～ 6.3 μm	Ra 6.3 ϕ36 60	右端棒料外圆表面	车床

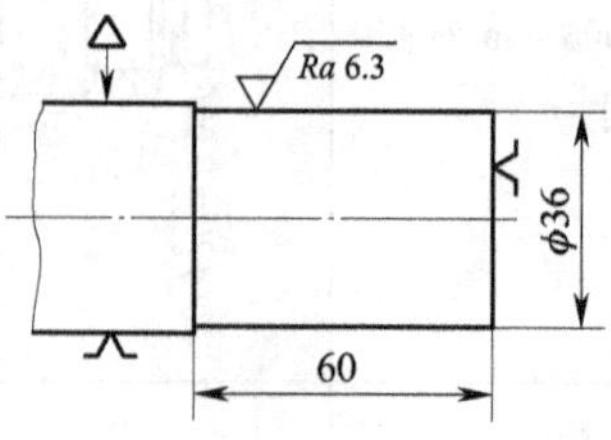

续表

序号	名称	加工内容	工艺简图	定位基准	加工设备
5	粗车	将左端 $\phi24$ mm 外圆车至 $\phi26$ mm，长 27 mm； 各外圆表面粗糙度值为 3.2 ~ 6.3 μm	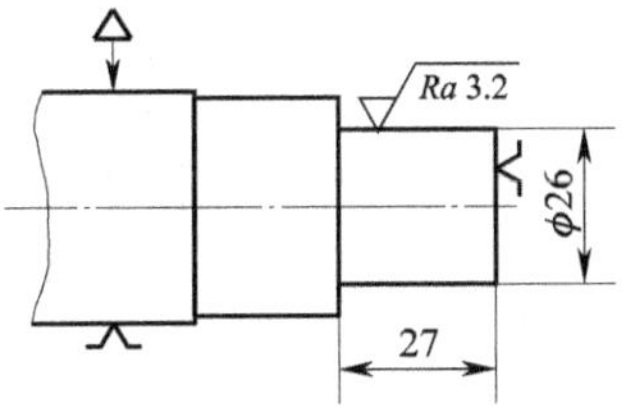 Ra 3.2 $\phi26$ 27	右端棒料外圆表面	车床
6	粗车	将左端 $\phi20\pm0.006$ mm 外圆车至 $\phi22$ mm，长 15 mm； 各外圆表面粗糙度值为 3.2 ~ 6.3 μm	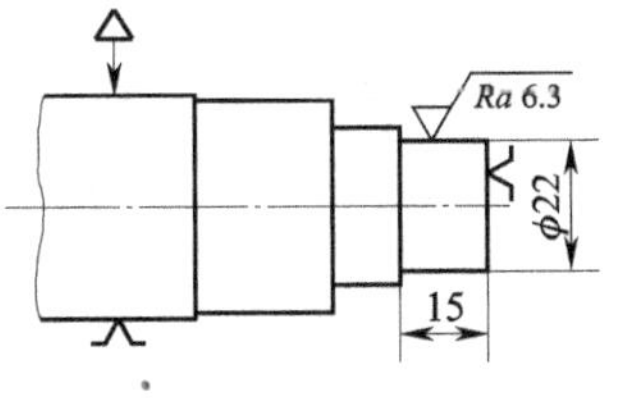 Ra 6.3 $\phi22$ 15	右端棒料外圆表面	车床
7	粗车	将右端 $\phi24$ mm 外圆车至 $\phi26$ mm，长 95 mm； 各外圆表面粗糙度值为 3.2 ~ 6.3 μm	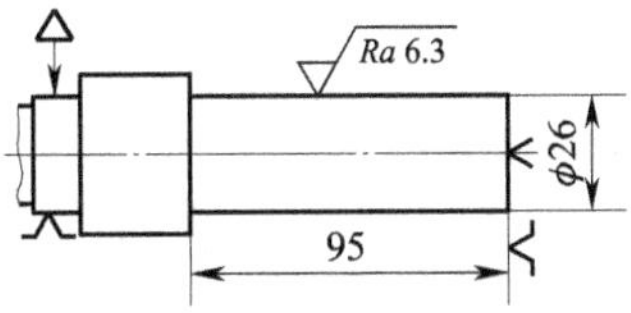 Ra 6.3 $\phi26$ 95	左端 $\phi26$ mm 外圆表面、右端中心孔	车床
8	粗车	将 $\phi20\pm0.006$ mm 外圆车至 $\phi22$ mm，长 84 mm； 各外圆表面粗糙度值为 3.2 ~ 6.3 μm	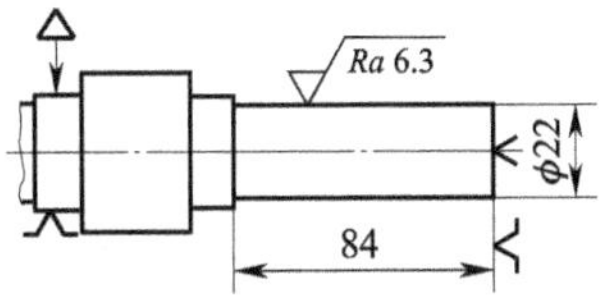 Ra 6.3 $\phi22$ 84	左端 $\phi26$ mm 外圆表面、右端中心孔	车床
9	粗车	将 $\phi18$ mm 外圆、1 : 10 圆锥、螺纹部分车至 $\phi20$ mm，长 69 mm； 各外圆表面粗糙度值为 3.2 ~ 6.3 μm	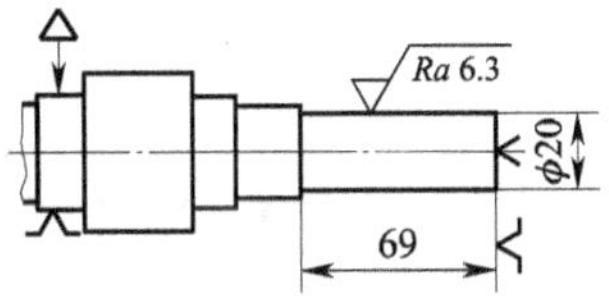 Ra 6.3 $\phi20$ 69	左端 $\phi26$ mm 外圆表面、右端中心孔	车床
10	热处理	调质处理后硬度为 220 ~ 250 HBW	—	—	淬火、回火炉
11	半精车	将 $\phi34^{\ 0}_{-0.0390}$ mm 外圆车至 $\phi34^{+0.38}_{+0.26}$ mm	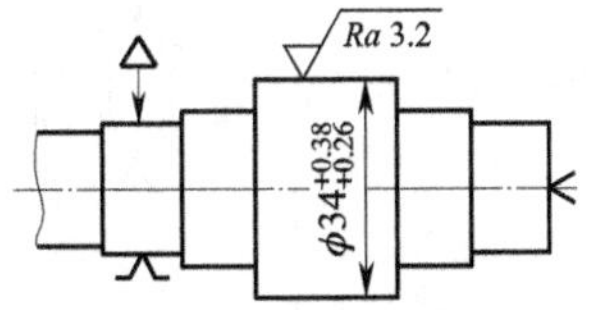 Ra 3.2 $\phi34^{+0.38}_{+0.26}$	右端 $\phi22$ mm 外圆表面、左端中心孔	车床

续表

序号	名称	加工内容	工艺简图	定位基准	加工设备
12	半精车	将左端 ϕ24 mm 外圆车至图样要求，倒角	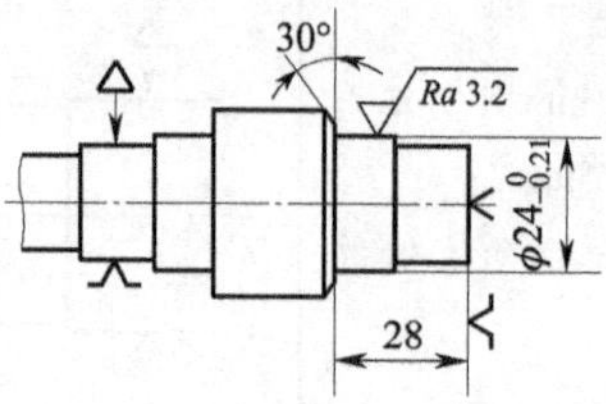	右端 ϕ22 mm 外圆表面、左端中心孔	车床
13	半精车	将左端 $\phi 20\pm0.006$ mm 外圆车至 $\phi 20^{+0.30}_{+0.22}$ mm，长 16mm； 车 $\phi 18\times2$ mm 槽至图样要求； 各外圆表面粗糙度值为 3.2 μm	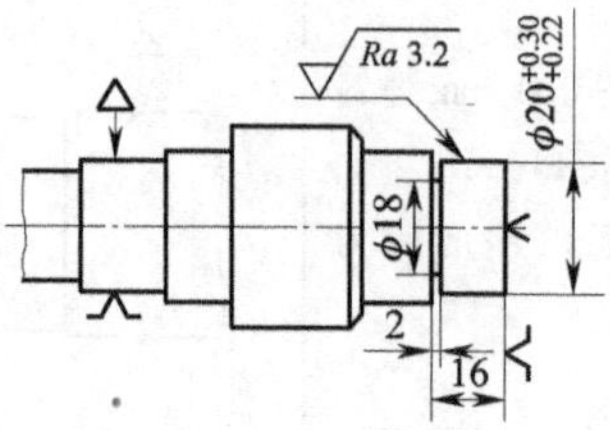	右端 ϕ22 mm 外圆表面、左端中心孔	车床
14	半精车	将右端 ϕ24 mm 外圆车至图样要求； 倒 $\phi 34^{0}_{-0.039}$ mm 外圆右端 30°角	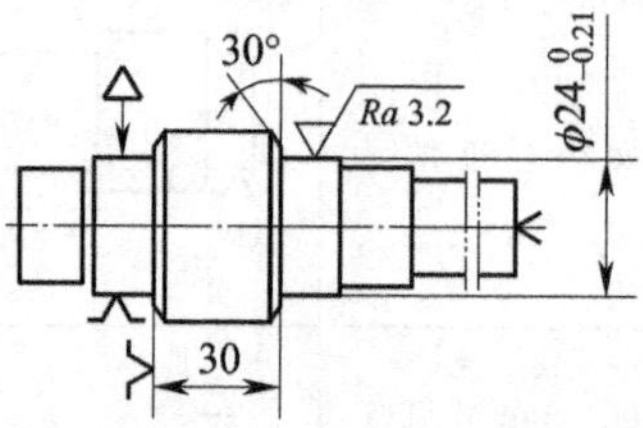	左端 ϕ24 mm 外圆表面、右端中心孔	车床
15	半精车	将右端 $\phi 20\pm0.006$ mm 外圆车至 $\phi 20^{+0.30}_{+0.22}$ mm； 车 $\phi 18\times2$ mm 槽至图样要求	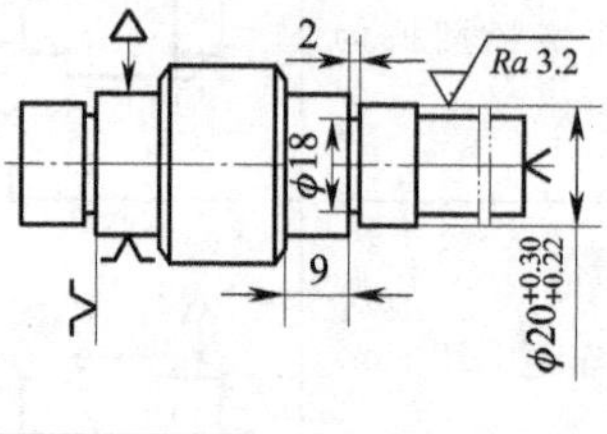	左端 ϕ24 mm 外圆表面、右端中心孔	车床
16	精车	车右端 $\phi 18^{+0.18}_{0}$ mm 外圆； 车 $\phi 18\times2$ mm 槽	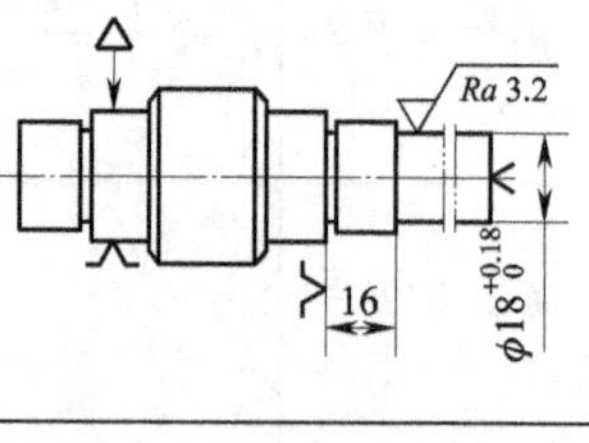	左端 ϕ24 mm 外圆表面、右端中心孔	车床
17	半精车	车锥面，留磨削余量为 0.25～0.35 mm	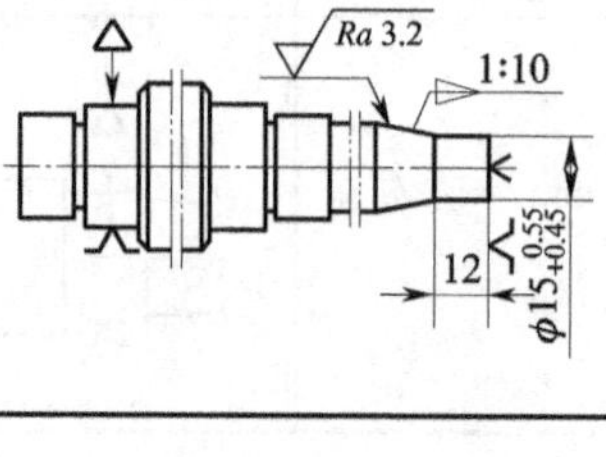	左端 ϕ24 mm 外圆表面、右端中心孔	车床

续表

序号	名称	加工内容	工艺简图	定位基准	加工设备
18	半精车	车螺纹外圆至 ϕ12 mm，长 12 mm； 车槽 2 mm 至图样要求		左端 ϕ24 mm 外圆表面、右端中心孔	车床
19	精车	车螺纹至图样要求		左端 ϕ24 mm 外圆表面、右端中心孔	车床
20	铣	铣键槽 $4^{\ 0}_{-0.039}$ mm 至图样要求		左端 ϕ24 mm 外圆表面、右端中心孔	铣床
21	滚齿	滚齿，留磨削余量为 0.1 ~ 0.2 mm	—	中心孔	滚齿机
22	钳	齿轮倒角去毛刺			
23	热处理	齿面淬火后硬度达到 50 ~ 55 HRC	—		齿面淬火机床
24	磨	齿面磨削至图样要求	—	中心孔	磨齿机
25	磨	磨 ϕ20 ± 0.006 mm 外圆、圆锥至图样要求		中心孔	磨床
26	检验	按图样要求检验	—	—	—

齿轮轴机械加工工艺过程卡是在机械加工工艺卡的基础上，按每道工序编制的加工工艺。工序的数量比较多，但单个工序的加工内容比加工工艺卡更少，充分体现了工序分散的特点，适合用在大批量生产过程的组织中。

附录 工艺实施参考

项目1 简单轴套类零件加工

任务1 台阶轴加工

实施步骤	操作内容	要　点	工　具	注意事项
1	平端面	1．将工件安装在三爪卡盘上，外伸 60 ～ 65 mm。 2．选择正确的主轴转速及走刀速度。 3．使用45° 车刀车削端面	钢直尺、卡盘扳手、45° 车刀	45° 车刀刀尖安装要与主轴轴线等高或略低一点点
2	车削一侧 ϕ43 mm 外圆	1．使用90° 车刀完成一侧外圆加工。 2．使用 45° 车刀倒角	90° 车刀、45° 车刀	加工过程中车刀离卡盘较近，谨慎操作
3	平端面	1．掉头重新装夹，零件外伸 60 mm。 2．用45° 车刀车削端面，保证总长	钢直尺、卡盘扳手、45° 车刀	1．45° 车刀刀尖安装要与主轴轴线等高或略低一点点。 2．主轴停稳、刀具退出才能测量
4	车削另一侧 ϕ36mm、ϕ31mm 外圆	1．使用90° 车刀车削 $\phi 36^{0}_{-0.1}$ mm 的外圆，保证长度为 45 mm。 2．使用90° 车刀车削 $\phi 31^{0}_{-0.052}$ mm 的外圆，保证长度为 $35^{0}_{-0.25}$ mm。 3．使用 45° 车刀倒角	90° 车刀、45° 车刀	1．加工过程中车刀离卡盘较近，谨慎操作。 2．车削外圆时需要多次测量以保证尺寸精度
5	车床现场 5S 及 TPM	填写 5S 管理点检表和 TPM 点检表。	笔，各种表格	

任务2 带锥度台阶轴加工

实施步骤	操作内容	要点	工具	注意事项
1	平端面	1．将工件安装在三爪卡盘上，外伸25 mm左右。 2．选择正确的主轴转速及走刀速度。 3．使用45°车刀车削端面	钢直尺、卡盘扳手、45°车刀	45°车刀刀尖安装要与主轴轴线等高或略低一点点
2	车削左侧$\phi52$mm外圆	1．使用90°车刀车削$\phi52_{-0.046}^{0}$mm的外圆，保证长度为18 mm。 2．使用45°车刀倒角	90°车刀、45°车刀	1．加工过程中车刀离卡盘较近，谨慎操作。 2．外圆精度要求较高，可以粗、精加工分别用两把车刀来完成
3	平端面	1．掉头重新装夹，夹住$\phi52_{-0.046}^{0}$mm的外圆约15 mm。 2．用45°车刀车削端面，保证总长	钢直尺、45°车刀	45°车刀刀尖安装要与主轴轴线等高或略低一点点
4	车削另一侧$\phi60$ mm外圆	1．使用90°车刀车削$\phi60_{-0.19}^{0}$ mm的外圆。 2．使用45°车刀倒角	90°车刀、45°车刀	加工过程中车刀离卡盘较近，谨慎操作
5	粗车外圆锥	逆时针转动小托板，粗车外圆锥	90°车刀、扳手	1．小托板转动的角度应该为圆锥锥角的一半，即$\alpha/2$。 2．进给要均匀
6	调整角度	精确调整小托板角度	铜棒、扳手	微量调整时只需稍微拧松螺母，用铜棒轻轻敲击，凭手感来确定细微的动作
7	精车外圆锥	精车外圆锥达到要求	90°车刀、万能角度尺	进给要均匀
8	倒角	倒角、去毛刺	45°车刀	倒角的尺寸要正确
9	车床现场5S及TPM	填写5S管理点检表和TPM点检表	笔，各种表格	

任务3 衬套加工

实施步骤	操作内容	要点	工具	注意事项
1	平端面、钻削中心孔	1．将工件安装在三爪卡盘上，外伸30 mm左右。 2．选择正确的主轴转速及走刀速度。 3．使用45°车刀车削端面。 4．将中心钻安装到钻夹头上，并将钻夹头安装到车床尾座上。 5．缓慢进给钻削中心孔	钢直尺、卡盘扳手、45°车刀、钻夹头、中心钻	1．45°车刀刀尖安装要与主轴轴线等高或略低一点点。 2．钻削中心孔时可以选择较高的主轴转速（1 000 r/min以上），进给要平稳。 3．钻夹头安装要牢固，安装时可以适当用点力量
2	车削ϕ53 mm外圆	1．使用90°车刀车削ϕ53 mm的外圆，保证长度为25 mm。 2．使用45°车刀倒角	90°车刀、45°车刀、游标卡尺	加工过程中车刀离卡盘较近，谨慎操作
3	钻ϕ18 mm通孔	使用ϕ18 mm麻花钻钻削通孔	麻花钻、莫氏过渡锥套	1．双手转动尾座手轮，均匀进给。 2．充分浇注乳化液。 3．主轴转速选择在300～400 r/min
4	定总长、车削ϕ42 mm外圆	1．工件掉头，夹住ϕ53 mm外圆段，外伸35 mm，找正夹紧。 2．使用45°车刀车削端面，定总长为50 mm。 使用90°车刀车削ϕ42 mm×30 mm的外圆至尺寸要求。 3．使用45°车刀倒角	钢直尺、90°车刀、45°车刀、游标卡尺、千分尺	加工过程中车刀离卡盘较近，谨慎操作
5	扩孔至ϕ22 mm	使用ϕ22 mm的麻花钻进行扩孔	麻花钻、莫氏过渡锥套	1．双手转动尾座手轮，均匀进给。 2．充分浇注乳化液。 3．主轴转速选择250 r/min。 4．扩孔时由于麻花钻横刃不参与切削，可以选择比钻孔时更大的进给量

续表

实施步骤	操作内容	要　点	工　具	注意事项
6	镗孔 ϕ25 mm	使用内孔镗刀将 ϕ25 mm 内孔加工至尺寸要求	内孔镗刀、内径千分尺	1．镗孔时中拖板进、退刀的方向与车削外圆相反，需要注意。 2．镗孔时切削用量要小于外圆车削。 3．镗刀外伸长度一般超过孔深 5 ～ 6 mm 即可。 4．正式加工前需要试走一遍，确保不会发生碰撞
7	倒角	倒角、去毛刺	45° 车刀	倒角的尺寸
8	车床现场 5S 及 TPM	填写 5S 管理点检表和 TPM 点检表	笔，各种表格	

项目 2 简单组合件加工

任务 1 哑铃连接杆加工

实施步骤	操作内容	要点	工具	注意事项
1	平端面、打中心孔	1．将工件安装在三爪卡盘上，外伸 15 ～ 20 mm。 2．选择正确的主轴转速及走刀速度。 3．使用 45° 车刀平端面。 4．将中心钻安装到钻夹头上，并将钻夹头安装到车床尾座上。 5．缓慢进给钻削中心孔	钢直尺、卡盘扳手、45° 车刀、钻夹头、中心钻	1．45° 车刀刀尖安装要与主轴轴线等高或略低一点点。 2．钻削中心孔时可以选择较高的主轴转速（1000 r/min 以上），进给要平稳。 3．钻夹头安装要牢固，安装时可以适当用点力量
2	外形车削	1．采用“一夹一顶”装夹工件。 2．使用 90° 车刀完成外形加工。 3．使用 45° 车刀倒角	90° 车刀、45° 车刀、活动顶尖	1．采用“一夹一顶”装夹工件时，一般卡盘夹住工件长 15 ～ 10 mm，若卡爪磨损严重可以适当增加夹持长度。 2．等到顶尖到位后锁死尾座和套筒，此时再将卡盘夹紧
3	加工螺纹退刀槽	1．使用切槽刀加工螺纹退刀槽。 2．选择合适的转速和进给速度	切槽刀、活顶尖	1．切槽刀刀尖安装要与车床主轴轴线等高或略低一点点，切槽刀中轴线应与车床主轴垂直。 2．选择较低的主轴转速，进给一定要慢
4	加工外螺纹	1．退出尾座。 2．安装好板牙。 3．手动转动车床主轴，采用板牙加工出外螺纹	圆板牙、板牙扳手	1．板牙平面要与车床主轴轴线垂直。 2．主轴转动要缓慢。 3．注意反向断屑和润滑

续表

实施步骤	操作内容	要点	工具	注意事项
5	加工另一侧螺纹	1. 掉头重新装夹工件。 2. 平端面保证总长。 3. 外圆车削并倒角。 4. 加工螺纹退刀槽。 5. 板牙加工外螺纹	90°车刀、45°车刀、圆板牙、板牙扳手	1. 板牙平面要与车床主轴轴线垂直。 2. 主轴转动要缓慢。 3. 注意反向断屑和润滑
6	车床现场5S及TPM	填写5S管理点检表和TPM点检表	笔，各种表格	

任务2 哑铃体加工

实施步骤	操作内容	要点	工具	注意事项
1	平端面、打中心孔	1. 将工件安装在三爪卡盘上，外伸30 mm。 2. 选择正确的主轴转速及走刀速度。 3. 使用45°车刀平端面。 4. 将中心钻安装到钻夹头上，并将钻夹头安装到车床尾座上。 5. 缓慢进给钻削中心孔	钢直尺、卡盘扳手、45°车刀、钻夹头、中心钻	1. 45°车刀刀尖安装要与主轴轴线等高或略低一点点。 2. 钻削中心孔时可以选择较高的主轴转速，进给要平稳。 3. 钻夹头安装要牢固，安装时可以适当用点力量
2	车削一侧ϕ26 mm、ϕ38 mm外圆	1. 使用90°车刀完成一侧外圆加工。 2. 使用45°车刀完成倒角	90°车刀、45°车刀	加工过程中车刀离卡盘较近，谨慎操作
3	钻ϕ5.8 mm的孔	1. 使用麻花钻在车床上钻削。 2. 选择合适的转速和进给速度	麻花钻、钻夹头、尾座	1. 钻头直径较小，钻削时进给要平稳并注意浇注切削液。 2. 钻孔较深（通孔），防止钻头折断
4	加工ϕ6H7的孔	1. 装好铰刀。 2. 选择合适的转速和进给速度	铰刀、钻夹头、尾座	1. 主轴转动要缓慢。 2. 进给要平稳
5	平端面	1. 掉头夹ϕ38 mm外圆。 2. 用45°车刀车削端面，保证总长	45°车刀	45°车刀刀尖安装要与主轴轴线等高或略低一点点

续表

实施步骤	操作内容	要　点	工　具	注意事项
6	加工 ϕ50 mm 外圆	1．使用 90° 车刀完成外圆加工。 2．使用 45° 车刀完成倒角	90° 车刀、45° 车刀	加工过程中车刀离卡盘较近，谨慎操作
7	钻螺纹底孔	1．使用麻花钻在车床上钻削。 2．选择合适的转速和进给速度	麻花钻、钻夹头、尾座	1．钻削时进给要平稳并注意浇注切削液。 2．钻孔的深度
8	加工内螺纹	1．装好丝锥。 2．手动转动车床主轴，采用丝锥加工出内螺纹	丝锥、丝锥绞杠	1．丝锥轴线与端面垂直。 2．主轴转动要缓慢。 3．注意反向断屑和润滑。 4．注意螺纹的深度
9	车床现场 5S 及 TPM	填写 5S 管理点检表和 TPM 点检表	笔，各种表格	

项目3 初级综合件加工

任务1 油塞零件加工

实施步骤	操作内容	要点	工具	注意事项
1	平端面、钻削中心孔	1．将工件安装在三爪卡盘上，外伸35 mm。 2．选择正确的主轴转速及走刀速度。 3．使用45°车刀车削端面。 4．将中心钻安装到钻夹头上，并将钻夹头安装到车床尾座上。 5．缓慢进给钻削中心孔	钢直尺、卡盘扳手、45°车刀、钻夹头、中心钻	1．45°车刀刀尖安装要与主轴轴线等高或略低一点点。 2．钻削中心孔时可以选择较高的主轴转速（1 000 r/min以上），进给要平稳。 3．钻夹头安装要牢固，安装时可以适当用点力量
2	车削外圆和槽	1．使用90°车刀车削$\phi43$ mm的外圆，保证长度为30 mm。 2．使用切槽刀切削外槽，保证直径$\phi38_{-0.15}^{0}$ mm和槽宽8 mm。 3．使用45°车刀倒角	90°车刀、45°车刀、切槽刀（5 mm）、游标卡尺、千分尺	1．加工过程中车刀离卡盘较近，谨慎操作。 2．切削沟槽时注意选择合适的转速，采用手动进给。 3．切槽刀宽为5 mm，需采用左右借刀法
3	钻$\phi12$ mm通孔	使用$\phi12$ mm麻花钻钻削通孔	麻花钻、莫氏过渡锥套	1．双手转动尾座手轮，均匀进给。 2．充分浇注乳化液。 3．主轴转速选择在300～400 r/min
4	齐总长、车削$\phi43$mm外圆、M33×2螺纹大径和螺纹退刀槽	1．工件掉头，夹住$\phi43$mm外圆段，外伸35mm，找正夹紧。 2．使用45°车刀车削端面，定总长为$60_{-0.25}^{0}$ mm。 3．使用90°车刀车削$\phi43_{-0.05}^{0}$ mm×30 mm的外圆至尺寸要求。 4．使用90°车刀车削M33×2外螺纹大径至$\phi32.7$ mm。 5．使用切槽刀切削5×$\phi30$ mm螺纹退刀槽。 6．使用45°车刀倒角	钢直尺、90°车刀、45°车刀、切槽刀（5 mm）、游标卡尺、千分尺	1．车削外螺纹一般大径等于公称直径 -0.12×螺距。 2．切削沟槽时注意选择合适的转速，采用手动进给

续表

实施步骤	操作内容	要点	工具	注意事项
5	车削M33×2外螺纹	使用60°三角外螺纹车刀，采用倒顺法车削外螺纹	60°三角外螺纹车刀、60°螺纹对刀板、螺纹环规	1. 借助螺纹对刀板装夹螺纹车刀，保证刀尖对称中心线与工件轴线垂直。 2. 车削螺纹时采用丝杠传动，根据螺距选择手柄位置。 3. 采用倒顺法加工螺纹时，主轴转速不宜太高。 4. 车削螺纹时开合螺母保持在闭合状态。 5. 中托板退出必须迅速，防止碰伤螺纹。 6. 螺纹加工中可以加注切削液，可以留1～3次精修走刀
6	车削滚花部分外圆、滚花	1. 工件掉头，夹住 $\phi43_{-0.05}^{0}$ mm外圆，采用一夹一顶完成工件装夹。 2. 使用90°外圆车刀车削滚花部分外圆至尺寸 $\phi43_{-0.88}^{-0.68}$ mm。 3. 采用双头滚花刀滚花	游标卡尺、活动顶尖、90°外圆车刀、45°车刀、双头滚花刀	1. 采用“一夹一顶”主要考虑滚花过程中径向力比较大。 2. 滚花刀装夹要保证滚轮中心或对称中心（双轮滚花刀）与工件轴线等高。 3. 滚花时主轴转速一般选为50～100 r/min，进给量一般选为0.3～0.6 r/min。 4. 开始滚花时使滚花轮宽度的1/2～1/3与工件接触，保证能顺利切入。 5. 滚花开始时只做径向进刀，力度要大，保证一开始就能形成理想花纹。 6. 测量花纹达到要求后，采用自动走刀加工滚花，可以重复几次
7	倒角	倒角、去毛刺	45°车刀	倒角的尺寸
8	车床现场5S及TPM	填写5S管理点检表和TPM点检表	笔，各种表格	

任务2 圆锥螺纹轴加工

实施步骤	操作内容	要　点	工　具	注意事项
1	平端面、车削左侧外圆	1．将工件安装在三爪卡盘上，外伸 75 mm 左右。 2．选择正确的主轴转速及走刀速度。 3．使用 45° 车刀车削端面。 4．使用 90° 车刀车削 $\phi37$ mm 外圆至 $\phi36_{-0.025}^{0}$ mm，$\phi34\pm0.02$ mm × 25 mm 外圆至尺寸，用 45° 车刀倒角	钢直尺、卡盘扳手、45° 车刀、90° 车刀	45° 车刀刀尖安装要与主轴轴线等高或略低一点点
2	平端面、定总长、钻削中心孔	1．工件掉头，夹住 $\phi37$ mm 外圆，外伸约 65 mm。 2．使用 45° 车刀车削端面，保证总长 130 ± 0.1 mm。 3．钻削中心孔	钢直尺、45° 车刀、中心钻、钻夹头	1．钻削中心孔时可以选择较高的主轴转速（1 000 r/min 以上），进给要平稳。 2．钻夹头安装要牢固，安装时可以适当用点力量
3	车削 $\phi36_{-0.025}^{0}$ mm、$\phi30_{-0.025}^{0}$ mm 外圆和 M24 × 2-6 h 螺纹大径	1．采用“一夹一顶”装夹工件。 2．使用 90° 车刀车削螺纹大径至 $\phi23.76$ mm，保证长度 29 mm，车削 $\phi36_{-0.025}^{0}$ mm 外圆至尺寸，保证长度 45.5 mm，车削 $\phi30_{-0.025}^{0}$ mm 外圆至尺寸。 3．用 45° 车刀在螺纹处倒角	90° 车刀、45° 车刀、活顶尖、游标卡尺、千分尺	1．采用“一夹一顶”装夹工件时，一般用卡盘夹住工件 5 ～ 10 mm 长，若卡爪磨损严重，可以适当增加夹持长度。 2．等到顶尖到位后锁死尾座和套筒，此时再将卡盘夹紧。 3．车削 $\phi36_{-0.025}^{0}$ mm、$\phi30_{-0.025}^{0}$ mm 外圆时为保证表面粗糙度，可以采用较高的主轴转速加工。 4．车削外螺纹一般大径等于公称直径 -0.12 × 螺距
4	车削 3 × 1 mm 槽、M24 × 2-6h 螺纹退刀槽	1．使用切槽刀加工 3 × 1 mm 槽至尺寸，保证 $\phi36_{-0.025}^{0}$ mm 外圆长度 $45_{-0.5}^{0}$ mm。 2．使用切槽刀加工 8 × 1.5 mm 槽至尺寸，保证长度 $30_{-0.15}^{0}$ mm	90° 车刀、45° 车刀、切槽刀（3 mm）、游标卡尺	1．切削沟槽时注意选择合适的转速，采用手动进给。 2．槽宽大于刀宽时可以左右借刀

续表

实施步骤	操作内容	要 点	工 具	注意事项
5	车削M24×2-6h外螺纹	使用60°三角外螺纹车刀，采用倒顺法车削外螺纹	60°三角外螺纹车刀、60°螺纹对刀板、螺纹环规	1. 借助螺纹对刀板装夹螺纹车刀，保证刀尖对称中心线与工件轴线垂直。 2. 车削螺纹时采用丝杠传动，根据螺距选择手柄位置。 3. 采用倒顺法加工螺纹时，主轴转速不宜太高。 4. 车削螺纹时，开合螺母保持在闭合状态。 5. 中托板退出必须迅速，以防止碰伤螺纹。 6. 螺纹加工中可以加注切削液，可以留1～3次精修走刀
6	车削外圆锥	逆时针转到小托板，使用90°车刀车削圆锥，保证$\phi36_{-0.025}^{0}$ mm外圆长度为20 mm	活扳手、90°车刀、万能角度尺	1. 小托板转动的角度应该为圆锥锥角的一半，即为$\alpha/2$。 2. 中途微量调整时只需稍微拧松螺母，用铜棒轻轻敲击，凭手感来确定细微的动作。 3. 车削圆锥时小托板的运动一定要均匀、连续、稳定。 4. 圆锥加工可以分为粗、精加工
7	倒角	倒角、去毛刺	45°车刀	倒角的尺寸
8	车床现场5S及TPM	填写5S管理点检表和TPM点检表	笔，各种表格	

项目 4 中级综合件加工

任务 1 综合件 1 加工

实施步骤	操作内容	要点	工具	注意事项
1	平端面、车削 $\phi35_{-0.039}^{0}$ mm 外圆和 $5\times\phi31$ mm 槽	1. 将工件安装在三爪卡盘上，外伸 45 mm 左右。 2. 选择正确的主轴转速及走刀速度。 3. 使用 45° 车刀车削端面。 4. 使用 90° 车刀粗精车 $\phi35_{-0.039}^{0}$ mm 外圆至尺寸，长度为 40 mm。 5. 使用切槽刀车削 $5\times\phi31$ mm 槽。 6. 45° 车刀倒角	钢直尺、卡盘扳手、游标卡尺、千分尺、45° 车刀、90° 车刀和切槽刀	1. 45° 车刀刀尖安装要与主轴轴线等高或略低一点点。 2. 车削 $\phi35_{-0.039}^{0}$ mm 外圆时为保证表面粗糙度可以采用较高的主轴转速加工。 3. 切削沟槽时注意选择合适的转速，采用手动进给。 4. 槽宽大于刀宽时可以左右借刀
2	钻削中心孔、钻孔、镗孔	1. 钻削中心孔。 2. 使用 $\phi20$ mm 麻花钻钻孔，钻孔深度为 $\phi20$ mm。 3. 粗、精镗 $\phi25_{0}^{+0.052}$ mm 内孔至尺寸，深度为 $20_{0}^{+0.15}$ mm	$\phi20$ mm 麻花钻、内孔 90° 镗刀、中心钻、钻夹头、游标卡尺、内径百分表	1. 钻削中心孔时可以选择较高的主轴转速（1 000 r/min 以上），进给要平稳。 2. 钻夹头安装要牢固，安装时可以适当用点力量。 3. 钻削 $\phi20$ mm 孔时，进给要均匀，可以利用尾座套筒的刻度控制钻孔深度。 4. 钻孔时要适时退出断屑，并浇注切削液。 5. 镗孔时注意退刀方向与外圆加工相反

续表

实施步骤	操作内容	要 点	工 具	注意事项
3	平端面、定总长、钻削中心孔	1．工件调头，夹住$\phi35_{-0.039}^{0}$mm外圆，外伸约65mm。 2．使用45°车刀车削端面，保证总长（10±0.12）mm。 3．钻削中心孔	钢直尺、45°车刀、中心钻、钻夹头	1．钻削中心孔时可以选择较高的主轴转速（1 000 r/min以上），进给要平稳。 2．钻夹头安装要牢固，安装时可以适当用点力量
4	车削$\phi40_{-0.039}^{-0.01}$mm和M33×2螺纹大径外圆、1∶7外圆锥和5×$\phi28$ mm螺纹退刀槽	1．采用“一夹一顶”装夹工件。 2．使用90°车刀车削$\phi40_{-0.039}^{-0.01}$mm至尺寸，长度为60 mm。 3．使用90°车刀车削螺纹大径至$\phi32.73$ mm，保证长度25 mm。 4．使用切槽刀车削5×$\phi28$ mm槽，保证$\phi40_{-0.039}^{-0.01}$mm外圆长度为35 mm。 5．逆时针转动小拖板，使用90°车刀车削圆锥，保证$\phi40_{-0.039}^{-0.01}$mm外圆长度为10 mm。 6．用45°车刀螺纹处倒角	90°车刀、45°车刀、切槽刀、活动顶尖、游标卡尺、千分尺、活扳手	1．采用“一夹一顶”装夹工件时，一般卡盘夹住工件5~10 mm长，若卡爪磨损严重可以适当增加夹持长度。 2．等到顶尖到位后锁死尾座和套筒，此时再将卡盘夹紧。 3．车削$\phi40_{-0.039}^{-0.01}$mm外圆时为保证表面粗糙度可以采用较高的主轴转速加工。 4．车削外螺纹一般大径等于公称直径 −0.12×螺距。 5．小拖板转动的角度应该为圆锥锥角的一半，即为$\alpha/2$。 6．中途微量调整时只需稍微拧松螺母，用铜棒轻轻敲击，凭手感来确定细微的动作。 7．车削圆锥时小拖板的运动一定要均匀、连续、稳定。 8．切削沟槽时注意选择合适的转速，采用手动进给。 槽宽大于刀宽时可以左右借刀

续表

实施步骤	操作内容	要点	工具	注意事项
5	车削 M33×2 外螺纹	使用 60° 三角外螺纹车刀，采用倒顺法车削外螺纹	60° 三角外螺纹车刀、60° 螺纹对刀板、螺纹环规	1. 借助螺纹对刀板装夹螺纹车刀，保证刀尖对称中心线与工件轴线垂直。 2. 车削螺纹时采用丝杠传动，根据螺距选择手柄位置。 3. 采用倒顺法加工螺纹时，主轴转速不宜太高。 4. 车削螺纹时开合螺母保持在闭合状态。 5. 中托板退出必须迅速，防止碰伤螺纹。 6. 螺纹加工中可以加注切削液，可以留 1 ～ 3 次精修走刀
6	倒角	倒角、去毛刺	45° 车刀	倒角的尺寸
7	车床现场 5S 及 TPM	填写 5S 管理点检表和 TPM 点检表	笔，各种表格	

任务 2 综合件 2 加工——圆锥螺纹轴

实施步骤	操作内容	要点	工具	注意事项
1	平端面、打中心孔	1. 将工件安装在三爪卡盘上，外伸 15 ～ 20 mm。 2. 选择正确的主轴转速及走刀速度。 3. 使用 45° 车刀车削端面。 4. 将中心钻安装到钻夹头上，并将钻夹头安装到车床尾座上。 5. 缓慢进给钻削中心孔	钢直尺、卡盘扳手、45° 车刀、钻夹头、中心钻	1. 45° 车刀刀尖安装要与主轴轴线等高或略低一点点。 2. 钻削中心孔时可以选择较高的主轴转速（1 000 r/min 以上），进给要平稳。 3. 钻夹头安装要牢固，安装时可以适当用点力量

续表

实施步骤	操作内容	要　点	工　具	注意事项
2	车削$\phi21_{-0.033}^{0}$mm、$\phi42.7_{-0.033}^{0}$ mm和1∶7外圆锥面	1．采用“一夹一顶”装夹工件。 2．使用90°车刀车削$\phi42.7_{-0.033}^{0}$ mm外圆至$\phi43$ mm，车削$\phi21_{-0.033}^{0}$ mm外圆至$\phi21.3$ mm，保证长度为11.8 mm，车削外圆锥面保证长度为39.7mm	90°车刀、45°车刀、活动顶尖、游标卡尺、千分尺	1．采用“一夹一顶”装夹工件时，一般卡盘夹住工件5～10 mm长，若卡爪磨损严重可以适当增加夹持长度。 2．等到顶尖到位后锁死尾座和套筒，此时再将卡盘夹紧
3	调头，平端面，定总长，钻削中心孔	用三爪卡盘装夹毛坯面，外伸15～20 mm	钢直尺、卡盘扳手、45°车刀、钻夹头、中心钻	1．45°车刀刀尖安装要与主轴轴线等高或略低一点点。 2．钻削中心孔时可以选择较高的主轴转速（1 000 r/min以上），进给要平稳。 3．钻夹头安装要牢固，安装时可以适当用点力量
4	车削$\phi24_{-0.033}^{0}$ mm外圆、槽Tr 36×6和$\phi25_{-0.2}^{0}$ mm螺纹外径并倒角	1．采用“一夹一顶”装夹工件。 2．使用90°车刀车削$\phi24_{-0.033}^{0}$ mm外圆至$\phi24.3$mm，保证长度为10.7 mm，车削Tr36×6螺纹大径至35.7 mm，车削$\phi25_{-0.2}^{0}$ mm螺纹退刀槽至尺寸，倒角	90°车刀、45°车刀、切槽刀、活顶尖、游标卡尺、千分尺	1．采用“一夹一顶”装夹工件时，一般卡盘夹住工件5～10 mm长，若卡爪磨损严重可以适当增加夹持长度。 2．顶尖到位后锁死尾座和套筒，此时再将卡盘夹紧。 3．车削梯形螺纹一般先倒角，以方便刀具切入

续表

实施步骤	操作内容	要　点	工　具	注意事项
5	粗、精车 Tr36×6 螺纹	1．使用梯形螺纹刀粗车梯形螺纹，留余量 0.3 mm。 2．使用梯形螺纹刀精车梯形螺纹至尺寸	30° 梯形螺纹车刀、螺纹环规	1．梯形螺纹车刀车削时，螺距大于 4 mm 时粗、精加工要分开。 2．梯形螺纹车刀车削时，切削量较大，一般转速不高，常取 n<200 r/min。 3．安装螺纹车刀时需要借助对刀样板来保证车刀轴线与工件轴线垂直。 4．梯形螺纹加工时，螺纹槽较宽，可以左右借刀来完成。 5．车削螺纹时采用丝杠传动，根据螺距选择手柄位置。 6．车削螺纹时开合螺母保持在闭合状态。 7．中托板退出必须迅速，以防止碰伤螺纹。 8．螺纹加工中可以加注切削液。 9．螺纹为左旋，注意走刀方向
6	精车 $\phi24_{-0.033}^{\ 0}$ mm、$\phi42.7_{-0.033}^{\ 0}$ mm、$\phi21_{-0.033}^{\ 0}$ mm 外圆和 1 : 7 外圆锥	1．采用双顶尖装夹工件。 2．使用 90° 外圆车刀精车外圆和外圆锥至尺寸，保证长度	90° 外圆车刀、双顶尖、鸡心夹头、千分尺、游标卡尺、活扳手、万能角度尺	1．采用双顶尖精车外圆可以保证跳动达到要求。 2．外圆粗糙度要求较高，可以采用较高的转速。 3．注意鸡心夹头的安装方法。 4．车削圆锥时小托板的运动一定要均匀、连续、稳定
7	倒角	倒角、去毛刺	45° 车刀	倒角的尺寸
8	车床现场 5S 及 TPM	填写 5S 管理点检表和 TPM 点检表	笔，各种表格	

任务3 综合件2加工——锥套

实施步骤	操作内容	要点	工具	注意事项
1	平端面、打中心孔	1. 将工件安装在三爪卡盘上，夹住15 mm左右。 2. 选择正确的主轴转速及走刀速度。 3. 使用45°车刀车削端面。 4. 将中心钻安装到钻夹头上，并将钻夹头安装到车床尾座上。 5. 缓慢进给钻削中心孔	钢直尺、卡盘扳手、45°车刀、钻夹头、中心钻	1. 45°车刀刀尖安装要与主轴轴线等高或略低一点点。 2. 钻削中心孔时可以选择较高的主轴转速（1 000 r/min以上），进给要平稳。 3. 钻夹头安装要牢固，安装时可以适当用点力量
2	车削$\phi38^{0}_{-0.033}$ mm外圆、车削$\phi30^{0}_{-0.1}$ mm槽和钻削$\phi8.5$ mm孔	1. 车削$\phi38^{0}_{-0.033}$ mm外圆至尺寸，倒角。 2. 车削$\phi30^{0}_{-0.1}$ mm槽至尺寸。 3. 钻削$\phi8.5$ mm孔，深度25 mm	90°车刀、45°车刀、$\phi8.5$ mm麻花钻、游标卡尺、千分尺	1. 钻削$\phi8.5$ mm孔时，进给要均匀，可以利用尾座套筒的刻度控制钻孔深度。 2. 钻孔时要适时退出断屑，并浇注切削液
3	调头，平端面，定总长，钻削中心孔	1. 用三爪卡盘装夹$\phi38^{0}_{-0.033}$ mm外圆，外伸25 mm左右。 2. 为防止夹伤表面，可以垫铜皮	钢直尺、45°车刀、钻夹头、中心钻	1. 45°车刀刀尖安装要与主轴轴线等高或略低一点点。 2. 钻削中心孔时可以选择较高的主轴转速（1 000 r/min以上），进给要平稳。 3. 钻夹头安装要牢固，安装时可以适当用点力量
4	车削滚花外圆、滚花	1. 车削滚花外圆至$\phi43^{-0.16}_{-0.36}$ mm，长度为$14^{0}_{-0.1}$mm。 2. 加工滚花，倒角	游标卡尺、90°外圆车刀、45°车刀、双头滚花刀	1. 滚花刀装夹要保证滚轮中心或对称中心（双轮滚花刀）与工件轴线等高。 2. 滚花时主轴转速一般选为50～100 r/min，进给量一般选为0.3～0.6 mm/r。

续表

实施步骤	操作内容	要 点	工 具	注意事项
4	车削滚花外圆、滚花	1．车削滚花外圆至 $\phi43_{-0.36}^{-0.16}$ mm，长度为 $14_{-0.1}^{0}$ mm。 2．加工滚花，倒角	游标卡尺、90°外圆车刀、45°车刀、双头滚花刀	3．开始滚花时使滚花轮宽度的 1/2 ~ 1/3 与工件接触，保证能顺利切入。 4．滚花开始时只做径向进刀，力度要大，保证一开始就能形成理想的花纹。 5．测量花纹达到要求后，采用自动走刀加工滚花，可以重复几次
5	钻孔、镗孔	1．采用 $\phi18$ mm 麻花钻钻孔，钻深 30 mm。 2．粗镗圆锥孔。 3．粗精镗 $\phi21_{+0.020}^{+0.054}$ mm 至尺寸要求。 4．与件 1 配作，精镗圆锥孔，深度为 25 mm	麻花钻、内孔 90°镗刀、内径百分表、游标卡尺、活扳手	1．钻削 $\phi18$ mm 孔时，进给要均匀，可以利用尾座套筒的刻度控制钻孔深度。 2．钻孔时要适时退出断屑，并浇注切削液。 3．镗孔时注意退刀方向与外圆加工相反。 4．加工圆锥面时进给要均匀、稳定
6	倒角	倒角、去毛刺	45°车刀	倒角的尺寸
7	车床现场 5S 及 TPM	填写 5S 管理点检表和 TPM 点检表	笔，各种表格	

参考文献

[1] 乌尔里希·菲舍尔，等. 简明机械手册［M］. 2版. 云忠，杨放琼，译. 长沙：湖南科学技术出版社，2012.

[2] 王希波，王公安. 机械知识手册［M］. 北京：中国劳动社会保障出版社，2015.

[3] 韩树明，郑勇. 机械加工实训［M］. 北京：高等教育出版社，2012.

[4] 管林东. 车工技术手册［M］. 北京：中国劳动社会保障出版社，2014.

零件车削加工

工　作　页

班级：________________________

姓名：________________________

学号：________________________

目录

绪论 培训规范和 5S、TPM 管理

项目 1 简单轴套类零件加工

项目 2　简单组合件加工

项目 3　初级综合件加工

项目 4　中级综合件加工

绪论　培训规范和 5S、TPM 管理	姓名：	班级：
	日期：	页码范围：

绪论 培训规范和 5S、TPM 管理

一、培训规范

1．培训注意事项

1）培训前的注意事项

（1）应穿着工作服（含工作裤）、防护鞋，长发女生须将长发置于安全帽内，佩戴防护眼镜，携带常备的学习材料和工具，如工作页、量具、绘图工具、纸张、手册等。

（2）上课前，应完成教师安排的课前任务，提前做好理论知识的预习，做好课程准备工作。

（3）初次参加培训前，应熟读并签署《培训环境管理规定》《警告条例》《日常行为评价细则》等文件，熟知规定中的相关条例，坚决杜绝违规违纪行为，熟知违规违纪的后果。

2）培训中的注意事项

（1）培训过程中严格服从培训教师[①]的指导与安排，认真学习，配合教师，积极参与各项活动。在技能操作中应严格按规范操作，按规定完成教学项目与任务，不违规操作，不扰乱课堂秩序。应遵守 5S 管理规范，不断提升职业素养。

（2）熟知《培训环境管理规定》，不将食物等带入培训区；不在培训过程中使用手机，不在培训过程中嬉戏打闹；废弃物应按要求分类丢弃，不将非金属类垃圾丢入金属车内；饮料瓶及水杯等应放置于饮水区水杯架上。

（3）熟知《警告条例》，违反规定后，应主动承认错误，积极改正错误，服从教师的处理决定。

（4）熟知《日常行为评价细则》，知悉日常表现的影响，培养良好的素质素养。

（5）熟知《5S 管理规范》《TPM 管理规范》，不熟悉之处可查看所在区域看板，学习并践行 5S 管理与 TPM 管理相关内容。

（6）操作过程中严格遵守动态 5S 管理规定。动态 5S 管理体现了良好的职业素养，应在平时的操作过程中养成良好的职业习惯。

---

① 在德国“双元制”教学模式中，指导学生实训的人员称为培训师或培训教师。国内的教师往往兼顾课堂教学和培训指导工作，因此本书中对教师和培训教师不做特别区分。

3）培训后的注意事项

（1）实训类课程培训结束后，认真、如实填写《设备使用登记表》，真实记录设备使用情况，及时向现场培训教师报告设备故障及问题。

（2）完成《5S管理点检表》《TPM管理点检表》的填写，班级每一名成员均应有机会接触点检表。认真完成点检操作，对于点检过程中存在的问题，应及时反馈给现场培训教师。

（3）实训类课程培训结束后，认真完成《学徒培训证明》的填写，做好一天的实训总结，交由培训教师批阅后认真保存，以待毕业考试时检查；或听从培训教师安排如实完成实训报告，字迹工整，作图清晰，做好实训总结，完成后交由培训教师评阅。如有考核评价学徒的内容，应配合培训教师完成。

（4）完成教师布置的课后任务。

2. 培训环境管理规定

1）食品、饮品管理规定

（1）培训区不得带入食物，培训期间不得进食。

（2）饮水后应将水杯放置于固定的水杯架上。对于不明液体，应在容器上做相应标识，以防止产生不良后果。

2）消防安全管理规定

（1）培训区内消防器材前不得堆放杂物，不得阻挡消防通道。各个培训区域应保证安全出口畅通，张贴消防安全疏散指示标志，应急照明、消防广播等设施处于正常状态。

（2）培训区不得使用明火，不得随意堆放易燃易爆物品。机械设备常用化学物品（尤其是油品）类应集中存放于符合标准的化学品库内。培训区内不得存放超量油品等化学物品。

3）培训区域5S管理规定

（1）培训区应保持通道畅通；地面无积尘，无渗水、积水，防滑，无烟蒂、纸屑等杂物。

（2）使用的工器具、推车、原辅材料、半成品等，应遵循摆放整齐、存取方便的原则，分类放至指定地点。

（3）废弃物、残次品按要求在指定地点整齐存放。

（4）切削液不可洒到机床区域外的地面上。铁屑用容器装好，倒在指定地点。电气用品及工具用完应及时归位。

3. 培训安全标志

根据国家标准《安全标志及其使用导则》（GB 2894—2008），安全标志由图形符号、安全色、几何形状（边框）或文字构成，用以表达特定安全信息。安全标志分为禁止标志、警告标志、指令标志、提示标志四类。

（1）禁止标志。禁止标志是禁止人们不安全行为的图形标志。其基本形式是带斜杠的圆边框，其中圆边框与斜杠相连，用红色；图形符号用黑色；背景用白色。部分禁止标志如下表所示。

序号	图形标志	名称	序号	图形标志	名称
1		禁止吸烟	8		禁止攀登
2		禁止烟火	9		禁止堆放
3		禁止用水灭火	10		禁止放置易燃物
4		禁止饮用	11		禁止启动
5		禁止叉车和厂内机动车辆通行	12		禁止转动
6		禁止开启无线移动通信设备	13		禁止伸入
7		禁止通行	14		禁止戴手套

（2）警告标志。警告标志是提醒人们对周围环境引起注意，以避免可能发生危险的图形标志。其基本形式是黑色的正三角形边框，黑色图形符号和黄色背景。部分警告标志如下表所示。

序号	图形标志	名称	序号	图形标志	名称
1		当心火灾	10		当心伤手
2		当心激光	11		当心障碍物
3		注意安全	12		当心坠落
4		当心爆炸	13		当心夹手
5		当心中毒	14		当心扎脚
6		当心腐蚀	15		当心叉车
7		当心电离辐射	16		当心触电
8		当心吊物	17		当心机械伤人
9		当心挤压	18		当心碰头

（3）指令标志。指令标志是强制人们必须做出某种动作或采取防范措施的图形标志。其基本形式是圆形边框，蓝色背景，白色图形符号。部分指令标志如下表所示。

序号	图形标志	名称	序号	图形标志	名称
1		必须持证上岗	7		必须戴防毒面具
2		必须穿工作服	8		必须戴安全帽
3		必须戴防护眼镜	9		必须戴防护帽
4		必须佩戴遮光护目镜	10		必须穿防护鞋
5		必须戴护耳器	11		必须戴防护手套
6		必须戴防尘口罩	12		必须洗手

注：“必须持证上岗”和“必须穿工作服”标志在国家标准《安全标志及其使用导则》（GB 2894—2008）中未列出。

（4）提示标志。提示标志是向人们提供某种信息（如标明安全设施或场所等）的图形标志。其基本形式是正方形边框，绿色背景，白色图形符号及文字。部分提示标志如下表所示。

<table>
<tr><th>编号</th><th>图形标志</th><th>名称</th><th>编号</th><th>图形标志</th><th>名称</th></tr>
<tr><td rowspan="2">1</td><td rowspan="2"></td><td rowspan="2">紧急出口</td><td>3</td><td></td><td>应急电话</td></tr>
<tr><td>4</td><td></td><td>避险处</td></tr>
<tr><td>2</td><td></td><td>急救点</td><td>5</td><td></td><td>应急避难场所</td></tr>
</table>

4．培训过程规范

1）出勤规范

（1）必须提前5分钟进入培训区，列队等候培训教师的指示，未按时进入培训区则视为迟到。

（2）迟到、早退10分钟以上，按旷课一节处理；迟到、早退满3次，视为旷课1天；缺课（包括病假、事假、旷课等）课时累计超过实训总课时三分之一者，取消考试资格，实训成绩不及格，无补考机会。

（3）有事需请假，得到培训教师同意后方可离开工作岗位。请病假（需有医生证明）、事假等，均需事先办理请假手续。请4小时以内事假须经培训教师同意，请4小时以上事假须经培训中心培训经理同意；否则，以旷课论处。

（4）培训期间，按照企业规定实行统一的作息时间。

2）安全规范

（1）进入培训中心，必须穿着工作服（含工作裤）、防护鞋，否则不得进入培训中心；长发必须置于安全帽内；操作或围观旋转类机床时，必须佩戴防护眼镜。

（2）严禁佩戴手套及手表、手链、戒指、项链等饰品和胸卡，以免物品缠绕或卷入机器中发生危险。

（3）必须学习并熟记机床安全操作规程、机床使用说明书和机床操作作业指导书。未经培训，严禁擅自使用机床。

（4）在无培训教师的情况下，严禁使用机床。加班时必须有2人以上方可操作机床。严禁多人同时操作一台机床。

（5）严禁独自攀爬设备、工作台、材料架等。严禁倚靠机床、桥架等。严禁将压缩空气枪枪口对人。

（6）操作设备过程中，如设备有警报或出现异常现象等，必须立即停机并报告培训教师。

3）行为规范

（1）严禁将食物带入车间，水杯必须放到指定位置，违者不得进入培训车间。

（2）培训区（办公室除外）内，未经允许不得使用手机，违者需将手机交给培训教师保管至当天培训结束。

（3）保持环境整洁和物品归位，严禁随地吐痰、乱扔垃圾。

（4）培训区（包括卫生间）内不允许吸烟。

（5）严禁在培训区大声喧哗或嬉戏打闹，以免影响他人。

（6）培训中，工量刀具必须摆放在规定位置，禁止乱摆乱放；个人物品必须统一放置在衣柜中，或在规定区域内摆放整齐。

（7）设备使用前，必须进行点检，合格后方能使用。

（8）每次培训结束后，必须按照5S规范整理到位，按照设备保养要求做好设备维护、保养工作，并做好相应记录。

（9）培训中，对所用仪器、设备、工量刀具等，应注意维护保养和妥善保管，若有损坏或丢失，需酌情按价赔偿。

（10）按要求填写实训手册或培训日志。

4）其他

（1）除遵守本规范外，还须遵守各车间制订的其他规章制度和各工种的安全操作规程。

（2）如果违反本规范，所造成的一切后果由当事人负全责。

5. 警告条例

本警告条例适用于所有学生，如有违反者，视情节轻重，将分别给予口头警告、书面警告以及禁止进入培训中心的处分。

1）口头警告

凡有下列行为之一的，每发生1次记口头警告1次，口头警告满3次者记书面警告1次。

（1）进入培训区，不穿工作服（含工作裤）。

（2）多人同时操作一台机床时，每人记口头警告1次。

（3）培训后，不按照规定摆放工量刀具及工件。

（4）将食物带入培训场所或水杯不按规定位置摆放。

（5）上课期间睡觉。

（6）在培训区喧哗、嬉戏、追逐、打闹或有其他可能造成安全隐患的行为。

（7）不按标准和要求进行5S和TPM管理。

（8）不能保持培训区域环境整洁，物品摆放杂乱，随地吐痰，乱扔垃圾。

（9）其他违反培训规范的行为。

2）书面警告

凡有下列行为之一的，每发生1次记书面警告1次并在区域看板上通报批评。书面警告满3次者，本培训课程期间禁止进入培训中心。

（1）被记口头警告3次。

（2）进入培训场所不穿防护鞋。

（3）操作机床时，佩戴耳坠、戒指、手链、项链、手表、胸卡等。

（4）操作和观察机床时，不佩戴防护眼镜，长发未置于安全帽内。

（5）在培训期间有使用手机等非学习行为。如有紧急事情，请联系培训中心相关负责人。

（6）未经批准，中途擅自离开培训中心或办理私事等。

（7）无故旷课、迟到、早退。

（8）无故损坏卫生间、更衣室、宿舍、教室等区域设施。

（9）在公共场所乱涂乱画。

（10）私自更换更衣柜锁。

（11）未经允许，在培训区内拍照、摄像、录音。

（12）在培训区（包括卫生间）内吸烟。

3）禁止进入培训中心

凡有下列行为之一的，本培训课程阶段内禁止进入培训中心。

（1）被记书面警告3次。

（2）偷拿毛坯料、零件及其他工量刀具。

（3）作弊或代替他人加工零件者（涉及多人的，均予以处分）。

（4）违反培训中心操作规程或安全规定，造成安全事故，或严重损坏设备。

（5）伪造假条或其他证明材料，提供虚假信息。

6. 必要的告知书

项目	内容
岗位工作过程描述	接受零件的加工任务书后，阅读和分析零件图样，进行加工工艺规划，包括零件的加工工序制订、刀具选择、量具选择、工具选择、零件装夹、加工精度确认和质量检测方法选择。在开始工作前，应拟订工作步骤，如备齐图样、工量刀具、设备等，前往仓库领取物料、工量刀具，安排装夹、加工、检测等步骤
学习目标	1．明确零件图样的加工要求，确定零件加工总体方案，获得加工和检测总体印象。 2．会根据零件图样做出规划，确定所需的加工材料、设备、工量刀具等。 3．能够描述工作内容与流程，明确学习目标。 4．了解加工操作中的安全注意事项。 5．能做好现场5S管理及TPM管理

续表

项目	内容
学习过程	信息：接受工作任务（简称任务），根据任务描述、任务提示等，获取零件加工的相关信息，列出需要准备的材料及标准件清单，回答与任务相关的关键问题。 计划：根据零件图样、材料和标准件清单及上一步骤的信息，与小组成员、培训教师讨论，制订合理的加工生产计划。 决策：与培训教师进行专业交流，回答问题，确认材料和标准件清单，梳理工作流程，并查看检查要求和评价标准。 实施：按确定的工作流程进行零件的加工，并完成零件检测。在此过程中若发现问题，与组员共同分析，调整加工步骤。如遇到无法解决的问题，请培训教师或师傅帮助解决。 检查： （1）独立检查和评价零件加工质量。 （2）检查现场5S管理及TPM管理情况。 评价： （1）评价零件的加工质量并进行自我检查。 （2）与同学、培训教师、师傅进行关于评分分歧及原因、操作过程中存在的问题、理论知识等方面的专业讨论，并勇于提出改进建议
行动化学习任务	培训教师应根据要求准备各类材料和工量夹具，并按步骤讲解相应的内容。 学生应根据工作页的引导，分别完成知识的学习和技能的训练，并在每次任务完成后进行5S管理和TPM管理

二、5S管理

1. 5S管理简介

20世纪80年代，一种起源于日本的管理模式风靡全球，它就是5S管理，即整理（seiri）、整顿（seiton）、清扫（seiso）、清洁（seiketsu）和素养（shitsuke）。5S管理能使员工节省寻找物品的时间，提高工作效率和产品质量，保障生产安全。

2. 5S管理的含义

1）整理

整理就是区分需要用和不需要用的物品，将不需要用的物品处理掉。整理的意义在于合理调配物品和空间，只留下需要用的物品和需要用的数量，最大限度地利用物品和空间，节约时间，提高工作效率。

2）整顿

整顿就是合理安排物品放置的位置和方法，并进行必要标识。对生产现场需要留下的物品进行科学合理的布置和摆放，以便能够以最快的速度取得所需物品，达到在30秒内找到所需物品的目标。

3）清扫

清扫就是清除生产现场的污垢，清除作业区域的物料垃圾。清扫的目的在于清除污垢，保持现场干净、明亮。清扫的意义是清理生产现场的污垢，使异常情况很容易被发现，这是实施自主保养的第一步。

4）清洁

清洁就是将整理、整顿、清扫实施的做法制度化、规范化，维持其成果。在这一步骤中，应完成5S、TPM点检操作。清洁的目的在于认真维护并保持整理、整顿、清扫的效果，使生产现场保持最佳状态。通过对整理、整顿、清扫活动的坚持与深入，消除发生安全事故的根源，创造一个良好的工作环境，使员工能够愉快地工作。

5）素养

素养就是人人按章操作、依规行事，养成良好的习惯。提高素养的目的在于提升“人的品质”，培养对任何工作都认真负责的意识。提高素养的意义在于努力提高员工的素质，使员工养成严格遵守规章制度的习惯，这是5S管理的核心。

3. 5S管理的意义

（1）确保安全。通过推行5S管理，企业往往可以避免因疏忽而引起的火灾，因不遵守安全规则导致的各类事故、故障，因灰尘或油污等所引起的危害，因而能使生产安全得到落实。

（2）提升业绩。5S管理是一名很好的“业务员”，拥有一个清洁、整齐、安全、舒适的环境，一支具备良好素养的员工队伍的企业，常常更能博到客户的信赖，实现业绩的提升。

（3）提高工作效率和设备使用率。通过实施5S管理，一方面减少了生产的辅助时间，提升了工作效率；另一方面因降低了设备的故障率，提高了设备使用效率，从而可降低一定的生产成本。可见，5S管理是一位“节约者”。

（4）提高员工素养。员工通过参与其他4S管理，除了可以营造整洁的工作环境外，还可以培养良好的工作习惯、遵规守纪的意识和凡事认真负责的态度，从而提高了自身素养。

（5）提升企业形象。通过实施5S管理，可以全面提升现场管理水平，提高效率，降低废品率，提高操作安全性，有效改善工作环境，提高员工品质修养，改善企业精神面貌，形成良好企业文化，从而更有利于塑造卓越企业形象，使企业在竞争中更具竞争力。

4. 5S管理的实施

5S管理的实施可通过如下3个步骤完成。

1）制订《5S管理规范》

利用图片、表格等可视化方式制订出《5S管理规范》。

制订原则：图文结合，操作要点清晰，可操作性强，展示于培训区域内，供学生在培训过程中自我检视。

B2-车削区现场5S管理规范如下表所示。

B2- 车削区现场5S管理规范（1）

序号	图示	说明
1		机床工具柜摆放归位
2		机床本体卫生打扫干净； 各部件上不得有杂物，用抹布擦拭干净； 擦拭干净后在机床没有喷涂油漆的部件上涂抹机油，如卡盘、导轨、刀架尾座等
3		机床四周卫生打扫整洁； 课程结束后，机床托盘应清理干净、保持整洁； 机床床底托盘保持清洁
4		机床停止后归位； 转速、进给手柄放空挡位置； 大托板停止在车床尾端

续表

序号	图 示	说 明
5	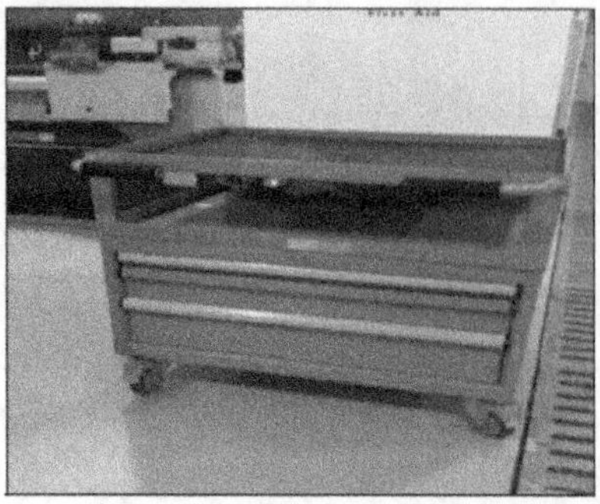	公共工具柜在课程结束后应保持表面、周围整洁与清洁
6		课程结束后所使用区域卫生，工具柜、机床本体、地面卫生等应达到要求

B2- 车削区现场 5S 管理规范（2）

序号	图 示	说 明
1	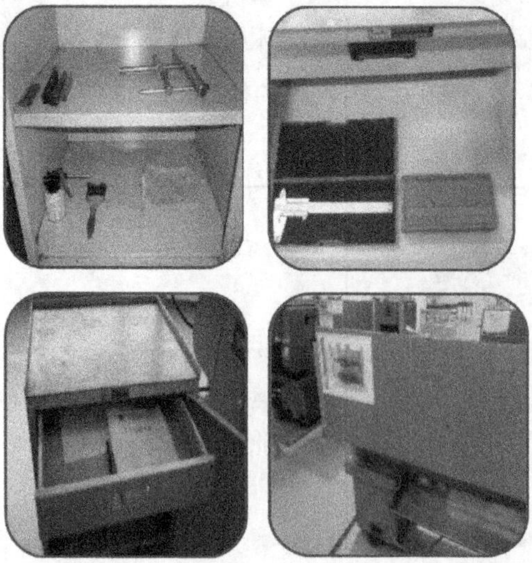	工作区域不得堆放无关物品，工具柜内工具应排放整齐、分类摆放，设备的操作指导书、操作规程应完善

续表

序号	图　示	说　明
2	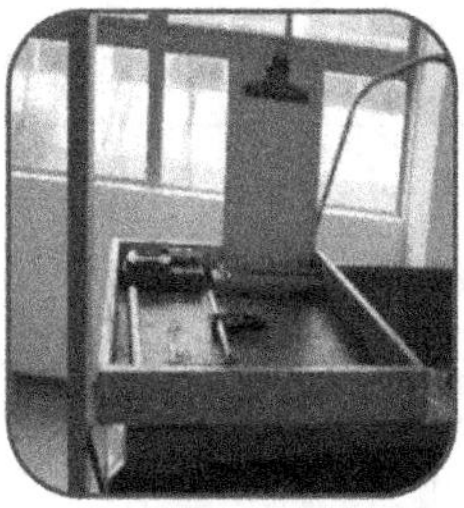 	设备工作时，工具摆放位置应正确，学生操作应规范
3	 	培训结束后，填写相关记录，开展 5S 管理，床身和地面等保持干净，关闭电源

2）制订《5S 管理点检表》

5S 管理作为一种现场管理方法，在管理过程中，需要配合《5S 管理点检表》实施。通过使用《5S 管理点检表》，可对整体实施效果进行检查，也可对某一 5S 管理标准进行检查。选择一种方案，制订出 5S 管理实施后的检查表，可指导学生团队进行自检、互检，及时发现问题、改正问题，使学生保持良好的行为习惯，养成良好的素养。

制订原则：点检内容应符合 5S 管理要求，应有每次点检的时间记录、点检人员记录。

B2- 车削区 5S 管理点检表如下所示。

B2- 车削区 5S 管理点检表

区域责任人			20　～20　学年　第　学期																				
名称	序号	点检内容	月日																				
			周																				
			节次																				
机床	1	下课后关闭区域内所有机床电源开关																					
	2	区域内所有机床物品按照 5S 管理规范要求摆放整齐																					
	3	区域内所有机床打扫干净，保持整洁																					

续表

区域责任人			20 ～20 学年 第 学期																				
名称	序号	点检内容	月日																				
			周																				
			节次																				
机床	4	设备使用登记表和维修记录本按照要求填写																					
地面	5	区域内地面打扫干净，没有铁屑、废纸和其他垃圾																					
公共摆放区	6	下课后，公共工具柜、摆放台等清扫干净																					
	7	公用工量刀具在使用后按照要求放回原位，并摆放整齐																					
机床工具柜	8	所有机床工具柜内的工量具、辅具按照要求摆放整齐																					
	9	工具柜按照要求摆放整齐，并保持整洁																					
垃圾区	10	垃圾篚内的垃圾及时清理																					
	11	扫把、撮箕按照要求排放整齐																					
着装	12	教师和学生按要求着装																					
实训场地安全	13	关闭实训场地总电源																					
	14	关闭窗户，锁好门																					
		点检者签名																					

3）完成点检

根据《5S 管理点检表》完成点检内容

三、TPM 管理

1. TPM 管理简介

TPM（total productive maintenance）意为“全员生产维护”。其中，全员是指全体人员。TPM 管理是企业领导、生产现场工人以及办公室人员共同参与的生产维修、保养体制。TPM 管理的目的是达到设备的最高效益，它以小组活动为基础，涉及设备全系统。

2. TPM 管理的含义

（1）预防哲学。防止问题发生是 TPM 管理的基本方针，这是预防哲学，也是消除灾害、事故、故障的理论基础。为防止问题的发生，应当消除产生问题的因素，并为防止问题的再次发生进行逐一的检查。

（2）“零”目标。TPM 管理以实现四个“零”为目标，即灾害为零、不良为零、故障为零、浪费为零。为了实现四个零，TPM 管理以预防保全手法为基础开展活动。

（3）全员参与和小集团活动。做好预防工作是 TPM 管理活动成功的关键。如果操作者不关注，相关人员不关注，领导不关注，就不可能做到全方位的预防。因为如果企业规模比较大，光靠几十个工作人员维护，就算是一天 24 个小时不停地巡查，也很难防止一些显在或潜在问题的发生。

3. TPM 管理的意义

（1）做好 TPM 管理就是做好自主保全，减少设备故障。

（2）做好 TPM 管理就是形成管理的氛围，防止事故的发生。

（3）做好 TPM 管理就是培养解决主要矛盾或问题的能力，尽量消除影响生产的内外因素。

4. TPM 管理的实施

制订出 TPM 管理规范，以图文结合的标准文件为指导，做好每一步的 TPM 管理工作。TPM 管理可按检查时间分为日 TPM 管理、周 TPM 管理、月 TPM 管理、学期 TPM 管理、年 TPM 管理等，相应的时间节点可根据培训中心的需求进行选择。同时，各时间节点的 TPM 管理点检内容应根据机器的正常维护保养规范及历史使用情况来确定。

5. TPM 管理点检表

TPM 管理实施后，应对管理内容进行 TPM 管理点检。对于 TPM 管理过程中仍存在的问题，应向教师、培训师或上一级管理人员反映。TPM 管理点检内容应与 TPM 管理规范内容相对应。TPM 管理点检表示例如下表所示。

中德培训中心设备 TPM 管理点检表（每天）
AHK-SCIT TPM MACHINE DAILY CHECKING RECORD

所属区域：B2- 车削区　　设备名称：普通车床　　设备编号：　　设备型号：CSD6136　　年 /YEAR　　月 /MONTH

NO.	保养及点检内容	日期																														
		1	2	3	4	5	6	7	8	9	10	11	12	13	14	15	16	17	18	19	20	21	22	23	24	25	26	27	28	29	30	31
1	检查电机、机床主轴运转是否正常																															
2	检查大托板、中托板、小托板运转是否正常，尾座工作是否正常																															
3	检查各控制开关工作是否正常，控制是否灵敏																															
4	检查各部位紧固螺钉是否松脱，并锁紧松动的螺钉																															
5	加注润滑油																															
6	清扫机床，保持机床清洁卫生																															
点检者签名																																
异常情况描述																																

注：①点检记录：√——正常；×——异常，并在异常情况描述栏内记录异常现象及通知带队培训师处理。

②只要使用机床，必须在带队培训师指导下进行每天点检。

③如果整周不使用，可以只进行每周点检。

④每月底由场室负责人负责收集此表，并交培训部主管复核后保存。

中德培训中心设备 TPM 点检表（每周及每学期）

AHK-SCIT TPM MACHINE WEEKLY/TERMINAL CHECKING RECORD

所属区域：B2- 车削区　　设备名称：普通车床　　20 至20 年 第 学期

设备型号：CSD6136　　设备编号：

序号	保养及点检内容	每学期教学周																	
		1	2	3	4	5	6	7	8	9	10	11	12	13	14	15	16	17	18
1	检查三爪卡盘工作是否正常（夹持工件是否有力），是否有偏心现象																		
2	检查外部所有操作杆是否需要修理																		
3	检查机床各个按钮是否松动																		
4	检查冷却液是否需要添加																		
点检者签名																			
异常情况描述																			

序号	保养及点检内容	每学期	□			□			
			假期（暑假或寒假）						
		20 至20 年第 学期	1	2	3	4	5	6	7	8
1	检查齿轮、传动轴等易损件磨损状况，并更换损坏的易损件									
2	检查电器控制系统工作是否正常									
3	检查变速控制系统工作是否正常									
4	检查刻度盘精度是否准确，必要时调整塞铁间隙									

续表

序号	保养及点检内容	每学期	□				□			
			假期（暑假或寒假）							
		20　至20　年第　学期	1	2	3	4	5	6	7	8
5	进行上油防锈处理									
点检者签名										
异常情况描述										

注：①点检记录：✓——正常；×——异常，并在异常情况描述栏内记录异常现象及通知培训教师。

②只要使用机床，就必须在培训教师指导下进行每天点检。

③在假期开始时更换新表填写。假期中检查项目同每学期要求，至少每月检查，CNC 设备一周检查一次。

④每学期结束时由场室负责人负责收集此表，并交培训部主管复核后保存。

项目 1 简单轴套类零件加工

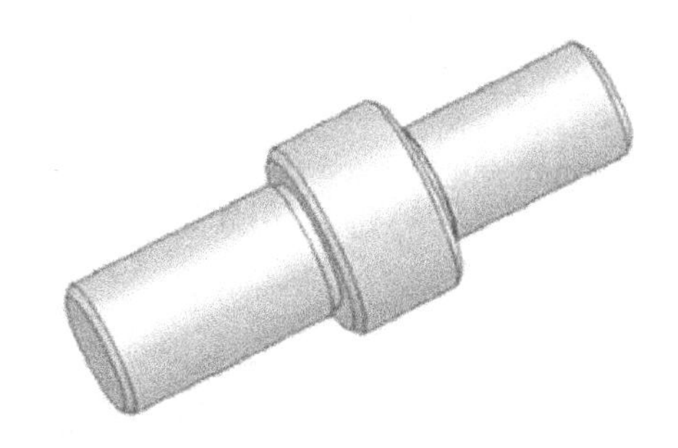

任务 1 台阶轴加工

任务目标

一、知识目标

1．了解车床的基本知识，主要包括车床的种类、车床的基本部件及功能。

2．熟悉车刀的基本知识，主要包括车刀材料的种类及牌号、车刀的种类及标记、车刀的主要几何参数；熟悉车削参数及用量的基本知识及正确选择。

3．掌握车削零件的定位、装夹，主要包括基准的概念、种类及选择原则，通用、专用夹具及工件的装夹。

4．了解车削零件的质量分析；掌握车削零件的检测原理与方法，以及检测工具的正确使用。

5．掌握轴类零件的车削加工工艺。

二、能力目标

1．能熟练操作普通车床，具备普通车削的能力，并能合理、规范使用设备。

2．能合理选择和使用各种常见刀具及夹具；能正确选择车削的切削参数；能合理制订典型车削零件的加工工艺。

3．掌握轴类零件的车削方法。

4．具备查阅与机械相关的资料并将知识应用于实践生产的能力。

5．能遵守中德培训中心规定，做好现场 5S 管理和 TPM 管理以及持续改善。

任务描述

依据图样要求，车削外形并保证尺寸要求、表面粗糙度等技术要求。

一、可用资源

1．任务图样

本任务图样如图 1-1 所示。

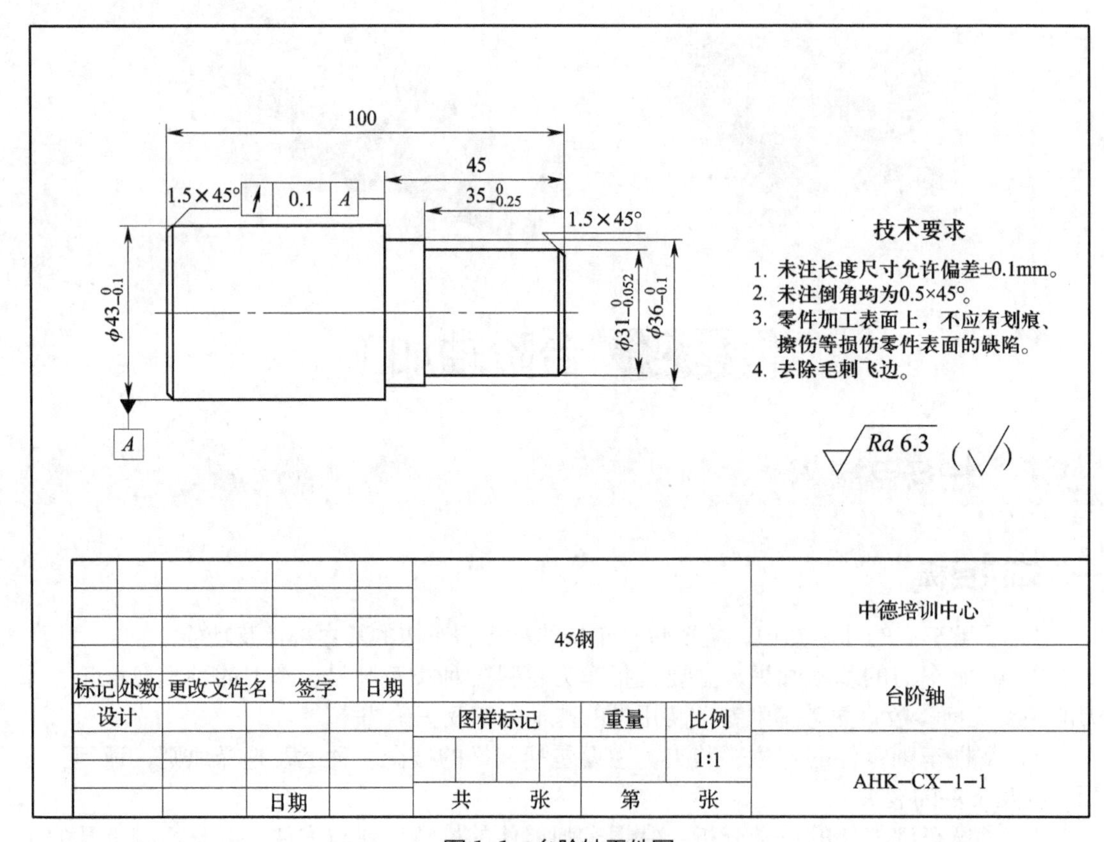

图 1-1　台阶轴零件图

2．材料清单

材料清单

名称	材料	数量	单位	毛坯尺寸	备注
圆钢	45 钢	1	个	ϕ45 mm × 105 mm	

二、重点和难点

重点	难点
1．零件装夹。 2．车刀装夹。 3．端面车削。 4．外圆车削。 5．尺寸的测量	1．三爪卡盘装夹零件。 2．刀尖高度调整。 3．尺寸精度的保证。 4．量具的使用和读数

三、参考用时

4 小时。

任务提示

一、工作方法

- 读图后回答引导问题，可以参考的资料有图样、《简明机械手册》（湖南科学技术出版社，2012 年出版）、ISO 标准等标准文件、“知识库”中的相关知识等。
- 以小组讨论的形式完成工作计划。
- 按照工作计划，完成加工工艺卡的填写和零件车削加工的任务。对于出现的问题，请先自行解决。如确实无法解决，再寻求帮助。
- 与培训教师讨论，进行工作总结。

二、工作内容

- 分析零件图样，拟定工艺路线。
- 工量刀具及切削参数选择。
- 零件加工与检测。
- 工具、设备、现场 5S 管理和 TPM 管理。

三、工量刀具

- 游标卡尺。
- 百分表及表座。
- 表面粗糙度样板。
- 90°车刀。
- 45°车刀。

四、知识储备

- 车床的基本知识、车床的种类、车床的基本部件及功能。
- 车刀的基本知识、车刀材料的种类及牌号、车刀的种类及标记、车刀的主要几何参数。
- 车削参数及用量的基本知识及正确选择。
- 车削零件的装夹，主要包括基准的概念、种类及选择原则，通用、专用夹具及工件的装夹。
- 车削零件的质量分析，车削零件的检测原理与方法，以及检测工具的正确使用。
- 外圆车削方法。
- 端面车削方法。
- 切削液。
- 工件装夹。
- 刀具类型的选择。
- 刀具磨损。
- 刀具安装。

五、注意事项与工作提示

- 机床只能由一人操作，不可多人同时操作。
- 加工时，工件必须夹紧。

- 车削前准备工作应充分，检查三爪卡盘和车刀是否装夹牢固。
- 卡盘的卡爪须清理干净。
- 工件装夹时应确认已夹紧。
- 清理铁屑时须使用毛刷。

六、劳动安全

- 读懂车间的安全标志并遵照行事。
- 穿实训鞋服，车削时佩戴防护眼镜、安全帽。
- 配制切削液时，应戴防护手套，防止对皮肤的腐蚀性伤害。
- 禁止佩戴胸卡、项链、手表等饰品。
- 毛坯各边去毛刺，操作时注意避免划伤。
- 停机测量工件时，应将工件移出，以避免被刀具误伤。

七、环境保护

- 参考《简明机械手册》相应章节的内容。
- 切屑应放置在指定的废弃物存放处。

工作过程

一、信息

A1 得分：　/ 20

（中间成绩 A1 满分 20 分，4 分 / 题。每题评分等级：0 ～ 4 分）

1．车刀有多种类型，分别有不同的用途，在图 1-1 所示零件的加工中会用到哪些种类的车刀呢？

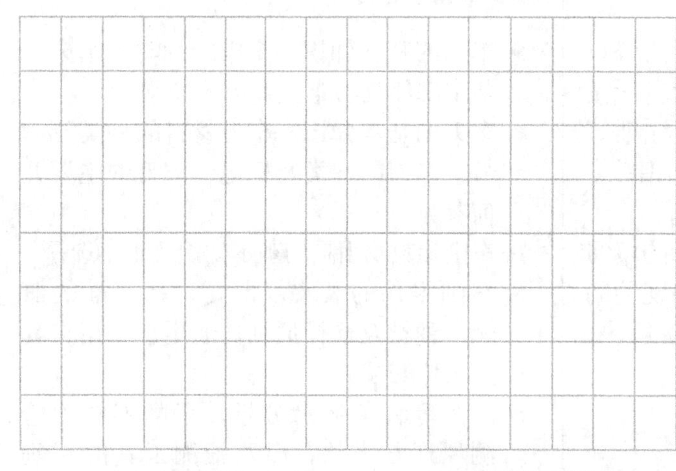

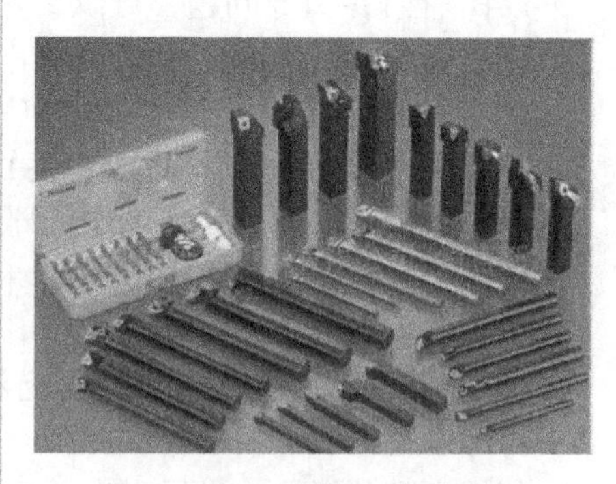

2．请查阅相关资料，说明图样中 | ↗ | 0.1 | A | 的含义。

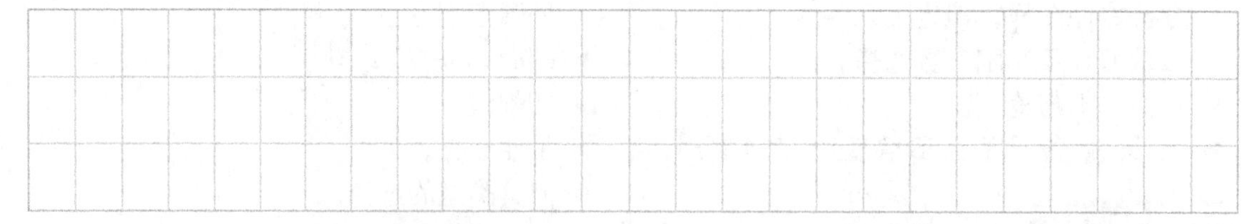

3．请查阅相关资料，说明零件表面粗糙度通常有哪些种类，分别用什么符号来表示。

4．车削加工过程中，一般要求车刀安装时保证刀尖与主轴轴线等高，请问这一要求的理由是什么？查阅相关资料后作答。

5．请查看车床后回答下列问题：

（1）车刀可以实现几个方向的独立运动？

（2）安装车刀的部件名称叫什么？这台车床可以同时安装几把车刀？

（3）当车刀做径向运动时，手轮每转动一圈，车刀运动多少距离？

二、计划

A2 得分： / 30

（中间成绩 A2 满分 30 分。评分等级：0 ～ 30 分）

1．小组讨论后，完成工作计划表。

工作计划表

工作计划				
工件名称			工件号	
序号	工作步骤 （请使用直尺自行分割以下区域）	器材 （设备、工具、辅具）	安全，环保	工作时间 /h

2．填写工量刃辅具表。

工量刃辅具表

序号	名称	规格	数量	备注

三、决策

A3 得分：　　/ 30

（中间成绩 A3 满分 30 分。评分等级：0 ～ 30 分）

1．通过小组讨论（或由教师点评）完成决策，最终确定工艺流程。请在下方简要叙述工艺流程，并填写工艺流程表。

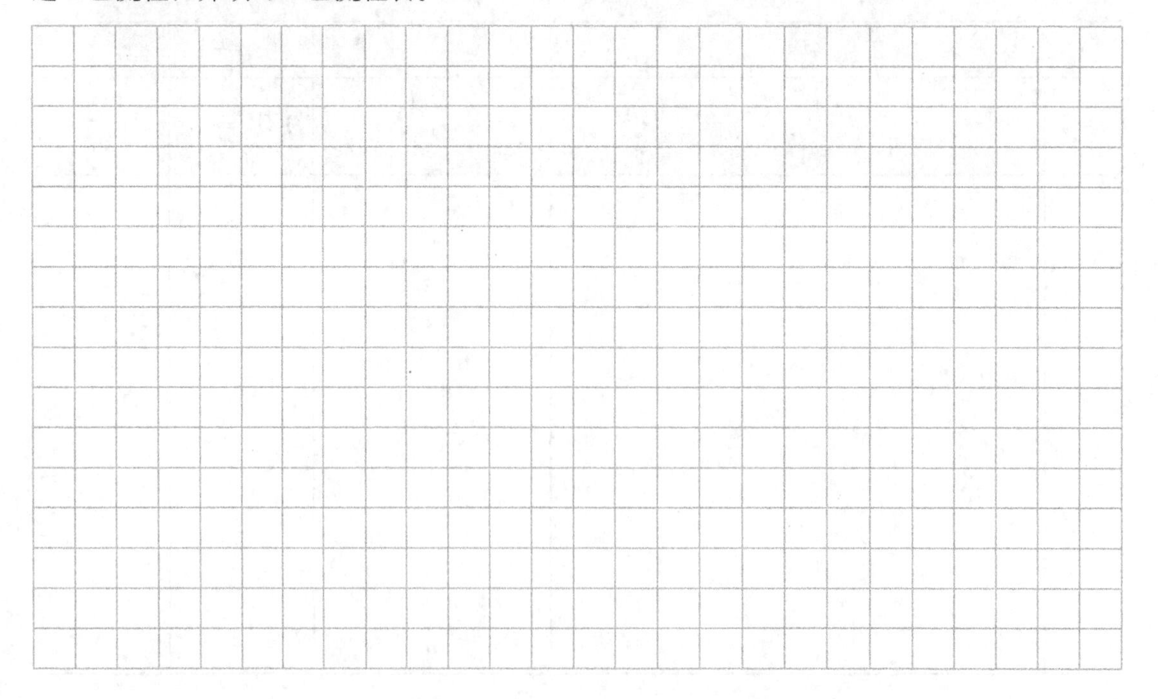

工艺流程表

工艺流程									
序号	工序名称	工序内容	设备	夹具	工具	量具	辅具	安全，环保	工作时间 /h
评分：10-9-7-5-3-0　得分：			得分：					得分：	

2．填写零件加工工序卡。

零件加工工序卡

单位名称		产品名称或代号	零件名称	零件图号

工序号	夹具名称	夹具编号	使用设备	车间	毛坯尺寸/mm	材料牌号

工步号	工步作业内容（请使用直尺自行分割以下区域）	刀具	主轴转速 n/（r/min）	进给速度 v/（mm/min）	切深 a_p/mm	备注

编制		审核		批准		年　月　日	共　页	第　页

四、实施

A4 得分：　　/ 50

（中间成绩 A4 满分 50 分。评分等级：0 ～ 50 分）

在下表中的空白部分填入相应内容，并按照步骤进行操作。

实施步骤简表

实施步骤	操作内容	要点	工具	注意事项
1	平端面	1．将工件安装在三爪卡盘上，外伸 60 ～ 65 mm。 2．选择正确的主轴转速及走刀速度。 3．使用 45° 车刀车削端面	钢直尺、卡盘扳手、45° 车刀	45° 车刀刀尖安装要与主轴轴线等高或略低一点点
2		1．使用 90° 车刀完成一侧外圆加工。 2．使用 45° 车刀倒角		加工过程中车刀离卡盘较近，谨慎操作
3	平端面		钢直尺、卡盘扳手、45° 车刀	1．45° 车刀刀尖安装要与主轴轴线等高或略低一点点。 2．主轴停稳、刀具退出才能测量
4	车削另一侧 ϕ36 mm、ϕ31 mm 外圆		90° 车刀	1．加工过程中车刀离卡盘较近，谨慎操作。 2．车削外圆时需要多次测量以保证尺寸精度
5	车床现场 5S 及 TPM	填写 5S 管理点检表和 TPM 点检表	笔，各种表格	

五、检查

A5 得分：　　/ 70

提示：培训教师完成检测后，填写下表中“得分”一栏。

用量具或量规检测已经加工完成的零件，判断是否达到要求的特性值。

重要说明：

（1）当“学生自评”和“教师评价”一致时得 10 分，否则得 0 分。

(2) 不考虑学生自己测得的实际尺寸是否符合尺寸要求。

(3)“学生自评”的意义是对学生检测自己所加工零件的能力进行判断，与各零件是否达到精度及功能要求无关。

(4) 灰底空白处由培训教师填写。

序号	件号	特性值	偏差	学生自评			教师评价			得分
				测量值	达到特性值		测量值	达到特性值		
					是	否		是	否	
1	1-1	外径 $\phi 31$ mm	$^{0}_{-0.052}$ mm							
2	1-1	外径 $\phi 36$ mm	$^{0}_{-0.1}$ mm							
3	1-1	外径 $\phi 43$ mm	$^{0}_{-0.1}$ mm							
4	1-1	长度 35 mm	$^{0}_{-0.25}$ mm							
5	1-1	长度 45 mm	±0.1 mm							
6	1-1	总长 100 mm	±0.1 mm							
7	1-1	倒角 $C1.5$								
									中间成绩（满分 70 分，10 分 / 项）	A5

六、评价

重要说明：

灰底空白处无须填写。

1. 完成功能检查和目测检查。

序号	件号	检查项目	功能检查	目测检查
1	1-1	所有外圆倒角是否符合要求		
2	1-1	所有尖角处是否去除毛刺		
3	1-1	零件所有尺寸是否按照图样加工		
4	1-1	表面粗糙度是否符合要求		
5	1-1	打标记是否符合专业要求		
		中间成绩（B1 满分 30 分，B2 满分 20 分，10 分 / 项）	B1	B2

每项评分等级：10-9-7-5-3-0 分。

B1 得分：　/ 30　**B2** 得分：　/ 20

2．完成尺寸检验。

序号	件号	尺寸检验	偏差	测量值	精尺寸	粗尺寸
1	1-1	外径 ϕ31 mm	${}^{0}_{-0.052}$ mm			
2	1-1	外径 ϕ36 mm	${}^{0}_{-0.1}$ mm			
3	1-1	外径 ϕ43 mm	${}^{0}_{-0.1}$ mm			
4	1-1	长度 35 mm	${}^{0}_{-0.25}$ mm			
5	1-1	长度 45 mm	±0.1 mm			
6	1-1	总长 100 mm	±0.1 mm			
7	1-1	倒角 C1.5				

每项评分等级：10 分或 0 分。

中间成绩（B3 满分 40 分，B4 满分 30 分，10 分 / 项）

B3	B4

B3 得分：　/ 40　**B4 得分：　/ 30**

3．计算书面作答和操作技能成绩。

（各项的“百分制成绩”=“中间成绩 1”÷“除数”；各项的“中间成绩 2”=“百分制成绩”×“权重”；“书面作答成绩”和“操作技能成绩”分别为它们上方的“中间成绩 2”之和）

序号	书面作答	中间成绩 1		除数	百分制成绩	权重	中间成绩 2
1	信息	A1		0.2		0.2	
2	计划	A2		0.3		0.2	
3	决策	A3		0.3		0.2	
4	实施	A4		0.5		0.3	
5	检查	A5		0.7		0.1	

书面作答成绩（满分 100 分）

Feld 1

Feld 1 得分：　/ 100

序号	操作技能	中间成绩 1		除数	百分制成绩	权重	中间成绩 2
1	过程检查	B1		0.3		0.3	
2	目测检查	B2		0.2		0.2	
3	精尺寸	B3		0.4		0.4	
4	粗尺寸	B4		0.3		0.1	
						操作技能成绩（满分 100 分）	Feld 2

Feld 2 得分：　　/ 100

4．计算总成绩。

（各项的“中间成绩 2”=“中间成绩 1”×“权重”；“总成绩”为其上方的“中间成绩 2”之和）

序号	项目	中间成绩 1		权重	中间成绩 2
1	书面作答	Feld 1		0.3	
2	操作技能	Feld 2		0.7	
				任务总评（满分 100 分）	总成绩

总成绩：　　/ 100

总结与提高

一、任务总结

1．简要描述任务的完成过程。

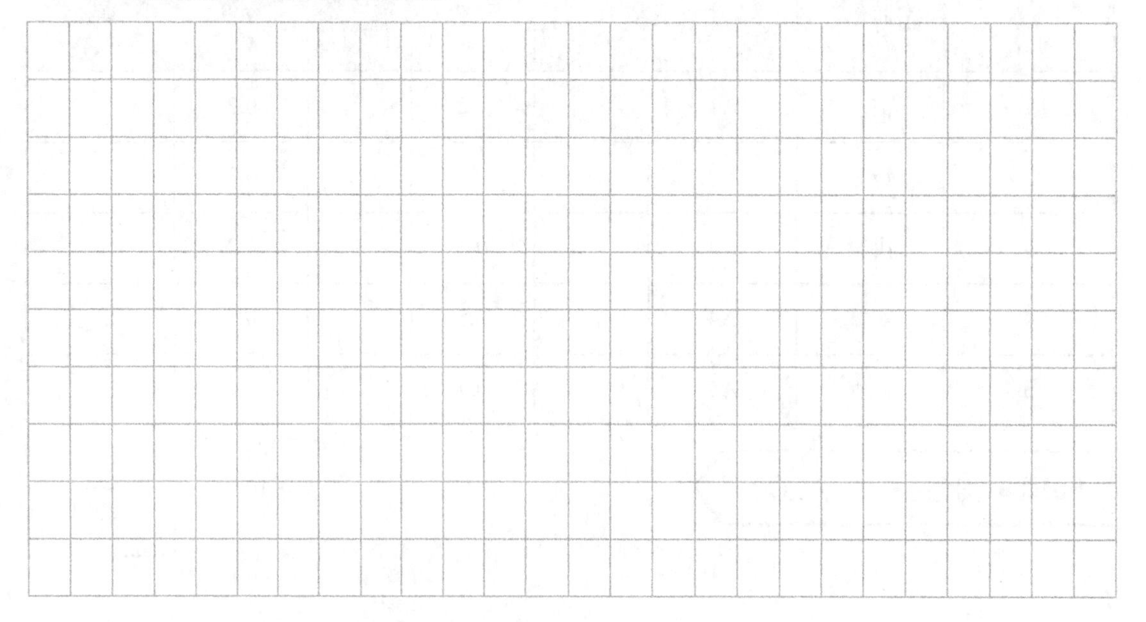

2．简要描述在本次任务中学习到的新知识和新技能。

3．对自己在本次任务中的表现进行总结和评价。

二、思考题

1．零件图样中的形位公差应如何进行测量?

2．对于零件图样中的 $\phi 31_{-0.052}^{0}$ mm 外圆，为了达到加工要求，留给精加工的余量应为多少比较合适?

3．台阶轴在加工中经过了重新装夹，这样的装夹方式会对哪些形位公差产生影响?

三、任务小结

本次加工任务中，应掌握的内容：①掌握车削端面和外圆的基本方法；②掌握控制长度和直径的基本方法；③当外圆直径尺寸精度较高时，需要设定精加工工序；④掌握常用量具游标卡尺和千分尺的使用方法和读数方法。

项目 1　简单轴套类零件加工 任务 2　带锥度台阶轴加工	姓名：	班级：
	日期：	页码范围：

任务 2　带锥度台阶轴加工

任务目标

一、知识目标

1．了解车床的基本知识，主要包括车床的种类、车床的基本部件及功能。

2．掌握锥度的基本知识。

3．了解车削锥度的常用方法。

4．了解车削零件的质量分析；掌握车削零件的检测原理与方法，以及检测工具的正确使用。

5．了解锥度的测量方法。

二、能力目标

1．能熟练操作普通车床，具备普通车削的能力，并合理、规范使用设备。

2．能合理选择和使用各种常见刀具及夹具；能正确选择车削的切削参数；能合理制订典型车削零件的加工工艺。

3．能完成锥度轴的车削加工。

4．能完成锥度轴的测量检验。

5．具备查阅与机械相关的资料并将知识应用于实践生产的能力。

6．能遵守中德培训中心规定，做好现场 5S 管理和 TPM 管理以及持续改善。

任务描述

依据图样要求，车削外形并保证尺寸要求、表面粗糙度等技术要求。

一、可用资源

1. 任务图样

本任务图样如图 1-2 所示。

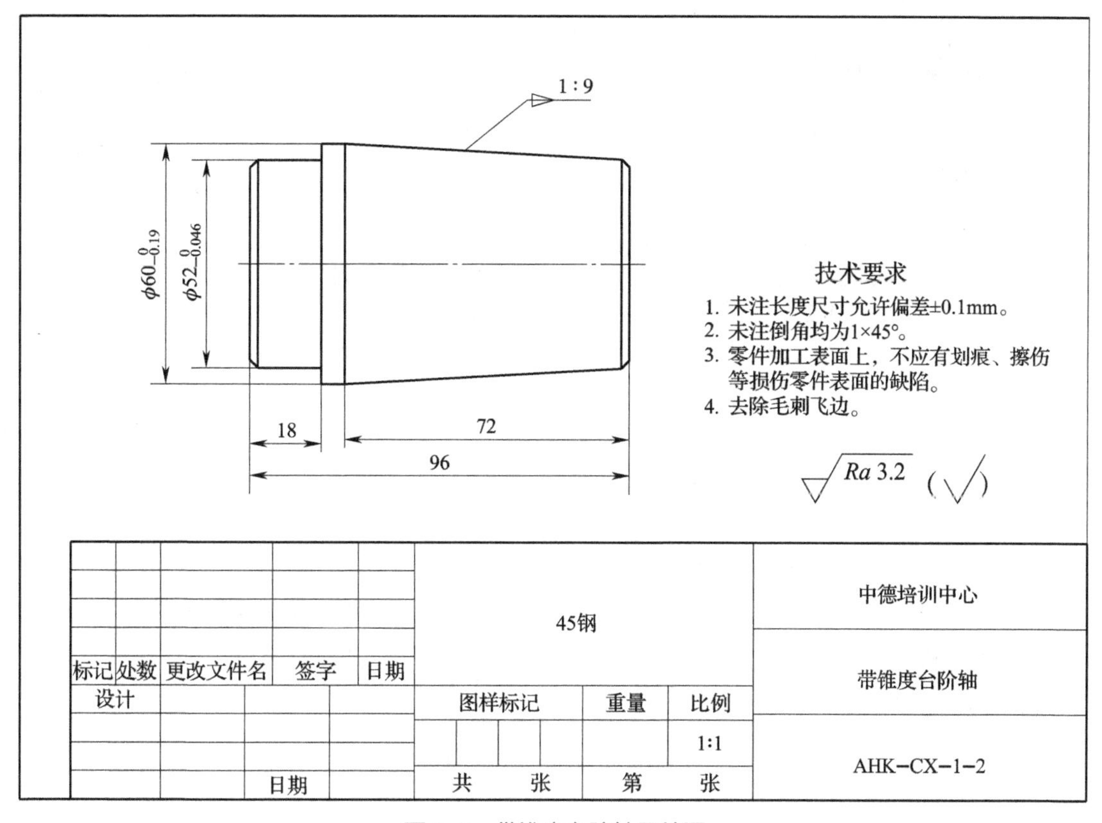

图 1-2　带锥度台阶轴零件图

2. 材料清单

材料清单

名称	材料	数量	单位	毛坯尺寸	备注
圆钢	45 钢	1	个	ϕ 65 mm × 100 mm	

二、重点和难点

重点	难点
1. 锥度的含义。 2. 车削锥度的方法。 3. 用万能角度尺进行锥度的测量。 4. 尺寸的测量	1. 偏转小托板角度的控制。 2. 锥度切削时小托板的均匀移动。 3. 尺寸精度和锥度的保证。 4. 量具的使用和读数

三、参考用时

6 小时。

任务提示

一、工作方法

- 读图后回答引导问题，可以参考的资料有图样、《简明机械手册》（湖南科学技术出版社，2012 年出版）、ISO 标准等标准文件、“知识库”中的相关知识等。
- 以小组讨论的形式完成工作计划。
- 按照工作计划，完成加工工艺卡的填写和零件车削加工的任务。对于出现的问题，请先自行解决。
- 与培训教师讨论，进行工作总结。

二、工作内容

- 分析零件图样，拟定工艺路线。
- 工量刀具及切削参数选择。
- 零件加工与检测。
- 工具、设备、现场 5S 管理和 TPM 管理。

三、工量刀具

- 游标卡尺。
- 千分尺。
- 万能角度尺。
- 90°车刀。
- 45°车刀。
- 活扳手。

四、知识储备

- 车床的基本知识、车床的种类、车床的基本部件及功能。
- 车刀的基本知识、车刀材料的种类及牌号、车刀的主要几何参数。
- 车削参数及用量的基本知识及正确选择。
- 车削零件的装夹，主要包括基准的概念、种类及选择原则，通用、专用夹具及工件的装夹。
- 车削零件的质量分析，车削零件的检测原理与方法，以及检测工具的正确使用。
- 外圆车削方法。
- 端面车削方法。
- 圆锥车削方法。
- 切削液。
- 工件装夹。
- 刀具类型的选择。
- 刀具磨损。
- 刀具安装。

五、注意事项与工作提示

- 机床只能由一人操作，不可多人同时操作。
- 加工时，工件必须夹紧。
- 车削前准备工作应充分，检查三爪卡盘和车刀是否装夹牢固。
- 卡盘的卡爪须清理干净。
- 工件装夹时应确认已夹紧。
- 清理铁屑时须使用毛刷。

六、劳动安全

- 读懂车间的安全标志并遵照行事。
- 穿实训鞋服，车削时佩戴防护眼镜、安全帽。
- 配制切削液时，应戴防护手套，防止对皮肤的腐蚀性伤害。
- 禁止佩戴胸卡、项链、手表等饰品。
- 毛坯各边去毛刺，操作时注意避免划伤。
- 停机测量工件时，应将工件移出，以避免被刀具误伤。

七、环境保护

- 参考《简明机械手册》相应章节的内容。
- 切屑应放置在指定的废弃物存放处。

工作过程

一、信息

A1 得分：　　/ 20

（中间成绩 A1 满分 20 分，5 分 / 题。每题评分等级：0 ～ 5 分）

1．由零件图样可以看出，该零件为带有一定锥度的轴，请查阅相关资料后回答下列问题。

（1）图中锥度表示为 1∶9，请解释其具体含义。

（2）请计算出该圆锥轴小端的直径（忽略倒角）。

2．该零件在加工中会进行二次装夹，请问如何避免卡爪对已加工表面造成损伤，列举出你的想法。

3．锥度轴的车削加工方法通常有几种？请查阅相关资料后回答。

4．该锥度轴锥度表示为 1∶9，请计算出该圆锥的锥角。

二、计划

A2 得分：　　/ 30

（中间成绩 A2 满分 30 分。评分等级：0 ～ 30 分）

1．小组讨论后，完成工作计划表。

工作计划表

工作计划				
工件名称			工件号	
序号	工作步骤 （请使用直尺自行分割以下区域）	器材 （设备、工具、辅具）	安全，环保	工作时间 /h

2．填写工量刃辅具表。

工量刃辅具表

序号	名称	规格	数量	备注

三、决策

A3 得分：　　/ 30

（中间成绩 A3 满分 30 分。评分等级：0 ～ 30 分）

1．通过小组讨论（或由教师点评）完成决策，最终确定工艺流程。请在下方简要叙述工艺流程，并填写工艺流程表。

工艺流程表

工艺流程									
序号	工序名称	工序内容	设备	夹具	工具	量具	辅具	安全，环保	工作时间 /h
	评分：10-9-7-5-3-0	得分：	得分：					得分：	

2．填写零件加工工序卡。

零件加工工序卡

<table>
<tr><td rowspan="2">单位名称</td><td rowspan="2"></td><td>产品名称或代号</td><td>零件名称</td><td>零件图号</td></tr>
<tr><td></td><td></td><td></td></tr>
</table>

工序号	夹具名称	夹具编号	使用设备	车间	毛坯尺寸/mm	材料牌号

工步号	工步作业内容 （请使用直尺自行分割以下区域）	刀具	主轴转速 n/(r/min)	进给速度 v/(mm/min)	切深 a_p/mm	备注

编制		审核		批准		年　月　日	共　页	第　页

四、实施

A4得分：　　/ 50

（中间成绩A4满分50分。评分等级：0～50分）

在下表中的空白部分填入相应内容，并按照步骤进行操作。

实施步骤简表

实施步骤	操作内容	要点	工具	注意事项
1	平端面	1．将工件安装在三爪卡盘上，外伸25 mm左右。 2．选择正确的主轴转速及走刀速度。 3．使用45°车刀车削端面	钢直尺、卡盘扳手、45°车刀	45°车刀刀尖安装要与主轴轴线等高或略低一点点
2		1．使用90°车刀车削$\phi52_{-0.046}^{0}$ mm的外圆，保证长度为18 mm。 2．使用45°车刀倒角	90°车刀、45°车刀	1．加工过程中车刀离卡盘较近，谨慎操作。 2．外圆精度要求较高，可以粗、精加工分别用两把车刀来完成
3	平端面			45°车刀刀尖安装要与主轴轴线等高或略低一点点
4	车削另一侧ϕ60 mm外圆		90°车刀、45°车刀	加工过程中车刀离卡盘较近，谨慎操作
5	粗车外圆锥	逆时针转动小托板，粗车外圆锥	90°车刀、扳手	1．小托板转动的角度应该为圆锥锥角的一半，即$\alpha/2$。 2．进给要均匀
6	调整角度	精确调整小托板角度	铜棒、扳手	微量调整时只需稍微拧松螺母，用铜棒轻轻敲击，凭手感来确定细微的动作
7			90°车刀、万能角度尺	进给要均匀
8	倒角	倒角、去毛刺	45°车刀	倒角的尺寸
9	车床现场5S及TPM	填写5S管理点检表和TPM点检表	笔，各种表格	

五、检查

A5 得分：　　/ 60

提示：培训教师完成检测后，填写下表中“得分”一栏。

用量具或量规检测已经加工完成的零件，判断是否达到要求的特性值。

重要说明：

（1）当“学生自评”和“教师评价”一致时得 10 分，否则得 0 分。

（2）不考虑学生自己测得的实际尺寸是否符合尺寸要求。

（3）“学生自评”的意义是对学生检测自己所加工零件的能力进行判断，与各零件是否达到精度及功能要求无关。

（4）灰底空白处由培训教师填写。

序号	件号	特性值	偏差	学生自评			教师评价			得分
				测量值	达到特性值		测量值	达到特性值		
					是	否		是	否	
1	1-2	外径 ϕ52 mm	$^{0}_{-0.046}$ mm							
2	1-2	外径 ϕ60 mm	$^{0}_{-0.19}$ mm							
3	1-2	长度 18 mm	±0.1 mm							
4	1-2	长度 72 mm	±0.1 mm							
5	1-2	总长 96 mm	±0.1 mm							
6	1-2	倒角 $C1$								
									中间成绩（满分 60 分，10 分 / 项）	A5

六、评价

重要说明：

灰底空白处无须填写。

1．完成功能检查和目测检查。

序号	件号	检查项目	功能检查	目测检查
1	1-2	所有倒角是否符合要求		
2	1-2	所有尖角处是否去除毛刺		
3	1-2	零件所有尺寸是否按照图样加工		
4	1-2	锥度是否符合要求		
5	1-2	表面粗糙度是否符合要求		
6	1-2	打标记是否符合专业要求		
		中间成绩（B1 满分 40 分，B2 满分 20 分，10 分 / 项）	B1	B2

每项评分等级：10-9-7-5-3-0 分。

B1 得分：　/ 40　　B2 得分：　/ 20

2．完成尺寸检验。

序号	件号	尺寸检验	偏差	实际尺寸	精尺寸	粗尺寸
1	1-2	外径 ϕ52 mm	$^{0}_{-0.046}$ mm			
2	1-2	外径 ϕ60 mm	$^{0}_{-0.19}$ mm			
3	1-2	长度 18 mm	±0.1 mm			
4	1-2	长度 72 mm	±0.1 mm			
5	1-2	总长 96 mm	±0.1 mm			
6	1-2	倒角 $C1$				

每项评分等级：10 分或 0 分。

中间成绩（B3 满分 20 分，B4 满分 40 分，10 分 / 项）

	B3	B4

B3 得分：　/ 20　**B4 得分：　/ 40**

3．计算书面作答和操作技能成绩。

（各项的“百分制成绩”=“中间成绩 1”÷“除数”；各项的“中间成绩 2”=“百分制成绩”×“权重”；“书面作答成绩”和“操作技能成绩”分别为它们上方的“中间成绩 2”之和）

序号	书面作答	中间成绩 1		除数	百分制成绩	权重	中间成绩 2
1	信息	A1		0.2		0.2	
2	计划	A2		0.3		0.2	
3	决策	A3		0.3		0.2	
4	实施	A4		0.5		0.3	
5	检查	A5		0.6		0.1	

书面作答成绩（满分 100 分）

Feld 1

Feld 1 得分：　/ 100

序号	操作技能	中间成绩 1		除数	百分制成绩	权重	中间成绩 2
1	功能检查	B1		0.4		0.3	
2	目测检查	B2		0.2		0.2	
3	精尺寸	B3		0.2		0.4	
4	粗尺寸	B4		0.4		0.1	
						操作技能成绩 （满分 100 分）	Feld 2

Feld 2 得分：　　/ 100

4．计算总成绩。

（各项的“中间成绩 2”=“中间成绩 1”×“权重”；“总成绩”为其上方的“中间成绩 2”之和）

序号	项目	中间成绩 1		权重	中间成绩 2
1	书面作答	Feld 1		0.3	
2	操作技能	Feld 2		0.7	
				任务总评 （满分 100 分）	总成绩

总成绩：　　/ 100

总结与提高

一、任务总结

1．简要描述任务的完成过程。

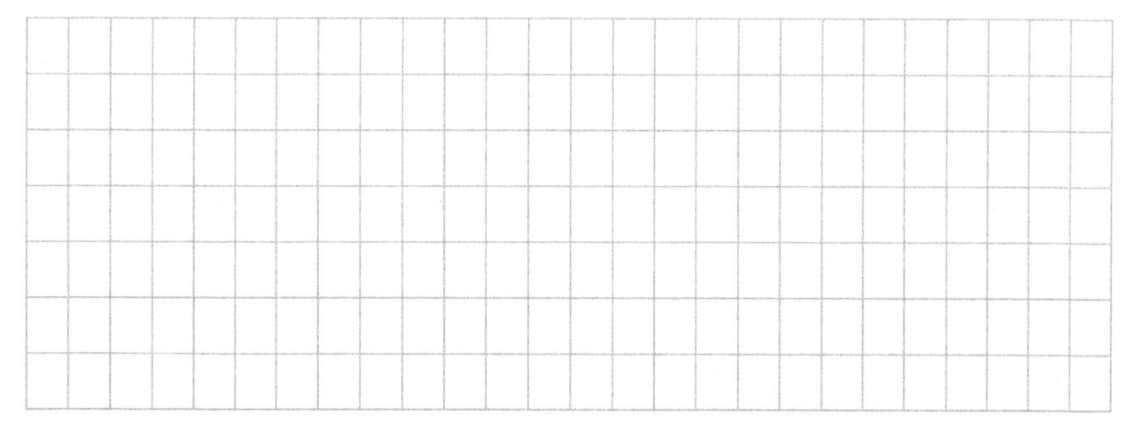

2．简要描述在本次任务中学习到的新知识和新技能。

3．对自己在本次任务中的表现进行总结和评价。

二、思考题

1．某带锥度轴，大端直径为 50 mm，小端直径为 34 mm，长度为 65 mm，其锥角为多少度？

2．对于零件图样中的圆锥段，为了达到加工要求，留给精加工的余量应为多少比较合适？

3．如何消除小托板存在的间隙？

三、任务小结

本次加工任务中，应掌握的内容：①掌握车削锥面的基本方法；②车刀刀尖必须对准工件轴线，否则会产生双曲线误差；③粗车圆锥面时，吃刀量不宜过大，应先校准锥度，防止将零件车小而导致报废；④转动小托板时一般应大于圆锥半角，然后再逐步调整；⑤用万能角度尺测量时，测量边应保证通过工件中心；⑥两手需均匀移动小托板，保证一刀车出圆锥面，中间不能停顿。

项目 1　简单轴套类零件加工 任务 3　衬套加工	姓名：	班级：
	日期：	页码范围：

任务 3　衬 套 加 工

任务目标

一、知识目标

1．了解车床的基本知识，主要包括车床的种类、车床的基本部件及功能。

2．了解形位公差的基本知识。

3．掌握车床加工孔的常用方法。

4．了解车削零件的质量分析；掌握车削零件的检测原理与方法，以及检测工具的正确使用。

二、能力目标

1．能熟练操作普通车床，具备普通车削的能力，并合理、规范使用设备。

2．能合理选择和使用各种常见刀具及夹具；能正确选择车削的切削参数；能合理制订典型车削零件的加工工艺。

3．能在车床上完成钻孔、扩孔加工。

4．能在车床上完成镗孔加工。

5．具备查阅与机械相关的资料并将知识应用于实践生产的能力。

6．能遵守中德培训中心规定，做好现场 5S 管理和 TPM 管理以及持续改善。

任务描述

依据图样要求，车削外形并保证尺寸要求、表面粗糙度等技术要求。

一、可用资源

1. 任务图样

本任务图样如图 1-3 所示。

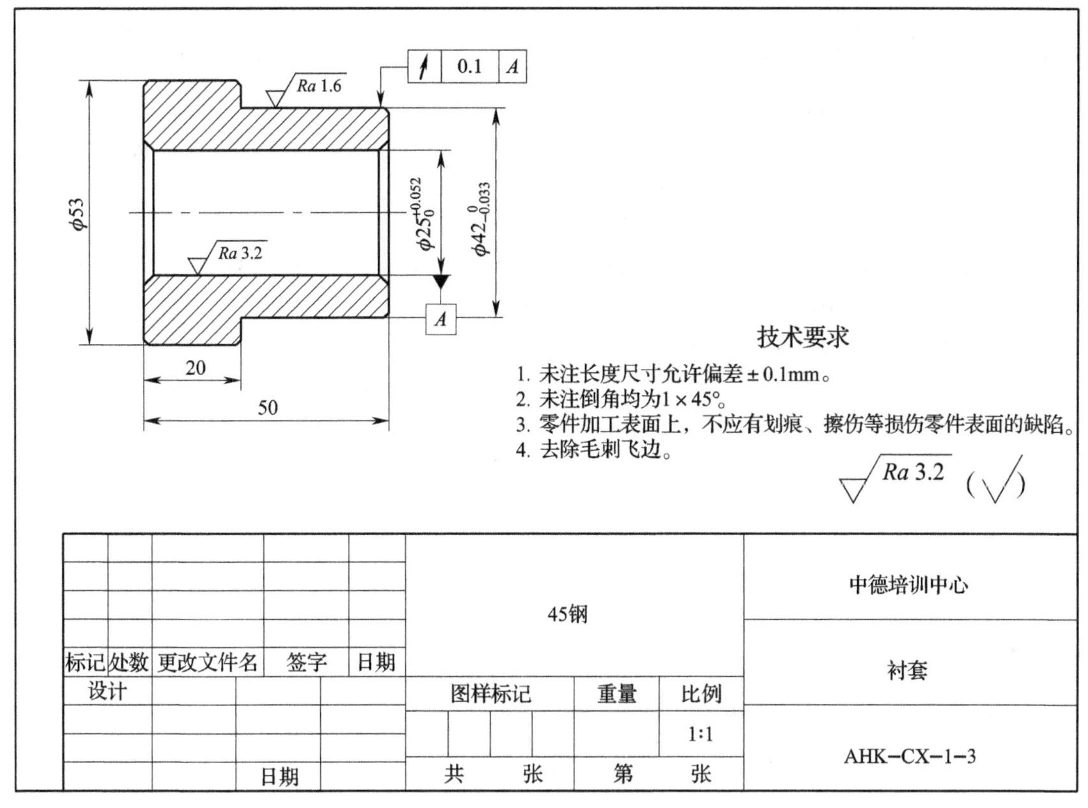

图 1-3　衬套零件图

2. 材料清单

材料清单

名称	材料	数量	单位	毛坯尺寸	备注
圆钢	45 钢	1	个	ϕ55 mm×55 mm	

二、重点和难点

重点	难点
1. 车床钻孔、扩孔。 2. 车床镗孔。 3. 内径百分表的使用	1. 车床钻孔、扩孔的进给速度。 2. 镗孔的切削参数。 3. 量具的使用和读数

三、参考用时

6 小时。

任务提示

一、工作方法

- 读图后回答引导问题，可以参考的资料有图样、《简明机械手册》（湖南科学技术出版社，2012 年出版）、ISO 标准等标准文件、“知识库”中的相关知识等。
- 以小组讨论的形式完成工作计划。
- 按照工作计划，完成加工工艺卡的填写和零件车削加工的任务。对于出现的问题，请先自行解决。
- 与培训教师讨论，进行工作总结。

二、工作内容

- 分析零件图样，拟定工艺路线。
- 工量刀具及切削参数选择。
- 零件加工与检测。
- 工具、设备、现场 5S 管理和 TPM 管理。

三、工量刀具

- 游标卡尺。
- 千分尺。
- 麻花钻。
- 90°车刀。
- 45°车刀。
- 中心钻。
- 内径百分表。
- 钻夹头。
- 过渡锥套。
- 内孔镗刀。

四、知识储备

- 车床的基本知识、车床的种类、车床的基本部件及功能。
- 车刀的基本知识、车刀材料的种类及牌号、车刀的主要几何参数。
- 车削参数及用量的基本知识及正确选择。
- 车削零件的装夹，主要包括基准的概念、种类及选择原则，通用、专用夹具及工件的装夹。
- 车削零件的质量分析，车削零件的检测原理与方法，以及检测工具的正确使用。
- 外圆车削方法。
- 端面车削方法。
- 中心孔钻削。
- 切削液。
- 工件装夹。
- 刀具类型的选择。
- 刀具磨损。
- 刀具安装。
- 车床钻孔、扩孔。
- 车床镗孔。

五、注意事项与工作提示

- 机床只能由一人操作，不可多人同时操作。
- 加工时，工件必须夹紧。
- 车削前准备工作应充分，检查三爪卡盘和车刀是否装夹牢固。
- 卡盘的卡爪须清理干净。
- 工件装夹时应确认已夹紧。
- 清理铁屑时须使用毛刷。

六、劳动安全

- 读懂车间的安全标志并遵照行事。
- 穿实训鞋服，车削时佩戴防护眼镜、安全帽。
- 配制切削液时，应戴防护手套，防止对皮肤的腐蚀性伤害。
- 禁止佩戴胸卡、项链、手表等饰品。
- 毛坯各边去毛刺，操作时注意避免划伤。
- 停机测量工件时，应将工件移出，以避免被刀具误伤。

七、环境保护

- 参考《简明机械手册》相应章节的内容。
- 切屑应放置在指定的废弃物存放处。

工作过程

一、信息

A1 得分：　　/ 20

（中间成绩 A1 满分 20 分，5 分 / 题。每题评分等级：0 ～ 5 分）

1．请查阅相关资料解释零件图样中 | ↗ | 0.1 | A | 的具体含义。

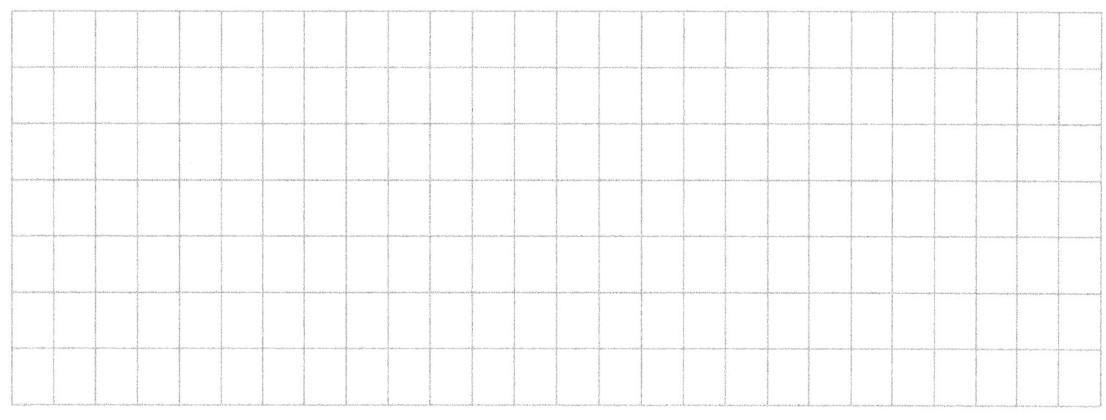

2．钻削是一种常见的孔加工方法，那么图样中零件上的孔可否选择钻削作为最终加工方法呢？为什么？

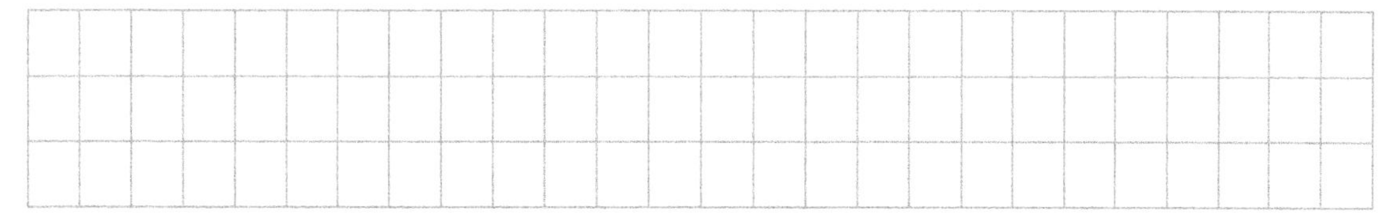

3．请查阅相关资料后写出常见孔的一般加工流程。

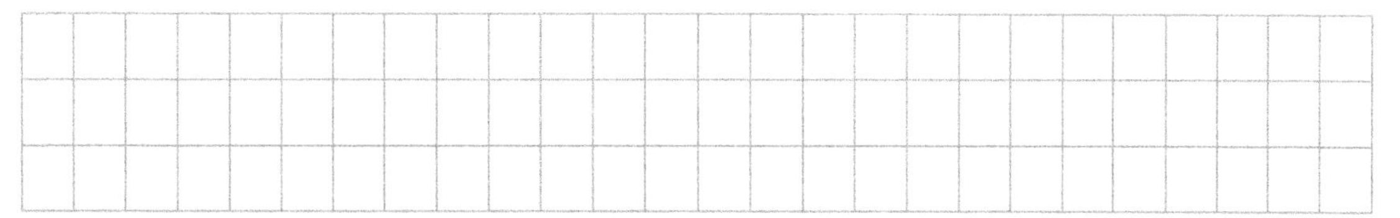

4．内孔镗刀与外圆车刀相比，有哪些区别？

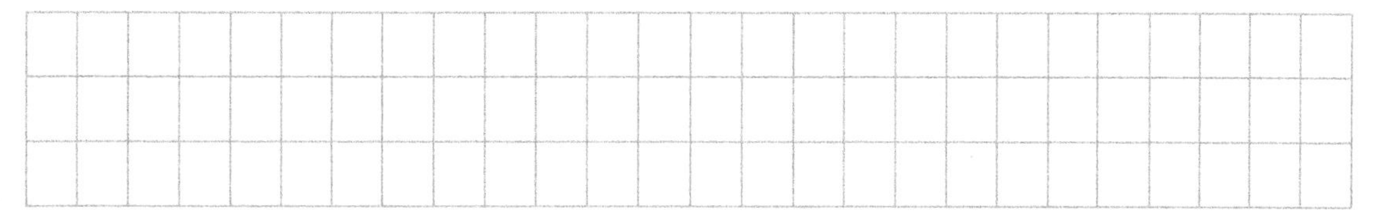

二、计划

A2 得分：　　/ 30

（中间成绩 A2 满分 30 分。评分等级：0 ～ 30 分）

1．小组讨论后，完成工作计划表。

工作计划表

工作计划				
工件名称			工件号	
序号	工作步骤 （请使用直尺自行分割以下区域）	器材 （设备、工具、辅具）	安全，环保	工作时间/h

2．填写工量刃辅具表。

工量刃辅具表

序号	名称	规格	数量	备注

三、决策

A3 得分：　　/ 30

（中间成绩 A3 满分 30 分。评分等级：0 ～ 30 分）

1．通过小组讨论（或由教师点评）完成决策，最终确定工艺流程。请在下方简要叙述工艺流程，并填写工艺流程表。

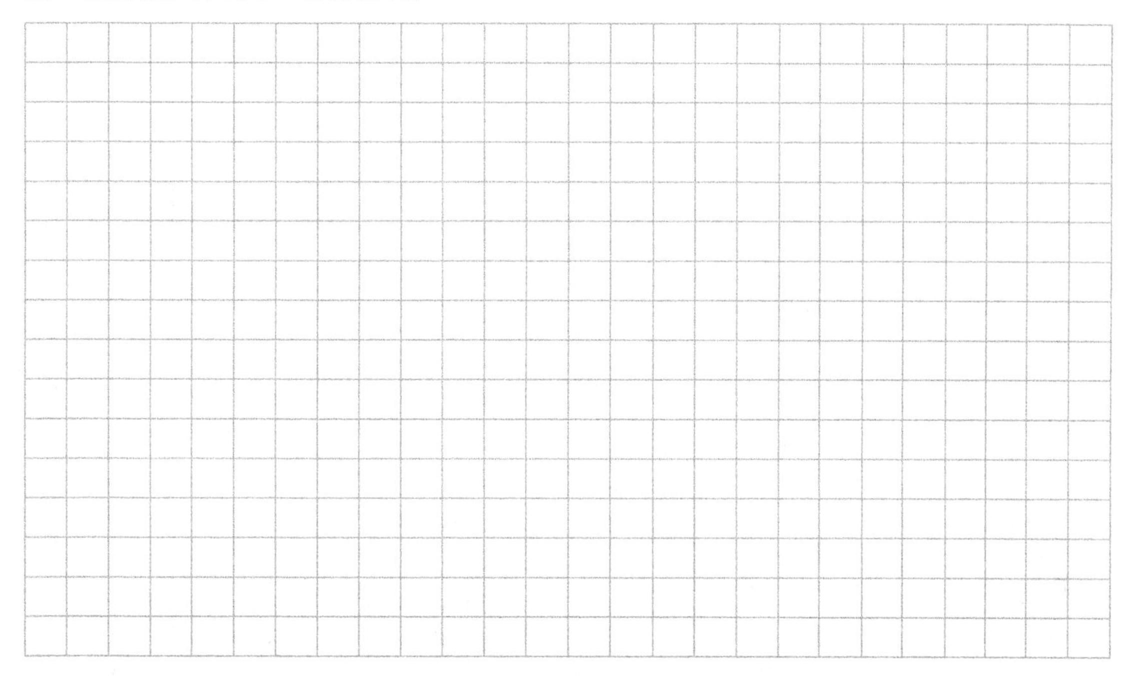

工艺流程表

工艺流程									
序号	工序名称	工序内容	设备	夹具	工具	量具	辅具	安全，环保	工作时间 /h
	评分：10–9–7–5–3–0　得分：		得分：					得分：	

2．填写零件加工工序卡。

零件加工工序卡

<table>
<tr><td rowspan="2">单位名称</td><td rowspan="2" colspan="2"></td><td colspan="2">产品名称或代号</td><td>零件名称</td><td colspan="2">零件图号</td></tr>
<tr><td colspan="2"></td><td></td><td colspan="2"></td></tr>
<tr><td>工序号</td><td>夹具名称</td><td>夹具编号</td><td>使用设备</td><td>车间</td><td>毛坯尺寸/mm</td><td colspan="2">材料牌号</td></tr>
<tr><td></td><td></td><td></td><td></td><td></td><td></td><td colspan="2"></td></tr>
<tr><td>工步号</td><td colspan="2">工步作业内容
（请使用直尺自行分割以下区域）</td><td>刀具</td><td>主轴转速 n/(r/min)</td><td>进给速度 v/(mm/min)</td><td>切深 a_p/mm</td><td>备注</td></tr>
<tr><td></td><td colspan="2"></td><td></td><td></td><td></td><td></td><td></td></tr>
</table>

编制		审核		批准		年　月　日	共　页	第　页

四、实施

A4 得分：　　/ 50

（中间成绩 A4 满分 50 分。评分等级：0 ～ 50 分）

在下表中的空白部分填入相应内容，并按照步骤进行操作。

实施步骤简表

实施步骤	操作内容	要点	工具	注意事项
1	平端面、钻削中心孔	1．将工件安装在三爪卡盘上，外伸 30mm 左右。 2．选择正确的主轴转速及走刀速度。 3．使用 45° 车刀车削端面。 4．将中心钻安装到钻夹头上，并将钻夹头安装到车床尾座上。 5．缓慢进给钻削中心孔	钢直尺、卡盘扳手、45° 车刀、钻夹头、中心钻	1．45° 车刀刀尖安装要与主轴轴线等高或略低一点点。 2．钻削中心孔时可以选择较高的主轴转速（1 000 r/min 以上），进给要平稳。 3．钻夹头安装要牢固，安装时可以适当用点力量
2	车削 ϕ53 mm 外圆	1．使用 90° 车刀车削 ϕ53 mm 的外圆，保证长度为 20 mm。 2．使用 45° 车刀倒角		加工过程中车刀离卡盘较近，谨慎操作
3	钻 ϕ18 mm 通孔		麻花钻、莫氏过渡锥套	1．双手转动尾座手轮，均匀进给。 2．充分浇注乳化液。 3．主轴转速选择在 300 ～ 400 r/min
4	定总长、车削 ϕ42 mm 外圆	1．工件掉头，夹住 ϕ53 mm 外圆段，外伸 53 mm，找正夹紧。 2．使用 45° 车刀车削端面，定总长为 50 mm。 3．使用 90° 车刀车削 ϕ42 mm × 30 mm 的外圆至尺寸要求。 4．使用 45° 车刀倒角	钢直尺、90° 车刀、45° 车刀、游标卡尺、千分尺	加工过程中车刀离卡盘较近，谨慎操作

续表

实施步骤	操作内容	要点	工具	注意事项
5	扩孔至 ϕ22 mm			1．双手转动尾座手轮，均匀进给。 2．充分浇注乳化液。 3．主轴转速选择为 250 r/min。 4．扩孔时由于麻花钻横刃不参与切削，可以选择比钻孔时更大的进给量
6	镗孔 ϕ25 mm	使用内孔镗刀将 ϕ25 mm 内孔加工至尺寸要求		1．镗孔时中托板进、退刀的方向与车削外圆相反，需要注意。 2．镗孔时切削用量要小于外圆车削。 3．镗刀外伸长度一般超过孔深 5 ～ 6 mm 即可。 4．正式加工前需要试走一遍，确保不会发生碰撞
7	倒角	倒角、去毛刺	45° 车刀	倒角的尺寸
8	车床现场 5S 及 TPM	填写 5S 管理点检表和 TPM 点检表	笔，各种表格	

五、检查

A5 得分：　　/ 60

提示：培训教师完成检测后，填写下表中“得分”一栏。

用量具或量规检测已经加工完成的零件，判断是否达到要求的特性值。

重要说明：

（1）当“学生自评”和“教师评价”一致时得 10 分，否则得 0 分。

（2）不考虑学生自己测得的实际尺寸是否符合尺寸要求。

（3）“学生自评”的意义是对学生检测自己所加工零件的能力进行判断，与各零件是否达到精度及功能要求无关。

（4）灰底空白处由培训教师填写。

序号	件号	特性值	偏差	学生自评			教师评价			得分
				测量值	达到特性值		测量值	达到特性值		
					是	否		是	否	
1	1-3	外径 ϕ53 mm	±0.1 mm							
2	1-3	外径 ϕ42 mm	$^{0}_{-0.033}$ mm							

续表

序号	件号	特性值	偏差	学生自评			教师评价			得分
				测量值	达到特性值		测量值	达到特性值		
					是	否		是	否	
3	1–3	内径 ϕ25 mm	$^{+0.052}_{0}$ mm							
4	1–3	长度 20 mm	±0.1 mm							
5	1–3	总长 50 mm	±0.1 mm							
6	1–3	倒角 $C1$								
									中间成绩 （满分 60 分，10 分 / 项）	A5

六、评价

重要说明：

灰底空白处无须填写。

1．完成功能检查和目测检查。

序号	件号	检查项目	功能检查	目测检查
1	1–3	所有倒角是否符合要求		
2	1–3	所有尖角处是否去除毛刺		
3	1–3	零件所有尺寸是否按照图样加工		
4	1–3	表面粗糙度是否符合要求		
5	1–3	打标记是否符合专业要求		
		中间成绩 （B1 满分 30 分， B2 满分 20 分， 10 分 / 项）	B1	B2

每项评分等级：10–9–7–5–3–0 分。

B1 得分：　/ 30　**B2 得分：　/ 20**

2．完成尺寸检验。

序号	件号	尺寸检验	偏差	实际尺寸	精尺寸	粗尺寸
1	1–3	外径 ϕ53 mm	±0.1 mm			
2	1–3	外径 ϕ42 mm	$^{0}_{-0.033}$ mm			
3	1–3	内径 ϕ25 mm	$^{+0.052}_{0}$ mm			
4	1–3	长度 20 mm	±0.1 mm			

续表

序号	件号	尺寸检验	偏差	实际尺寸	精尺寸	粗尺寸
5	1-3	总长 50 mm	±0.1 mm			
6	1-3	倒角 $C1$				
每项评分等级：10 分或 0 分。				中间成绩（B3 满分 20 分，B4 满分 40 分，10 分 / 项）		
					B3	B4

B3 得分： / 20 **B4 得分： / 40**

3．计算书面作答和操作技能成绩。

（各项的“百分制成绩”=“中间成绩 1”÷“除数”；各项的“中间成绩 2”=“百分制成绩”×“权重”；“书面作答成绩”和“操作技能成绩”分别为它们上方的“中间成绩 2”之和）

序号	书面作答	中间成绩 1		除数	百分制成绩	权重	中间成绩 2
1	信息	A1		0.2		0.2	
2	计划	A2		0.3		0.2	
3	决策	A3		0.3		0.2	
4	实施	A4		0.5		0.3	
5	检查	A5		0.6		0.1	
						书面作答成绩（满分 100 分）	
							Feld 1

Feld 1 得分： / 100

序号	操作技能	中间成绩 1		除数	百分制成绩	权重	中间成绩 2
1	功能检查	B1		0.4		0.3	
2	目测检查	B2		0.2		0.2	
3	精尺寸	B3		0.3		0.4	
4	粗尺寸	B4		0.4		0.1	
						操作技能成绩（满分 100 分）	
							Feld 2

Feld 2 得分： / 100

4．计算总成绩。

（各项的“中间成绩 2”=“中间成绩 1”×“权重”；“总成绩”为其上方的“中间成绩 2”之和）

序号	项目	中间成绩 1		权重	中间成绩 2
1	书面作答	Feld 1		0.3	
2	操作技能	Feld 2		0.7	
				任务总评 （满分 100 分）	总成绩

总成绩：　　/ 100

总结与提高

一、任务总结

1．简要描述任务的完成过程。

2．简要描述在本次任务中学习到的新知识和新技能。

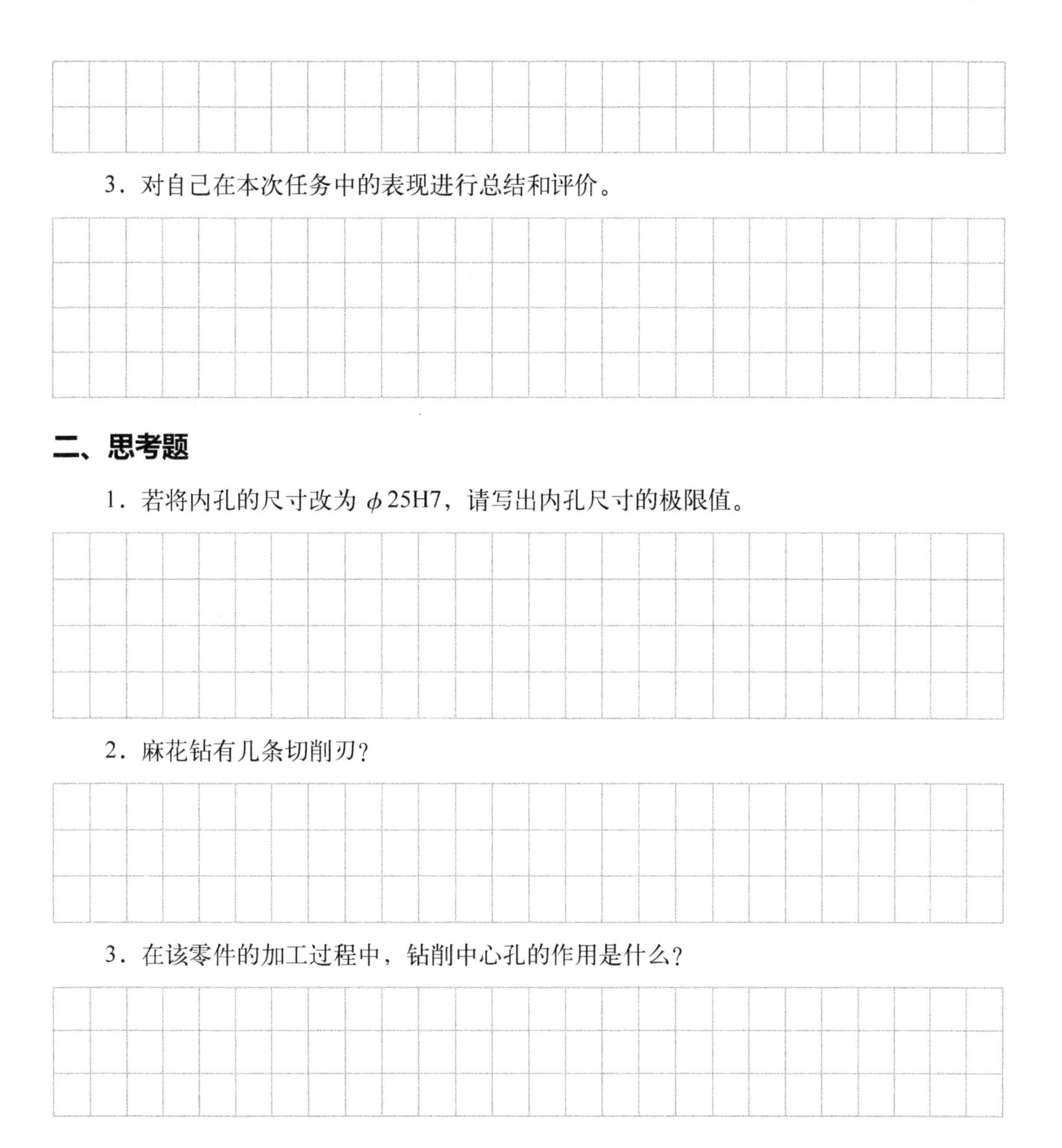

3．对自己在本次任务中的表现进行总结和评价。

二、思考题

1．若将内孔的尺寸改为 ϕ25H7，请写出内孔尺寸的极限值。

2．麻花钻有几条切削刃？

3．在该零件的加工过程中，钻削中心孔的作用是什么？

三、任务小结

本次加工任务中，应掌握的内容：①车床上采用麻花钻钻孔；②车床镗孔时切削用量的选择；③镗孔时镗刀的正确安装；④镗孔时镗刀的进刀与退刀；⑤内径千分尺的使用和读数；⑥两手需匀速转动尾座手轮，保证钻孔平稳。

项目 2 简单组合件加工

任务 1 哑铃连接杆加工

任务目标

一、知识目标

1．了解车床的基本知识，主要包括车床的种类、车床的基本部件及功能。

2．熟悉车刀的基本知识，主要包括车刀材料的种类及牌号、车刀的种类及标记、车刀的主要几何参数，车削参数及用量的基本知识及正确选择。

3．掌握车削零件的定位、装夹，主要包括基准的概念、种类及选择原则，通用、专用夹具及工件的装夹。

4．了解车削零件的质量分析；掌握车削零件的检测原理与方法，以及检测工具的正确使用。

5．掌握轴类零件的车削加工工艺。

二、能力目标

1．能熟练操作普通车床，具备普通车削的能力，并能合理、规范使用设备。

2．能合理选择和使用各种常见刀具及夹具；能正确选择车削的切削参数；能合理制订典型车削零件的加工工艺。

3．掌握轴类零件的车削方法和螺纹加工方法。
4．具备查阅与机械相关的资料并将知识应用于实践生产的能力。
5．能遵守中德培训中心规定，做好现场 5S 管理和 TPM 管理以及持续改善。

任务描述

依据图样要求，车削外形、退刀槽、长度尺寸，并保证尺寸要求、表面粗糙度等技术要求。

一、可用资源

1．任务图样

本任务图样如图 2-1 所示。

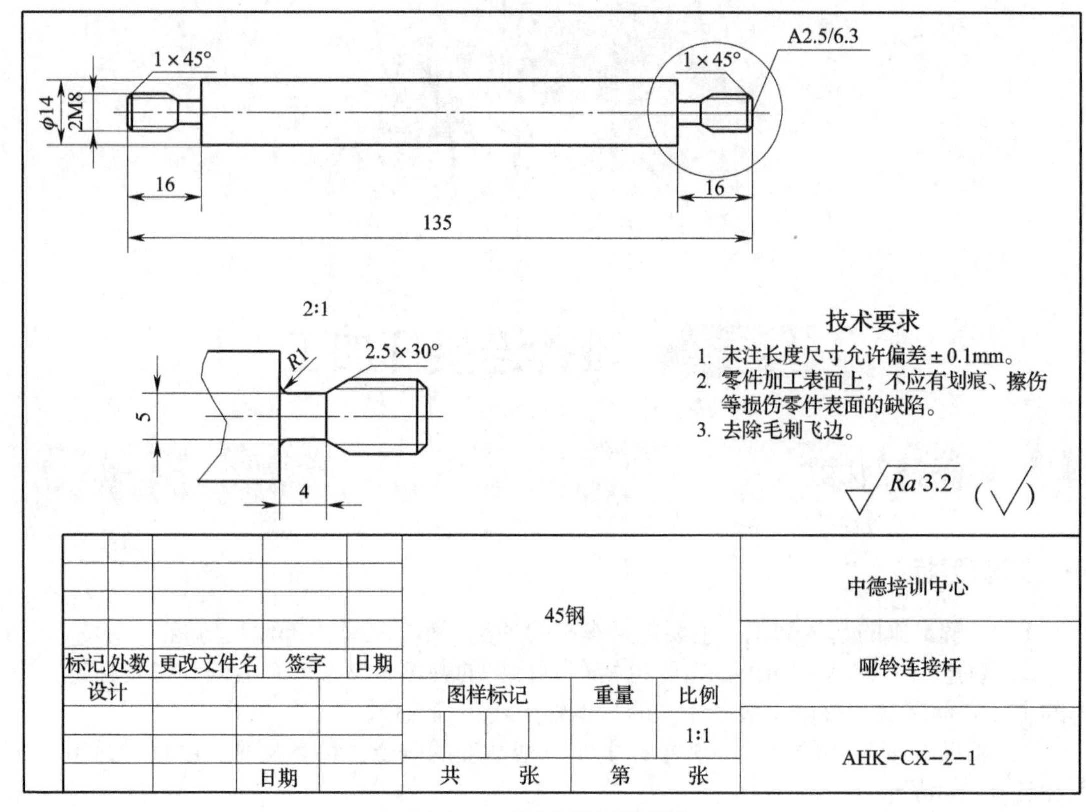

图 2-1　哑铃连接杆零件图

2．材料清单

材料清单

名称	材料	数量	单位	毛坯尺寸	备注
圆钢	45 钢	1	个	ϕ 16 mm × 140 mm	

二、重点和难点

重点	难点
1．车削细长轴时的装夹方法。 2．车床上采用板牙加工三角螺纹	1．“一夹一顶”装夹时，卡盘夹持的长度。 2．中心孔的钻削。 3．用板牙加工三角螺纹时如何保证板牙端面与轴线垂直

三、参考用时

6 小时。

任务提示

一、工作方法

- 读图后回答引导问题，可以参考的资料有图样、《简明机械手册》（湖南科学技术出版社，2012 年出版）、ISO 标准等标准文件、“知识库”中的相关知识等。
- 以小组讨论的形式完成工作计划。
- 按照工作计划，完成加工工艺卡的填写和零件车削加工的任务。对于出现的问题，请先自行解决。
- 与培训教师讨论，进行工作总结。

二、工作内容

- 分析零件图样，拟定工艺路线。
- 工量刀具及切削参数选择。
- 零件加工与检测。
- 工具、设备、现场 5S 管理和 TPM 管理。

三、工量刀具

- 游标卡尺。
- 百分表及表座。
- 表面粗糙度样板。
- 90°车刀。
- 45°车刀。
- 切槽刀。
- 中心钻（A2.5）。
- 钻夹头。
- 板牙（扳手）M8。
- 活动顶尖。
- 螺纹环规。

四、知识储备

- 车床的基本知识、车床的种类、车床的基本部件及功能。
- 车刀的基本知识、车刀材料的种类及牌号、车刀的主要几何参数。
- 车削参数及用量的基本知识及正确选择。
- 车削零件的装夹，主要包括基准的概念、种类及选择原则，通用、专用夹具及工件的装夹。
- 车削零件的质量分析，车削零件的检测原理与方法，以及检测工具的正确使用。
- 外圆车削方法。
- 端面车削方法。
- 外槽车削方法。
- 切削液。
- 工件装夹。
- 刀具类型的选择。

- 刀具磨损。
- 刀具安装。

五、注意事项与工作提示

- 机床只能由一人操作，不可多人同时操作。
- 加工时，工件必须夹紧。
- 车削前准备工作应充分，检查三爪卡盘和车刀是否装夹牢固。
- 卡盘的卡爪须清理干净。
- 工件装夹时应确认已夹紧。
- 清理铁屑时须使用毛刷。
- 细长轴车削时要注意防止工件变形。
- 保证车刀刀尖与主轴轴线等高。
- 装夹钻夹头和顶尖时要注意莫式锥筒内是否清洁。

六、劳动安全

- 读懂车间的安全标志并遵照行事。
- 穿实训鞋服，车削时佩戴防护眼镜、安全帽。
- 配制切削液时，应戴防护手套，防止对皮肤的腐蚀性伤害。
- 禁止佩戴胸卡、项链、手表等饰品。
- 毛坯各边去毛刺，操作时注意避免划伤。
- 停机测量工件时，应将工件移出，以避免被刀具误伤。

七、环境保护

- 参考《简明机械手册》相应章节的内容。
- 切屑应放置在指定的废弃物存放处。

工作过程

一、信息

A1 得分：　　/ 20

（中间成绩 A1 满分 20 分，4 分 / 题。每题评分等级：0 ～ 4 分）

1．轴类零件通常适合采用什么装夹方式？

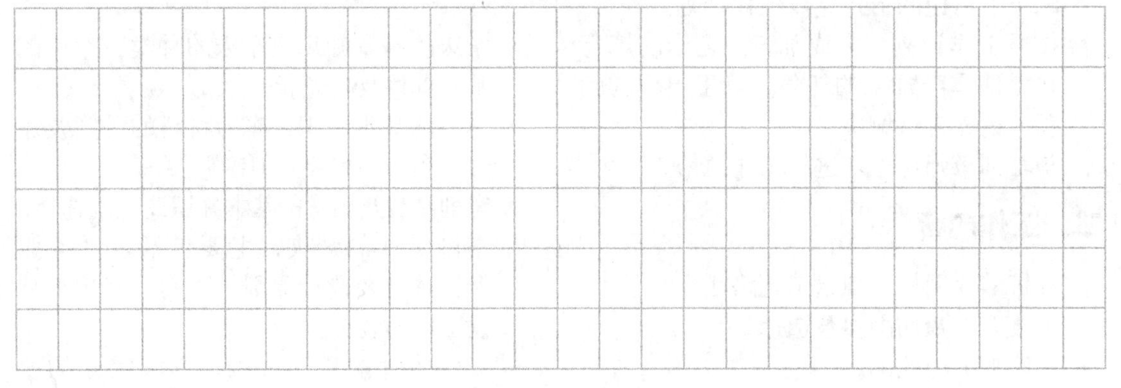

2．工件材料为 45 钢，此种钢材的性能特点如何？切削 45 钢材，适合采用哪种材质的刀具？

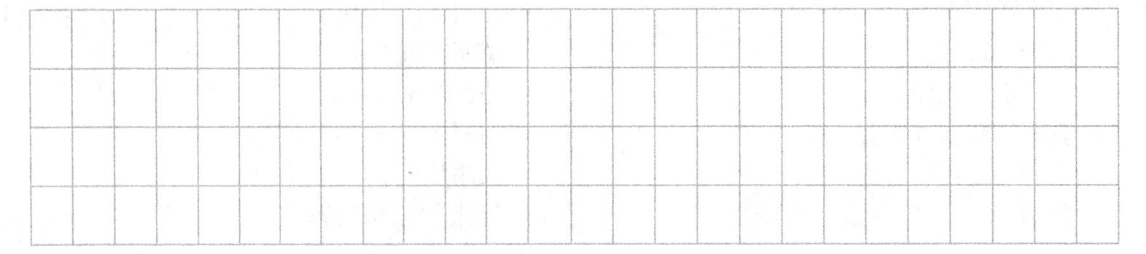

3．车刀一般有哪些种类？适用的范围如何？

4．三角螺纹有什么特点？一般有哪些加工方法？

5．工件长度为 135 mm，直径为 14 mm，这样的工件在车削过程中会出现什么问题？如何在加工过程中避免？

二、计划

A2 得分：　　/ 30

（中间成绩 A2 满分 30 分。评分等级：0 ～ 30 分）

1．小组讨论后，完成工作计划表。

工作计划表

工作计划				
工件名称			工件号	
序号	工作步骤（请使用直尺自行分割以下区域）	器材（设备、工具、辅具）	安全，环保	工作时间/h

2．填写工量刃辅具表。

工量刃辅具表

序号	名称	规格	数量	备注

三、决策

A3 得分：　　/ 30

（中间成绩 A3 满分 30 分。评分等级：0 ～ 30 分）

1．通过小组讨论（或由教师点评）完成决策，最终确定工艺流程。请在下方简要叙述工艺流程，并填写工艺流程表。

工艺流程表

工艺流程									
序号	工序名称	工序内容	设备	夹具	工具	量具	辅具	安全，环保	工作时间 /h
	评分：10-9-7-5-3-0	得分：	得分：					得分：	

2．填写零件加工工序卡。

零件加工工序卡

单位名称	产品名称或代号	零件名称	零件图号

工序号	夹具名称	夹具编号	使用设备	车间	毛坯尺寸/mm	材料牌号

工步号	工步作业内容（请使用直尺自行分割以下区域）	刀具	主轴转速 n/(r/min)	进给速度 v/(mm/min)	切深 a_p/mm	备注

编制		审核		批准		年　月　日	共　页	第　页

四、实施

A4 得分：　　/ 50

（中间成绩 A4 满分 50 分。评分等级：0 ～ 50 分）

在下表中的空白部分填入相应内容，并按照步骤进行操作。

实施步骤简表

实施步骤	操作内容	要点	工具	注意事项
1	平端面、打中心孔	1. 将工件安装在三爪卡盘上，外伸 15 ～ 20mm。 2. 选择正确的主轴转速及走刀速度。 3. 使用 45°车刀平端面。 4. 将中心钻安装到钻夹头上，并将钻夹头安装到车床尾座上。 5. 缓慢进给钻削中心孔	钢直尺、卡盘扳手、45° 车刀、钻夹头、中心钻	1. 45°车刀刀尖安装要与主轴轴线等高或略低一点点。 2. 钻削中心孔时可以选择较高的主轴转速（1 000 r/min 以上），进给要平稳。 3. 钻夹头安装要牢固，安装时可以适当用点力量
2	外形车削		90° 车刀、45° 车刀、活动顶尖	1. 采用“一夹一顶”装夹工件时，一般卡盘夹住工件 5 ～ 10 mm 长，若卡爪磨损严重可以适当增加夹持长度。 2. 等到顶尖到位后锁死尾座和套筒，此时再将卡盘夹紧
3	加工螺纹退刀槽	1. 使用切槽刀加工螺纹退刀槽。 2. 选择合适的转速和进给速度		1. 切槽刀刀尖安装要与车床主轴轴线等高或略低一点点，切槽刀中轴线应与车床主轴垂直。 2. 选择较低的主轴转速，进给一定要慢
4	加工外螺纹			1. 板牙平面要与车床主轴轴线垂直。 2. 主轴转动要缓慢。 3. 注意反向断屑和润滑
5	加工另一侧螺纹	1. 掉头重新装夹工件。 2. 平端面保证总长。 3. 外圆车削并倒角。 4. 加工螺纹退刀槽。 5. 板牙加工外螺纹		1. 板牙平面要与车床主轴轴线垂直。 2. 主轴转动要缓慢。 3. 注意反向断屑和润滑
6	车床现场 5S 及 TPM	填写 5S 管理点检表和 TPM 点检表	笔，各种表格	

五、检查

A5 得分：　　/ 50

提示：培训教师完成检测后，填写下表中“得分”一栏。

用量具或量规检测已经加工完成的零件，判断是否达到要求的特性值。

重要说明：

(1) 当“学生自评”和“教师评价”一致时得 10 分，否则得 0 分。

(2) 不考虑学生自己测得的实际尺寸是否符合尺寸要求。

(3)“学生自评”的意义是对学生检测自己所加工零件的能力进行判断，与各零件是否达到精度及功能要求无关。

(4) 灰底空白处由培训教师填写。

序号	件号	特性值	偏差	学生自评			教师评价			得分
				测量值	达到特性值		测量值	达到特性值		
					是	否		是	否	
1	2-1	外径 ϕ14 mm	±0.1 mm							
2	2-1	总长 135 mm	±0.1 mm							
3	2-1	螺纹 M8	环规							
4	2-1	台阶长度 16 mm	±0.1 mm							
5	2-1	倒角 $C1$								
									中间成绩 （满分 50 分，10 分 / 项）	A5

六、评价

重要说明：

灰底空白处无须填写。

1. 完成功能检查和目测检查。

序号	件号	检查项目	功能检查	目测检查
1	2-1	两端倒角是否符合要求并已经去毛刺		
2	2-1	两处切槽是否去毛刺		
3	2-1	三角螺纹是否能正常连接、光洁度满足要求		
4	2-1	表面粗糙度是否符合要求		
5	2-1	所有零件是否按照图样加工		
6	2-1	打标记是否符合专业要求		
每项评分等级：10-9-7-5-3-0 分。		中间成绩 （B1 满分 30 分， B2 满分 30 分， 10 分 / 项）	B1	B2

B1 得分：　　/ 30　　B2 得分：　　/ 30

2．完成尺寸检验。

序号	件号	尺寸检验	偏差	实际尺寸	精尺寸	粗尺寸
1	2–1	外径 ϕ14 mm	±0.1 mm			
2	2–1	总长 135 mm	±0.1 mm			
3	2–1	螺纹 M8	环规			
4	2–1	台阶长度 16 mm	±0.1 mm			
5	2–1	倒角 $C1$				
				中间成绩（B3 满分 40 分，B4 满分 10 分，10 分 / 项）		
					B3	B4

每项评分等级：10 分或 0 分。

B3 得分：　/ 40　**B4 得分：　/ 10**

3．计算书面作答和操作技能成绩。

（各项的“百分制成绩”=“中间成绩 1”÷“除数”；各项的“中间成绩 2”=“百分制成绩”×“权重”；“书面作答成绩”和“操作技能成绩”分别为它们上方的“中间成绩 2”之和）

序号	书面作答	中间成绩 1		除数	百分制成绩	权重	中间成绩 2
1	信息	A1		0.2		0.2	
2	计划	A2		0.3		0.2	
3	决策	A3		0.3		0.2	
4	实施	A4		0.5		0.3	
5	检查	A5		0.5		0.1	
						书面作答成绩（满分 100 分）	
							Feld 1

Feld 1 得分：　/ 100

序号	操作技能	中间成绩 1		除数	百分制成绩	权重	中间成绩 2
1	功能检查	B1		0.3		0.3	
2	目测检查	B2		0.3		0.2	
3	精尺寸	B3		0.4		0.4	
4	粗尺寸	B4		0.1		0.1	
						操作技能成绩（满分 100 分）	
							Feld 2

Feld 2 得分：　/ 100

4．计算总成绩。

（各项的“中间成绩 2”=“中间成绩 1”×“权重”；“总成绩”为其上方的“中间成绩 2”之和）

序号	项目	中间成绩 1		权重	中间成绩 2
1	书面作答	Feld 1		0.3	
2	操作技能	Feld 2		0.7	
				任务总评（满分 100 分）	总成绩

总成绩：　　　/ 100

总结与提高

一、任务总结

1．简要描述任务的完成过程。

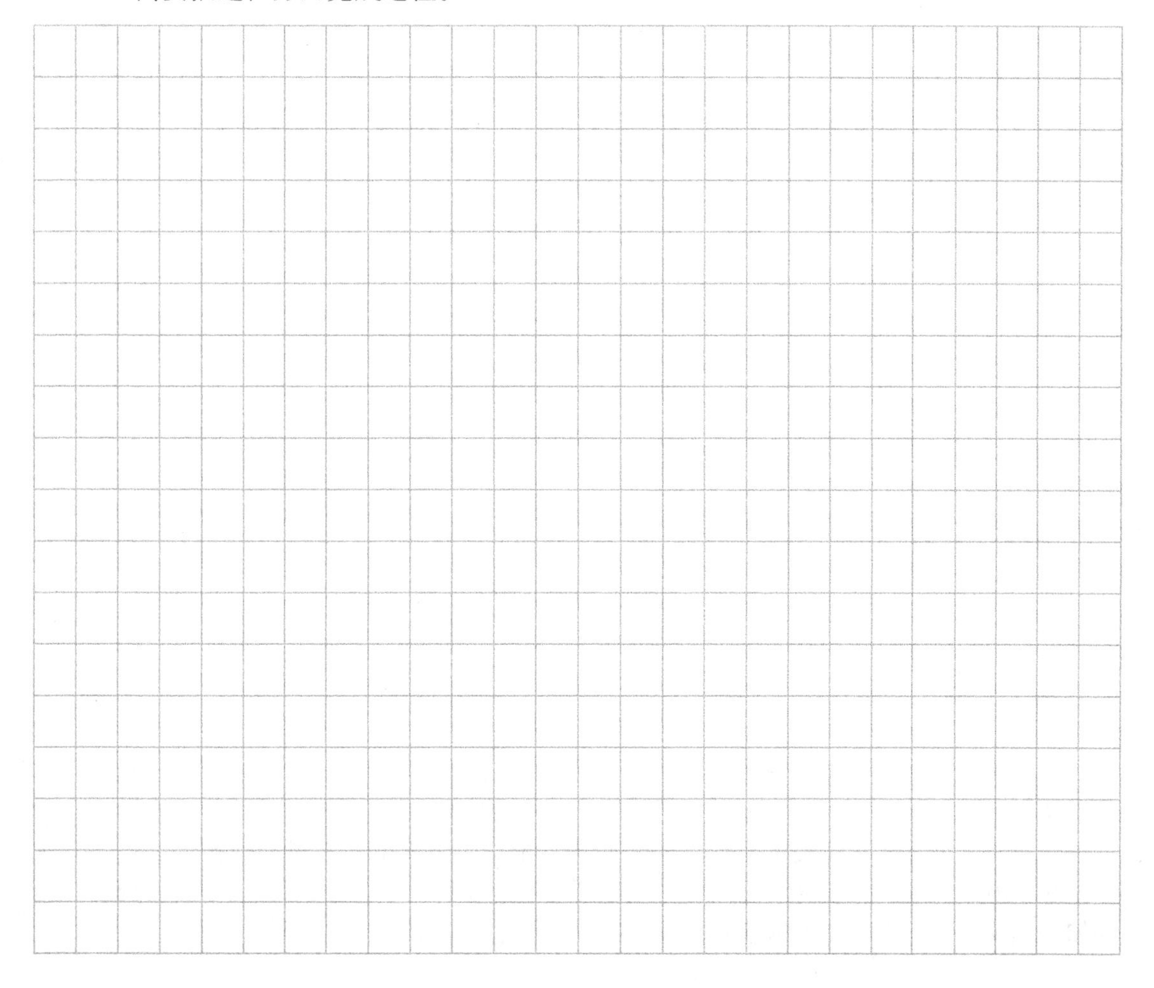

2．简要描述在本次任务中学习到的新知识和新技能。

3．对自己在本次任务中的表现进行总结和评价。

二、思考题

1．在加工外圆和切槽时，主轴转速与走刀速度有什么区别？

2．在加工螺纹时，如何保证板牙平面与连接杆轴线垂直？

3．在车削过程中，去除缠绕在车刀上的切屑时应注意哪些安全问题？

三、任务小结

本次加工任务中，应掌握的内容：①细长轴及其常用装夹方式；②装夹细长轴一般选择活动顶尖，夹持长度一般为 5 ～ 10 mm；③加工细长轴时，因为轴径较小的缘故，一般主轴转速较常规零件车削偏高；④细长轴因为其本身刚度较低，在进行切槽时更要缓慢进给；⑤在用板牙加工螺纹时，可以采用尾座套筒帮助我们保证板牙平面与连接杆轴线垂直；⑥加工螺纹时可以用手拨动卡盘来完成，此时需将主轴调节到空挡位置。

项目 2 简单组合件加工 任务 2 哑铃体加工	姓名：	班级：
	日期：	页码范围：

任务 2 哑铃体加工

任务目标

一、知识目标

1．了解车床的基本知识，主要包括车床的种类、车床的基本部件及功能。

2．熟悉车刀的基本知识，主要包括车刀材料的种类及牌号、车刀的种类及标记、车刀的主要几何参数，车削参数及用量的基本知识及正确选择。

3．掌握车削零件的装夹，主要包括基准的概念、种类及选择原则，通用、专用夹具及工件的装夹。

4．了解车削零件的质量分析；掌握车削零件的检测原理与方法，以及检测工具的正确使用。

5．掌握轴类零件的车削加工工艺。

二、能力目标

1．能熟练操作普通车床，具备普通车削的能力，并能合理、规范地使用设备。

2．能合理选择和使用各种常见刀具及夹具；能正确选择车削的切削参数；能合理制订典型车削零件的加工工艺。

3．掌握轴类零件的车削方法。

4．具备查阅与机械相关的资料并将知识应用于实践生产的能力。

5．能遵守中德培训中心规定，做好现场 5S 管理和 TPM 管理以及持续改善。

任务描述

依据图样要求，车削外形、钻孔、加工螺纹，并保证尺寸要求、表面粗糙度等技术要求。

一、可用资源

1. 任务图样

本任务图样如图 2-2 所示。

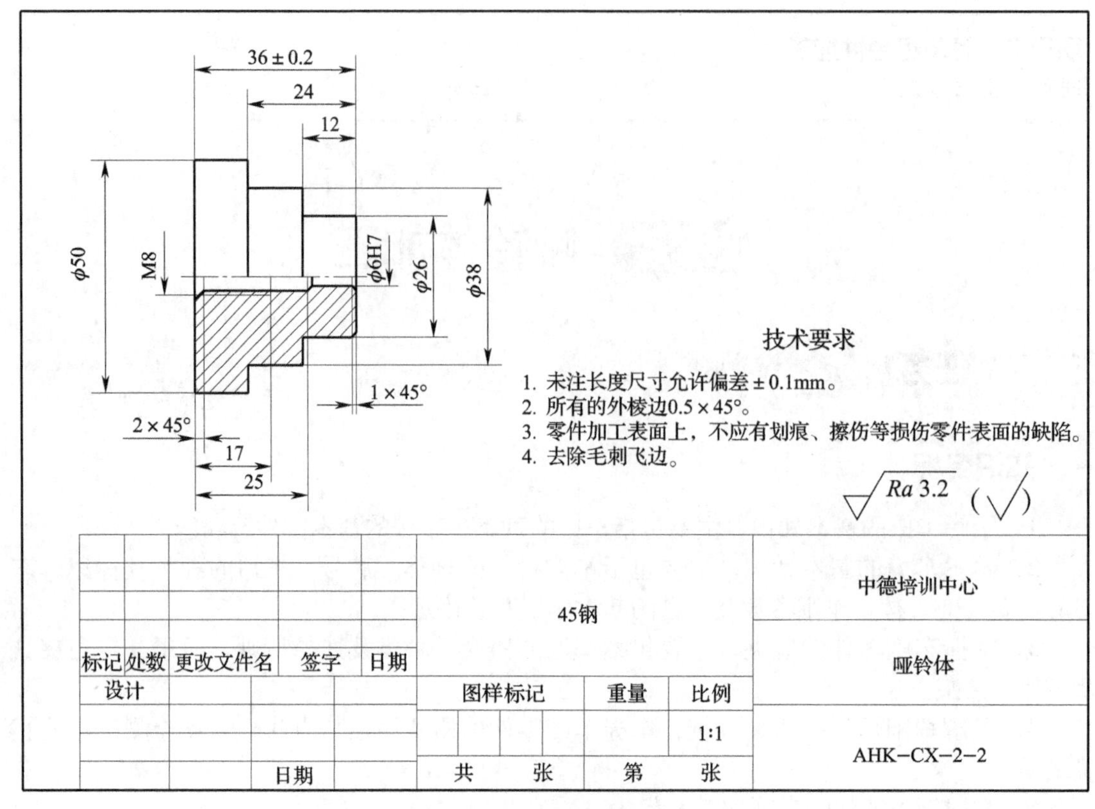

图 2-2　哑铃体零件图

2. 材料清单

材料清单

名称	材料	数量	单位	毛坯尺寸	备注
圆钢	45 钢	2	只	ϕ 55 mm × 50 mm	

二、重点和难点

重点	难点
1．车床钻孔。 2．车床上采用丝锥加工三角螺纹。 3．车床铰孔	1．车床钻孔时切削参数的选择。 2．中心孔的钻削。 3．铰孔时切削参数的选择。 4．用丝锥加工三角螺纹时如何保证丝锥与端面垂直

三、参考用时

10 小时。

任务提示

一、工作方法

- 读图后回答引导问题，可以参考的资料有图样、《简明机械手册》（湖南科学技术出版社，2012 年出版）、ISO 标准等标准文件、“知识库”中的相关知识等。
- 以小组讨论的形式完成工作计划。
- 按照工作计划，完成加工工艺卡的填写和零件车削加工的任务。对于出现的问题，请先自行解决。
- 与培训教师讨论，进行工作总结。

二、工作内容

- 分析零件图样，拟定工艺路线。
- 工量刀具及切削参数选择。
- 零件加工与检测。
- 工具、设备、现场 5S 管理和 TPM 管理。

三、工量刀具

- 游标卡尺。
- 百分表及表座。
- 表面粗糙度样板。
- 90° 车刀。
- 45° 车刀。
- 中心钻（A2.5）。
- 钻夹头。
- 麻花钻（ϕ 6.7、ϕ 5.8）。
- 丝锥（铰杠）M8。
- 铰刀（ϕ 6H7）。
- 螺纹塞规。

四、知识储备

- 车床的基本知识、车床的种类、车床的基本部件及功能。
- 车刀的基本知识、车刀材料的种类及牌号、车刀的种类及标记、车刀的主要几何参数。
- 车削参数及用量的基本知识及正确选择。
- 车削零件的装夹，主要包括基准的概念、种类及选择原则，通用、专用夹具及工件的装夹。
- 车削零件的质量分析；掌握车削零件的检测原理与方法，以及检测工具的正确使用。
- 外圆车削方法。
- 端面车削方法。
- 中心孔加工方法。
- 车床钻孔方法。
- 铰孔的操作。
- 切削液。
- 工件装夹。
- 刀具类型的选择。
- 刀具磨损。
- 刀具安装。

五、注意事项与工作提示

- 机床只能由一人操作，不可多人同时操作。
- 加工时，工件必须夹紧。
- 车削前准备工作应充分，检查三爪卡盘和车刀是否装夹牢固。
- 卡盘的卡爪须清理干净。
- 工件装夹时应确认已夹紧。
- 清理铁屑时须使用毛刷。
- 钻孔时要注意缓慢进给并配合浇注切削液。
- 保证车刀刀尖与主轴轴线等高。
- 装夹钻夹头和顶尖时要注意莫式锥筒内是否清洁。
- 加工螺纹时要注意润滑和断屑。
- 铰孔时切削参数的选择。

六、劳动安全

- 读懂车间的安全标志并遵照行事。
- 穿实训鞋服，车削时佩戴防护眼镜、安全帽。

- 配制切削液时，应戴防护手套，防止对皮肤的腐蚀性伤害。
- 禁止佩戴胸卡、项链、手表等饰品。
- 毛坯各边去毛刺，操作时注意避免划伤。
- 停机测量工件时，应将工件移出，以避免被刀具误伤。

七、环境保护

- 参考《简明机械手册》相应章节的内容。
- 切屑应放置在指定的废弃物存放处。

工作过程

一、信息

A1 得分：　　/ 20

（中间成绩 A1 满分 20 分，4 分 / 题。每题评分等级：0 ～ 4 分）

1．丝锥是用来加工内螺纹的常用刀具，右下图中展示的丝锥都一样吗？丝锥有哪些类型呢？

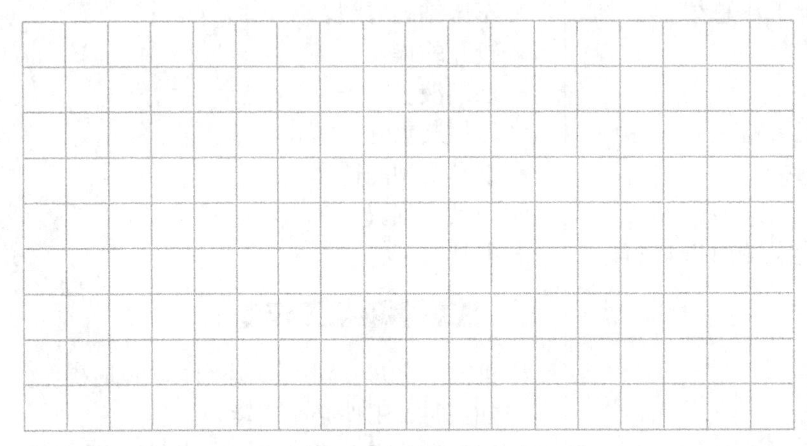

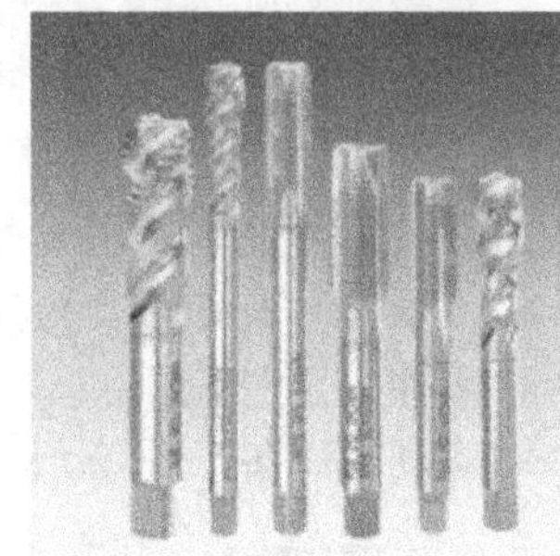

2．关于图样中 M8 的螺纹，请查阅相关资料并填写下面的表格。

项目	螺纹类型	牙型角	公称直径	螺距	螺纹底孔直径	用途
数值						

3．关于图样中 ϕ6H7 的孔，请查阅相关资料并填写下面的表格。

项目	基本尺寸	最大极限尺寸	最小极限尺寸	上偏差	下偏差	尺寸公差
数值						

4．由上题结果可以看出，此孔的加工精度相对较高，那么加工精度要求较高的孔时常用哪些方法呢？

5．图样中 ϕ6H7 的孔，若选择采用铰孔来实现精加工，那么在铰孔之前需要采用什么加工作为预加工呢？留给铰孔的加工余量是多少呢？

二、计划

A2 得分：　　/ 30

（中间成绩 A2 满分 30 分。评分等级：0 ～ 30 分）

1．小组讨论后，完成工作计划表。

工作计划表

工作计划				
工件名称			工件号	
序号	工作步骤 （请使用直尺自行分割以下区域）	器材 （设备、工具、辅具）	安全，环保	工作时间 /h

2．填写工量刃辅具表。

工量刃辅具表

序号	名称	规格	数量	备注

三、决策

A3 得分：　　/ 30

（中间成绩 A3 满分 30 分。评分等级：0 ～ 30 分）

1．通过小组讨论（或由教师点评）完成决策，最终确定工艺流程。请在下方简要叙述工艺流程，并填写工艺流程表。

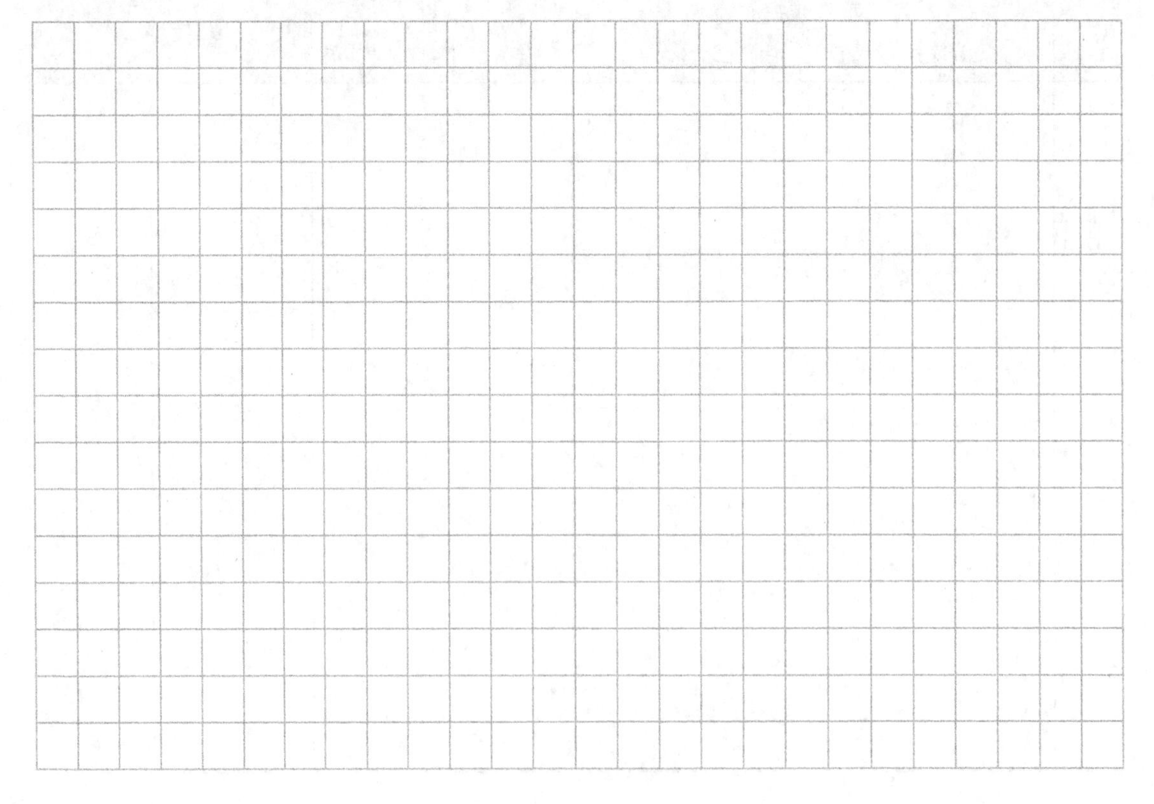

工艺流程表

工艺流程									
序号	工序名称	工序内容	设备	夹具	工具	量具	辅具	安全，环保	工作时间 /h
	评分：10-9-7-5-3-0	得分：	得分：					得分：	

2．填写零件加工工序卡。

零件加工工序卡

<table>
<tr><td colspan="2" rowspan="2">单位名称</td><td colspan="4" rowspan="2"></td><td colspan="2">产品名称或代号</td><td colspan="3">零件名称</td><td colspan="3">零件图号</td></tr>
<tr><td colspan="2"></td><td colspan="3"></td><td colspan="3"></td></tr>
<tr><td colspan="2">工序号</td><td colspan="2">夹具名称</td><td colspan="2">夹具编号</td><td>使用设备</td><td>车间</td><td colspan="3">毛坯尺寸/mm</td><td colspan="3">材料牌号</td></tr>
<tr><td colspan="2"></td><td colspan="2"></td><td colspan="2"></td><td></td><td></td><td colspan="3"></td><td colspan="3"></td></tr>
<tr><td>工步号</td><td colspan="5">工步作业内容
（请使用直尺自行分割以下区域）</td><td>刀具</td><td>主轴转速
n/
(r/min)</td><td colspan="2">进给速度
v/
(mm/min)</td><td colspan="3">切深
a_p/
mm</td><td>备注</td></tr>
<tr><td></td><td colspan="5"></td><td></td><td></td><td colspan="2"></td><td colspan="3"></td><td></td></tr>
<tr><td>编制</td><td></td><td>审核</td><td colspan="2"></td><td>批准</td><td></td><td colspan="2">年　月　日</td><td colspan="3">共　页</td><td colspan="2">第　页</td></tr>
</table>

四、实施

A4 得分：　　/ 50

（中间成绩 A4 满分 50 分。评分等级：0 ～ 50 分）

在下表中的空白部分填入相应内容，并按照步骤进行操作。

实施步骤简表

实施步骤	操作内容	要点	工具	注意事项
1	平端面、打中心孔	1．将工件安装在三爪卡盘上，外伸 30 mm。 2．选择正确的主轴转速及走刀速度。 3．使用 45° 车刀平端面。 4．将中心钻安装到钻夹头上，并将钻夹头安装到车床尾座上。 5．缓慢进给钻削中心孔	钢直尺、卡盘扳手、45° 车刀、钻夹头、中心钻	1．45° 车刀刀尖安装要与主轴轴线等高或略低一点点。 2．钻削中心孔时可以选择较高的主轴转速，进给要平稳。 3．钻夹头安装要牢固，安装时可以适当用点力量
2	车削一侧 ϕ26 mm、ϕ38 mm 外圆		90° 车刀、45° 车刀	加工过程中车刀离卡盘较近，谨慎操作
3	钻 ϕ5.8 mm 的孔		麻花钻、钻夹头、尾座	1．钻头直径较小，钻削时进给要平稳并注意浇注切削液。 2．钻孔较深（通孔），防止钻头折断
4	加工 ϕ 6H7 的孔			1．主轴转动要缓慢。 2．进给要平稳
5	平端面	1．掉头夹 ϕ38 mm 外圆。 2．用 45° 车刀车削端面，保证总长	45° 车刀	45° 车刀刀尖安装要与主轴轴线等高或略低一点点
6	加工 ϕ50 mm 外圆	1．使用 90° 车刀完成外圆加工。 2．使用 45° 车刀完成倒角	90° 车刀、45° 车刀	加工过程中车刀离卡盘较近，谨慎操作
7	钻螺纹底孔			1．钻削时进给要平稳并注意浇注切削液。 2．钻孔的深度

续表

实施步骤	操作内容	要点	工具	注意事项
8	加工内螺纹	1．装好丝锥。 2．手动转动车床主轴，采用丝锥加工出内螺纹	丝锥、丝锥铰杠	1．丝锥轴线与端面垂直。 2．主轴转动要缓慢。 3．注意反向断屑和润滑。 4．注意螺纹的深度
9	车床现场5S及TPM	填写5S管理点检表和TPM点检表	笔，各种表格	

五、检查

A5 得分： / 100

提示：培训教师完成检测后，填写下表中“得分”一栏。

用量具或量规检测已经加工完成的零件，判断是否达到要求的特性值。

重要说明：

(1) 当“学生自评”和“教师评价”一致时得10分，否则得0分。

(2) 不考虑学生自己测得的实际尺寸是否符合尺寸要求。

(3) “学生自评”的意义是对学生检测自己所加工零件的能力进行判断，与各零件是否达到精度及功能要求无关。

(4) 灰底空白处由培训教师填写。

序号	件号	特性值	偏差	学生自评			教师评价			得分
				测量值	达到特性值		测量值	达到特性值		
					是	否		是	否	
1	2-2	外径 ϕ26 mm	±0.1 mm							
2	2-2	外径 ϕ38 mm	±0.1 mm							
3	2-2	外径 ϕ50 mm	±0.1 mm							
4	2-2	总长 36 mm	±0.2 mm							
5	2-2	螺纹 M8	塞规							
6	2-2	长度 12 mm	±0.1 mm							
7	2-2	长度 17 mm	±0.1 mm							
8	2-2	长度 24 mm	±0.1 mm							

续表

序号	件号	特性值	偏差	学生自评			教师评价			得分
				测量值	达到特性值		测量值	达到特性值		
					是	否		是	否	
9	2-2	长度 25 mm	±0.1 mm							
10	2-2	倒角 $C1$、$C2$								
									中间成绩（满分 100 分，10 分 / 项）	A5

六、评价

重要说明：

灰底空白处无须填写。

1．完成功能检查和目测检查。

序号	件号	检查项目	功能检查	目测检查
1	2-2	两端内孔倒角是否符合要求并已经去毛刺		
2	2-2	所有外圆是否倒角		
3	2-2	三角螺纹是否能正常连接、光洁度满足要求		
4	2-2	表面粗糙度是否符合要求		
5	2-2	所有零件是否按照图样加工		
6	2-2	打标记是否符合专业要求		
每项评分等级：10-9-7-5-3-0 分。		中间成绩（B1 满分 30 分，B2 满分 30 分，10 分 / 项）	B1	B2

B1 得分：　/ 30　**B2 得分：　/ 30**

2．完成尺寸检验。

序号	件号	尺寸检验	偏差	实际尺寸	精尺寸	粗尺寸
1	2-2	外径 ϕ26 mm	±0.1 mm			
2	2-2	外径 ϕ38 mm	±0.1 mm			
3	2-2	外径 ϕ50 mm	±0.1 mm			
4	2-2	总长 36 mm	±0.2 mm			

续表

序号	件号	尺寸检验	偏差	实际尺寸	精尺寸	粗尺寸
5	2-2	螺纹 M8	塞规			
6	2-2	长度 12 mm	±0.1 mm			
7	2-2	长度 17 mm	±0.1 mm			
8	2-2	长度 24 mm	±0.1 mm			
9	2-2	长度 25 mm	±0.1 mm			
10	2-2	倒角 *C*1、*C*2				
每项评分等级：10 分或 0 分。				中间成绩（B3 满分 90 分，B4 满分 10 分，10 分 / 项）		
					B3	B4

B3 得分：　/ 90　**B4 得分：　/ 10**

3．计算书面作答和操作技能成绩。

（各项的“百分制成绩”=“中间成绩 1”÷“除数”；各项的“中间成绩 2”=“百分制成绩”×“权重”；“书面作答成绩”和“操作技能成绩”分别为它们上方的“中间成绩 2”之和）

序号	书面作答	中间成绩 1		除数	百分制成绩	权重	中间成绩 2
1	信息	A1		0.2		0.2	
2	计划	A2		0.3		0.2	
3	决策	A3		0.3		0.2	
4	实施	A4		0.5		0.3	
5	检查	A5		1		0.1	
						书面作答成绩（满分 100 分）	
							Feld 1

Feld 1 得分：　/ 100

序号	操作技能	中间成绩 1		除数	百分制成绩	权重	中间成绩 2
1	功能检查	B1		0.3		0.3	
2	目测检查	B2		0.3		0.2	
3	精尺寸	B3		0.9		0.4	
4	粗尺寸	B4		0.1		0.1	
						操作技能成绩（满分 100 分）	
							Feld 2

Feld 2 得分：　/ 100

4．计算总成绩。

（各项的“中间成绩 2”=“中间成绩 1”×“权重”；“总成绩”为其上方的“中间成绩 2”之和）

序号	项目	中间成绩 1		权重	中间成绩 2
1	书面作答	Feld 1		0.3	
2	操作技能	Feld 2		0.7	
				任务总评（满分 100 分）	
					总成绩

总成绩：　　　　/ 100

总结与提高

一、任务总结

1．简要描述任务的完成过程。

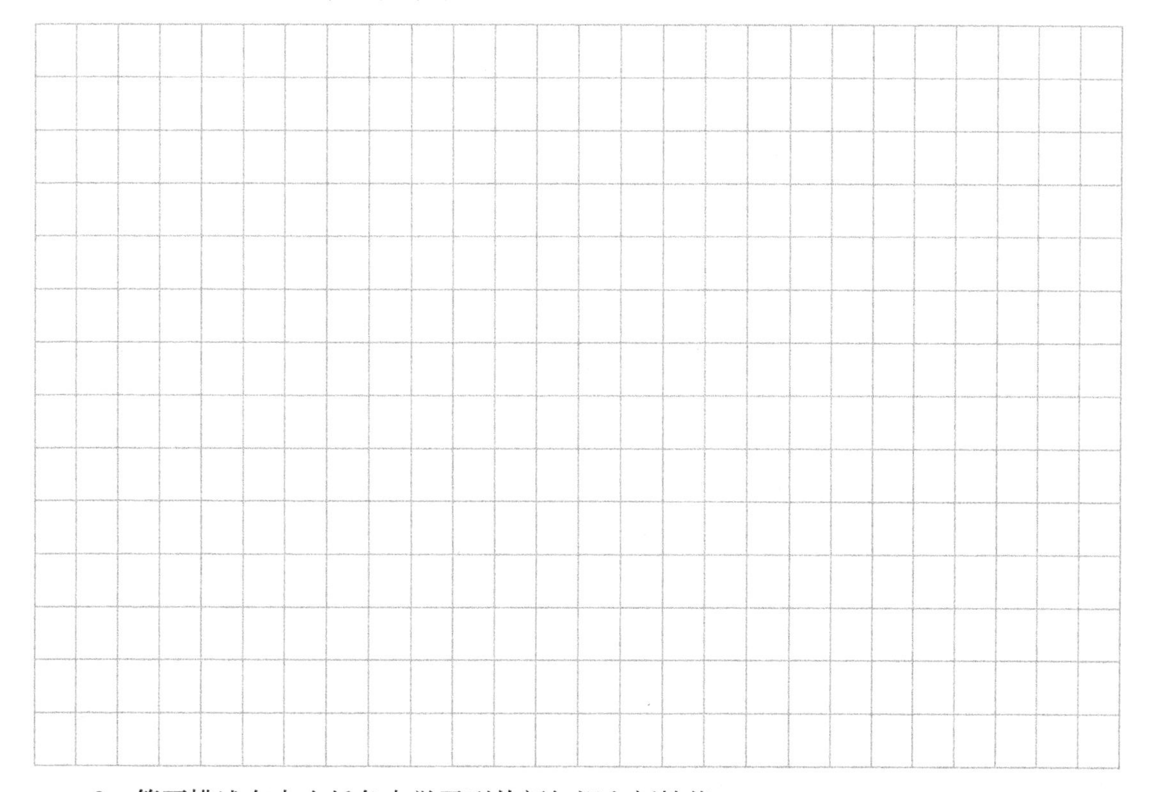

2．简要描述在本次任务中学习到的新知识和新技能。

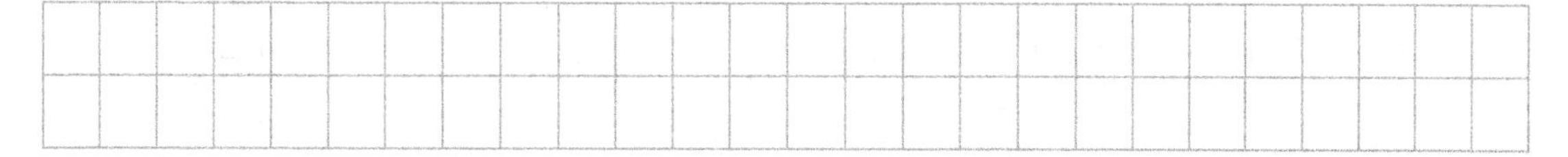

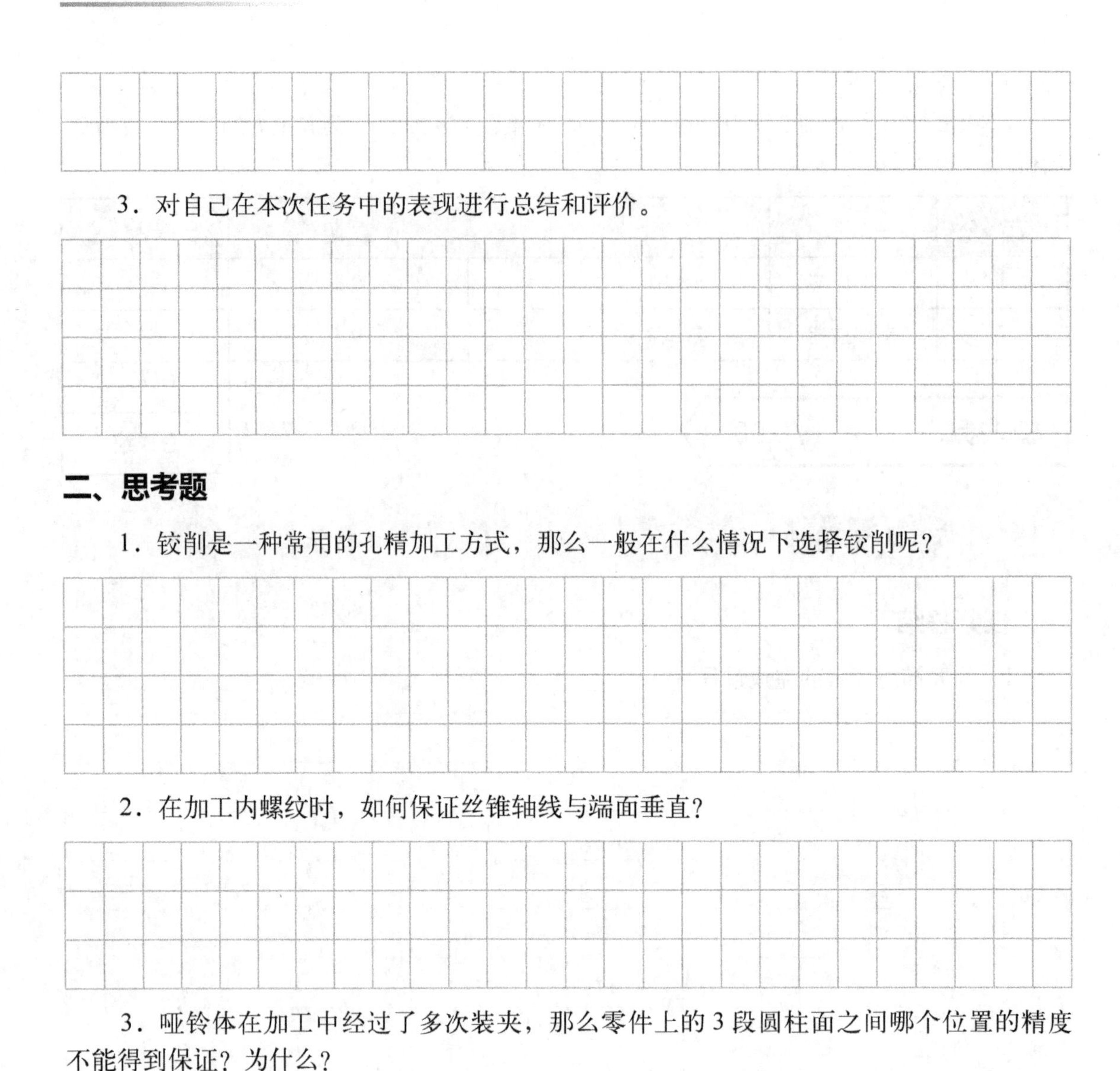

3．对自己在本次任务中的表现进行总结和评价。

二、思考题

1．铰削是一种常用的孔精加工方式，那么一般在什么情况下选择铰削呢？

2．在加工内螺纹时，如何保证丝锥轴线与端面垂直？

3．哑铃体在加工中经过了多次装夹，那么零件上的3段圆柱面之间哪个位置的精度不能得到保证？为什么？

三、任务小结

本次加工任务中，应掌握的内容：①对于精度要求较高且直径较小的孔，一般推荐采用钻孔＋铰孔的加工方法来完成加工；②钻削直径较小的孔时，要注意进给平稳，否则容易折断钻头；③钻削通孔时，在钻头即将钻通时要放慢进给；④丝锥加工内螺纹时要注意断屑和润滑；⑤在车床上加工螺纹时可以用手拨动卡盘来完成，此时需将主轴调节到空挡位置；⑥在车床上铰孔时要选择较低的主轴转速，加工余量一般为 0.1 ～ 0.2 mm。

项目 3 初级综合件加工

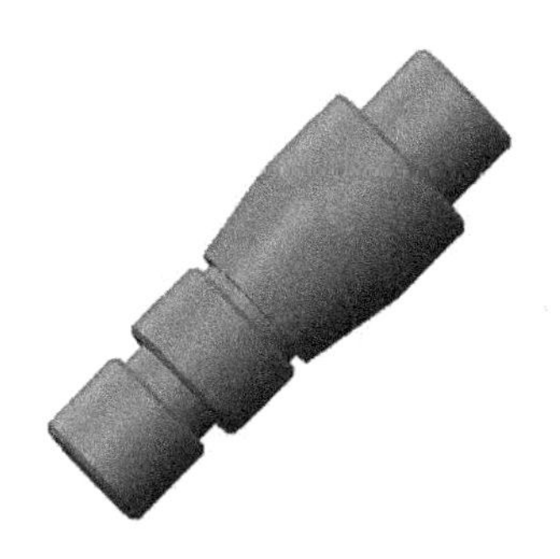

任务 1 油塞零件加工

任务目标

一、知识目标

1．了解车床的基本知识，主要包括车床的种类、车床的基本部件及功能。

2．了解滚花加工的基本知识。

3．掌握车削三角螺纹的基本方法。

4．掌握外沟槽的加工方法。

5．掌握车床加工孔的常用方法。

6．了解车削零件的质量分析；掌握车削零件的检测原理与方法，以及检测工具的正确使用。

二、能力目标

1．能熟练操作普通车床，具备普通车削的能力，并能合理、规范使用设备。

2．能合理选择和使用各种常见刀具及夹具；能正确选择车削的切削参数；能合理制订典型车削零件的加工工艺。

3．能在车床上完成钻孔加工。

4．能在车床上完成三角螺纹加工。

5．能在车床上完成外沟槽加工。

6．能在车床上完成滚花加工。

7．具备查阅与机械相关的资料并将知识应用于实践生产的能力。

8．能遵守中德培训中心规定，做好现场 5S 管理和 TPM 管理以及持续改善。

任务描述

依据图样要求，车削外形并保证尺寸要求、表面粗糙度等技术要求。

一、可用资源

1．任务图样。

本任务图样如图 3-1 所示。

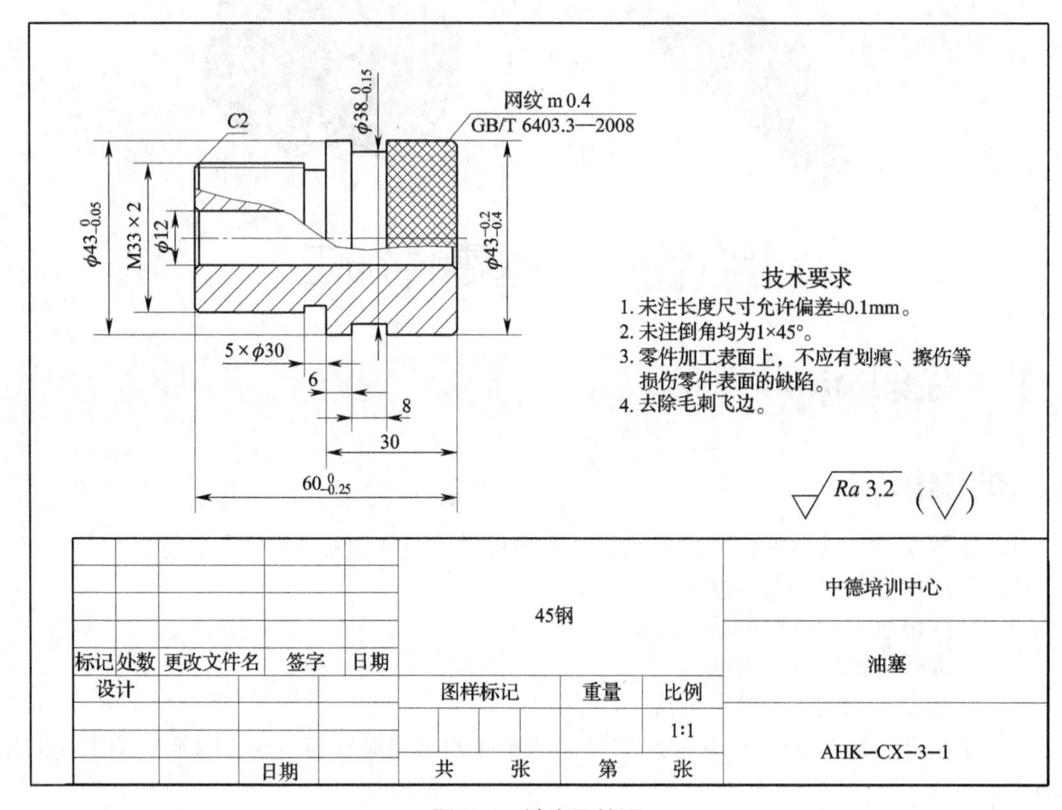

图 3-1　油塞零件图

2．材料清单

材料清单

名称	材料	数量	单位	毛坯尺寸	备注
圆钢	45 钢	1	个	ϕ45 mm × 65 mm	

二、重点和难点

重点	难点
1．车床车削外三角螺纹。 2．车削外沟槽。 3．滚花加工	1．螺纹车刀的安装、转速和进给速度选择。 2．滚花刀的安装、转速和进给速度选择。 3．切槽刀的安装、转速和进给速度选择。 4．量具的使用和读数

三、参考用时

8 小时。

任务提示

一、工作方法

- 读图后回答引导问题，可以参考的资料有图样、《简明机械手册》（湖南科学技术出版社，2012 年出版）、ISO 标准等标准文件、“知识库”中的相关知识等。
- 以小组讨论的形式完成工作计划。
- 按照工作计划，完成加工工艺卡的填写和零件车削加工的任务。对于出现的问题，请先自行解决。
- 与培训教师讨论，进行工作总结。

二、工作内容

- 分析零件图样，拟定工艺路线。
- 工量刀具及切削参数选择。
- 零件加工与检测。
- 工具、设备、现场 5S 管理和 TPM 管理。

三、工量刀具

- 游标卡尺。
- 千分尺。
- 麻花钻。
- 90° 车刀。
- 45° 车刀。
- 外切槽刀。
- 滚花刀。
- 中心钻。
- 螺纹对刀样板。
- 钻夹头。
- 过渡锥套。
- 活动顶尖。
- 螺纹环规。

四、知识储备

- 车床的基本知识、车床的种类、车床的基本部件及功能。
- 车刀的基本知识、车刀材料的种类及牌号、车刀的主要几何参数。
- 车削参数及用量的基本知识及正确选择。
- 车削零件的装夹，主要包括基准的概念、种类及选择原则，通用、专用夹具及工件的装夹。
- 车削零件的质量分析；掌握车削零件的检测原理与方法，以及检测工具的正确使用。
- 外圆车削方法。
- 端面车削方法。
- 中心孔钻削。
- 切削液。
- 工件装夹。

- 刀具类型的选择。
- 刀具磨损。
- 刀具安装。
- 车床钻孔。
- 车削螺纹。
- 车削外沟槽。
- 滚花加工。

五、注意事项与工作提示

- 机床只能由一人操作，不可多人同时操作。
- 加工时，工件必须夹紧。
- 车削前准备工作应充分，检查三爪卡盘和车刀是否装夹牢固。
- 卡盘的卡爪须清理干净。
- 工件装夹时应确认已夹紧。
- 清理铁屑时须使用毛刷。

六、劳动安全

- 读懂车间的安全标志并遵照行事。
- 穿实训鞋服，车削时佩戴防护眼镜、安全帽。
- 配制切削液时，应戴防护手套，防止对皮肤的腐蚀性伤害。
- 禁止佩戴胸卡、项链、手表等饰品。
- 毛坯各边去毛刺，操作时注意避免划伤。
- 停机测量工件时，应将工件移出，以避免被刀具误伤。

七、环境保护

- 参考《简明机械手册》相应章节的内容。
- 切屑应放置在指定的废弃物存放处。

工作过程

一、信息

A1 得分： / 20

（中间成绩 A1 满分 20 分，4 分 / 题。每题评分等级：0 ～ 4 分）

1．请查阅相关资料解释零件图样中网纹 m=0.4（GB/T 6403.3-2008）的具体含义。

2．图样中 M33 × 2 是螺纹的常用标注方法，请查阅资料后填写下表。

序号	标注	公称直径	大径	中径	小径	旋向	螺距
1	M33 × 2						
2	M24 × 1.5						
3	M22 × 1.5-6g						
4	M20LH-5g6g-30						
5	M36 × 2-6H						

3. 查阅相关资料后回答切槽刀装夹中应该注意哪些问题。

4．查阅相关资料后回答螺纹车刀装夹中应该注意哪些问题。

5．查阅相关资料后回答滚花刀装夹中应该注意哪些问题，并确定图样中零件滚花部分滚花前的直径。

二、计划

A2 得分：　　/ 30

（中间成绩 A2 满分 30 分。评分等级：0 ～ 30 分）

1．小组讨论后，完成工作计划表。

工作计划表

工作计划				
工件名称			工件号	
序号	工作步骤（请使用直尺自行分割以下区域）	器材（设备、工具、辅具）	安全，环保	工作时间 /h

2．填写工量刃辅具表。

工量刃辅具表

序号	名称	规格	数量	备注

三、决策

A3 得分：　　/ 30

（中间成绩 A3 满分 30 分。评分等级：0 ～ 30 分）

1．通过小组讨论（或由教师点评）完成决策，最终确定工艺流程。请在下方简要叙述工艺流程，并填写工艺流程表。

工艺流程表

工艺流程									
序号	工序名称	工序内容	设备	夹具	工具	量具	辅具	安全，环保	工作时间 /h
	评分：10–9–7–5–3–0　得分：		得分：					得分：	

2．填写零件加工工序卡。

零件加工工序卡

<table>
<tr><td rowspan="2">单位名称</td><td rowspan="2" colspan="2"></td><td colspan="2">产品名称或代号</td><td>零件名称</td><td>零件图号</td></tr>
<tr><td colspan="2"></td><td></td><td></td></tr>
<tr><td>工序号</td><td>夹具名称</td><td>夹具编号</td><td>使用设备</td><td>车间</td><td>毛坯尺寸/mm</td><td>材料牌号</td></tr>
<tr><td></td><td></td><td></td><td></td><td></td><td></td><td></td></tr>
</table>

工步号	工步作业内容 （请使用直尺自行分割以下区域）	刀具	主轴转速 n/ (r/min)	进给速度 v/ (mm/min)	切深 a_p/ mm	备注

编制		审核		批准		年　月　日	共　页	第　页

四、实施

A4 得分：　　/ 50

（中间成绩 A4 满分 50 分。评分等级：0 ～ 50 分）

在下表中的空白部分填入相应内容，并按照步骤进行操作。

实施步骤简表

实施步骤	操作内容	要点	工具	注意事项
1	平端面、钻削中心孔		钢直尺、卡盘扳手、45° 车刀、钻夹头、中心钻	1. 45° 车刀刀尖安装要与主轴轴线等高或略低一点点。 2. 钻削中心孔时可以选择较高的主轴转速（1 000 r/min 以上），进给要平稳。 3. 钻夹头安装要牢固，安装时可以适当用点力量
2	车削外圆和槽		90° 车刀、45° 车刀、切槽刀（5 mm）、游标卡尺、千分尺	1. 加工过程中车刀离卡盘较近，谨慎操作。 2. 切削沟槽时注意选择合适的转速，采用手动进给。 3. 切槽刀宽为 5 mm，需采用左右借刀法
3		使用 ϕ12 mm 麻花钻钻削通孔		1. 双手转动尾座手轮，均匀进给。 2. 充分浇注乳化液。 3. 主轴转速选择在 300 ～ 400 r/min
4	定总长、车削 ϕ43 mm 外圆、M33×2 螺纹大径和螺纹退刀槽		钢直尺、90° 车刀、45° 车刀、切槽刀（5mm）、游标卡尺、千分尺	1. 车削外螺纹一般大径等于公称直径 -0.12× 螺距。 2. 切削沟槽时注意选择合适的转速，采用手动进给
5	车削 M33×2 外螺纹	使用 60° 三角外螺纹车刀，采用倒顺法车削外螺纹		1. 借助螺纹对刀板装夹螺纹车刀，保证刀尖对称中心线与工件轴线垂直。 2. 车削螺纹时采用丝杠传动，根据螺距选择手柄位置。 3. 采用倒顺法加工螺纹时，主轴转速不宜太高。

续表

实施步骤	操作内容	要点	工具	注意事项
5	车削M33×2外螺纹	使用60°三角外螺纹车刀，采用倒顺法车削外螺纹		4．车削螺纹时开合螺母保持在闭合状态。 5．中托板退出必须迅速，防止碰伤螺纹。 6．螺纹加工中可以加注切削液，可以留1～3次精修走刀
6	车削滚花部分外圆、滚花	1．工件掉头，夹住$\phi43_{-0.05}^{\ 0}$ mm外圆，采用一夹一顶完成工件装夹。 2．使用90°外圆车刀车削滚花部分外圆至尺寸$\phi43_{-0.4}^{-0.2}$ mm 。 3．采用双头滚花刀滚花	游标卡尺、活动顶尖、90°外圆车刀、45°车刀、双头滚花刀	1．采用一夹一顶主要考虑滚花过程中径向力比较大。 2．滚花刀装夹要保证滚轮中心或对称中心（双轮滚花刀）与工件轴线等高。 3．滚花时主轴转速一般选为50～100 r/min，进给量一般选为0.3～0.6 mm/r。 4．开始滚花时使滚花轮宽度的1/2～1/3与工件接触，保证能顺利切入。 5．滚花开始时只做径向进刀，力度要大，保证一开始就能形成理想花纹。 6．测量花纹达到要求后，采用自动走刀加工滚花，可以重复几次
7	倒角	倒角、去毛刺	45°车刀	倒角的尺寸
8	车床现场5S及TPM	填写5S管理点检表和TPM点检表	笔，各种表格	

五、检查

A5得分：　　/60

提示：培训教师完成检测后，填写下表中“得分”一栏。

用量具或量规检测已经加工完成的零件，判断是否达到要求的特性值。

重要说明：

（1）当“学生自评”和“教师评价”一致时得10分，否则得0分。

（2）不考虑学生自己测得的实际尺寸是否符合尺寸要求。

（3）“学生自评”的意义是对学生检测自己所加工零件的能力进行判断，与各零件是否达到精度及功能要求无关。

（4）灰底空白处由培训教师填写。

序号	件号	特性值	偏差	学生自评			教师评价			得分
				测量值	达到特性值		测量值	达到特性值		
					是	否		是	否	
1	3-1	外径 ϕ43 mm	$^{0}_{-0.05}$ mm							
2	3-1	外径 ϕ43 mm	$^{-0.2}_{-0.4}$ mm							
3	3-1	外径 ϕ38 mm	$^{0}_{-0.15}$ mm							
4	3-1	总长 60 mm	±0.1 mm							
5	3-1	槽宽 8 mm	±0.1 mm							
6	3-1	倒角 $C2$								
									中间成绩（满分 60 分，10 分 / 项）	A5

六、评价

重要说明：

灰底空白处无须填写。

1. 完成功能检查和目测检查。

序号	件号	检查项目	功能检查	目测检查
1	3-1	所有倒角是否符合要求		
2	3-1	所有尖角处是否去除毛刺		
3	3-1	零件所有尺寸是否按照图样加工		
4	3-1	表面粗糙度是否符合要求		
5	3-1	打标记是否符合专业要求		
		中间成绩（B1 满分 30 分，B2 满分 20 分，10 分 / 项）	B1	B2

每项评分等级：10-9-7-5-3-0 分。

B1 得分：　/ 30　　**B2 得分：　/ 20**

2．完成尺寸检验。

序号	件号	尺寸检验	偏差	实际尺寸	精尺寸	粗尺寸
1	3-1	外径 $\phi43$ mm	${}^{0}_{-0.05}$ mm			
2	3-1	外径 $\phi43$ mm	${}^{-0.2}_{-0.4}$ mm			
3	3-1	外径 $\phi38$ mm	${}^{0}_{-0.15}$ mm			
4	3-1	总长 60 mm	±0.1 mm			
5	3-1	槽宽 8 mm	±0.1 mm			
6	3-1	倒角 $C2$				
				中间成绩（B3 满分 30 分，B4 满分 30 分，10 分 / 项）		
					B3	B4

每项评分等级：10 分或 0 分。

B3 得分：　/30　**B4 得分：/ 30**

3．计算书面作答和操作技能成绩。

（各项的“百分制成绩”=“中间成绩 1”÷“除数”；各项的“中间成绩 2”=“百分制成绩”×“权重”；“书面作答成绩”和“操作技能成绩”分别为它们上方的“中间成绩 2”之和）

序号	书面作答	中间成绩 1		除数	百分制成绩	权重	中间成绩 2
1	信息	A1		0.2		0.2	
2	计划	A2		0.3		0.2	
3	决策	A3		0.3		0.2	
4	实施	A4		0.5		0.3	
5	检查	A5		0.7		0.1	
						书面作答成绩（满分 100 分）	
							Feld 1

Feld 1 得分：　/ 100

序号	操作技能	中间成绩 1		除数	百分制成绩	权重	中间成绩 2
1	功能检查	B1		0.3		0.3	
2	目测检查	B2		0.2		0.2	
3	精尺寸	B3		0.4		0.4	
4	粗尺寸	B4		0.3		0.1	
						操作技能成绩（满分 100 分）	
							Feld 2

Feld 2 得分：　　/ 100

4．计算总成绩。

（各项的“中间成绩 2”=“中间成绩 1”×“权重”；“总成绩”为其上方的“中间成绩 2”之和）

序号	项目	中间成绩 1		权重	中间成绩 2
1	书面作答	Feld 1		0.3	
2	操作技能	Feld 2		0.7	
				任务总评（满分 100 分）	
					总成绩

总成绩：　　/ 100

总结与提高

一、任务总结

1．简要描述任务的完成过程。

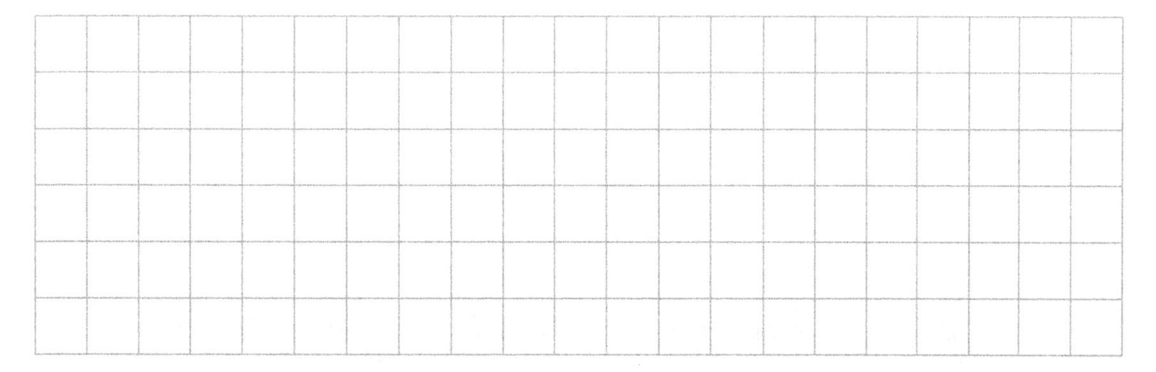

2．简要描述在本次任务中学习到的新知识和新技能。

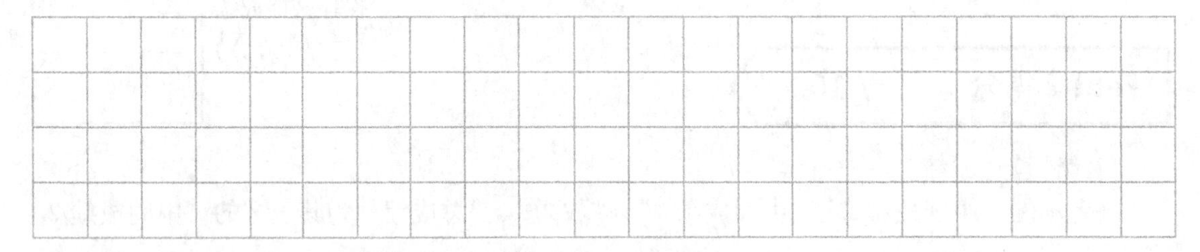

3．对自己在本次任务中的表现进行总结和评价。

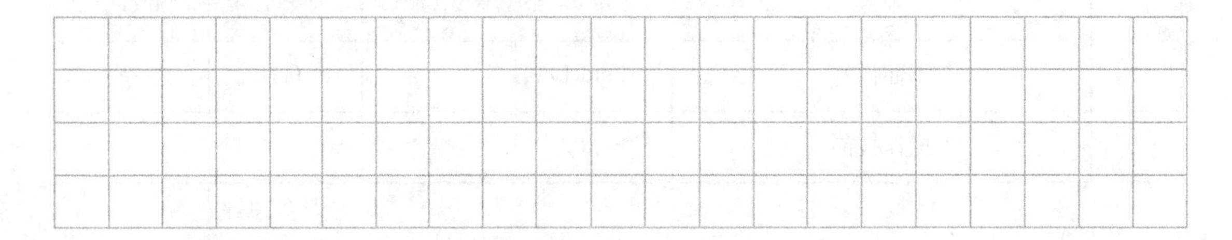

二、思考题

1．零件中滚花处理的作用是什么？滚花有哪些类型？

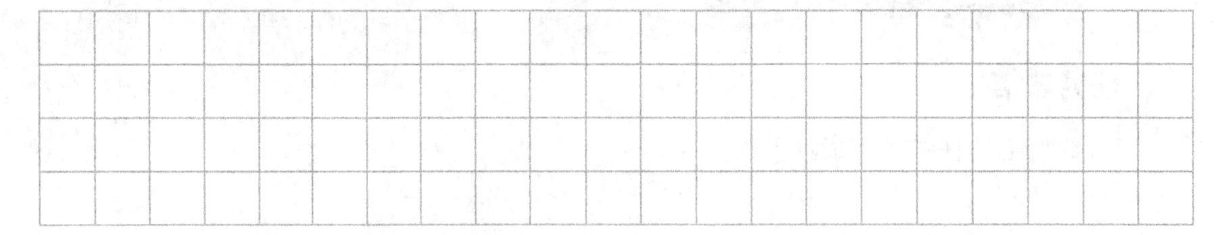

2．普通三角螺纹一般用作连接螺纹，为什么？

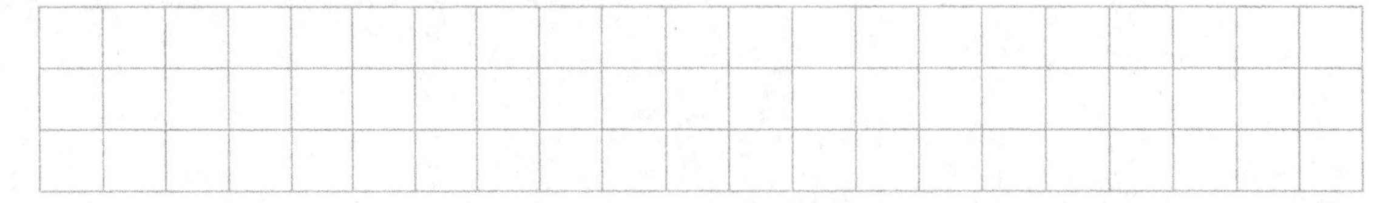

3．螺纹加工中一般用简化的槽作为螺纹的退刀槽，如图样中 $5\times\phi30$ mm 的槽，请查

阅资料绘制 M33 × 2 的退刀槽。

三、任务小结

本次加工任务中，应掌握的内容：①车床上采用麻花钻钻孔；②车削螺纹时车刀的装夹、切削参数的选择和螺纹的加工方法；③滚花加工时滚花刀的装夹、切削参数的选择和滚花的加工方法；④切槽时切槽刀的装夹和环槽的加工方法；⑤普通螺纹尺寸的查表和计算；⑥滚花部位直径的计算。

项目 3　初级综合件加工 任务 2　圆锥螺纹轴加工	姓名：	班级：
	日期：	页码范围：

任务 2　圆锥螺纹轴加工

任务目标

一、知识目标

1. 了解车床的基本知识，主要包括车床的种类、车床的基本部件及功能。
2. 掌握“一夹一顶”的装夹方法。
3. 掌握车削三角螺纹的基本方法。
4. 掌握外沟槽的加工方法。
5. 掌握车床加工孔的常用方法。
6. 了解车削零件的质量分析；掌握车削零件的检测原理与方法，以及检测工具的正确使用。

二、能力目标

1. 能熟练操作普通车床，具备普通车削的能力，并能合理、规范使用设备。
2. 能合理选择和使用各种常见刀具及夹具；能正确选择车削的切削参数；能合理制订典型车削零件的加工工艺。
3. 能在车床上完成中心孔加工。
4. 能在车床上完成三角螺纹加工。
5. 能在车床上完成外沟槽加工。
6. 能在车床上完成圆锥加工。
7. 具备查阅与机械相关的资料并将知识应用于实践生产的能力。
8. 能遵守中德培训中心规定，做好现场 5S 管理和 TPM 管理以及持续改善。

任务描述

依据图样要求，车削外形并保证尺寸要求、表面粗糙度等技术要求。

一、可用资源

1. 任务图样。

本任务图样如图 3-2 所示。

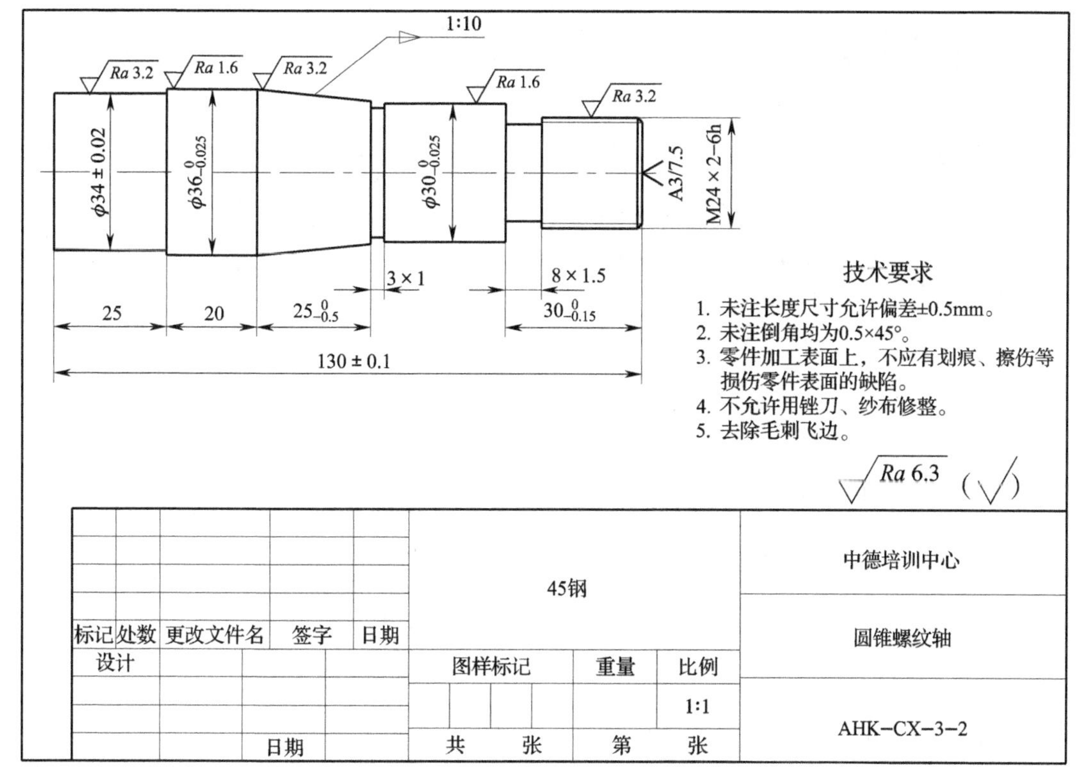

图 3-2　圆锥螺纹轴零件图

2. 材料清单

材料清单

名称	材料	数量	单位	毛坯尺寸	备注
圆钢	45 钢	1	个	ϕ40 mm × 135 mm	

二、重点和难点

重点	难点
1. 车床车削外三角螺纹。 2. 车削外沟槽。 3. 圆锥轴加工。 4. “一夹一顶”装夹方法	1. 螺纹车刀的安装、转速和进给速度选择。 2. 切槽刀的安装、转速和进给速度选择。 3. 量具的使用和读数

三、参考用时

6 小时。

任务提示

一、工作方法

- 读图后回答引导问题，可以参考的资料有图样、《简明机械手册》（湖南科学技术出版社，2012年出版）、ISO标准等标准文件、“知识库”中的相关知识等。
- 以小组讨论的形式完成工作计划。
- 按照工作计划，完成加工工艺卡的填写和零件车削加工的任务。对于出现的问题，请先自行解决。
- 与培训教师讨论，进行工作总结。

二、工作内容

- 分析零件图样，拟定工艺路线。
- 工量刀具及切削参数选择。
- 零件加工与检测。
- 工具、设备、现场5S管理和TPM管理。

三、工量刀具

- 游标卡尺。
- 千分尺。
- 螺纹环规。
- 麻花钻。
- 90°车刀。
- 45°车刀。
- 60°螺纹刀。
- 外切槽刀。
- 中心钻。
- 钻夹头。
- 活动顶尖。

四、知识储备

- 车床的基本知识、车床的种类、车床的基本部件及功能。
- 车刀的基本知识、车刀材料的种类及牌号、车刀的主要几何参数。
- 车削参数及用量的基本知识及正确选择。
- 车削零件的装夹，主要包括基准的概念、种类及选择原则，通用、专用夹具及工件的装夹。
- 车削零件的质量分析；掌握车削零件的检测原理与方法，以及检测工具的正确使用。
- 外圆车削方法。
- 端面车削方法。
- 中心孔钻削。
- 切削液。
- 工件装夹。
- 刀具类型的选择。
- 刀具磨损。
- 刀具安装。
- 圆锥面车削。
- 车削螺纹。
- 车削外沟槽。

五、注意事项与工作提示

- 机床只能由一人操作，不可多人同时操作。
- 加工时，工件必须夹紧。
- 车削前准备工作应充分，检查三爪卡盘和车刀是否装夹牢固。
- 卡盘的卡爪须清理干净。
- 工件装夹时应确认已夹紧。
- 清理铁屑时须使用毛刷。

六、劳动安全

- 读懂车间的安全标志并遵照行事。
- 穿实训鞋服，车削时佩戴防护眼镜、安全帽。
- 配制切削液时，应戴防护手套，防止对皮肤的腐蚀性伤害。
- 禁止佩戴胸卡、项链、手表等饰品。

▶ 毛坯各边去毛刺，操作时注意避免划伤。
▶ 停机测量工件时，应将工件移出，以避免被刀具误伤。

七、环境保护

▶ 参考《简明机械手册》相应章节的内容。
▶ 切屑应放置在指定的废弃物存放处。

工作过程

一、信息

A1 得分：　　/ 20

（中间成绩 A1 满分 20 分，4 分 / 题。每题评分等级：0 ～ 4 分）

1．请查阅相关资料解释零件图样中 A3/7.5 的具体含义。

2．请查阅资料解释零件图样中 M24 × 2-6h 的具体含义。

3．图样中标注锥度 1:10，请计算该圆锥的锥角。

4．图样中 8 × 1.5 结构的作用是什么？

5．请查阅相关资料后计算 M24 × 2 螺纹部分切削螺纹前的直径。

二、计划

A2 得分：　　/ 30

（中间成绩 A2 满分 30 分。评分等级：0 ～ 30 分）

1．小组讨论后，完成工作计划表。

工作计划表

工作计划				
工件名称			工件号	
序号	工作步骤 （请使用直尺自行分割以下区域）	器材 （设备、工具、辅具）	安全，环保	工作时间 /h

2．填写工量刃辅具表。

工量刃辅具表

序号	名称	规格	数量	备注

三、决策

A3 得分：　　/ 30

（中间成绩 A3 满分 30 分。评分等级：0 ～ 30 分）

1．通过小组讨论（或由教师点评）完成决策，最终确定工艺流程。请在下方简要叙述工艺流程，并填写工艺流程表。

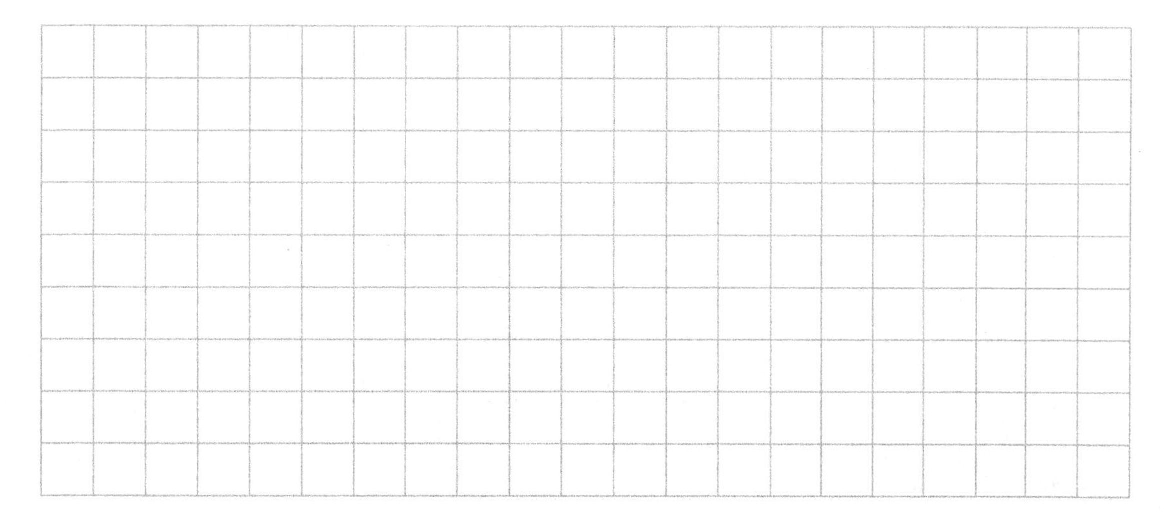

工艺流程表

工艺流程									
序号	工序名称	工序内容	设备	夹具	工具	量具	辅具	安全，环保	工作时间 /h
	评分：10–9–7–5–3–0　得分：		得分：					得分：	

2．填写零件加工工序卡。

零件加工工序卡

<table>
<tr><td colspan="2" rowspan="2">单位名称</td><td colspan="5" rowspan="2"></td><td colspan="2">产品名称或代号</td><td colspan="3">零件名称</td><td colspan="3">零件图号</td></tr>
<tr><td colspan="2"></td><td colspan="3"></td><td colspan="3"></td></tr>
<tr><td colspan="2">工序号</td><td colspan="3">夹具名称</td><td colspan="2">夹具编号</td><td>使用设备</td><td>车间</td><td colspan="3">毛坯尺寸/mm</td><td colspan="3">材料牌号</td></tr>
<tr><td colspan="2"></td><td colspan="3"></td><td colspan="2"></td><td></td><td></td><td colspan="3"></td><td colspan="3"></td></tr>
<tr><td>工步号</td><td colspan="6">工步作业内容
（请使用直尺自行分割以下区域）</td><td>刀具</td><td>主轴转速
n/
（r/min）</td><td colspan="2">进给速度
v/
（mm/min）</td><td colspan="3">切深
a_p/
mm</td><td>备注</td></tr>
<tr><td></td><td colspan="6"></td><td></td><td></td><td colspan="2"></td><td colspan="3"></td><td></td></tr>
<tr><td>编制</td><td colspan="2"></td><td>审核</td><td colspan="2"></td><td>批准</td><td></td><td colspan="2">年 月 日</td><td colspan="3">共 页</td><td colspan="2">第 页</td></tr>
</table>

四、实施

A4 得分：　　/ 50

（中间成绩 A4 满分 50 分。评分等级：0 ～ 50 分）

在下表中的空白部分填入相应内容，并按照步骤进行操作。

实施步骤简表

实施步骤	操作内容	要点	工具	注意事项
1		1．将工件安装在三爪卡盘上，外伸 75 mm 左右。 2．选择正确的主轴转速及走刀速度。 3．使用 45° 车刀车削端面。 4．使用 90° 车刀车削 ϕ37mm 外圆至 $\phi36_{-0.025}^{0}$ mm，ϕ 34 ± 0.02 mm × 25 mm 外圆至尺寸，用 45° 车刀倒角	钢直尺、卡盘扳手、45° 车刀、90° 车刀	45° 车刀刀尖安装要与主轴轴线等高或略低一点点
2	平端面、定总长、钻削中心孔		钢直尺、45° 车刀、中心钻、钻夹头	1．钻削中心孔时可以选择较高的主轴转速（1 000 r/min 以上），进给要平稳。 2．钻夹头安装要牢固，安装时可以适当用点力量
3	车削 $\phi36_{-0.025}^{0}$ mm、$\phi30_{-0.025}^{0}$ mm 外圆和 M24 × 2-6 h 螺纹大径	1．采用“一夹一顶”装夹工件。 2．使用 90° 车刀车削螺纹大径至 ϕ23.76 mm，保证长度 29 mm，车削 $\phi36_{-0.025}^{0}$ mm 外圆至尺寸，车削 $\phi30_{-0.025}^{0}$ mm 外圆至尺寸。 3．用 45° 车刀在螺纹处倒角		1．采用“一夹一顶”装夹工件时，一般用卡盘夹住工件 5 ～ 10 mm 长，若卡爪磨损严重，可以适当增加夹持长度。 2．等到顶尖到位后锁死尾座和套筒，此时再将卡盘夹紧。 3．车削 $\phi36_{-0.025}^{0}$ mm、$\phi30_{-0.025}^{0}$ mm 外圆时为保证表面粗糙度，可以采用较高的主轴转速加工。 4．车削外螺纹一般大径等于公称直径 −0.12 × 螺距

续表

实施步骤	操作内容	要点	工具	注意事项
4	车削 3×1 mm 槽、M24×2-6 h 螺纹退刀槽	1. 使用切槽刀加工 3×1 mm 槽至尺寸，保证 $\phi 36_{-0.025}^{0}$ mm 外圆长度为 $45_{-0.5}^{0}$ mm。 2. 使用切槽刀加工 8×1.5 mm 槽至尺寸，保证长度 $30_{-0.15}^{0}$ mm		1. 切削沟槽时注意选择合适的转速，采用手动进给。 2. 槽宽大于刀宽时可以左右借刀
5	车削 M24×2-6 h 外螺纹	使用 60° 三角外螺纹车刀，采用倒顺法车削外螺纹		1. 借助螺纹对刀板装夹螺纹车刀，保证刀尖对称中心线与工件轴线垂直。 2. 车削螺纹时采用丝杠传动，根据螺距选择手柄位置。 3. 采用倒顺法加工螺纹时，主轴转速不宜太高。 4. 车削螺纹时，开合螺母保持在闭合状态。 5. 中托板退出必须迅速，以防止碰伤螺纹。 6. 螺纹加工中可以加注切削液，可以留 1～3 次精修走刀
6	车削外圆锥		活扳手、90° 车刀、万能角度尺	1. 小托板转动的角度应该为圆锥锥角的一半，即为 $\alpha/2$。 2. 中途微量调整时只需稍微拧松螺母，用铜棒轻轻敲击，凭手感来确定细微的动作。 3. 车削圆锥时小托板的运动一定要均匀、连续、稳定。 4. 圆锥加工可以分为粗、精加工
7	倒角	倒角、去毛刺	45° 车刀	倒角的尺寸
8	车床现场 5S 及 TPM	填写 5S 管理点检表和 TPM 点检表	笔，各种表格	

五、检查

A5 得分：　　/ 60

提示：培训教师完成检测后，填写下表中“得分”一栏。

用量具或量规检测已经加工完成的零件，判断是否达到要求的特性值。

重要说明：

(1) 当“学生自评”和“教师评价”一致时得 10 分，否则得 0 分。

(2) 不考虑学生自己测得的实际尺寸是否符合尺寸要求。

(3) “学生自评”的意义是对学生检测自己所加工零件的能力进行判断，与各零件是否达到精度及功能要求无关。

(4) 灰底空白处由培训教师填写。

序号	件号	特性值	偏差	学生自评			教师评价			得分
				测量值	达到特性值		测量值	达到特性值		
					是	否		是	否	
1	3-2	外径 ϕ34 mm	±0.02 mm							
2	3-2	外径 ϕ36 mm	$^{0}_{-0.025}$ mm							
3	3-2	外径 ϕ30 mm	$^{0}_{-0.025}$ mm							
4	3-2	总长 130 mm	±0.1 mm							
5	3-2	长度 25 mm	$^{0}_{-0.5}$ mm							
6	3-2	长度 30 mm	$^{0}_{-0.15}$ mm							
中间成绩 （满分 60 分，10 分 / 项）										A5

六、评价

重要说明：

灰底空白处无须填写。

1．完成功能检查和目测检查。

序号	件号	检查项目	功能检查	目测检查
1	3-2	所有倒角是否符合要求		
2	3-2	所有尖角处是否去除毛刺		
3	3-2	零件所有尺寸是否按照图样加工		

续表

序号	件号	检查项目	功能检查	目测检查
4	3-2	表面粗糙度是否符合要求		
5	3-2	打标记是否符合专业要求		
每项评分等级：10-9-7-5-3-0 分。		中间成绩（B1 满分 30 分，B2 满分 20 分，10 分 / 项）		
			B1	B2

B1 得分：　/ 30　**B2 得分：/ 20**

2．完成尺寸检验。

序号	件号	尺寸检验	偏差	实际尺寸	精尺寸	粗尺寸
1	3-2	外径 ϕ34 mm	±0.02 mm			
2	3-2	外径 ϕ36 mm	$^{0}_{-0.025}$ mm			
3	3-2	外径 ϕ30 mm	$^{0}_{-0.025}$ mm			
4	3-2	总长 130 mm	±0.1 mm			
5	3-2	长度 25 mm	$^{0}_{-0.5}$ mm			
6	3-2	长度 30 mm	$^{0}_{-0.15}$mm			
每项评分等级：10 分或 0 分。				中间成绩（B3 满分 30 分，B4 满分 30 分，10 分 / 项）		
					B3	B4

B3 得分：　/ 30　**B4 得分：/ 30**

3．计算书面作答和操作技能成绩。

（各项的“百分制成绩”=“中间成绩 1”÷“除数”；各项的“中间成绩 2”=“百分制成绩”×“权重”；“书面作答成绩”和“操作技能成绩”分别为它们上方的“中间成绩 2”之和）

序号	书面作答	中间成绩 1		除数	百分制成绩	权重	中间成绩 2
1	信息	A1		0.2		0.2	
2	计划	A2		0.3		0.2	

续表

序号	书面作答	中间成绩 1		除数	百分制成绩	权重	中间成绩 2
3	决策	A3		0.3		0.2	
4	实施	A4		0.5		0.3	
5	检查	A5		0.6		0.1	
						书面作答成绩（满分 100 分）	
							Feld 1

Feld 1 得分：　　/ 100

序号	操作技能	中间成绩 1		除数	百分制成绩	权重	中间成绩 2
1	功能检查	B1		0.4		0.3	
2	目测检查	B2		0.2		0.2	
3	精尺寸	B3		0.3		0.4	
4	粗尺寸	B4		0.3		0.1	
						操作技能成绩（满分 100 分）	
							Feld 2

Feld 2 得分：　　/ 100

4．计算总成绩。

（各项的“中间成绩 2”=“中间成绩 1”×“权重”；“总成绩”为其上方的“中间成绩 2”之和）

序号	项目	中间成绩 1		权重	中间成绩 2
1	书面作答	Feld 1		0.3	
2	操作技能	Feld 2		0.7	
				任务总评（满分 100 分）	
					总成绩

总成绩：　　/ 100

总结与提高

一、任务总结

1．简要描述任务的完成过程。

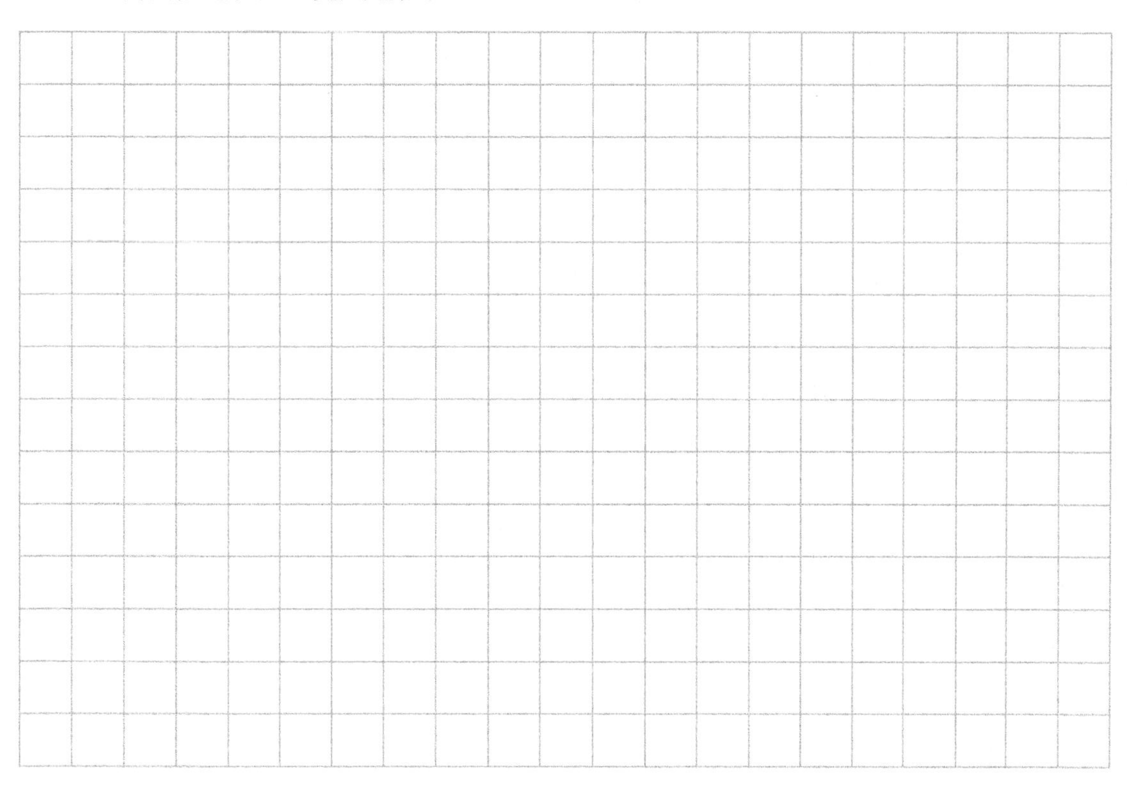

2．简要描述在本次任务中学习到的新知识和新技能。

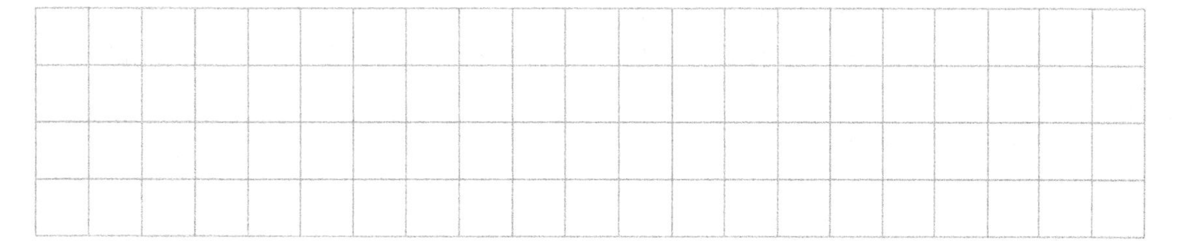

3．对自己在本次任务中的表现进行总结和评价。

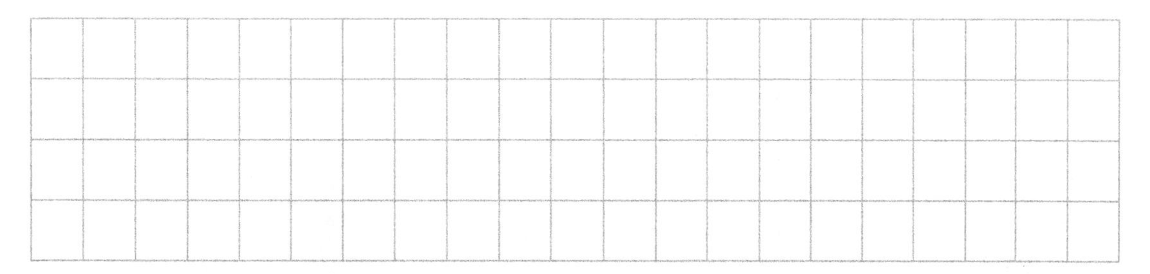

二、思考题

1．车削中用的顶尖有前后之分，还有活动和固定之分，它们之间有什么区别？

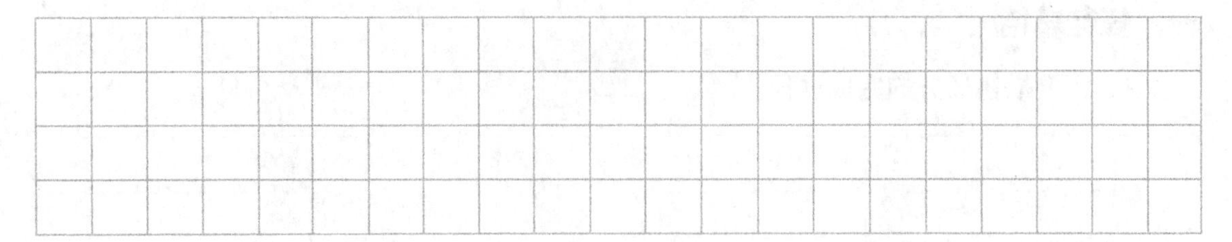

2．若图样中 ϕ36 mm 和 ϕ30 mm 外圆有同轴度要求，那么在加工中应如何保证形位公差要求呢？

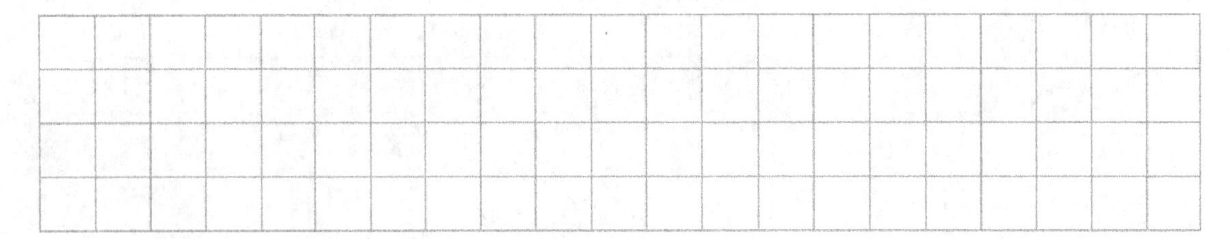

3．请叙述图样中 3×1 mm 槽的作用。

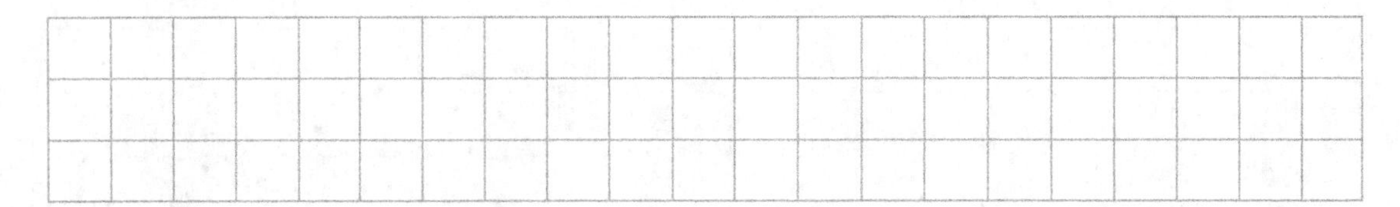

三、任务小结

本次加工任务中，应掌握的内容：①“一夹一顶”的装夹方法；②车削螺纹时车刀的装夹、切削参数的选择和螺纹的加工方法；③中心钻的装夹及钻削时切削参数的选择；④切槽时切槽刀的装夹和环槽的加工方法；⑤普通螺纹尺寸的查表和计算；⑥圆锥的切削加工方法。

项目 4 中级综合件加工

任务 1 综合件 1 加工

任务目标

一、知识目标

1．了解车床的基本知识，主要包括车床的种类、车床的基本部件及功能。

2．了解车削零件的质量分析；掌握车削零件的检测原理与方法，以及检测工具的正确使用。

3．掌握外圆锥面的加工方法。

4．掌握车削三角螺纹的基本方法。

5．掌握外沟槽的加工方法。

6．掌握车床加工孔的常用方法。

二、能力目标

1．能熟练操作普通车床，具备普通车削的能力，并能合理、规范使用设备。

2．能合理选择和使用各种常见刀具及夹具；能正确选择车削的切削参数；能合理制订典型车削零件的加工工艺。

3．能在车床上完成孔加工。

4．能在车床上完成三角螺纹加工。

5．能在车床上完成外沟槽加工。

6．能在车床上完成圆锥加工。

7．具备查阅与机械相关的资料并将知识应用于实践生产的能力；
8．能遵守中德培训中心规定，做好现场 5S 和 TPM 以及持续改善。

任务描述

依据图样要求，车削外形并保证尺寸要求，表面粗糙度等技术要求。

一、可用资源

1．任务图样

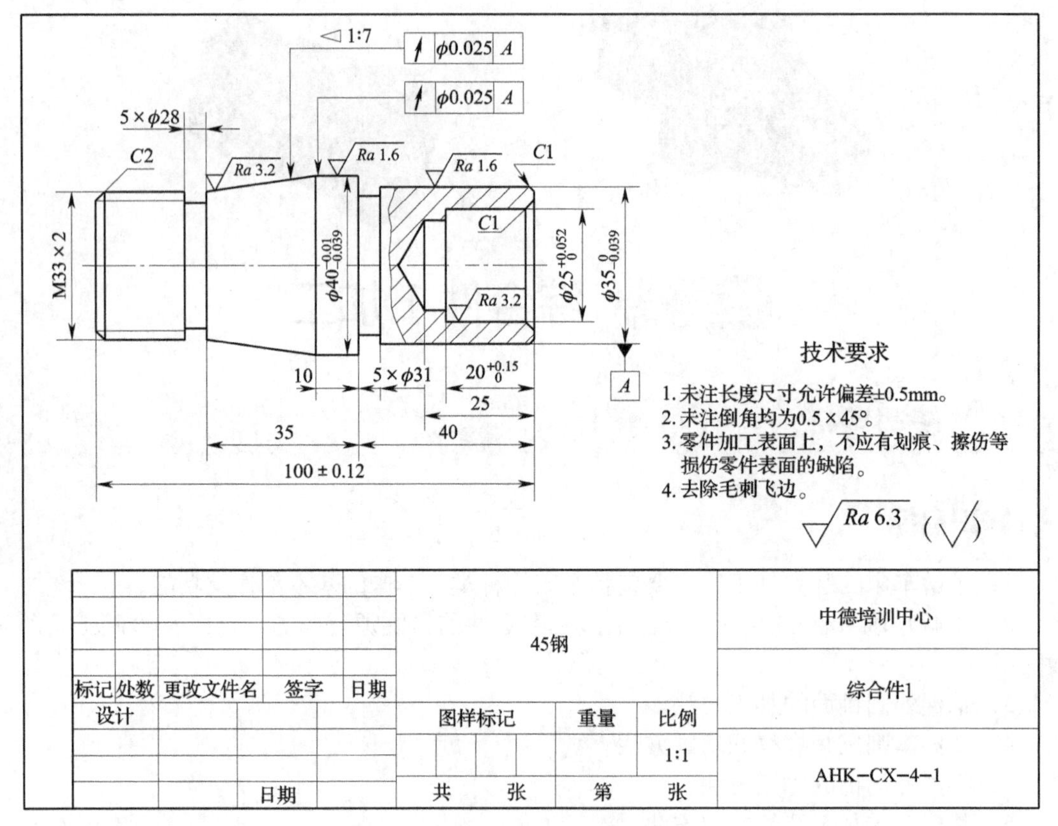

图 4-1　综合件 1 零件图

2．材料

表 4-1-1　毛坯规格表

名称	材料	数量	单位	毛坯尺寸	备注
圆钢	45# 钢	1	个	ϕ45 mm × 105 mm	

二、重点和难点

重点	难点
1．车床车削外三角螺纹。 2．车削外沟槽。 3．圆锥轴加工。 4．“一夹一顶”装夹方法	1．螺纹车刀的安装、转速和进给速度选择。 2．割槽刀的安装、转速和进给速度选择。 3．车削圆锥面时走刀速度控制。 4．量具的使用和读数

三、参考用时

8 小时

任务提示

一、工作方法

- 读图后回答引导问题，可以使用的材料有手册、企业刀具样本等。
- 以小组讨论的形式完成工作计划。
- 按照工作计划，完成加工工艺卡填写和零件车削加工的任务。对于预料外的问题，请先尽量自行解决，如无法解决再与培训教师进行讨论。
- 与培训师讨论，进行工作总结。

二、工作内容

- 分析零件图，拟定工艺路线。
- 刀量夹具及切削参数选择。
- 零件加工与检测。
- 工具、设备、现场 5S 和 TPM。

三、工量刀具

- 游标卡尺。
- 千分尺。
- 螺纹环规。
- 麻花钻。
- 90°车刀。
- 45°车刀。
- 60°螺纹刀。
- 外切槽刀。
- 中心钻。
- 钻夹头。
- 活动顶尖。

四、知识储备

- 车床的基本知识，车床的种类、车床的基本部件及功能。
- 车刀的基本知识，车刀材料的种类及牌号、车刀的主要几何参数。
- 车削参数及用量的基本知识及正确选择。
- 车削零件的装夹，主要包括基准的概念、种类及选择原则，通用和专用夹具及工件的装夹。
- 车削零件的质量分析；掌握车削零件的检测原理与方法，以及检测工具的正确使用。
- 外圆车削方法。
- 端面车削方法。
- 中心孔、孔钻削。
- 切削液。
- 工件装夹。
- 刀具类型的选择。
- 刀具磨损。
- 刀具安装。
- 圆锥面车削。
- 车削螺纹。
- 车削外沟槽。

五、注意事项与工作提示

- 机床只能由一人操作，不可多人同时操作机床。
- 穿实训鞋服、佩戴防护眼镜。
- 加工时，工件必须夹紧。
- 停机测量工件时，应将工件移出，避免人体被刀具误伤。
- 配制切削液时，应戴防护手套，防止对皮肤的腐蚀性伤害。
- 毛坯各边去毛刺。
- 读懂并遵照车间的安全标志行事。
- 车削前准备工作应充分，检查三爪卡盘和车刀是否装夹牢固。
- 卡盘的卡爪须清理干净。
- 工件装夹时应确定是否夹紧。

六、劳动安全

- 参照劳动安全章节的内容。
- 车削时佩戴防护眼镜、安全帽。
- 禁止佩戴胸卡、项链、手表等饰品。
- 清理铁屑使用毛刷。
- 工件各边去毛刺，避免划伤。

七、环境保护

- 参照《简明机械手册》相应章节的内容。
- 切屑应放置在指定废弃处。

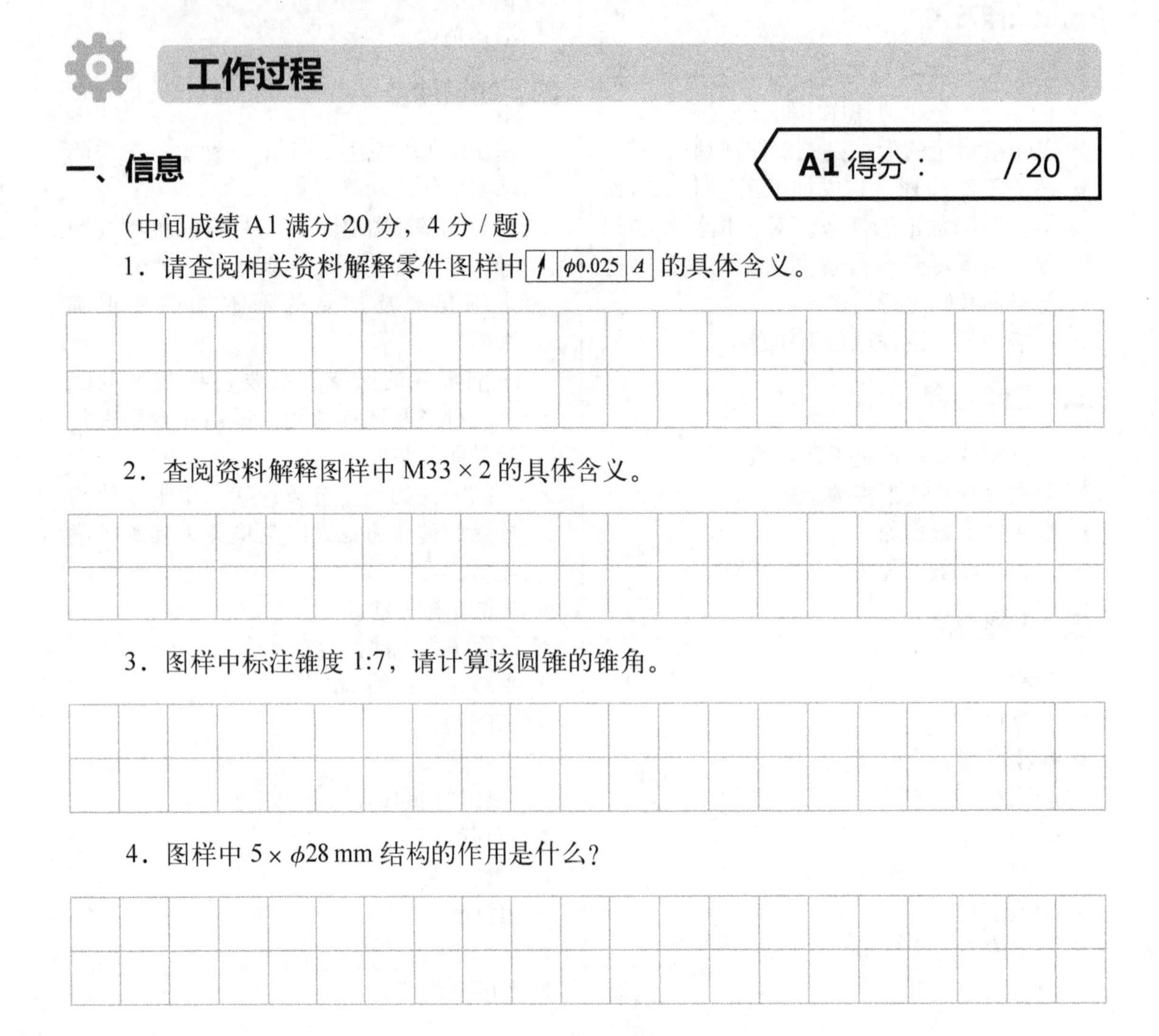

工作过程

一、信息

A1 得分：　　/ 20

（中间成绩 A1 满分 20 分，4 分 / 题）

1．请查阅相关资料解释零件图样中 [↗ | $\phi 0.025$ | A] 的具体含义。

2．查阅资料解释图样中 M33 × 2 的具体含义。

3．图样中标注锥度 1:7，请计算该圆锥的锥角。

4．图样中 5 × ϕ28 mm 结构的作用是什么？

5．查阅相关资料后计算 M33 × 2 螺纹部分切削螺纹前的直径。

二、计划

A2 得分：　　/ 30

（中间成绩 A2 满分 30 分。评分等级：0 ～ 30 分）

1．小组讨论后，完成工作计划表

工作计划表

工作计划				
工件名称：		工件号：		
序号	工作步骤	材料表（机器，工具，辅具）	安全，环保	工作时间
1				
2				
3				
4				
5				
6				
7				
8				
9				
10				
11				
12				
13				
14				

2．填写工量刃辅具表。

工量刃具及辅具表

序号	名称	规格	数量	备注

三、决策

A3 得分：　　/ 30

（中间成绩 A3 满分 30 分。评分等级：0 ～ 30 分）

1. 通过小组讨论（或由教师点评）决策后，最终确定工艺流程。

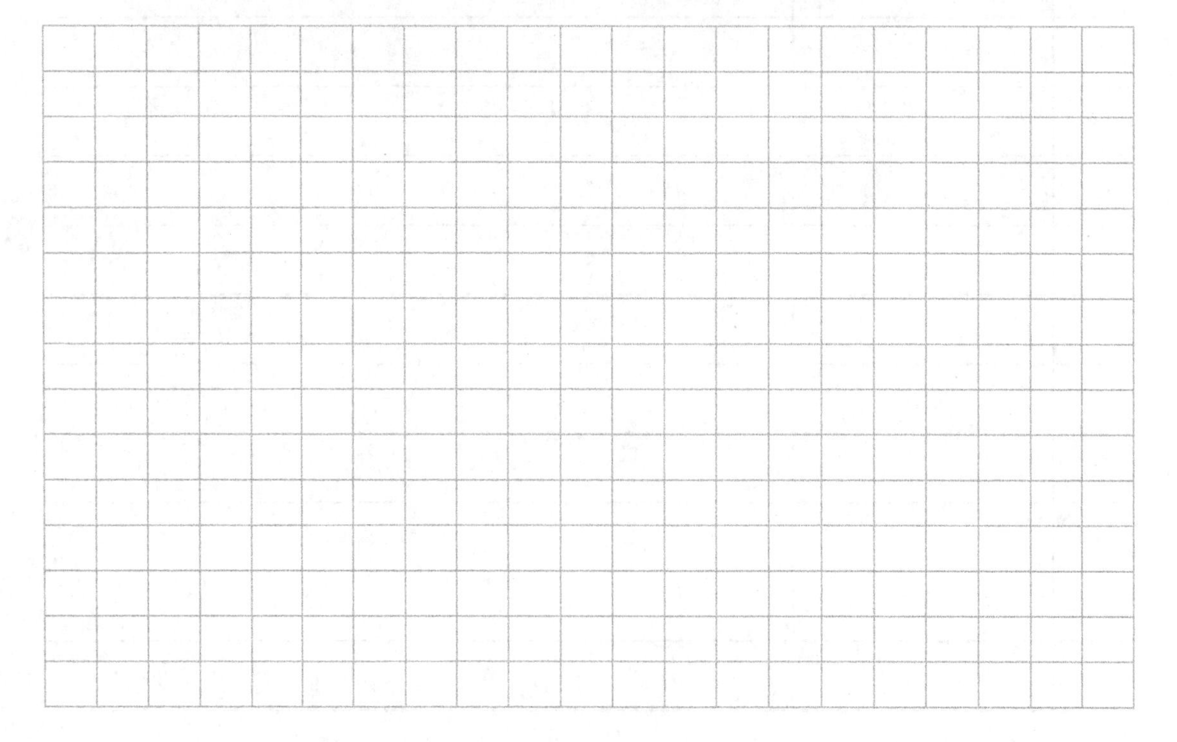

工艺流程表

工艺流程									
序号	工序名称	工序内容	设备	夹具	工具	量具	辅具	安全，环保	工作时间/h
	评分：10-9-7-5-3-0　得分：		得分：					得分：	

2．填写零件加工工序卡

零件加工工序卡

单位名称		产品名称或代号	零件名称	零件图号

工序号	夹具名称	夹具编号	使用设备	车间	毛坯尺寸/mm	材料牌号

工步号	工步作业内容	刀具	主轴转速 n (r/min)	进给速度 v/(mm/min)	切深 a_p/mm	备注
1						
2						
3						
4						
5						
6						
7						
8						
9						
10						
11						
12						
13						
14						

编制		审核		批准		年 月 日	共 页	第 页

四、实施

A4 得分：　　/ 50

（中间成绩 A4 满分 50 分。评分等级：0 ～ 50 分）

现场实施简表

实施步骤	操作内容	要　点	工　具	注意事项
1		1．将工件安装在三爪卡盘上，外伸 45 mm 左右。 2．选择正确的主轴转速及走刀速度。 3．使用 45°车刀车削端面。 4．使用 90°车刀粗精车 $\phi 35_{-0.039}^{0}$ mm 外圆至尺寸，长度为 40 mm。 5．使用切槽刀车削 5 × ϕ31 mm 槽。 6．45°车刀倒角	钢直尺、卡盘扳手、游标卡尺、千分尺、45°车刀、90°车刀和切槽刀	1．45°车刀刀尖安装要与主轴轴线等高或略低一点点。 2．车削 $\phi 35_{-0.039}^{0}$ mm 外圆时为保证表面粗糙度可以采用较高的主轴转速加工。 3．切削沟槽时注意选择合适的转速，采用手动进给。 4．槽宽大于刀宽时可以左右借刀
2	钻削中心孔、钻孔、镗孔			1．钻削中心孔时可以选择较高的主轴转速（1 000 r/min 以上），进给要平稳。 2．钻夹头安装要牢固，安装时可以适当用点力量。 3．钻削 ϕ20 mm 孔时，进给要均匀，可以利用尾座套筒的刻度控制钻孔深度。 4．钻孔时要适时退出断屑，并浇注切削液。 5．镗孔时注意退刀方向与外圆加工相反
3	平端面、定总长、钻削中心孔	1．工件掉头，夹住 $\phi 35_{-0.039}^{0}$ mm 外圆，外伸约 65 mm。 2．使用 45°车刀车削端面，保证总长（100 ± 0.12）mm。 3．钻削中心孔		1．钻削中心孔时可以选择较高的主轴转速（1 000 r/min 以上），进给要平稳。 2．钻夹头安装要牢固，安装时可以适当用点力量

续表

实施步骤	操作内容	要 点	工 具	注意事项
4	车削 $\phi 40_{-0.039}^{-0.01}$ mm 和 M33×2 螺纹大径外圆、1:7 外圆锥和 5×ϕ28 mm 螺纹退刀槽			1. 采用“一夹一顶”装夹工件时，一般卡盘夹住工件 5～10 mm 长，若卡爪磨损严重可以适当增加夹持长度。 2. 等到顶尖到位后锁死尾座和套筒，此时再将卡盘夹紧。 3. 车削 $\phi 40_{-0.039}^{-0.01}$ mm 外圆时为保证表面粗糙度可以采用较高的主轴转速加工。 4. 车削外螺纹一般大径等于公称直径 -0.12× 螺距。 5. 小拖板转动的角度应该为圆锥锥角的一半，即为 $\alpha/2$。 6. 中途微量调整时只需稍微拧松螺母，用铜棒轻轻敲击，凭手感来确定细微的动作。 7. 车削圆锥时小拖板的运动一定要均匀、连续、稳定。 8. 切削沟槽时注意选择合适的转速，采用手动进给。 9. 槽宽大于刀宽时可以左右借刀
5	车削 M23×2 外螺纹	使用 60° 三角外螺纹车刀，采用倒顺法车削外螺纹	60° 三角外螺纹车刀、60° 螺纹对刀板、螺纹环规	1. 借助螺纹对刀板装夹螺纹车刀，保证刀尖对称中心线与工件轴线垂直。 2. 车削螺纹时采用丝杠传动，根据螺距选择手柄位置。 3. 采用倒顺法加工螺纹时，主轴转速不宜太高。 4. 车削螺纹时开合螺母保持在闭合状态。 5. 中拖板退出必须迅速，防止碰伤螺纹。 6. 螺纹加工中可以加注切削液，可以留 1～3 次精修走刀

续表

实施步骤	操作内容	要　点	工　具	注意事项
6	倒角	倒角、去毛刺	45°车刀	倒角的尺寸
7	车床现场 5S 及 TPM	填写 5S 检查表和 TPM 点检表	笔，各种表格	

五、检查

A5 得分：　　/ 60

提示：培训教师完成检测后，填写下表中“得分”一栏。

用量具或量规检测已经加工完成的零件，判断是否达到要求的特性值。

重要说明：

（1）当“学生自评”和“教师评价”一致时得 10 分，否则得 0 分。

（2）不考虑学生自己测得的实际尺寸是否符合尺寸要求。

（3）“学生自评”的意义是对学生检测自己所加工零件的能力进行判断，与各零件是否达到精度及功能要求无关。

（4）灰底空白处由培训教师填写。

序号	件号	特征值	偏差	学生自评			教师评价			得分
				测量值	达到特征值		测量值	达到特征值		
					是	否		是	否	
1	4-1	外径 ϕ40 mm	$^{-0.01}_{-0.039}$ mm							
2	4-1	外径 ϕ35 mm	$^{0}_{-0.039}$ mm							
3	4-1	内径 ϕ25 mm	$^{+0.052}_{0}$ mm							
4	4-1	总长 100 mm	±0.12 mm							
5	4-1	长度 20 mm	$^{+0.15}_{0}$ mm							
6	4-1	螺纹退刀槽 5×ϕ28 mm	±0.5 mm							
									中间成绩	
									（满分 60 分，10 分 / 项）	A5

六、评价

灰底空白处无须填写。

1．完成功能和目测检查。

序号	件号	检查项目	功能检查	目测检查
1	4-1	所有倒角是否符合要求		
2	4-1	所有尖角处是否去除毛刺		
3	4-1	零件所有尺寸是否按照图样加工		
4	4-1	表面粗糙度是否符合要求		
5	4-1	打标记是否符合专业要求		
		中间成绩：		
			B1	B2

每项评分等级：10-9-7-5-3-0 分。

B1 得分： / 30 **B2 得分： / 20**

2．完成尺寸检验。

序号	件号	尺寸检验	偏差	实际尺寸	精尺寸	粗尺寸
1	4-1	外径 ϕ40 mm	$^{-0.01}_{-0.039}$ mm			
2	4-1	外径 ϕ35 mm	$^{0}_{-0.039}$ mm			
3	4-1	内径 ϕ25 mm	$^{+0.052}_{0}$ mm			
4	4-1	总长 100 mm	±0.12 mm			
5	4-1	长度 20 mm	$^{+0.15}_{0}$ mm			
6	4-1	螺纹退刀槽 5×ϕ28 mm	±0.5 mm			
				中间成绩：		
					B3	B4

每项评分等级：10 或 0 分。

B3 得分： / 30 **B4 得分： / 30**

3．总评分表

序号	工作页评价	中间成绩 1		除数	百分制成绩	权重	中间成绩 2
1	信息	A1		0.2		0.2	
2	计划	A2		0.3		0.2	
3	决策	A3		0.3		0.2	
4	实施	A4		0.5		0.3	
5	检查	A5		0.6		0.1	
						工作页的评价：	
							Feld 1

Feld 1 得分：　　/ 100

序号	技能操作	中间成绩 1		除数	百分制成绩	权重	中间成绩 2
1	功能检查	B1		0.4		0.3	
2	目测检查	B2		0.2		0.2	
3	精尺寸	B3		0.3		0.4	
4	粗尺寸	B4		0.3		0.1	
						技能操作成绩：	
							Feld 2

Feld 2 得分：　　/ 100

4．项目总成绩计算

序号	技能考试的成绩处理	成绩转填		权重	中间成绩
1	工作页评价	Feld 1		0.3	
2	技能操作	Feld 2		0.7	
				项目总评	

总成绩：　　/ 100

总结与提高

一、任务总结

简要描述任务的完成过程。

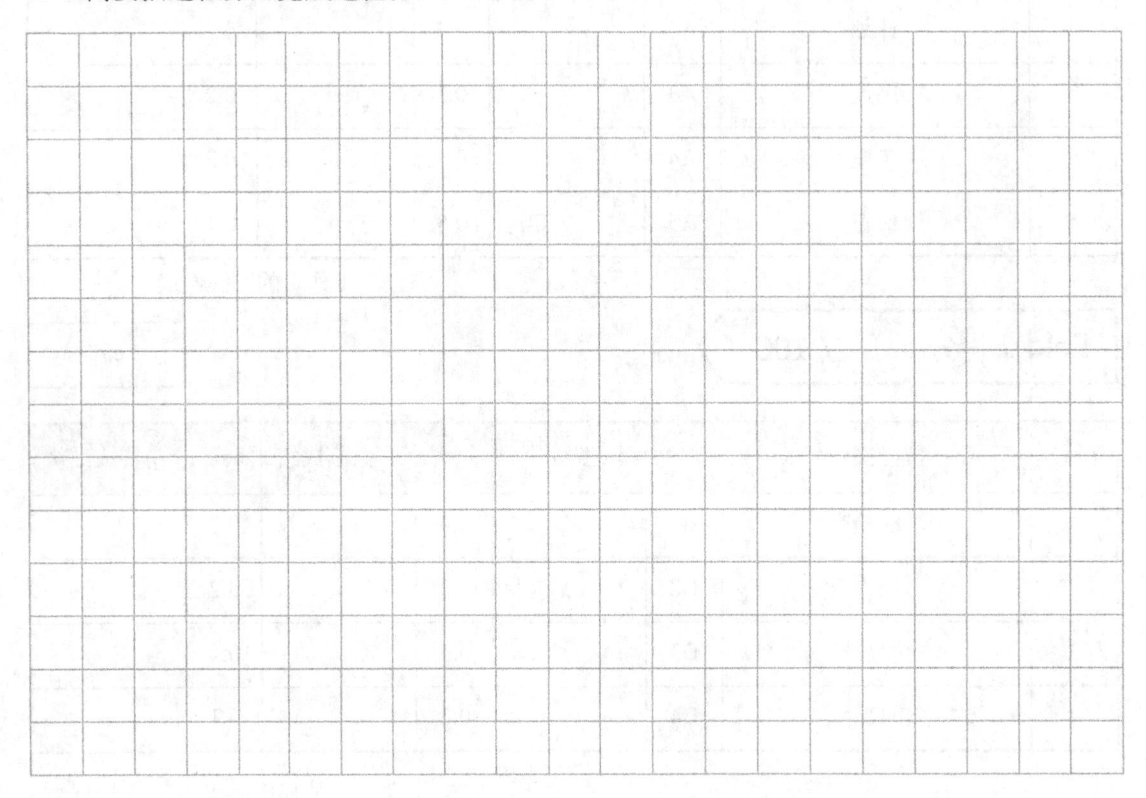

二、思考题

1. 工件掉头装夹时如何减少卡爪对已加工表面造成的破坏？

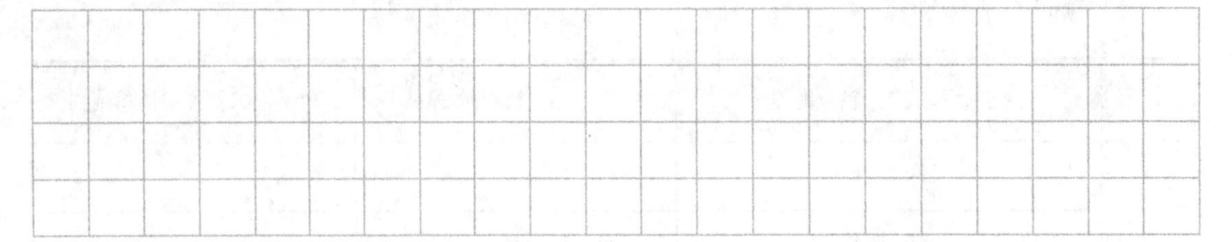

2. 图样中$\phi 40_{-0.039}^{-0.01}$ mm外圆有圆跳动要求，那么在加工中应如何保证？

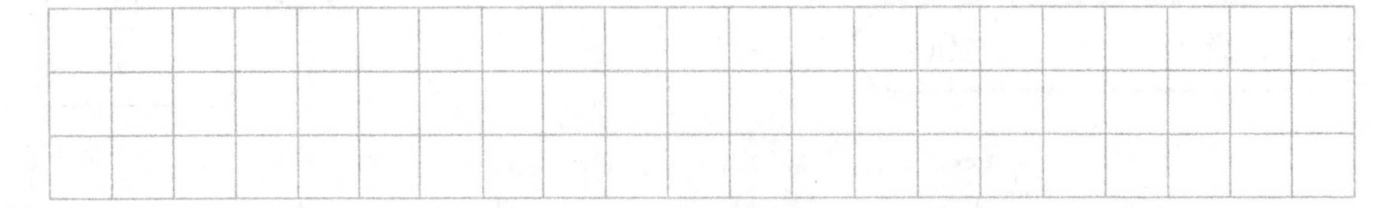

3. 请叙述在钻孔时浇注切削液的作用。

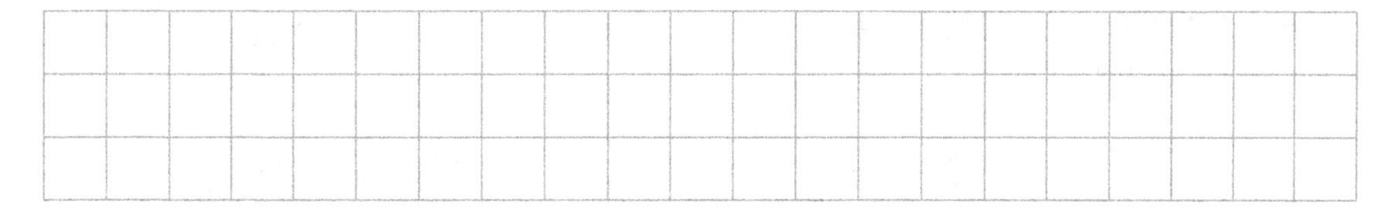

三、任务小结

本次加工任务中，应掌握的内容：①“一夹一顶”的装夹方法；②车削螺纹时车刀的装夹、切削参数选择和螺纹的加工方法；③中心钻的装夹及钻削时切削参数的选择；④切槽时切槽刀的装夹和环槽的加工方法；⑤普通螺纹尺寸的查表和计算；⑥圆锥的切削加工方法；⑦麻花钻钻孔时切削参数的选择；⑧镗孔时切削参数的选择。

项目 4　中级综合件加工 任务 2　综合件 2 加工——圆锥螺纹轴	姓名：	班级：
	日期：	页码范围：

任务 2　综合件 2 加工——圆锥螺纹轴

任务目标

一、知识目标

1．了解车床的基本知识，主要包括车床的种类、车床的基本部件及功能。

2．了解车削零件的质量分析；掌握车削零件的检测原理与方法，以及检测工具的正确使用。

3．掌握外圆锥面的加工方法。

4．掌握车削梯形螺纹的基本方法。

5．掌握外沟槽的加工方法。

6．掌握车床加工孔的常用方法。

二、能力目标

1．能熟练操作普通车床，具备普通车削的能力，并能合理、规范使用设备。

2．能合理选择和使用各种常见刀具及夹具；能正确选择车削的切削参数；能合理制订典型车削零件的加工工艺。

3．能在车床上完成孔加工。

4．能在车床上完成梯形螺纹加工。

5．能在车床上完成外沟槽加工。

6．能在车床上完成内外圆锥加工。

7．具备查阅与机械相关的资料并将知识应用于实际生产的能力。

8．能遵守中德培训中心规定，做好现场 5S 管理和 TPM 管理以及持续改善。

任务描述

依据图样要求，车削外形并保证尺寸要求，表面粗糙度等技术要求。

一、可用资源

1．任务图样。

本任务图样如图 4-2 和图 4-3 所示。

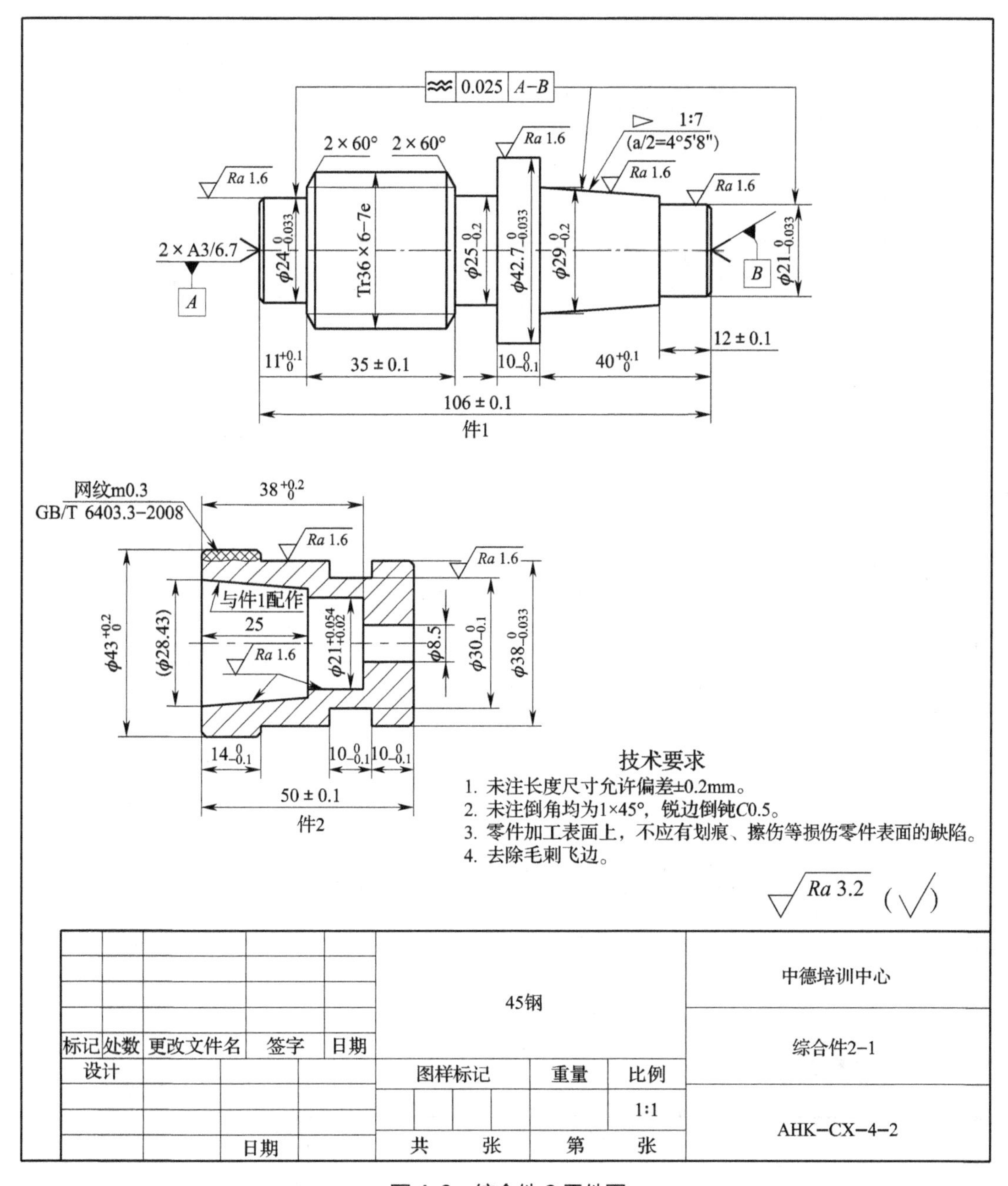

0.025 A−B
1:7
(a/2=4°5'8")
Ra 1.6
2 × 60°　2 × 60°
2 × A3/6.7
A
B
φ24 0 −0.033
Tr36 × 6−7e
φ25 0 −0.2
φ42.7 0 −0.033
φ29 0 −0.2
φ21 0 −0.033
11 +0.1 0
35 ± 0.1
10 0 −0.1
40 +0.1 0
12 ± 0.1
106 ± 0.1
件1
网纹m0.3
GB/T 6403.3−2008
38 +0.2 0
与件1配作
25
φ43 +0.2 0
(φ28.43)
φ21 +0.054 +0.02
φ8.5
φ30 0 −0.1
φ38 0 −0.033
14 0 −0.1
10 0 −0.1　10 0 −0.1
50 ± 0.1
件2
技术要求
1. 未注长度尺寸允许偏差±0.2mm。
2. 未注倒角均为1×45°，锐边倒钝C0.5。
3. 零件加工表面上，不应有划痕、擦伤等损伤零件表面的缺陷。
4. 去除毛刺飞边。
Ra 3.2 (√)
45钢
中德培训中心
综合件2−1
AHK−CX−4−2
标记 处数 更改文件名 签字 日期
设计
日期
图样标记 重量 比例
1:1
共 张 第 张

图 4-2　综合件 2 零件图

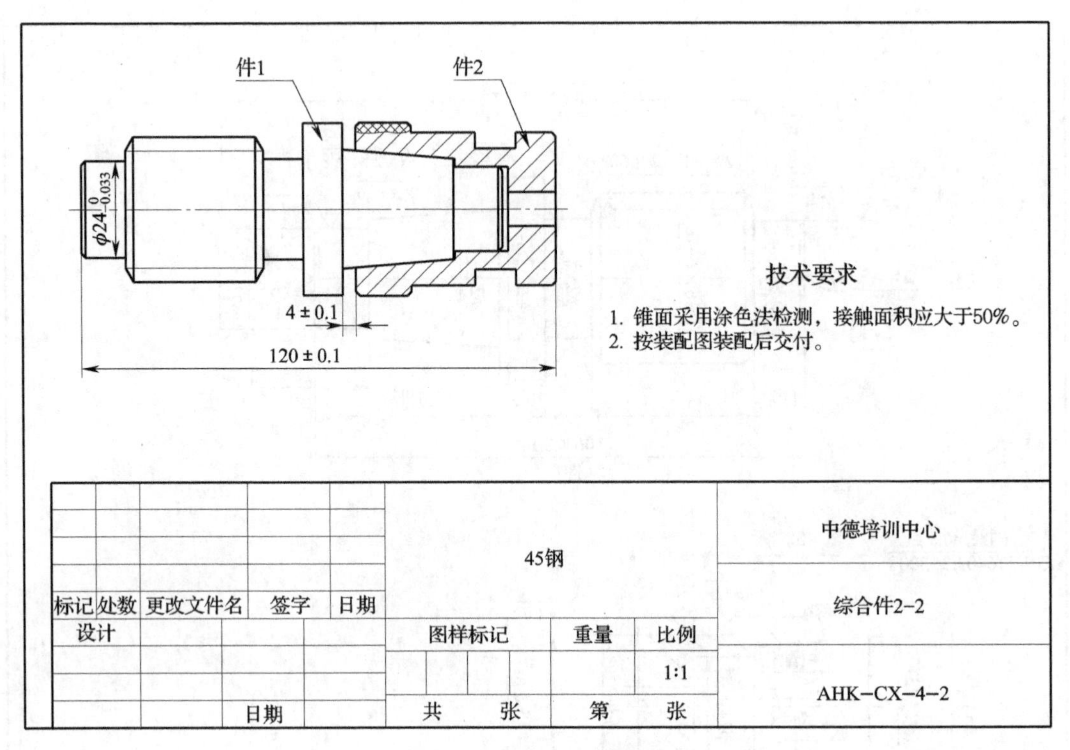

图 4-3　综合件 2 装配图

2. 材料清单

材料清单

名称	材料	数量	单位	毛坯尺寸	备注
圆钢	45 钢	1	个	ϕ45 mm × 110 mm	

二、重点和难点

重点	难点
1. 车床车削外梯形螺纹。 2. 车削外沟槽。 3. 内外圆锥加工。 4. “一夹一顶”、双顶尖装夹方法	1. 螺纹车刀的安装、转速和进给速度选择。 2. 切槽刀的安装、转速和进给速度选择。 3. 车削圆锥面时走刀速度控制。 4. 双顶尖精加工外圆面。 5. 量具的使用和读数

三、参考用时

8 小时。

任务提示

一、工作方法

- 读图后回答引导问题，可以参考的资料有图样、《简明机械手册》（湖南科学技术出版社，2012 年出版）、ISO 标准等标准文件、“知识库”中的相关知识等。
- 以小组讨论的形式完成工作计划。
- 按照工作计划，完成加工工艺卡的填写和零件车削加工的任务。对于出现的问题，请先自行解决。
- 与培训教师讨论，进行工作总结。

二、工作内容

- 分析零件图样，拟定工艺路线。
- 工量刀具及切削参数选择。
- 零件加工与检测。
- 工具、设备、现场 5S 管理和 TPM 管理。

三、工量刀具

- 游标卡尺。
- 千分尺。
- 螺纹环规。
- 90° 车刀。
- 45° 车刀。
- 30° 梯形螺纹刀。
- 外切槽刀。
- 中心钻。
- 钻夹头。
- 活动顶尖。
- 前顶尖。
- 鸡心夹头。

四、知识储备

- 车床的基本知识、车床的种类、车床的基本部件及功能。
- 车刀的基本知识、车刀材料的种类及牌号、车刀的主要几何参数。
- 车削参数及用量的基本知识及正确选择。
- 车削零件的装夹，主要包括基准的概念、种类及选择原则，通用、专用夹具及工件的装夹。
- 车削零件的质量分析，车削零件的检测原理与方法，以及检测工具的正确使用。
- 外圆车削方法。
- 端面车削方法。
- 中心孔钻削。
- 切削液。
- 工件装夹。
- 刀具类型的选择。
- 刀具磨损。
- 刀具安装。
- 外圆锥面车削。
- 车削螺纹。
- 车削外沟槽。

五、注意事项与工作提示

- 机床只能由一人操作，不可多人同时操作。
- 加工时，工件必须夹紧。
- 车削前准备工作应充分，检查三爪卡盘和车刀是否装夹牢固。
- 卡盘的卡爪须清理干净。
- 工件装夹时应确认已夹紧。
- 清理铁屑时须使用毛刷。

六、劳动安全

- 读懂车间的安全标志并遵照行事。
- 穿实训鞋服，车削时佩戴防护眼镜、安全帽。
- 配制切削液时，应戴防护手套，防止对皮肤的腐蚀性伤害。

- 禁止佩戴胸卡、项链、手表等饰品。
- 毛坯各边去毛刺，操作时注意避免划伤。
- 停机测量工件时，应将工件移出，以避免被刀具误伤。

七、环境保护

- 参考《简明机械手册》相应章节的内容。
- 切屑应放置在指定的废弃物存放处。

工作过程

一、信息

A1 得分：　　/ 20

（中间成绩 A1 满分 20 分，4 分 / 题。每题评分等级：0 ～ 4 分）

1．请查阅相关资料解释梯形螺纹有什么特点，一般用于什么场合。

2．请查阅资料写出 Tr36×6 螺纹的中径和底径分别为多少。

3．图样中标注锥度 1:7，请计算该圆锥的锥角。

4．请查阅资料回答：顶尖有哪些类型？各用于什么场合？

5．请查阅相关资料后计算 Tr36×6 螺纹部分切削螺纹前的直径。

二、计划

A2 得分：　　/ 30

（中间成绩 A2 满分 30 分。评分等级：0 ～ 30 分）

1．小组讨论后，完成工作计划表。

工作计划表

工作计划				
工件名称			工件号	
序号	工作步骤 （请使用直尺自行分割以下区域）	器材 （设备、工具、辅具）	安全，环保	工作时间 /h

2．填写工量刃辅具表。

工量刃辅具表

序号	名称	规格	数量	备注

三、决策

A3 得分：　　/ 30

（中间成绩 A3 满分 30 分。评分等级：0 ～ 30 分）

1．通过小组讨论（或由教师点评）完成决策，最终确定工艺流程。请在下方简要叙述工艺流程，并填写工艺流程表。

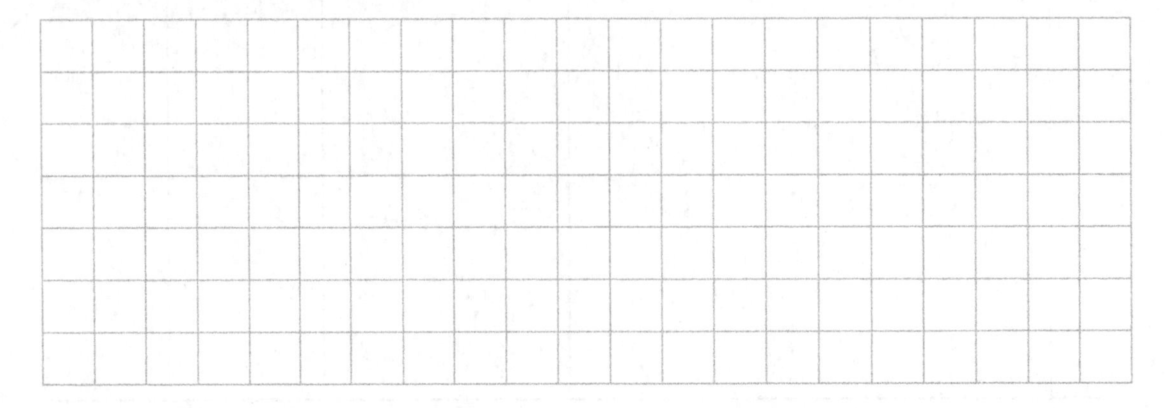

工艺流程表

工艺流程									
序号	工序名称	工序内容	设备	夹具	工具	量具	辅具	安全，环保	工作时间 /h
	评分：10–9–7–5–3–0　得分：		得分：					得分：	

2．填写零件加工工序卡。

零件加工工序卡

<table>
<tr><td rowspan="2">单位名称</td><td colspan="2" rowspan="2"></td><td colspan="2">产品名称或代号</td><td>零件名称</td><td>零件图号</td></tr>
<tr><td colspan="2"></td><td></td><td></td></tr>
<tr><td>工序号</td><td>夹具名称</td><td>夹具编号</td><td>使用设备</td><td>车间</td><td>毛坯尺寸/mm</td><td>材料牌号</td></tr>
<tr><td></td><td></td><td></td><td></td><td></td><td></td><td></td></tr>
</table>

工步号	工步作业内容 （请使用直尺自行分割以下区域）	刀具	主轴转速 n/ (r/min)	进给速度 v/ (mm/min)	切深 a_p/ mm	备注

编制		审核		批准		年　月　日	共　页	第　页

四、实施

A4 得分：　　/ 50

（中间成绩 A4 满分 50 分。评分等级：0 ～ 50 分）

在下表中的空白部分填入相应内容，并按照步骤进行操作。

实施步骤简表

实施步骤	操作内容	要点	工具	注意事项
1	平端面、打中心孔	1．将工件安装在三爪卡盘上，外伸 15 ～ 20 mm。 2．选择正确的主轴转速及走刀速度。 3．使用 45° 车刀车削端面。 4．将中心钻安装到钻夹头上，并将钻夹头安装到车床尾座上。 5．缓慢进给钻削中心孔	钢直尺、卡盘扳手、45° 车刀、钻夹头、中心钻	1．45° 车刀刀尖安装要与主轴轴线等高或略低一点点。 2．钻削中心孔时可以选择较高的主轴转速（1 000 r/min 以上），进给要平稳。 3．钻夹头安装要牢固，安装时可以适当用点力量
2	车削 $\phi 21_{-0.003}^{0}$ mm、$\phi 42.7_{-0.033}^{0}$ mm外圆和 1:7 外圆锥面		90° 车刀、45° 车刀、活动顶尖、游标卡尺、千分尺	1．采用“一夹一顶”装夹工件时，一般卡盘夹住工件 5 ～ 10 mm 长，若卡爪磨损严重可以适当增加夹持长度。 2．等到顶尖到位后锁死尾座和套筒，此时再将卡盘夹紧
3	调头，平端面，定总长，钻削中心孔	用三爪卡盘装夹毛坯面，外伸 15 ～ 20 mm	钢直尺、卡盘扳手、45° 车刀、钻夹头、中心钻	1．45° 车刀刀尖安装要与主轴轴线等高或略低一点点。 2．钻削中心孔时可以选择较高的主轴转速（1 000 r/min 以上），进给要平稳。 3．钻夹头安装要牢固，安装时可以适当用点力量
4		1．采用“一夹一顶”装夹工件。 2．使用 90° 车刀车削 $\phi 24_{-0.033}^{0}$ mm 外圆至 $\phi 24.3$ mm，保证长度 10.7 mm，车削 Tr36 × 6 螺纹大径至 35.7 mm，车削 $\phi 25_{-0.2}^{0}$ mm 螺纹退刀槽至尺寸，倒角		1．采用“一夹一顶”装夹工件时，一般卡盘夹住工件 5 ～ 10 mm 长，若卡爪磨损严重可以适当增加夹持长度。 2．等到顶尖到位后锁死尾座和套筒，此时再将卡盘夹紧。 3．车削梯形螺纹一般先倒角，方便刀具切入

续表

实施步骤	操作内容	要点	工具	注意事项
5	粗、精车 Tr36×6 螺纹		30°螺纹车刀、螺纹环规	1．梯形螺纹车刀车削时，螺距大于 4 mm 时粗、精加工要分开。 2．梯形螺纹车刀车削时，切削量较大，一般转速不高，常取 n<200 r/min。 3．安装螺纹车刀时需要借助对刀样板来保证车刀轴线与工件轴线垂直。 4．梯形螺纹加工时，螺纹槽较宽，可以通过左右借刀来完成。 5．车削螺纹时采用丝杠传动，根据螺距选择手柄位置。 6．车削螺纹时开合螺母保持在闭合状态。 7．中托板退出必须迅速，以防止碰伤螺纹。 8．螺纹加工中可以加注切削液。 9．螺纹为左旋，注意走刀方向
6	精车 $\phi 24_{-0.033}^{0}$ mm、$\phi 4.27_{-0.033}^{0}$ mm、$\phi 21_{-0.033}^{0}$ mm 外圆和 1:7 外圆锥			1．采用双顶尖精车外圆可以保证跳动达到要求。 2．外圆粗糙度要求较高，可以采用较高的转速。 3．注意鸡心夹头的安装方法。 4．车削圆锥时小托板的运动一定要均匀、连续、稳定
7	倒角	倒角、去毛刺	45°车刀	倒角的尺寸
8	车床现场 5S 及 TPM	填写 5S 管理点检表和 TPM 点检表	笔，各种表格	

五、检查

A5 得分：　　/ 90

提示：培训教师完成检测后，填写下表中“得分”一栏。

用量具或量规检测已经加工完成的零件，判断是否达到要求的特性值。

重要说明：

(1) 当“学生自评”和“教师评价”一致时得 10 分，否则得 0 分。

(2) 不考虑学生自己测得的实际尺寸是否符合尺寸要求。

(3)“学生自评”的意义是对学生检测自己所加工零件的能力进行判断，与各零件是否达到精度及功能要求无关。

(4) 灰底空白处由培训教师填写。

序号	件号	特性值	偏差	学生自评			教师评价			得分
				测量值	达到特性值		测量值	达到特性值		
					是	否		是	否	
1	4-2-1	外径 ϕ42.7 mm	${}^{0}_{-0.033}$ mm							
2	4-2-1	外径 ϕ24 mm	${}^{0}_{-0.033}$ mm							
3	4-2-1	外径 ϕ21 mm	${}^{0}_{-0.033}$ mm							
4	4-2-1	外径 ϕ25 mm	${}^{0}_{-0.2}$ mm							
5	4-2-1	外径 ϕ29 mm	${}^{0}_{-0.2}$ mm							
6	4-2-1	长度 11 mm	${}^{+0.1}_{0}$ mm							
7	4-2-1	长度 10 mm	${}^{0}_{-0.1}$ mm							
8	4-2-1	长度 40 mm	${}^{+0.1}_{0}$ mm							
9	4-2-1	长度 12 mm	${}^{+0.1}_{-0.1}$ mm							
									中间成绩（满分 90 分，10 分 / 项）	
										A5

六、评价

重要说明：

灰底空白处无须填写。

1．完成功能检查和目测检查。

序号	件号	检查项目	功能检查	目测检查
1	4-2-1	所有倒角是否符合要求		
2	4-2-1	所有尖角处是否去除毛刺		
3	4-2-1	零件所有尺寸是否按照图样加工		
4	4-2-1	表面粗糙度是否符合要求		
5	4-2-1	打标记是否符合专业要求		
		中间成绩（B1 满分 30 分，B2 满分 20 分，10 分 / 项）		
			B1	B2

每项评分等级：10-9-7-5-3-0 分。

B1 得分： / 30 **B2 得分： / 20**

2．完成尺寸检验。

序号	件号	尺寸检验	偏差	实际尺寸	精尺寸	粗尺寸
1	4-2-1	外径 ϕ42.7 mm	$^{0}_{-0.033}$ mm			
2	4-2-1	外径 ϕ24 mm	$^{0}_{-0.033}$ mm			
3	4-2-1	外径 ϕ21 mm	$^{0}_{-0.033}$ mm			
4	4-2-1	外径 ϕ25 mm	$^{0}_{-0.2}$ mm			
5	4-2-1	外径 ϕ29 mm	$^{0}_{-0.2}$ mm			
6	4-2-1	长度 11 mm	$^{+0.1}_{0}$ mm			
7	4-2-1	长度 10 mm	$^{0}_{-0.1}$ mm			
8	4-2-1	长度 40 mm	$^{+0.1}_{0}$ mm			
9	4-2-1	长度 12 mm	$^{+0.1}_{-0.1}$ mm			
				中间成绩（B3 满分 30 分，B4 满分 60 分，10 分 / 项）		
					B3	B4

每项评分等级：10 分或 0 分。

B3 得分： / 30 **B4 得分： / 60**

3．计算书面作答和操作技能成绩。

（各项的“百分制成绩”=“中间成绩 1”÷“除数”；各项的“中间成绩 2”=“百分制成绩”×“权重”；“书面作答成绩”和“操作技能成绩”分别为它们上方的“中间成绩 2”之和）

序号	书面作答	中间成绩 1		除数	百分制成绩	权重	中间成绩 2
1	信息	A1		0.2		0.2	
2	计划	A2		0.3		0.2	
3	决策	A3		0.3		0.2	
4	实施	A4		0.5		0.3	
5	检查	A5		0.9		0.1	
						书面作答成绩（满分 100 分）	
							Feld 1

Feld 1 得分：　　/ 100

序号	操作技能	中间成绩 1		除数	百分制成绩	权重	中间成绩 2
1	功能检查	B1		0.4		0.3	
2	目测检查	B2		0.2		0.2	
3	精尺寸	B3		0.3		0.4	
4	粗尺寸	B4		0.6		0.1	
						操作技能成绩（满分 100 分）	
							Feld 2

Feld 2 得分：　　/ 100

4．计算总成绩。

（各项的“中间成绩 2”=“中间成绩 1”×“权重”；“总成绩”为其上方的“中间成绩 2”之和）

序号	项目	中间成绩 1		权重	中间成绩 2
1	书面作答	Feld 1		0.3	
2	操作技能	Feld 2		0.7	
				任务总评（满分 100 分）	
					总成绩

总成绩：　　　/ 100

总结与提高

一、任务总结

1．简要描述任务的完成过程。

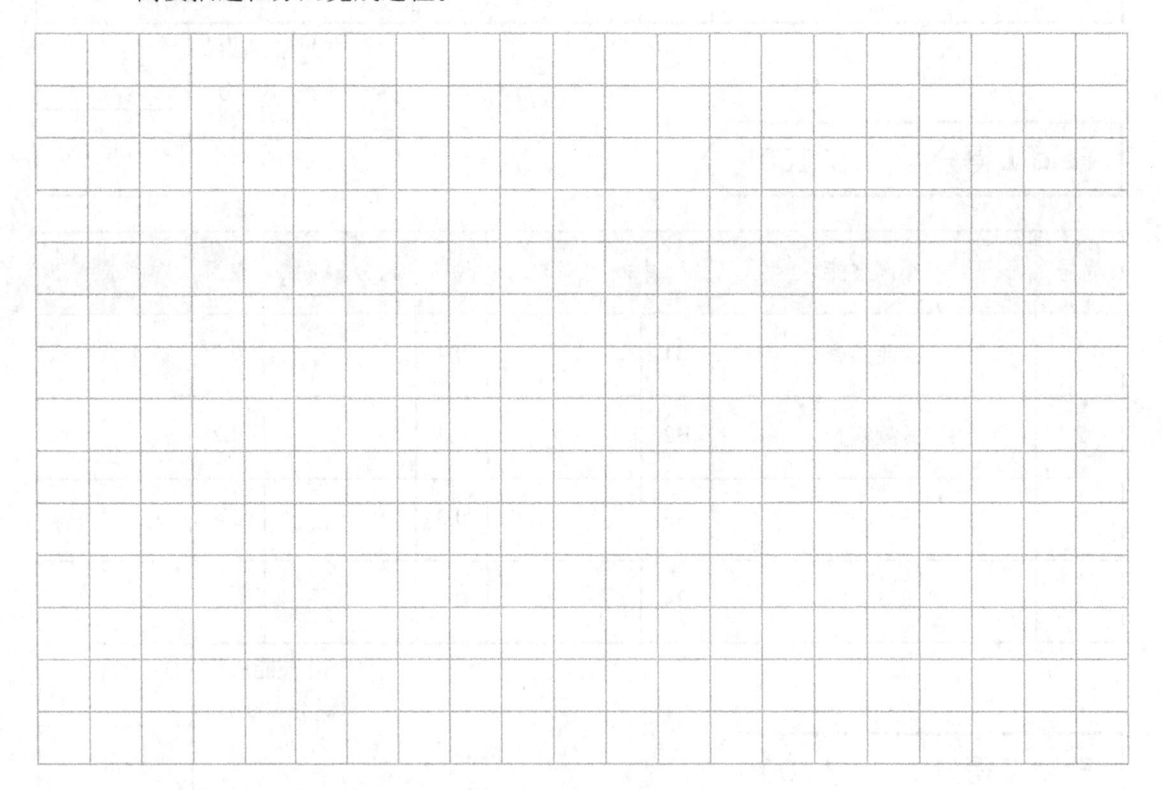

2．简要描述在本次任务中学习到的新知识和新技能。

3．对自己在本次任务中的表现进行总结和评价。

二、思考题

1．请查阅资料后解释 A3/6.7 的含义。

2．图样中外圆表面有圆跳动要求，在加工中应如何保证呢？

3．请解释 Tr36×6−7e 的具体含义。

三、任务小结

本次加工任务中，应掌握的内容：①“一夹一顶”的装夹方法；②车削螺纹时车刀的装夹、切削参数的选择和螺纹的加工方法；③中心钻的装夹及钻削时切削参数的选择；④切槽时切槽刀的装夹和环槽的加工方法；⑤梯形螺纹尺寸的查表和计算；⑥圆锥的切削加工方法；⑦双顶尖精加工外圆的方法。

项目 4　中级综合件加工	姓名：	班级：
任务 3　综合件 2 加工——锥套	日期：	页码范围：

任务 3　综合件 2 加工——锥套

任务目标

一、知识目标

1．了解车床的基本知识，主要包括车床的种类、车床的基本部件及功能。

2．了解车削零件的质量分析；掌握车削零件的检测原理与方法，以及检测工具的正确使用。

3．掌握外圆锥面的加工方法。

4．掌握车削梯形螺纹的基本方法。

5．掌握外沟槽的加工方法。

6．掌握车床加工孔的常用方法。

二、能力目标

1．能熟练操作普通车床，具备普通车削的能力，并合理、规范使用设备。

2．能合理选择和使用各种常见刀具及夹具；能正确选择车削的切削参数；合理制定典型车削零件的加工工艺。

3．能在车床上完成孔加工。

4．能在车床上完成梯形螺纹加工。

5．能在车床上完成外沟槽加工。

6．能在车床上完成内外圆锥加工。

7．具备查阅与机械相关的资料并将知识应用于实际生产的能力。

8．能遵守中德培训中心规定，做好现场 5S 管理和 TPM 管理以及持续改善。

任务描述

依据图样要求，车削外形并保证尺寸要求，表面粗糙度等技术要求。

一、可用资源

1．任务图样。

本任务图样如图 4-4 和图 4-5 所示。

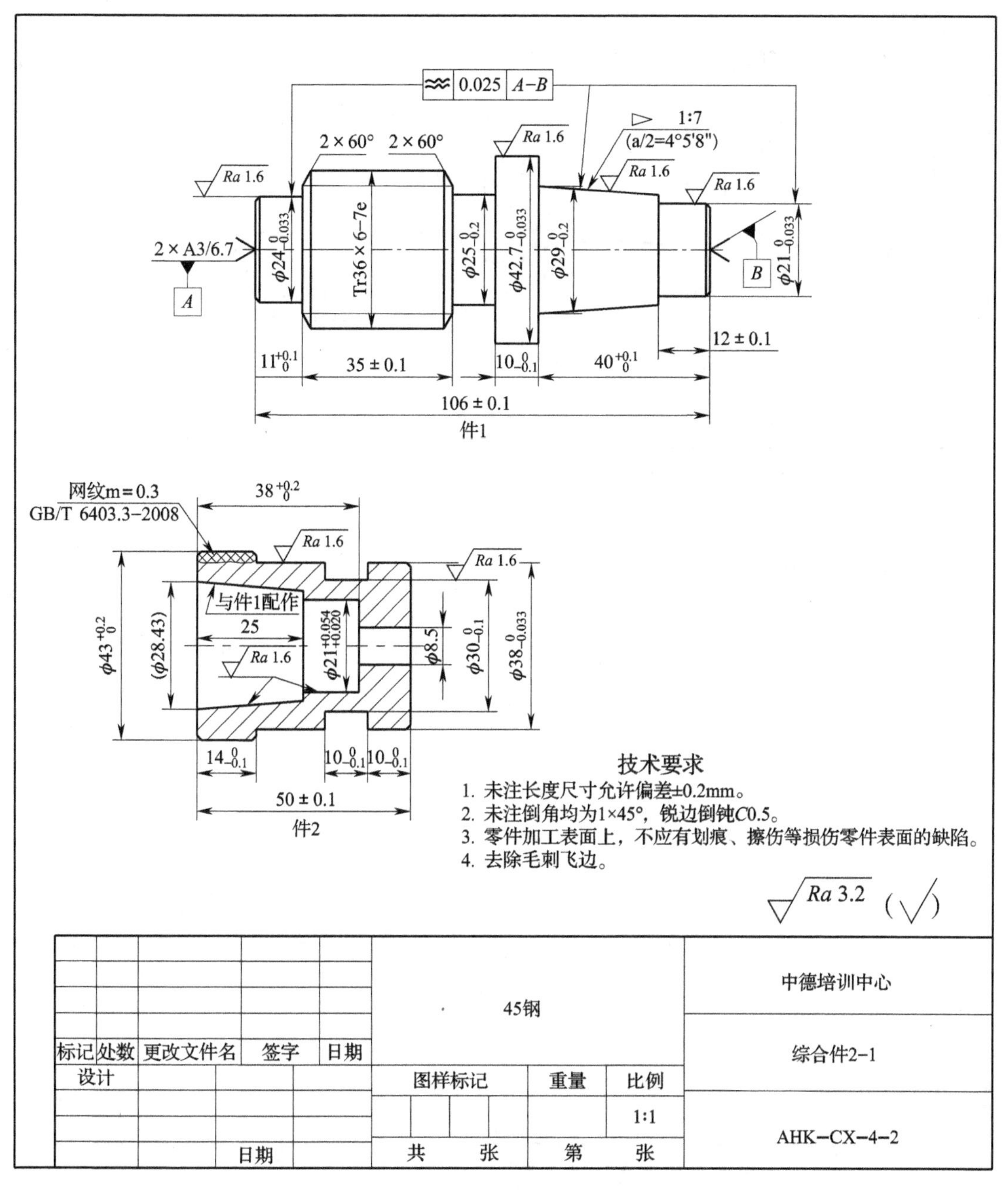
0.025 A−B
2 × 60°
2 × 60°
Ra 1.6
1:7
(a/2=4°5'8")
2 × A3/6.7
A
B
Tr36 × 6−7e
12 ± 0.1
35 ± 0.1
106 ± 0.1
件1
网纹m＝0.3
GB/T 6403.3−2008
与件1配作
25
(φ28.43)
φ8.5
50 ± 0.1
件2
技术要求
1. 未注长度尺寸允许偏差±0.2mm。
2. 未注倒角均为1×45°，锐边倒钝C0.5。
3. 零件加工表面上，不应有划痕、擦伤等损伤零件表面的缺陷。
4. 去除毛刺飞边。
Ra 3.2
45钢
中德培训中心
综合件2−1
AHK−CX−4−2
标记
处数
更改文件名
签字
日期
设计
图样标记
重量
比例
1:1
共
张
第
张

图 4-4　综合件 2 零件图

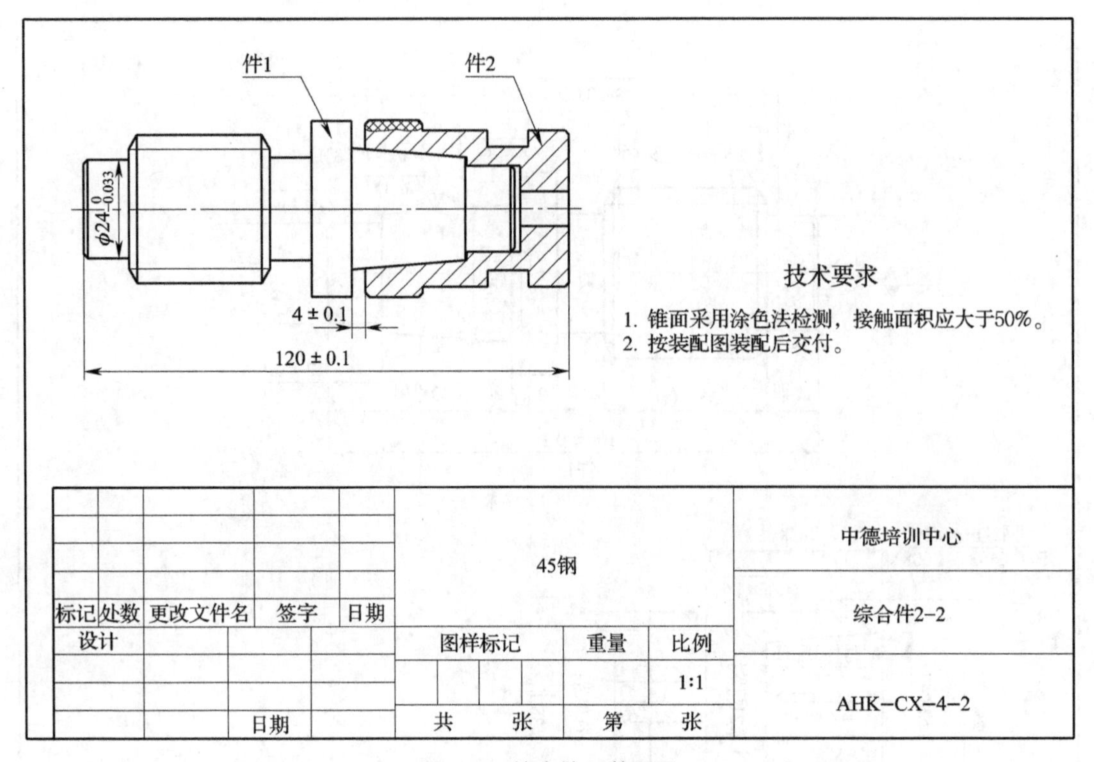

图 4-5　综合件 2 装配图

2. 材料清单

材料清单

名称	材料	数量	单位	毛坯尺寸	备注
圆钢	45 钢	1	个	ϕ45 mm × 55 mm	

二、重点和难点

重点	难点
1. 滚花加工。 2. 车削外沟槽。 3. 内圆锥加工	1. 切槽刀的安装、转速和进给速度选择。 2. 滚花刀的安装、转速和进给速度选择。 3. 车削圆锥面时走刀速度控制。 4. 量具的使用和读数

三、参考用时

8 小时。

任务提示

一、工作方法

- 读图后回答引导问题，可以参考的资料有图样、《简明机械手册》（湖南科学技术出版社，2012 年出版）、ISO 标准等标准文件、“知识库”中的相关知识等。
- 以小组讨论的形式完成工作计划。
- 按照工作计划，完成加工工艺卡的填写和零件车削加工的任务。对于出现的问题，请先自行解决。
- 与培训教师讨论，进行工作总结。

二、工作内容

- 分析零件图样，拟定工艺路线。
- 工量刀具及切削参数选择。
- 零件加工与检测。
- 工具、设备、现场 5S 管理和 TPM 管理。

三、工量刀具

- 游标卡尺。
- 千分尺。
- 内径百分表。
- 麻花钻。
- 90° 车刀。
- 45° 车刀。
- 双头滚花刀。
- 90° 镗刀
- 外切槽刀。
- 中心钻。
- 钻夹头。

四、知识储备

- 车床的基本知识、车床的种类、车床的基本部件及功能。
- 车刀的基本知识、车刀材料的种类及牌号、车刀的主要几何参数。
- 车削参数及用量的基本知识及正确选择。
- 车削零件的装夹，主要包括基准的概念、种类及选择原则，通用、专用夹具及工件的装夹。
- 车削零件的质量分析，车削零件的检测原理与方法，以及检测工具的正确使用。
- 外圆车削方法。
- 端面车削方法。
- 中心孔、内孔钻削。
- 内孔镗削。
- 切削液。
- 工件装夹。
- 刀具类型的选择。
- 刀具磨损。
- 刀具安装。
- 内圆锥面车削。
- 滚花。
- 车削外沟槽。

五、注意事项与工作提示

- 机床只能由一人操作，不可多人同时操作。
- 加工时，工件必须夹紧。
- 车削前准备工作应充分，检查三爪卡盘和车刀是否装夹牢固。
- 卡盘的卡爪须清理干净。
- 工件装夹时应确认已夹紧。
- 清理铁屑时须使用毛刷。

六、劳动安全

- 读懂车间的安全标志并遵照行事。
- 穿实训鞋服，车削时佩戴防护眼镜、安全帽。
- 配制切削液时，应戴防护手套，防止对

皮肤的腐蚀性伤害。

- 禁止佩戴胸卡、项链、手表等饰品。
- 毛坯各边去毛刺，操作时注意避免划伤。
- 停机测量工件时，应将工件移出，以避免被刀具误伤。

七、环境保护

- 参考《简明机械手册》相应章节的内容。
- 切屑应放置在指定的废弃物存放处。

工作过程

一、信息

A1 得分：　　/ 20

（中间成绩 A1 满分 20 分，4 分 / 题。每题评分等级：0 ～ 4 分）

1．请查阅相关资料解释外圆滚花的作用是什么。

2．图样中 ϕ8.5 mm 的孔应采用何种加工方法？为什么？

3．图样中标注网纹 m=0.3，请查阅资料简述其具体含义。

4．镗削左侧内孔时，需要先钻孔，选用多大的麻花钻合适？请说明理由。

5．内外圆锥面配合时，通常采用什么方式检验配合质量？

二、计划

A2 得分：　　/ 30

（中间成绩 A2 满分 30 分。评分等级：0 ～ 30 分）

1．小组讨论后，完成工作计划表。

工作计划表

工作计划				
工件名称			工件号	
序号	工作步骤 （请使用直尺自行分割以下区域）	器材 （设备、工具、辅具）	安全，环保	工作时间 /h

2．填写工量刃辅具表。

工量刃辅具表

序号	名称	规格	数量	备注

三、决策

A3 得分：　　/ 30

（中间成绩 A3 满分 30 分。评分等级：0 ～ 30 分）

1．通过小组讨论（或由教师点评）完成决策，最终确定工艺流程。请在下方简要叙述工艺流程，并填写工艺流程表。

工艺流程表

工艺流程									
序号	工序名称	工序内容	设备	夹具	工具	量具	辅具	安全，环保	工作时间 /h
	评分：10–9–7–5–3–0　得分：		得分：					得分：	

2．填写零件加工工序卡。

零件加工工序卡

<table>
<tr><td rowspan="2">单位名称</td><td rowspan="2" colspan="2"></td><td colspan="2">产品名称或代号</td><td>零件名称</td><td>零件图号</td></tr>
<tr><td colspan="2"></td><td></td><td></td></tr>
<tr><td>工序号</td><td>夹具名称</td><td>夹具编号</td><td>使用
设备</td><td>车间</td><td>毛坯尺寸
/mm</td><td>材料牌号</td></tr>
<tr><td></td><td></td><td></td><td></td><td></td><td></td><td></td></tr>
</table>

工步号	工步作业内容 （请使用直尺自行分割以下区域）	刀具	主轴转速 n/ （r/min）	进给速度 v/ （mm/min）	切深 a_p/ mm	备注

编制		审核		批准		年　月　日	共　页	第　页

四、实施

A4 得分：　　/ 50

（中间成绩 A4 满分 50 分。评分等级：0 ～ 50 分）

在下表中的空白部分填入相应内容，并按照步骤进行操作。

实施步骤简表

实施步骤	操作内容	要点	工具	注意事项
1	平端面、打中心孔	1．将工件安装在三爪卡盘上，夹住 15 mm 左右。 2．选择正确的主轴转速及走刀速度。 3．使用 45° 车刀车削端面。 4．将中心钻安装到钻夹头上，并将钻夹头安装到车床尾座上。 5．缓慢进给钻削中心孔	钢直尺、卡盘扳手、45° 车刀、钻夹头、中心钻	1．45° 车刀刀尖安装要与主轴轴线等高或略低一点点。 2．钻削中心孔时可以选择较高的主轴转速（1 000 r/min 以上），进给要平稳。 3．钻夹头安装要牢固，安装时可以适当用点力量
2	车销 $\phi 38_{-0.033}^{0}$ mm 外圆、车削 $\phi 30_{-0.01}^{0}$ mm 槽和钻削 $\phi 8.5$ mm 孔			1．钻削 $\phi 8.5$ mm 孔时，进给要均匀，可以利用尾座套筒的刻度控制钻孔深度。 2．钻孔时要适时退出断屑，并浇注切削液
3	调头，平端面，定总长，钻削中心孔	1．用三爪卡盘装夹 $\phi 38_{-0.033}^{0}$ mm外圆，外伸 25 mm 左右。 2．为防止夹伤表面，可以垫铜皮	钢直尺、45° 车刀、钻夹头、中心钻	1．45° 车刀刀尖安装要与主轴轴线等高或略低一点点。 2．钻削中心孔时可以选择较高的主轴转速（1 000 r/min 以上），进给要平稳。 3．钻夹头安装要牢固，安装时可以适当用点力量

续表

实施步骤	操作内容	要 点	工具	注意事项
4			游标卡尺、90°外圆车刀、45°车刀、双头滚花刀	1．滚花刀装夹要保证滚轮中心或对称中心（双轮滚花刀）与工件轴线等高。 2．滚花时主轴转速一般选为 50～100 r/min，进给量一般选为 0.3～0.6 mm/r。 3．开始滚花时使滚花轮宽度的 1/2～1/3 与工件接触，保证能顺利切入。 4．滚花开始时只做径向进刀，力度要大，保证一开始就能形成理想的花纹。 5．测量花纹达到要求后，采用自动走刀加工滚花，可以重复几次
5			麻花钻、内孔 90°镗刀、内径百分表、游标卡尺、活扳手	1．钻削 ϕ18 mm 孔时，进给要均匀，可以利用尾座套筒的刻度控制钻孔深度。 2．钻孔时要适时退出断屑，并浇注切削液。 3．镗孔时注意退刀方向与外圆加工相反。 4．加工圆锥面时进给要均匀、稳定
6	倒角	倒角、去毛刺	45°车刀	倒角的尺寸
7	车床现场 5S 及 TPM	填写 5S 管理点检表和 TPM 点检表	笔，各种表格	

五、检查

A5 得分：　　/ 80

提示：培训教师完成检测后，填写下表中“得分”一栏。

用量具或量规检测已经加工完成的零件，判断是否达到要求的特性值。

重要说明：

（1）当“学生自评”和“教师评价”一致时得 10 分，否则得 0 分。

（2）不考虑学生自己测得的实际尺寸是否符合尺寸要求。

（3）“学生自评”的意义是对学生检测自己所加工零件的能力进行判断，与各零件是否达到精度及功能要求无关。

（4）灰底空白处由培训教师填写。

<table>
<tr><th rowspan="3">序号</th><th rowspan="3">件号</th><th rowspan="3">特性值</th><th rowspan="3">偏差</th><th colspan="3">学生自评</th><th colspan="3">教师评价</th><th rowspan="3">得分</th></tr>
<tr><th rowspan="2">测量值</th><th colspan="2">达到特性值</th><th rowspan="2">测量值</th><th colspan="2">达到特性值</th></tr>
<tr><th>是</th><th>否</th><th>是</th><th>否</th></tr>
<tr><td>1</td><td>4-2-2</td><td>外径 ϕ38 mm</td><td>$^{0}_{-0.033}$ mm</td><td></td><td></td><td></td><td></td><td></td><td></td><td></td></tr>
<tr><td>2</td><td>4-2-2</td><td>内孔 ϕ21 mm</td><td>$^{+0.054}_{+0.020}$ mm</td><td></td><td></td><td></td><td></td><td></td><td></td><td></td></tr>
<tr><td>3</td><td>4-2-2</td><td>外径 ϕ30 mm</td><td>$^{0}_{-0.1}$ mm</td><td></td><td></td><td></td><td></td><td></td><td></td><td></td></tr>
<tr><td>4</td><td>4-2-2</td><td>外径 ϕ43 mm</td><td>$^{+0.2}_{0}$ mm</td><td></td><td></td><td></td><td></td><td></td><td></td><td></td></tr>
<tr><td>5</td><td>4-2-2</td><td>长度 14 mm</td><td>$^{0}_{-0.1}$ mm</td><td></td><td></td><td></td><td></td><td></td><td></td><td></td></tr>
<tr><td>6</td><td>4-2-2</td><td>长度 10 mm</td><td>$^{0}_{-0.1}$ mm</td><td></td><td></td><td></td><td></td><td></td><td></td><td></td></tr>
<tr><td>7</td><td>4-2-2</td><td>长度 38 mm</td><td>$^{+0.2}_{0}$ mm</td><td></td><td></td><td></td><td></td><td></td><td></td><td></td></tr>
<tr><td>8</td><td>4-2-2</td><td>长度 50 mm</td><td>±0.1 mm</td><td></td><td></td><td></td><td></td><td></td><td></td><td></td></tr>
<tr><td colspan="10" rowspan="2">中间成绩
（满分 80 分，10 分 / 项）</td><td></td></tr>
<tr><td>A5</td></tr>
</table>

六、评价

重要说明：

灰底空白处无须填写。

1．完成功能检查和目测检查。

<table>
<tr><th>序号</th><th>件号</th><th>检查项目</th><th>功能检查</th><th>目测检查</th></tr>
<tr><td>1</td><td>4-2-2</td><td>所有倒角是否符合要求</td><td></td><td></td></tr>
<tr><td>2</td><td>4-2-2</td><td>所有尖角处是否去除毛刺</td><td></td><td></td></tr>
<tr><td>3</td><td>4-2-2</td><td>零件所有尺寸是否按照图样加工</td><td></td><td></td></tr>
<tr><td>4</td><td>4-2-2</td><td>表面粗糙度是否符合要求</td><td></td><td></td></tr>
<tr><td>5</td><td>4-2-2</td><td>打标记是否符合专业要求</td><td></td><td></td></tr>
<tr><td colspan="3" rowspan="2">中间成绩
（B1 满分 30 分，
B2 满分 20 分，
10 分 / 项）</td><td></td><td></td></tr>
<tr><td>B1</td><td>B2</td></tr>
</table>

每项评分等级：10-9-7-5-3-0 分。

B1 得分：　/ 30　　**B2** 得分：　/ 20

2. 完成尺寸检验。

序号	件号	尺寸检验	偏差	实际尺寸	精尺寸	粗尺寸
1	4-2-2	外径 ϕ38 mm	${}^{0}_{-0.033}$ mm			
2	4-2-2	内孔 ϕ21 mm	${}^{+0.054}_{+0.02}$ mm			
3	4-2-2	外径 ϕ30 mm	${}^{0}_{-0.1}$ mm			
4	4-2-2	外径 ϕ43 mm	${}^{+0.2}_{0}$ mm			
5	4-2-2	长度 14 mm	${}^{0}_{-0.1}$ mm			
6	4-2-2	长度 10 mm	${}^{0}_{-0.1}$ mm			
7	4-2-2	长度 38 mm	${}^{+0.2}_{0}$ mm			
8	4-2-2	长度 50 mm	±0.1 mm			

每项评分等级：10 分或 0 分。

中间成绩（B3 满分 20 分，B4 满分 60 分，10 分 / 项）		
	B3	B4

B3 得分：/ 20 **B4 得分：/ 60**

3．计算书面作答和操作技能成绩。

（各项的“百分制成绩”=“中间成绩 1”÷“除数”；各项的“中间成绩 2”=“百分制成绩”×“权重”；“书面作答成绩”和“操作技能成绩”分别为它们上方的“中间成绩 2”之和）

序号	书面作答	中间成绩 1		除数	百分制成绩	权重	中间成绩 2
1	信息	A1		0.2		0.2	
2	计划	A2		0.3		0.2	
3	决策	A3		0.3		0.2	
4	实施	A4		0.5		0.3	
5	检查	A5		0.8		0.1	

书面作答成绩（满分 100 分）	
	Feld 1

Feld 1 得分：/ 100

序号	操作技能	中间成绩 1		除数	百分制成绩	权重	中间成绩 2
1	功能检查	B1		0.4		0.3	
2	目测检查	B2		0.2		0.2	
3	精尺寸	B3		0.2		0.4	
4	粗尺寸	B4		0.6		0.1	
						操作技能成绩（满分 100 分）	Feld 2

Feld 2 得分：　　/ 100

4．计算总成绩。

（各项的“中间成绩 2”=“中间成绩 1”×“权重”；“总成绩”为其上方的“中间成绩 2”之和）

序号	项目	中间成绩 1		权重	中间成绩 2
1	书面作答	Feld 1		0.3	
2	操作技能	Feld 2		0.7	
				任务总评（满分 100 分）	总成绩

/ 100

总结与提高

一、任务总结

1．简要描述任务的完成过程。

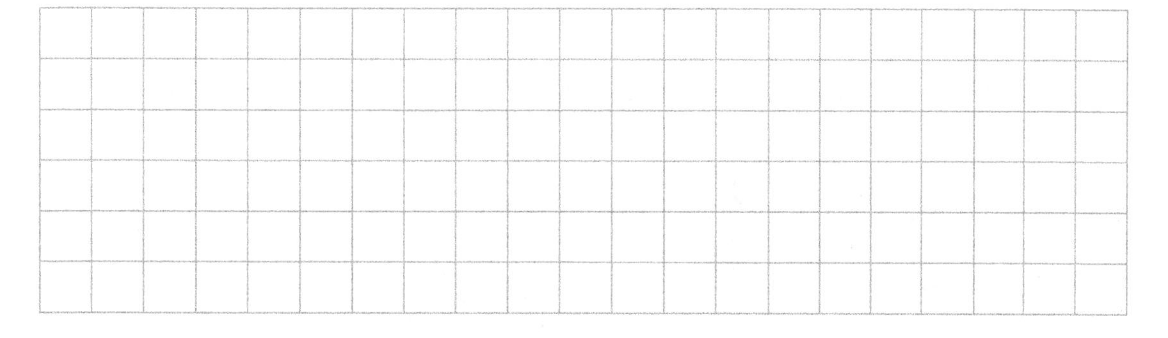

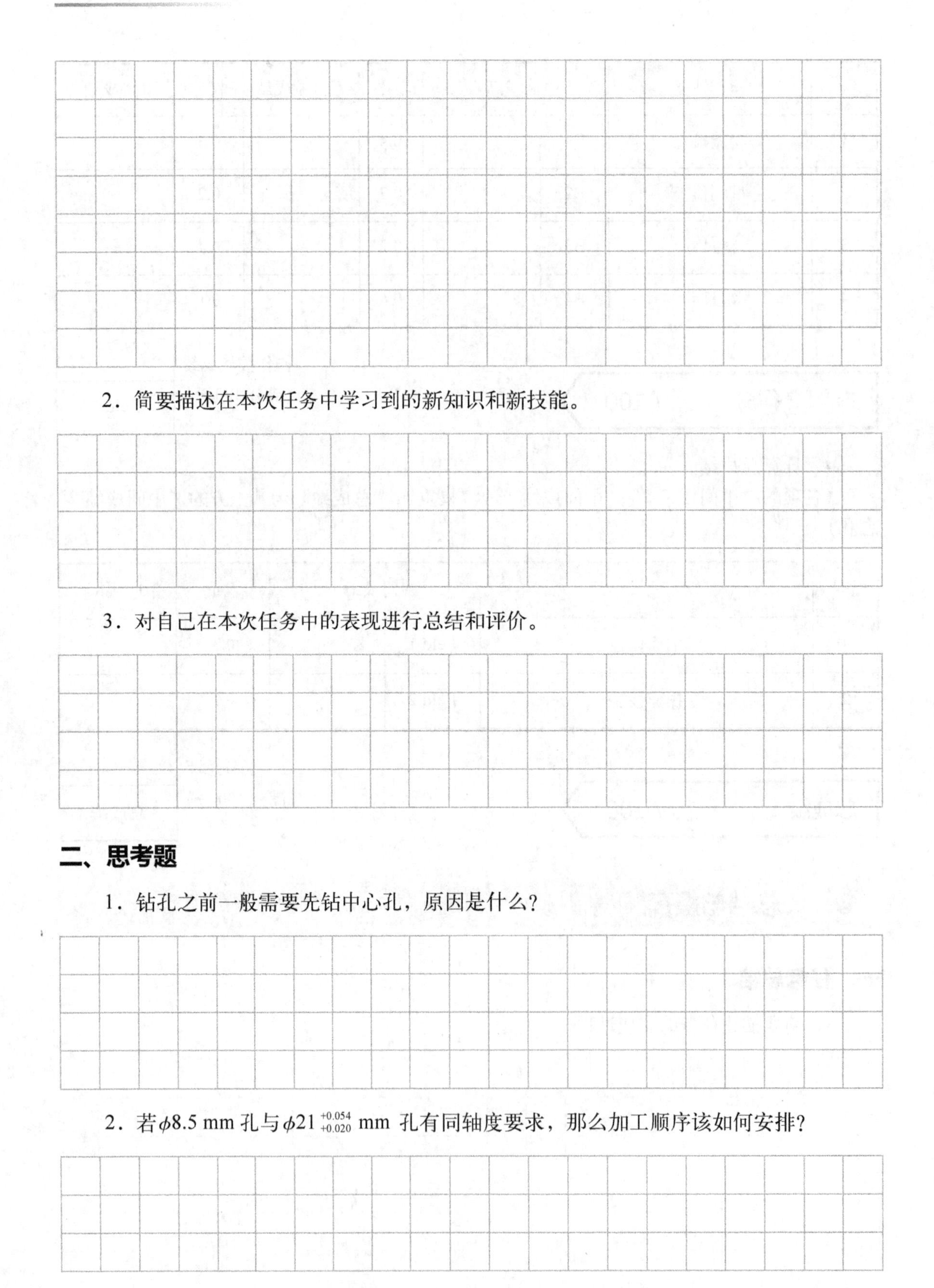

2．简要描述在本次任务中学习到的新知识和新技能。

3．对自己在本次任务中的表现进行总结和评价。

二、思考题

1．钻孔之前一般需要先钻中心孔，原因是什么？

2．若ϕ8.5 mm 孔与$\phi 21^{+0.054}_{+0.020}$ mm 孔有同轴度要求，那么加工顺序该如何安排？

3．图样中 $\phi 30_{-0.01}^{0}$ mm槽底部表面粗糙度为 Ra 1.6 μm，加工中应如何达到？

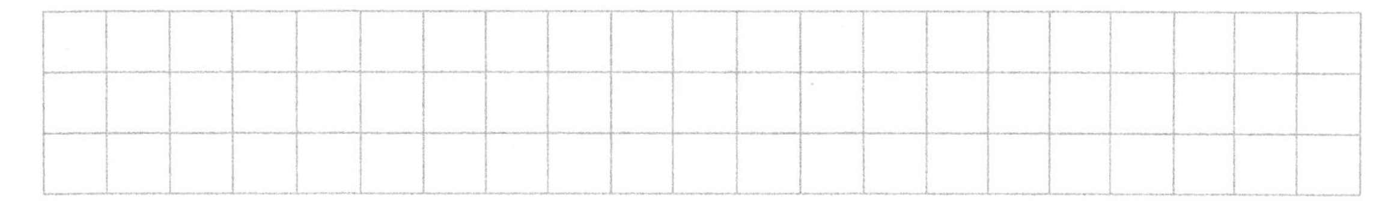

三、任务小结

本次加工任务中，应掌握的内容：①滚花刀的装夹方法；②滚花时转速和进给速度的选择；③利用尾座套筒钻孔时深度的确定；④切槽时切槽刀的装夹和环槽的加工方法；⑤内孔和内圆锥的切削加工方法。